Technisches Handbuch
für
Radio Monitoring
HF

Ausgabe 2013

D1727445

Dipl.- Ing. Roland Proesch

Technisches Handbuch
für
Radio Monitoring
HF

Ausgabe 2013

Beschreibung von Modulationsverfahren
im Kurzwellenbereich mit 259 Signalen,
448 Abbildungen and 135 Tabellen

Bibliografische Information der Deutschen Nationalbibliothek
Die Deutsche Nationalbibliothek verzeichnet diese Publikation in
der Deutschen Nationalbibliografie; detaillierte bibliografische
Daten sind im Internet über http://dnb.d-nb.de abrufbar.

© 2013 Dipl.- Ing. Roland Proesch
Email: roland@proesch.net
Produkion und Veröffentlichung: Books on Demand GmbH, Norderstedt, Germany
Entwurf Umschlag: Anne Proesch
Printed in Germany

Web-Seite: www.frequencymanager.de

ISBN 9783732241453

Danksagung:

Ich bedanke mich bei denjenigen, die mich bei der Erstellung dieses Buches unterstützt haben:

Aikaterini Daskalaki-Proesch
Horst Diesperger
Luca Barbi
Dr. Andreas Schwolen-Backes
Vaino Lehtoranta
Mike Chase

Anmerkung:

Die Information in diesem Buch wurden über etliche Jahre zusammengetragen. Ein Hauptproblem besteht darin, dass es kaum öffentliche Quellen zu diesem Thema gibt. Auch wenn die Informationen aus verschiedenen Quellen stammen und durch eigene Untersuchungen überprüft wurden, kann es trotzdem zu Fehlern kommen. Wenn Sie Fehler entdecken, können Sie mir diese gerne mitteilen.

Inhalt

6.   HF ÜBERTRAGUNGSVERFAHREN   137

8. TABELLEN FÜR DAS RADIO MONITORING 425

1.   Abbildungsverzeichnis

2. Tabellenverzeichnis

3.   Gelöschte Signale

Es gibt sehr viele Übertragungsverfahren und Systeme, die nicht mehr genutzt werden oder in Betrieb sind. Um das technische Handbuch nicht zu umfangreich und damit unhandlich werden zu lassen, wurden Signale und Systeme, die mit größter Wahrscheinlichkeit niemals wieder auf Kurzwelle zu hören sein werden, aus dem Buch entfernt. Hierzu gehören die folgenden Signale:

- ALF   (2013)
- DECCA   (2013)
- OMEGA   (2013)
- D-OMEGA   (2013)

Hinter dem jeweiligen Verfahren ist das Jahr angegeben, wann es aus der Ausgabe entfernt wurde. Diese Liste wird mit den nächsten Ausgaben wachsen.

4. Einführung

Die Kurzwelle wurde für viele Jahre für die Kommunikation über grosse Distanzen benutzt. Mit der Einführugn der geostationären und umlaufenden Satelliten verlor der HF-Bereich an Interesse als Kommunikationsmittel.

Mit der Einführung von neuen, hochentwickelten Übertragungsverfahren und des digitalen Rundfunks in hoher Qualität hat die Kurzwelle eine Wiederbelebung in den letzten Jahren erfahren.

Nichtsdestotrotz wird die Kurzwelle dank gewisser Eigeschaften noch für einige Zeit attraktiv bleiben. Eine der für kommerzielle Nutzer wichtigsten Eigenschaften ist die kostenlose Nutzung der Ionosphäre.
Ebenso im militärischen Kontext bedeutet dies eine kostengünstige, möglicherweise weltumspannende Kommunikation mit zwei wichtigen Merkmalen hinzu: nationales Eigentum und militärische Kontrollierbarkeit.

Ausserdem ist die die Kurzwellenkommunikation schwieriger zu stören als Satellitenkommunikation.

Der herkömmliche Funk über Kurzwelle ist in den letzten Jahren auf eine vielfältige Weise perfektioniert worden. Übertragungsraten von wenigen Dutzenden Bits pro Sekunde stiegen durch hochentwickelte Übertragungsverfahren und Fehlerkorrekturtechniken auf mehr als 19200 bit/s. Es wurden Algorithmen entworfen, um die Übertragungsparameter auf die Qualität des Übertragungskanals anzupassen oder gar den Wechsel auf einen besseren Übertragungskanal zu initiieren. Passive wie aktive Analysetechniken des Übertragungskanals wurden entwickelt, wie z.B. das Senden und Messen von Testsignalen auf zugewiesenen Poolfrequenzen, um Probleme mit Verzehrungen in Übertragungskanälen zu lösen. Beispielsweise ein automatischer Verbindungsaufbau (ALE) wird, basierend auf dem internationalen Standard, mit einem flexiblen Adressenmuster durchgeführt. Die Automation sichert einen Verbindungsaufbau zu, sobald eine geeignete Frequenz im Pool gefunden wird.

TCP/IP ist das meistverbreitete und durch die Mehrheit von Rechnern and Software unterstützte Netzwerk-Protokoll. Dieser internationaler Standard ermöglicht die Kooperation verschiedenster Umgebungen und Betriebssysteme. Die Werkzeuge für die Kurzwelle, wie z.B. Modems, verfügen zum größten Teil über eine Schnittstelle zum LAN. Auch die Konvertierung von ISDN-Netzwerken, GSM, PSTN etc. ist möglich.

Darüber hinaus neue Entwicklungen werden erwartet, die die Fähigkeiten der Übertragungsprotokolle und –verfahren für höhere Übertragungsgeschwindigkeit erweitern werden. Auch durch die Nutzung grösserer Bandbreiten wird eine höhere Übertragungsrate erreicht.

Durch Intensivierung von Modulation und Kodierung kann der Datendurchsatz auch erhöht werden. Die intelligente Anpassung der Übertragungsparameter an den Zustand des Übertragungskanals durch moderne Prozessor-Technologie wird die Kommunikation über die Kurzwelle qualitativ vorantreiben.

Alle diese Umstände werden dazu führen, dass nicht nur alte Übertragungsverfahren verbessert, sondern viel mehr dass neue Verfahren mit unverwechselbarem Klang dem Kurzwellenhörer präsentiert werden.

Dieses Buch zielt darauf hin, dem Kurzwellenhörer zu helfen, Übertragungsverfahren und Modulationen zu erkennen, die in der Kurzwelle zu hören sind. Der Anspruch auf Vollständigkeit kann nie erfüllt werden, denn neue Modulationen sind fast jeden Monat zu hören. Durch die komplexen Möglichkeiten moderner Übertragungsverfahren wird die Signalanalyse immer schwieriger.

Jedoch verschafft dieses Buch eine gute Übersicht darüber, was heute Stand der Technik ist. Es muss erwähnt werden, dass die meisten Abbildungen mit Hilfe des Dekoders CODE 300-32 von HOKA, manche jedoch mit Hilfe des Dekoders PROCEED von PROCITEC GmbH hergestellt wurden.

Dieses Buch ist in vier Abschnitte unterteilt:

- Grundlagen
- Modulationen, die auf Kurzwelle benutzt werden
- Tabellen, um Stationen bzw. Netze auf Kurzwelle zu identifizieren
- Abkürzungen und Index

Die Grundlagen beinhalten eine Übersicht über übliche Modulationstechniken mit einer kurzen Beschreibung und ein Beispiel deren Spektrum- oder Phasendarstellung. In diesem Teil werden ausserdem standard Ausdrücke aus dem Umfeld der Kodierung, Fehlerkorrektur etc. beschrieben, die oft im Umfeld der Funkkommunikation gebraucht werden.

Der nächste Teil beschreibt die meisten Modulationen, die auf Kurzwelle zu hören sind. Wenn immer möglich ist, wird eine Modulation mit ihrem Hauptparametern beschrieben. Weitere Informationen, wie Rahmenstruktur, Kodierung etc. sind zusätzlich hinzugefügt, wenn vorhanden.

Im darauffolgenden Teil sind einige Tabellen enthalten, die nützlich für die Identifikation von Stationen und Netzen sind.

Abschliessend befinden sich die Abkürzungen und der Index.

Im Gegensatz zu der vorherigen Version, wurden die Beschreibungen der Modulationen im Bereich VHF/UHF in ein weiteres Buch "Technical Handbook for Radio Monitoring VHF/UHF" übertragen. Dieser Schritt war notwendig, da sonst die Anzahl der Seiten über 800 steigen würde, wodurch Schwierigkeiten mit der Handhabung entstehen würden.

5.   Modulationsarten

5.1   Analoge Modulation

Es gibt zwei Hauptformen der analogen Modulation: die Amplituden- und die Frequenzmodulation. Bei der Amplitudenmodulation bleibt die Trägerfrequenz unverändert. Die Informationen werden übertragen, indem die Amplitude des Signals entsprechend variiert wird. Bei der Frequenzmodulation hingegen wird die Frequenz entsprechend der zu übertragenden Informationen variiert. Die Hüllkurve bleibt dabei unverändert.

Amplitudenmodulation (AM)

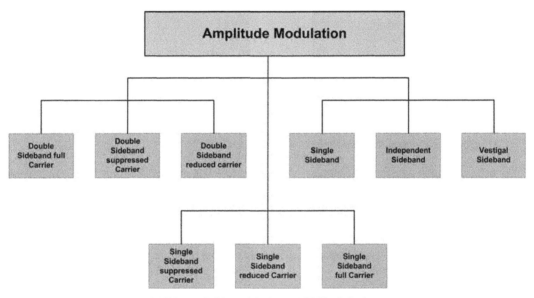

Abbildung 1: Verschiedene AM-Modulationen

Die Amplitudenmodulation wird vor allem in der Rundfunkübertragung oder im Flugfunk in VHF eingesetzt. In einer AM wird die Stärke der Trägerfrequenz in Zusammenhang mit der zu übertragnden Information variiert. In einer reinen AM werden beide Seitenbänder moduliert.

In den folgenden Abbildungen wird das Spektrum und das Sonogramm typischer Amplitudenmodulationen mit beiden Seitenbändern und Trägerfrequenz dargestellt.

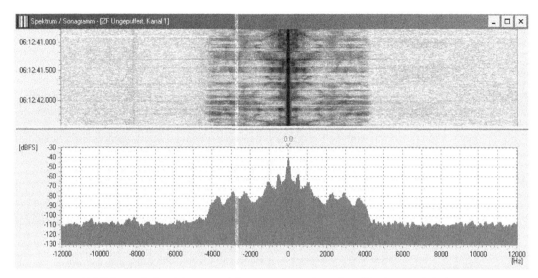

Abbildung 2: Spektrum und Sonogramm einer Amplitudenmodulation

Die Bezeichnung gemäss ITU ist A3E.

Doppelseitenband mit reduziertem Träger (DSB-RC)

In einer Übertragung per Doppelseitenband mit reduziertem Träger (DSB-RC) wird der Täger auf ein flexibles Niveau reduziert.

Doppelseitenband mit unterdrücktem Träger (DSB-SC)

In einer Übertragung per Doppelseitenband mit unterdrücktem Träger (DSB-SC) werden nur die Seitenbänder übertragen. Der Träger wird auf das Minimum gedämpft. Beide Seitenbänder entahlten die gleiche Information.

Folgende Abbildung stellt ein LINK-11-Signal mit beiden Seitenbändern und unterdrücktem Träger dar.

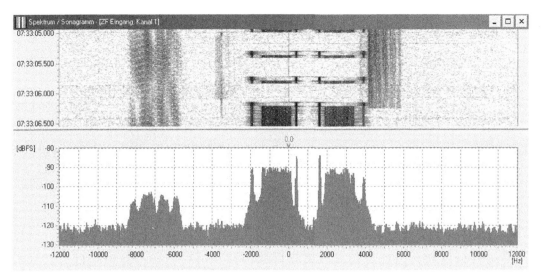

Abbildung 3: Spektrum und Sonogramm eines Signals mit DSB und unterdrücktem Träger

Einseitenband voller Träger

Bei diesem Modulationsverfahren erfolgt die Übertragung anhand des vollen Trägers und eines Seitenbandes. Dieses Verfahren ist oft beim russischen Flugfunk von dem Bodensender benutzt.

Folgende Abbildung stellt das Spektrum und das Sonogramm einer Einseitenband Modulation mit vollem Träger dar:

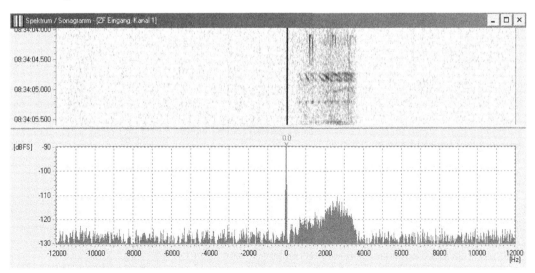

Abbildung 4: Spektrum und Sonogramm einer ESB mit vollem Träger

Die ITU Bezeichnung ist H3E.

Einseitenband mit reduziertem Träger (SSB-RC)

In einer Einseitenband Übertragung mit reduziertem Träger (SSB-RC), der Träger ist auf ein flexibles Niveau reduziert.

Folgende Abbildung stellt das Spektrum und das Sonogramm einer Einseitenband Modulation mit reduziertem Träger dar:

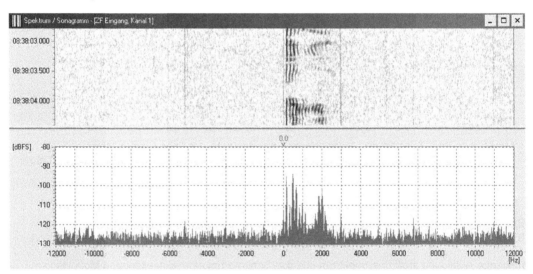

Abbildung 5: Spektrum und Sonogramm einer ESB mit reduziertem Träger

Die ITU Bezeichnung ist R3E.

Einseitenband mit unterdrücktem Träger (SSB-SC)

In einer Einseitenband Übertragung mit unterdrücktem Träger der Träger ist unterdrückt. Diese Art der Modulation ist in ATSC benutzt, was eine Menge von Standards bezeichnet, die durch die "Advanced Television System Committee" zwecks digitaler Übertragungen für das terrestrishe, das kabelgebundene sowie für das Satellitenfernsehen entwickelt wurde. Es ist die selbe Modulation wie die folgende Einseitenband Modulation.

Die ITU Bezeichnung ist J3E.

Einseitenband Modulation (SSB)

In einer Einseitenband Modulation werden das zweite Seitenband und der Träger nicht übertragen. Dieser Art der Modulation ist viel effizienter, weil die ganze Energie für die Übertragung der Information anhand des einen Seitenbands benutzt werden kann.
Folgende Abbildung stellt eine Einseitenband Modulation dar:

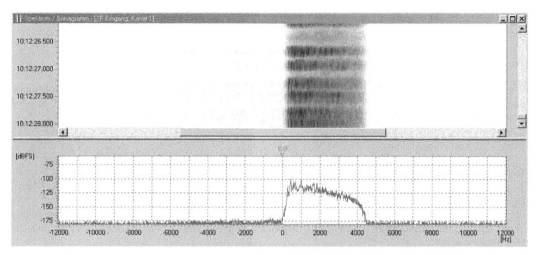

Abbildung 6: Spektrum einer Einseitenbandmodulation

Die ITU Bezeichnung ist J3E.

Modulation mit unabhängigen Seitenbändern (ISB)

In einer Modulation mit unabhängigen Seitenbändern ist der Träger unterdrückt, genau wie bei einer Doppelseitenband Modulation mit unterdrücketem Träger, aber die übetragende Information ist bei beiden Seitenbändern unterschiedlich. Dieses Verfahren ist oft in Zusammenhang mit einer digitalen Modulation benutzt, um die Bandbreite zu erhöhen.

Folgende Abbildung stellt ein moduliertes Signal mit unabhängigen Seitenbändern und mit einer Übertragungsrate von 50 Bd im unteren und 600 Bd im oberen Seitenband:

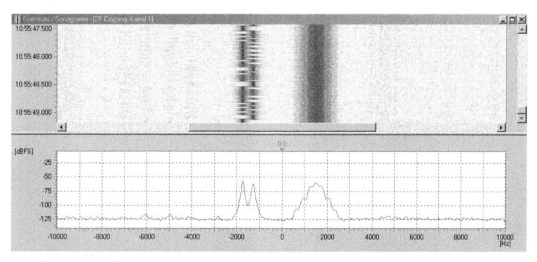

Abbildung 7: Spektrum eines modulierten Signals mit unabhängigen Seitenbändern

Die ITU Bezeichnung ist B8E.

Restseitenband Modulation (VSB)

In einer Restseitenband Modulation ist das Seitenband teilweise abgeschnitten oder gar unterdrückt. Fernsehübertragungen benutzen diese Methode, im Falle dass ein analoges Videoformat per AM übertragen wird wegen des hohen Bedarfs an Bandbreite.

Die ITU Bezeichnung ist C3F.

Frequenzmodulation (FM)

Bei einer Frequenzmodulation (FM) wird die Information übertragen, indem die Frequenz eines Hauptträgers variiert wird. Das Verhältnis zwischen Frequenzhub und Siganlfrequenz wird als Modulationsindex bezeichnet. Wenn der Frequenzhub gleich der Signalfrequenz ist, dann ist der Modulationsindex 1.

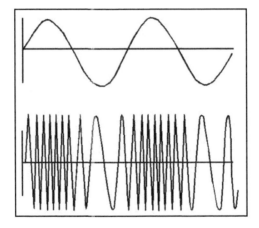

Abbildung 8: Frequenzmodulation

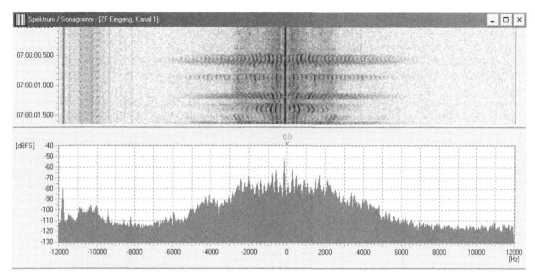

Abbildung 9: Spektrum und Sonogramm einer Frequenzmodulation

Die ITU Bezeichnung ist F3E.

Wide Frequency Modulation (WFM)

Diese Modulationsart wird hauptsächlich für Rundfunk im UKW-Bereich verwendet. Eine Kombination aller Unterträger und Informationskanäle werden auf einen Träger FM-moduliert und ergeben ein sehr weites FM-Spektrum. Die folgende Abbildung zeigt das typische Spektrum:

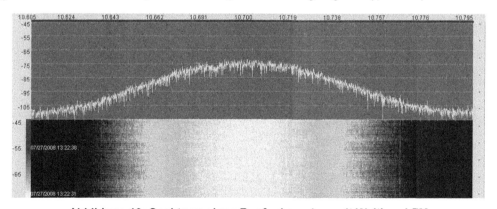

Abbildung 10: Spektrum eines Runfunksenders mit Weitband-FM

das erste und einfache Signal ist ein Mono Fm FM-Signal mit einer Bandbreite von 15 kHz. In den späten 1950 wurden ein Stereosignal und wietere Unterträger hinzugefügt.

Es war besonders wichtig, das FM stereo mit dem Monosignal kompatible ist. Dazu wurden der linke und rechte Kanal in ein Summensignal (links + rechts, L+R) und in einen Differenzkanal (links – rechts, L-R) zusammengefasst. Ein Mono-Empfänger empfängt das Summensignal und kann dieses auf einem Lautsprecher wiedergeben. Ein Stereo-Empfänger addiert das L+R und L-R Signals, um den linken Kanal zu erhalten und subtrahiert L+R und L-R, um den rechten Kanal zu erhalten.

Der (L+R) Hauptkanal wird als Basisbandsignal im Frequenzbereich von 30 Hz bis 15 kHz gesendet. Der (L−R) Unterkanal wird auf einen 38 kHz Doppelseitenbandträger mit unterdrücktem Träger (DSBSC) mit dem Frequenzbereich von 23 kHz bis 53 kHz aufmoduliert.

Eine 19 kHz Pilotton auf der halbem 38 kHz Unterträgerfrequenz mit einem sehr genauen Phasenzusammenhang zu diesem, wird ebenfalls erzeugt. Dieser wird mit 8–10% des Gesamtmodulationspegels gesendet, um im Empfänger den 38 kHz Träger mit korrketer Phase zu regenerieren.

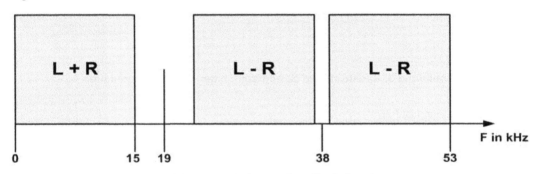

Abbildung 11: Stereo Rundfunksignal

Das Multiplexsignal des Stereogenerators enthält den Hauptkanal (L+R), den Pilotton und den Unterkanal (L−R), der auf einen 38 kHz-Träger AM-moduliert ist. Diese Signal zusammen mit noch anderen Unterträgern (z.B. RDS) moduliert dann den Rundfunksender.

Im Empfänger zerlegt ein Stereo-Dekoder das Signal soweit, dass wieder der linke und rechte Kanal zuhören sind. Eine FM-Demodulation direkt am Diskriminator ergibt das folgende Spektrum eine WFM-Signals:

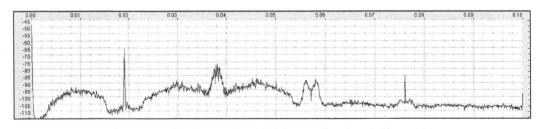

Abbildung 12: Spektrum eines FM Stereosignals mit Unterträgern

Als ein digitaler Service ist auf 57 kHz ein RDS-Datensignal aufmoduliert. 57 kHz ist die dritte Oberwelle zu 19 kHz. RDS arbeitet mit einer Datenrate von 1187,5 Bps. Als Modulation wird eine BPSK in zwei Seitenbändern mit unterdrücktem Träger verwendet.

Pre-emphasis und De-emphasis

Rauschen hat einen speziellen Effekt auf ein FM System. Es tritt besonders in den hohen Frequenzen des Basisband auf. Um diesen Effekt zu mindern, wurde eine Pre-emphasis und de-emphasis entwickelt. Vor der Aussendung werden die hohen Frequenzen angehoben und nach dem Empfang wieder reduziert. Dadurch wird besonders das Rauschen vermindert.

Die Stärke der Pre-emphasis und De-emphasis wird über ein einfaches RC-Filter eingestellt. In den meisten Gebieten der Erde wird eine Zeitkonstante von 50 µs verwendet. In Nordamerika ist es 75 µs. Sie werden auf die Mono- und Stereokanäle angewendet (nicht auf den Unterträgerne).

5.2 Digitale Modulation

Amplitude Shift Keying (ASK)

In der Amplitudeumtastung (Amplitude Shift keying, ASK) wird die Amplitude eines Tägers im Takt der zu übertragenden Daten zwischen zwei diskreten Werten verändert. In Abbildung 1 ist eine typische Amplitudenumtastung dargestellt.

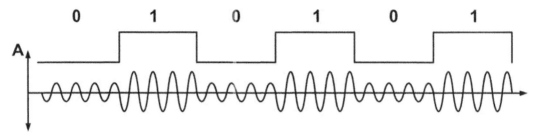

Abbildung 13: Amplitude Shift Keying (ASK)

Das digitale Zeichen mit dem binären Wort 010101 wird in der obigen Modulation übertragen. Jedem Wert 0 oder 1 sind eine bestimmte Amplitude zugeordnet. Hierbei handelt es sich um eine binäre ASK oder auch BASK. Oft wird auch die Anzahl der diskreten Amplituden durch eine Zahl ausgedrückt. Daher findet man auch häufig die Bezeichnung 2ASK.

Dae Spektrum einer ASK mit 100 Bd ist in der folgenden Abbildung zu sehen:

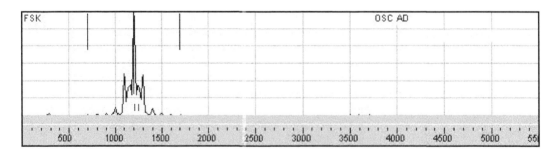

Abbildung 14: Spektrum einer ASK mit 100 Bd

On-Off-Keying (OOK)

Ein Sonderfall der ASK ist das sogenannte On-Off-Keying OOK. Hier gibt es nur die Zustände volle Amplitude oder keine Amplitude. Der Pegel des zweiten diskreten Wertes ist also 0. Dieses ist in der folgenden Abbildung gezeigt:

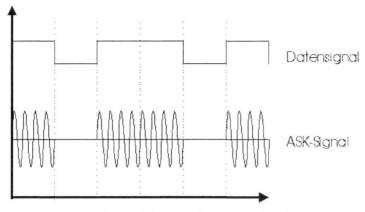

Abbildung 15: Darstellung einer OOK

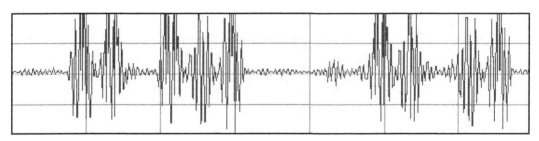

Abbildung 16: Oszilloskopdarstellung einer OOK

Frequenzumtastung (FSK)

Bei der Frequenzumtastung wechselt die Trägerfrequenz zwischen diskreten Werten. Bei der Frequenzumtastung mit nur zwei diskreten Werten handelt es sich um die sogenannte BFSK, was für binäre Frequenzumtastung steht. Die folgende Abbildung stellt eine 0101-Sequenz mit Frequenzumtstastung dar.

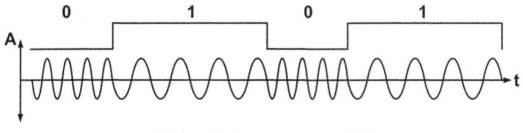

Abbildung 17: Frequenzumtastung (FSK)

Im einfachsten Fall wird eine Frequenzumtastung durch eine Tonfrequenzumtastung zwischen zwei Tönen produziert. Das kann in Zusammenhang mit einer Einzelnbandübertragung für die Modulation eines Trägers benutzt werden. Für die Übertragung z.B. der 0 wird Ton 1, für die Übertratung der 1 Ton 2 benutzt.

Die folgende Abbildung zeigt das typische Spektum einer FSK mit diskreten Frequenzen bei 1500 Hz und 2350 Hz, was eine Umtastung von 850 ergibt:

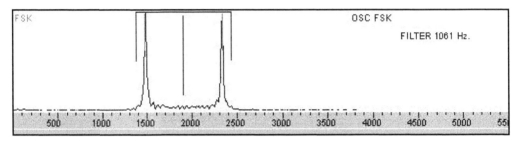

Abbildung 18: Spektrum einer FSK

Kontinuierliche Frequenzphasenumtastung (CPFSK)

Anhand von FSK können binäre Information durch die Umtastung eines sinusförmingen Trägers zwischen zwei diskreten Werten repräsentiert werden. Die Mark-Frequenz repräsentiert den Zustand 1 und die Space-Frequenz den Zustand 0. Beim Übergangspunkt zwischen der Mark- und der Space-Frequenz kann die Phase unstetig sein. Diese Unstetigkeit kann unerwünschte nicht lineare Effekte verursachen. Die Kontinuierliche Frequenzphasenumtastung (CPFSK) ist eine Variation der FSK, die diese Phasenunstetigkeit ausmärzt.

Das Spektrum einer CPFSK mit 100 Bd und eine Umtastung von 1000 Hz ist in der folgenden Abbildung dargestellt:

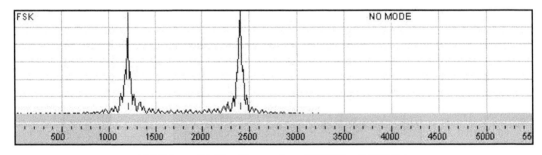

Abbildung 19: Spektrum einer CPFSK mit 100 Bd

Phasenunstetigkeiten können auch durch andere kohärente digitale Phasenmodulationstechniken entstehen, bei denen der Träger beim Beginn eines Symbols plötzlich auf 0 zurückgesetzt wird (z.B. M-PSK). Ein Beispiel ist die QPSK, bei der der Träger von Sinus augenblicklich auf Cosinus springt (z.B. eine 90 Grad Phasenumtastung), wenn sich eins der zwei Bits eines Symbols von den zwei Bits des vorangegangenen Symbols unterscheidet.

Diese Unstetigkeit erzeugt hohe Wellenanteile außerhalb der Übertragungsbandbeite. Das führt zu einer ineffizienten Nutzung des Spektrums. Darüber hinaus ist eine CPFSK typischerweise als konstante Hüllkurve implementiert, sodass die Leistung des Senders konstant bleibt.

Die CPFSK ist oft auch Kontinuierliche Phasenmodulation (CPM) genannt.

Doppelte Frequenzumtastung (DFSK)

DFSK oder TWINPLEX ist eine Frequenzumtastung bei der zwei Signale gebündlet und simultan durch Umstastung zwischen vier Frequenzen übertragen werden. Die Signale sind unabhängig von einander und können synchrone oder asynchrone Kombinationen enthalten.

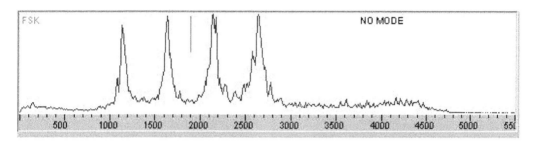

Abbildung 20: Spektrum einer DFSK

Konstante einhüllende 4-fach Frequenzmodulation (C4FM)

Die C4FM ist eine Modulation mit vier Trägerfrequenzen, bei der der Träger mit einer bestimmten Baudrate zu einer bestimmten Frequenz oberhalb oder unterhalb einer Mittenfrequenz umgetasten wird. Auf dies Weise ergeben sich 4 binäre Zustände. Jeder Zustand ist ein "DiBit" oder "Symbol", das zwei Bits von Information enthält.

Jeder Träger repräsentiert ein Symbol. In Wirklichkeit die Träger sind keine eigenstädigen von einer Grundfrequenz umgetastete Träger. Obwohl jeder Träger eine feste Grundfrequenz besitzt, der Träger kehrt nie zur Mittenfrequenz zurück. Jeder Übergang des Trägers ist kodiert zu beginnen, dort wo er zuletzt war.

Als Beispiel APCO25 überträgt folgende Information mit C4FM:

Information	Symbol	Shift
01	+ 3	+ 1.8kHz
00	+ 1	+ 0.6kHz
10	- 1	- 0.6kHz
11	- 3	- 1.8kHz

Tabelle 1: C4FM Zeichentabelle

Da die C4FM eine Modulation mit konstanter Amplitude ist, liegen die vier Entscheidungspunkte der I/Q-Dartstellung auf einem Kreis

Dabei ist keine Amplituden- sondern eine Phasenumtastung zu sehen, die mit der Frequenzumtastung des Trägers zusammenhängt. Der Schlüssel der Kompatibilität mit der CQPSK liegt darin, dass die Symbole im I/Q an der selben Position unabhängig vom Modulationsschema erscheinen.

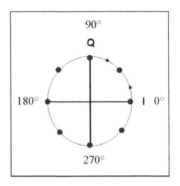

Abbildung 21: IQ darstellung C4FM

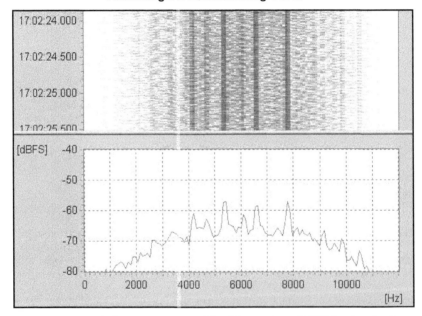

Abbildung 22: Sonogramm und Spektrum einer C4FM im Leerlauf

Minimum Shift Keying (MSK)

Die Minimum Umstastung ist ein spezielle Form der kontinuierlichen Frequenzphasenumtastung (CPFSK) mit einem Modulationsindex von 0.5. Ein Modulationsindex von 0,5 entspricht dem minimalen Frequenzabstand, bei dem es möglich ist, dass zwei FSK-signale kohärent othogonal sind. Der Name Minimum Umtastung weist auf die minimale Frequenztrennung (i.e. Bandbreite), bei der orthogonale Erkennung möglich ist.

Diese Technik ist verwendet, um die kleinste benötigte Bandbreite für eine bestimmte Modulation (üblicherweise FSK) zu ermitteln. Wenn in einer FSK zwei Frequenzen nicht weit genug von einander sind, dann ist es nicht möglich die zwei Niveaus von einander zu unterscheiden. Der

Abstand zwischen zwei Frequenzen, Df_{MSK}, der notwendig ist, damit die zwei Niveaus genau erkennbar sind, beschreibt folgende Formel:

$$Df_{MSK} = 1/(4t_d)$$

wobei t_d die Pulsdauer ist, die vorher erläutert wurde. MSK soll die effizienteste Methode für die Nutzung einer bestimmten Bandbreite sein. Es maximiert die Zuverlässigkeit (die mit S/N zusammenhängt) anhand einer gegebenen Bandreite. MSK wird sehr oft im unteren Teil auf Langwelle (10 kHz bis 150 kHz) verwendet.

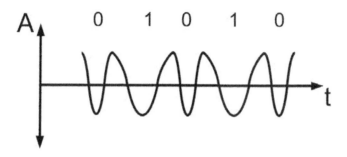

Abbildung 23: Minimum Shift Keying

Tamed Frequency modulation (TFM)

Die Tamed Frequency Modulation ist einer MSK ähnlich, verwendet aber ein schmaleres Filter.

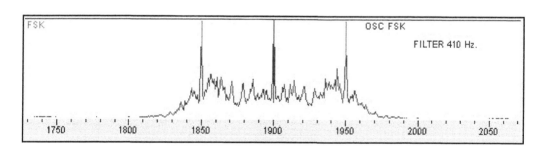

Abbildung 24: Spektrum einer Tamed Frequency Modulation (TFM 3) mit 100 Bd

Gaussian Minimum Shift Keying (GMSK)

GMSK ist ein Sonderfall der FSK-Modulation. Einsen und Nullen werden durch eine Umtastung der zwei Träger übertragen. Die Verwendung einer Frequenzshift von einem Viertel der Datenrate minimiert die Breite des Modulationsspektrum und erhöht die Kanaleffizienz. Bei einer GMSK wird das Modulationsspektrum weiterhin durch Gauß-Filter reduziert. Gauß-Filter sind Frequenzfilter, welche bei der Sprungantwort keine Überschwingung aufweisen und gleichzeitig maximale Flankensteilheit im Übergangsbereich aufweisen.

Multi Frequency Shift Keying (MFSK)

MFSK ist eine Modulationstechnik, bei der digitale Signale durch sehr viele Töne übertragen werden. Normalerweise wird immer nur ein Ton zur Zeit gesendet. MFSK hat verschiedene Vorteile:

- Hohe Unterdrückung von Puls- und Breitbanstörungen durch die Verwendung schmaller Filter für die Töne.
- Niedrige Baudrate für hohe Empfindlichkeit und Unterdrückung von Mehrwegeausbreitung
- Konstante Sendeleistung.
- Tolerant gegenüber Effekten der Ionosphäre wie z.B. Doppler, Fading und Mehrwegeausbreitung.

MFSK Systeme verwenden eine nichtkohärente demodulation und gruppieren die Töne so dicht zusammen wie nur möglich. Dadruch wird die Bandbreite gering gehalten. Der Tonabstand ist äquivalent zur Baudrate oder Vielfach davon, da sonst die Töne schwer zu unterscheiden sind. dadruch könne die Töne orthogonal übertragen werden (jeder Ton kann für sich dedektiert werden, ohne Einflüsse von anderen Tönen oder andere Töne zu beeinflussen). Der Tonabstand kann z.B. 20 Hz betrgaen, wenn die Baudrate 20 Bd beträgt.

Es gibt verschiedene Möglichkeiten, wie Informationen mit einer MFSK übertragen werden. Bei ALE wird jedem Ton eine bestimmte Bitkombination zugewiesen, andere VErfahren verwenden pro Ton einen bestimmten Buchstaben oder Zahl. Das folgende Bild zeigt eine MFSK mit 12 Tönen:

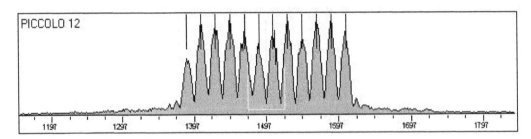

Abbildung 25: Spektrum einer MFSK mit 12 Tönen

Phase Shift Keying (PSK)

Bei einer Phasenmodulation (PSK= Phase Shift Keying) wird die Information durch einen Phasensprung übertragen. Dieses soll das folgende Bild verdeutlichen:

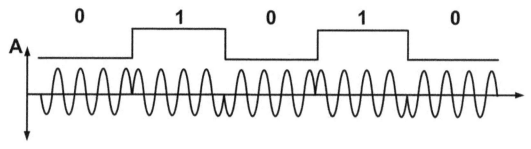

Abbildung 26: Phaseumtastung PSK

Binary Phase Shift Keying (BPSK)

Es gibt verschiedene Möglichkeiten, die Informationen zu übertragen. Diese unterscheiden sich im wesentlichen durch die Anzahl und dem Betrag der möglichen Phasensprünge. Die einfachste Form ist sicherlich die 2-PSK (BPSK = Binary PSK). Diese läßt einen oder zwei Phasen-sprünge zu. Es wird zwischen der BPSK-A und der BPSK-B unterschieden. Die BPSK-A überträgt für eine logische 0 keinen Phasensprung (0 Grad) und für eine logische 1 eine absolute Phase von 180 Grad. Solange im Datenstrom eine logische 1 übertragen wird, bleibt die Phase in der absoluten Darstellung immer auf 180°. Beim Auftreten einer logischen 0 erfolgt kein Phasensprung und somit bleibt die Phase auf 0°.
Dieses Verhalten ist im folgenden Bild dargestellt:

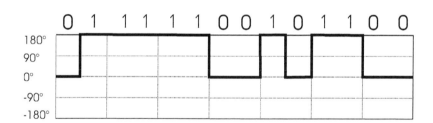

Abbildung 27: BPSK-A

In einer Polarkoordinatendarstellung entstehen daher zwei Punktwolken, die die Verteilung von 0 und 1 im Signal bei 0° und 180° darstellen. Dieses entspricht der absoluten Phasenwertdarstellung.

Folgende Abbildung zeigt die zwei Punktwolken einer BPSK im Phasendiagramm.

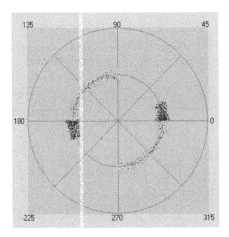

Abbildung 28: Phasediagramm einer BPSK

Die nächste Abbildung zeigt das typische Spektrum einer BPSK mit einer Symbolrate von 600 Bd:

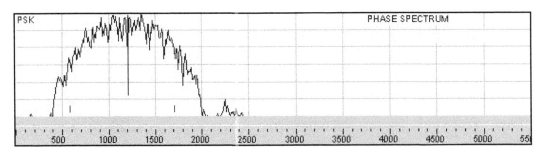

Abbildung 29: Spektrum einer BPSK mit 600 Bd

Im folgenden Beispiel wird bei der BPSK-B wird für die logische 0 ein absoluter Phasensprung von -90 Grad eingeleitet und für eine logische 1 ein absoluter Sprung in der Phase von +270 Grad. Bei zwei aufeinanderfolgenden logischen 0 springt die Phase absolut auf -90° und dann auf -180°. Folgt jetzt eine logische 1, erfolgt ein Sprung um +270°, was -180° ergibt. Die Differenzphasenwerte bleiben, wie oben definiert, bei 90° und 270°. Der Phasenübergang erfolgt immer beim Wechsel des Bitzustands im Datenstrom.

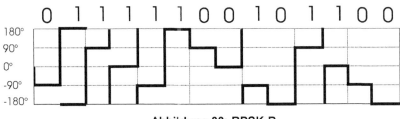

Abbildung 30: BPSK-B

54

In einer Polarkoordinatendarstellung entstehen daher vier Punktwolken, die die Verteilung von 0 und 1 im Signal bei 0°, 90°, 270° und 180° darstellen. Dieses entspricht der absoluten Phasenwertdarstellung.

Quadrature Phase Shift Keying (QPSK)

Ein weiterer Typ der Phasenmodulation ist die 4-PSK oder auch QPSK (Quadratur Phase Shift Keying). Auch diese kann wieder in QPSK-A und QPSK-B unterschieden werden.
Bei der QPSK ergeben sich abhängig von den Varianten folgende Phasensprünge:

Dibit-Wert	QPSK-A	QPSK-B
00	kein Phasensprung	Phasensprung um 45°
01	Phasensprung um 90°	Phasensprung um 135°
11	Phasensprung um 180°	Phasensprung um 225°
10	Phasensprung um 270°	Phasensprung um 315°

Tabelle 2: Bitwerte einer QPSK

Beide Versionen sind in den folgenden beiden Zeichnungen dargestellt. In diesem Fall wird jeder Phasensprung um den dem Dibit-Wert entsprechenden Phasensprung aufaddiert.

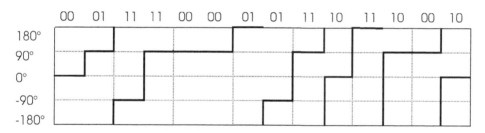

Abbildung 31: QPSK-A

Es ist deutlich zu erkennen, daß in einer Phasendarstellung 4 Punktwolken bei den relativen Phasenwerten enstehen. In der folgenden Darstellung würden im Phasendiagramm 8 Punktwolken mit einem relativen Abstand von 45° entstehen.

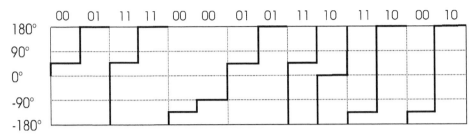

Abbildung 32: QPSK-B

Die folgende Abbildung zeigt das typische Spektrum einer QPSK Phasenmodulation mit 600 Bd:

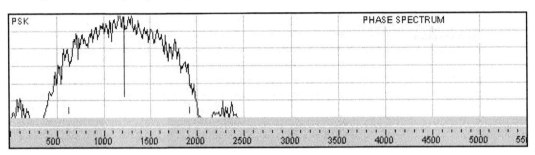

Abbildung 33: Spektrum einer QPSK mit 600 Bd

Die nächste Abbildung zeigt das Phasendiagramm einer QPSK-A mit Phasensprüngen at 0°, 90°, 180° und 270°:

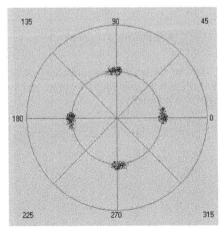

Abbildung 34: Phase plane of a QPSK

QPSK hat eine höhere Bandbreiteneffizienz als eine BPSK, ist in der realisierung aber komplexer.

Offset Quadrature Phase Shift Keying (OQPSK)

OQPSK ist ein spezielle Version der QPSK, bei der durch eine bestimmte Form der Aufbereitung des Signals dafür gesorgt wird, daß das zu sendende Signal keine Amplitudenmodulation aufweist. Diese Nachteile der Amplitudeneinbrüche treten dann auf, wenn in dem Signal Phasensprünge von 180° auftreten. Diesen werden in der OQPSK dadurch vermieden, daß das eigentliche Signal in zwei Signalanteile I und Q zerlegt wird, die dann um eine halbe Symboldauer versetzt gesendet werden.

Das Phasendiagramm der Offset-QPSK ist in der folgenden Abbildung dargestellt. Die Phasen verlaufen hierbei nur auf einer quasi kreisförmigen Bahn, es gibt also keine Phasensprünge um 180° durch den Kreismittelpunkt, wie sie bei der QPSK üblich sind.

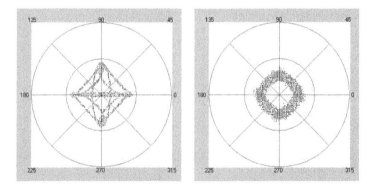

Abbildung 35: Phasendiagramm einer QPSK (links) verglichen mit einer OQPSK (rechts)

Staggered Quadrature Phase Shift Keying (SQPSK)

Staggered Quadrature Phase Shift Keying entspricht einer OQPSK

Compatible Differential Offset Quadrature Phase Shift Keying (CQPSK)

CQPSK moduliert sowohl die Phase als auch die Amplitude eines Trägers, um die Breite des ausgesendeten Spektrums zu minimieren. Für APCO25 verwendet CQPSK die folgenden Phasensprünge:

Information	Symbol	Phasen- sprünge
01	+ 3	+ 135°
00	+ 1	+ 45°
10	- 1	- 45°
11	- 3	- 135°

Tabelle 3: Phase Shifts for CQPSK

CQPSK wird auch als π/4 QPSK bezeichnet.

Coherent Phase Shift Keying (CPSK)

Bei der CPSK wird eine "0" durch die Übertragung eines Trägers mit der Referenzphase während eines Bits repräsentiert. Die "1" entspricht der Übertragung eines um 180 Grad von der Referenzphase verschobenen Trägers. Die Demodulation erfolgt, indem beim Empfänger die Referenzphase ermittelt wird und die Phase des empfangenen Trägers während eines Bits dagegen verglichen wird um festzustellen, ob es sich um eine "0" oder um eine "1" handelt.
Die CPSK kann auch mit einer höheren Anzahl von Phasenverschiebungen z.B. 4 oder 8 benutzt werden. In diesem Fall enthält jede Phase eine spezielle binäre Codierung.

Differential Coherent Phase Shift Keying (DCPSK)

Bei der DCPSK werden im Gegensatz zu der CPSK die Differenzen von Phasen und nicht deren absolute Werte berücksichtigt. So wird eine "0" als gleichbleibende Phase des Trägers im darauffolgenden Bit repräsentiert. Um eine "1" zu repräsentieren, wird im darauffolgenden Bit die Phase des Trägers um 180 Grad verschoben. Die Demodulation erfolgt, indem die Phase des Trägers bei einem Bit mit der Phase des Trägers im darauffolgenden Bit verglichen wird. Dadurch wird festgestellt, ob eine "0" oder eine "1" übertagen wurde.
Die DCPSK kann auch mit einer höheren Anzahl von Phasenverschiebungen z.B. 4 oder 8 benutzt werden. In diesem Fall enthält jede Phase eine spezielle binäre Codierung.

8PSK Modulation

In einer 8PSK werden an Stelle von 4 Phasensprüngen 8 Phasenumtastungen verwendet. das ergibt folgende Phasendarstellung:

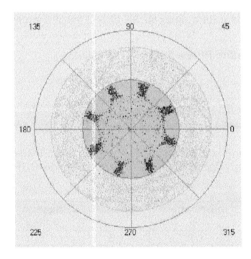

Abbildung 36: Phasendiagramm einer 8PSK

Das Spektrum einer 8PSK sieht ähnlich aus wie das einer QPSK:

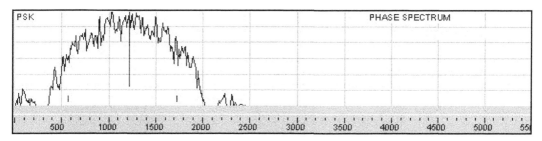

Abbildung 37: Spektrum einer 8PSK mit 600 Bd

Differential Phase Shift Keying (DPSK)

In einer DPSK (Differential Phase Shift Keying) oder auch Phasendifferenzmodulation werden Information durch die Änderung der Phase kodiert. Eine Phasenänderung von 0° bedeutet die Übertragung einer 0 , eine Änderung um 180° eine 1. Nur über die absolute Phasenänderung gegenüber der vorhergehenden Phase kann der übertragene Wert bestimmt werden.
Da nur Phasendifferenzen und nich absolute Phasen betrachtet werden, ist die Demodulation ohne Referenzphase, im Gegensatz zu einer normalen BPSK, möglich.
Allerings ist der benötigte Signal/Rauschabstand etwas größer.

Differential Binary Phase Shift Keying (DBPSK)

DPSK mit 2 Phasenumtastungen bei ± 180°.

Differential Quadrature Phase Shift Keying (DQPSK)

DPSK mit vier Phasenumtastungen bei ± 90° und ± 180° gemäß folgender Tabelle:

Di-Bit Wert	DQPSK
00	45°
01	135°
10	- 45°
11	- 135°

Tabelle 4: Bitwerte für eine DQPSK

Differential 8 Phase Shift Keying (D8PSK)

DPSK mit acht Phasenumtastungen beit ±45°, ±90°, ±135° und ± 180°.

Symmetrical Differential Phase Shift Keying (SDPSK)

Bei einer Symmetrical Differential Phase Shift Keying (SDPSK) ist die Phasenverschiebung symmetrisch. Eine positive Phase von 90° entspricht dem Bit 1, eine negative Phase von 90° dem Bit 0.

Quadrature Amplitude Modulation (QAM)

Quadrature Amplitude Modulation (QAM) ist eine Modulation bei der zwei Techniken kombiniert werden: die Amplitudenmodulation und die Phasenmodulation (PSK). Eine Kombination von zwei Amplitudenwerten und einer QPSK resultiert in eine 8QAM mit 8 Zuständen, die 8 verschiedene Bitsequenzen gemäß folgender Tabelle annehmen kann:

Bit Sequenz	Amplitudenpegel	Phasen-shift
000	1	0°
001	2	0°
010	1	90°
011	2	90°
100	1	180°
101	2	180°
110	1	270°
111	2	270°

Tabelle 5: Bitwerte für eine QAM

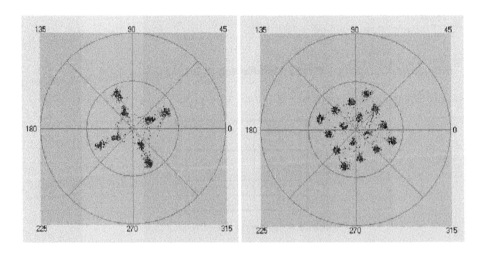

Abbildung 38: Beispiele einer 8QAM und 16QAM in der Phasendarstellung

Die nächsten beiden Abbildungen zeigen das Spektrum einer 8QAM und 16QAM mit 600 Bd:

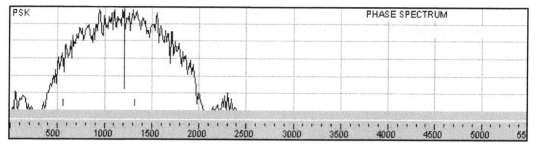

Abbildung 39: Spektrum einer 8QAM mit 600 Bd

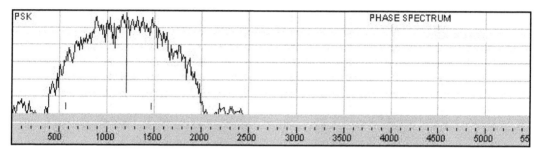

Abbildung 40: Spektrum einer 16QAM mit 600 Bd

Der Hauptunterschied besteht in den niedrigeren Nebenkeulen bei der 16QAM verglichen mit der 8QAM.

Orthogonal Frequency Division Multiplexing (OFDM)

Die OFDM basiert darauf, dass ein einzelner hochfrequenter Träger durch mehrere Teilträger ersetzt wird, jeder von denen auf einer erheblich niedrigeren Frequenz liegt. Es ist eine spezielle Form der Mehrträgermodulation. Über die OFDM werden auf verschiedene Frequenzen mehrere Signale mit höherer Datenrate simultan übertragen. Das Kanalspektrum wird auf eine Anzahl von unbahängigen Unterkanälen verteilt und jeder von diesen Unterkanälen wird für die Übertragung auf einer einzelnen Verbindung benutzt. Im Gegensatz zu einer FDM überlappen sich die Träger in einer OFDM.

Die OFDM ist eine Breitbandmodulation, die besonders gut geeignet für den Mehrkanalempfang ist. Indem die Anzahl der parallelen Übertragungskanäle erhöht wird, wird der Anspruch auf hohe Datenrate auf die einzelnen Träger reduziert, was wiederum die Periode eines Symbols verlängert.

Das grunlegende Prinzip der OFDM ist ein Kanalsymbol so weit zu verlängern, dass die Zeitverzögerung innerhalb eines Signals nur ein Bruchteil der gesamten Symbollänge beträgt. Der Anfang eines Symbols, das sogenannte Schutzintervall, wird beim Empfänger ignoriert, denn es enthält Symbolübergänge der Mehrkanalkomponenten. Nur der darauffolgende Teil wird verwendet, um die übertragenen Daten zu demodulieren. Indem das Schutzintervall entfernt wird, lassen sich Symbolinterferenzen minimieren, was wiederum zu einer unaufwendigen Gewinnung der übertragenen Information führt.

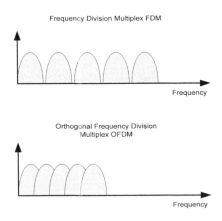

Abbildung 41: Vergleich FDM und OFDM

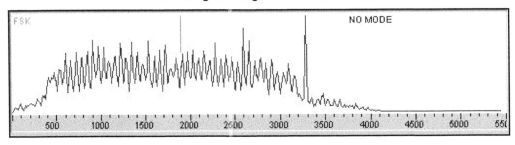

Abbildung 42: Spektrum einer OFDM mit 45 Kanälen

Spread Spektrum (SS)

Spread Spektrum ist eine Funkübertragungsmethode bei der die zu übertragende Information auf ein viel breitere Bandbreite als die notwendige ausgebreitet wird, um die Toleranz gegen Interferenzen zu erhöhen oder auch Lizenzfragen zu umgehen. Diese Technik wurde vom Militär für die Nutzung in WLANs mit Anspruch auf zuverlässige, sichere und sicherheitsempfindliche Kommunikation entwickelt. Spread Spektrum verleiht einem Signal rauschähnliche Eigenschaften und is daraufhin konzipiert, die effiziente Nutzung der Bandbeite gegen Zuverlässigkeit, Intaktheit und Sicherheit abzuwägen. Mit anderen Worten es wird zwar mehr Bandbreite verwendet als bei der Schmallbandübertragung, aber mit dem Vorteil, dass das Signal lauter ist und daher einfacher aufzuspüren, vorausgesetzt dass der Empfänger die Parameter des Funksignals kennt, das per Spread Spektrum übertragen wird. Wenn ein Empfänger nicht auf die richtige Frequenz gestimmt ist, dann sieht das Spread-Spektrum-Signal wie Hintergrundrauschen aus, nur dass es einen höheren Level hat als das "normale" Rauschen. Es gibt zwei Arten von Spread-Spektrum-Funk: Frequenzsprungverfahren (FHSS) und Direktsequenz (DSSS). Diese Kommunikationstechniken breiten ein Signal auf eine Vielzahl von Frequenzen für die Übertragung aus; am Empfänger wird das Signal wieder auf die ursprüngliche Bandbreite rekonstruiert.

Direct Sequence Spread Spektrum (DSSS)

Direktfrequenz Spread Spektrum ist eine Technik bei der die Phase eines Trägers anhand einer pseudozufälliger Sequenz moduliert wird und so das Signal auf eine breite Frequenzspanne ausbreitet. DSSS generiert ein reduntantes Bitmuster für jades zu übertragende Bit. Dieses Bitmuster ist genannt Chip (oder Chipping Code). Je länger das Chip, desto grösser die Wahrscheinlichkeit mit der die ursprünglichen Daten rekonstruiert werden können. Auch wenn ein oder mehrere Bits in einem Chip während der Übertragung beschädigt werden, können die ursrpünglichen Daten anhand von statistischen Techniken rekonstruiert werden, die im Verfahren eingebettet sind, ohne dass die Übertragung wiederholt werden muss. Beim Empfänger sieht DSSS wie Breitbandrauschen mit niedriger Energie aus. Daher wird so ein Signal von den meisten Schmallbandempfängern nicht empfangen. Das Signal wird anhand einer pseudozufälligen Sequenz rekonstruiert, die und synchron mit der jenigen Sequenz ist, die beim Sender verwendet wurde, um das Signal zu kodieren.

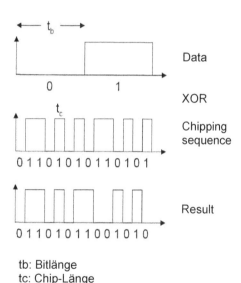

tb: Bitlänge
tc: Chip-Länge

Abbildung 43: Funktion einer DSSS

Frequency Hopping Spread Spektrum (FHSS)

Frequency Hopping Spread Spectrum ist eine Modulationstechnik bei der die Übertragungsfrequenz von Kanal zu Kanal auf eine definierte aber pseudozufällige Art springt. Das Signal wird beim Empfänger anhand eines pseudozufälligen Sequenzgenerators rekonstuiert, der synchron mit dem pseudozufälligen Generator des Senders ist. Das Frequenzsprungverfahren ist mit anderen Worten ein Funkkommunikationsverfahren bei dem Sender und Empfänger springen synchron von einer Frequenz zu der nächsten anhand eines festgelegren Musters.

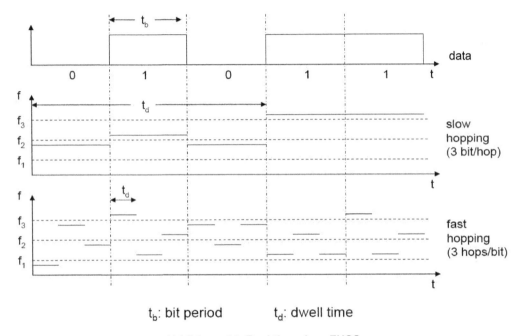

t_b: bit period t_d: dwell time

Abbildung 44: Funktion einer FHSS

Incremental Frequency Keying (IFK)

In einer Incremental Frequency Keying werden die Daten nicht durch einen bestimmten Ton übertragen sondern durch einen Frequenzunterschied zwischen zwei aufeinanderfolgenden Tönen. Eine IFK ist daher unabhängig von einer exakten Empfängerabstimmung. IFK ermöglicht die Verwaltung von Tongruppen.um Intersymbolinterferenzen zu verringern. Ausserdem werden systematische Fehler durch In-Band-Träger reduziert.

Analoge Pulsmodulation

Pulsamplitudenmodulation (PAM)

Die Pulsamplitudenmodulation (PAM) ist ein analoges Modulationsverfahren, bei der die Amplitude des Signals in bestimmten Zeitabständen abgetastet wird. Der Informationsgehalt steckt bei einem PAM-Signal in der Höhe des jeweiligen Impulses. Diese Höhe entspricht der zum Zeitpunkt der Abtastung vorhandenen Amplitude der Signalspannung.

Pulsweitenmodulation (PWM)

In einer Pulweitenmodulation (PWM) hängt dieBreite eine Pulses direkt von der Amplitude des analogen Signals ab. PWM ist auch unter Pulsbreitenmodulation (PBM) und Pulsdauermodulation (PDM) bekannt.

Pulspausenmodulation (PPM)

Der englische Begriff Puls Position Modulation (PPM) entspricht der Pulspausenmodulation. Die zu übertragene analoge Größe wird als Pausendauer zwischen aufeinander folgenden Impulsen kodiert. Die Impulse sind von gleicher Höhe und Dauer.

Die folgende Abbildung zeigt die verschiedenen Amplitudenmodulationen:

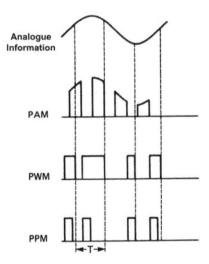

Abbildung 45: Verschiedene Amplitudemodulationen

Digital Pulse Modulation

Pulse Code Modulation (PCM)

Pulse Code Modulation (PCM) ist ein Pulsmodulationverfahren, das ein zeit- und wert-
kontinuierliches analoges Signal in ein zeit- und wertdiskretes digitales Signal umsetzt.
Das analoge Signal wird mit einer zeitlich konstanten Rate abgetastet. Dabei wird aus dem
zeitkontinuierlichen Signalverlauf eine zeitdiskrete Signalfolge gebildet. Zur Erhaltung der
Information in der zeitdiskreten Folge ist die Erfüllung des Nyquist-Shannon-Abtasttheorems
notwendig. Dies bedeutet, dass die Abtastrate mehr als doppelt so groß sein muss, als die im
Signalverlauf höchste vorkommende Frequenzkomponente ist. Danach erfolgt eine Quantisierung
auf diskrete Werte. Die Quantisierung ordnet einem bestimmten Wertebereich einen bestimmtes
Binärcode zu.

In dem folgenden Beispiel wird das analoge Signal in 16 verschiedene Pegelstufen quantisiert,
wobei jede Stufe einem 4 Bit-Wort entspricht.

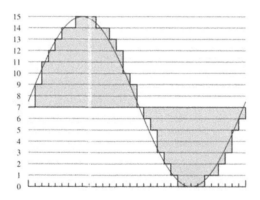

Abbildung 46: Quantisierung in einer PCM

66

Delta Modulation

Bei der Deltamodulation wird das analoge Signal in gleichmäßigen Abständen abgetastet, je ein Abtastwert wird gespeichert und mit dem vorherigen verglichen. Ist der zweite Abtastwert größer als der erste, wird vom Deltamodulator eine Eins (1) erzeugt, Ist der zweite Abtastwert kleiner, wird eine Null (0) erzeugt.

Um einen entsprechenden Dynamikumfang mit der Deltamodulation zu erzielen, wird eine erheblich höhere Abtastfrequenz als bei der Pulscodemodulation verwendet.

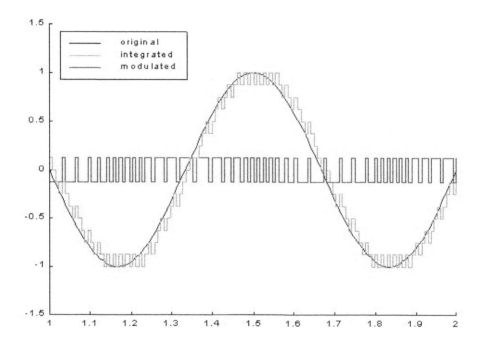

Abbildung 47: Delta-Modulation

5.3　Beschreibung von Kennzuständen

Im Fernschreibdienst und bei Datenübertragungen wird die jeweilige Information als Zeichen übertragen. Hierbei handelt es sich um binäre Zeichen, die durch zwei verschiedene Pegel gekennzeichnet sind. Diese Pegel haben in den verschiedenen Anwendungen bei der Übermittlung von Informationen auch verschiedene Bezeichnungen bekommen. Folgende Bezeichnungen sind zur Zeit üblich :

Kein Strom	Strom
Datenpegel 0	Datenpegel 1
A (auf festen Leitungen)	Z (auf festen Leitungen)
B (in Funkverbindungen)	Y (in Funkverbindungen)
Höhere Frequenz	Niedrige Frequenz
Ton	Ton
Phasenumtastung	no phase Shift
Space	Mark
Start	Stop
weiß (FAX)	Schwarz (FAX)
Keine Lochung	Lochung

Tabelle 6: Verschiedene Beschreibungen für Datenzustände

In der Kommunikation werden verschiedene Modi für den Austausch von daten verwendet. Diese werden im folgenden Abschnitt beschrieben

Asynchrone Datenübertragung

Diese Art der Übertragung ist auch unter dem Begriff " Start-Stop-Verfahren " bekannt und gehört zu den Vorläufern der synchronen Übertragung. Bei dieser Übertragungsart erfolgt für jedes Zeichen eine Synchronisation zwischen Sender und Empfänger, die nur für dieses eine Zeichen gilt. Jedes übertragene Zeichen beginnt mit einem Startbit das grundsätzlich als 0 definiert ist und endet mit einem oder mehrerer Stopbits die einen 1 Pegel haben. Zwischen beiden wird das eigentliche Datenwort übertragen. Der Abstand zwischen den einzelnen Zeichen dürfte theoretisch beliebig lang sein.

Im Ruhezustand liegt immer der Eingangspegel 1 oder Mark an, ein Sendevorgang wird durch das Umschalten auf 0 oder Space eingeleitet. Durch diese Kurzzeitstabilität können Daten oder Zeichen mit einfachen Fernschreibmaschinen übertragen werden und reduzieren den technischen Aufwand auf ein Minimum. Der Nachteil der asynchronen Übertragung liegt in der Menge der zusätzlichen Bits, die immer mit gesendet werden müssen. Dadurch reduziert sich der Datendurchsatz gegenüber synchronen Verfahren um ein Erhebliches. Mit einem Start- und Stopbit verringert sich der Datendurchsatz immerhin schon auf 80 % gegenüber dem gleichen Synchronverfahren.

Synchrone Datenübertragung

In der synchronen Übertragung werden Sender und Empfänger für die gesamte Verbindung synchronisiert. Der Datendurchsatz steigt bei diesem Verfahren erheblich gegenüber dem asynchronen Verfahren an.

Die einzelnen Datenworte werden zu Blöcken zusammengefaßt und durch bestimmte Synchronworte am Anfang und Ende gekennzeichnet. Diese Flags bestehen aus bestimmtem Bitkombinationen, die sonst eigentlich nicht innerhalb der Daten auftreten oder auftreten dürfen.

Um die Synchronisation der Stationen in den Pausen aufrecht zu erhalten, werden diese durch Idle- oder Leerlaufzeichen überbrückt, die synchronen Übertragungen in den Pausen einen bestimmten Rhythmus geben. In der Datenübertragung wird zwischen zeichenorientierten und bitorientierten Datenübertragungsprotokollen unterschieden.

Zeichenorientierte Verfahren verwenden die schon erwähnten Flags, während bei bitorientierten Verfahren ganze Blöcke zusammengefaßt werden und eventuell auftretende Kombinationen, die für die Blockbegrenzungszeichen reserviert sind, durch Bit-stuffing verändert.

Simplex

In dieser Betriebsart ist nur ein Übertragungskanal vorhanden. Ein Austausch von Daten ist aber in beide Richtungen möglich. Zur Zeit ist immer nur eine Station aktiv, während die andere Station diese empfängt.

Duplex

Duplex arbeitet mit zwei Datenkanälen oder Frequenzen. Ein Datenaustausch kann simultan in beide Richtungen erfolgen.

Halbduplex

Halbduplex unterscheidet sich von Duplex nur dadurch, daß die Endgeräte keinen simultanen Betrieb zulassen, die Kanäle oder Frequenzen aber vorhanden sind.

Semiduplex

In dieser Betriebsart sind ebenfalls zwei Übertragungskanäle vorhanden. Während auf einer Seite Duplex möglich ist, kann die andere Station nur im Simplex- oder Halbduplexbetrieb arbeiten.

5.4   Baudrate, Bitrate, Symbolrate

Bitrate

Die Bitrate gibt an, wieviel Bits (das sind 0 und 1) innerhalb von 1 Sekunde übertragen werden. Ein Wert von 2400 Bits pro Sekunde bedeutet 2400 Nullen oder einsen können innerhalb einer Sekunde gesendet werden. Daher auch die Abbkürzung **B**it **p**er **s**econd Bps.

Symbolrate

In der digitalen Kommunikation wird die Symbolrate asugedrückt als Anzahl der Bits, die pro Symbol gesendet werden. So hat z.B. eine 8PSK die Möglichkeit 3 Bits pro Symbol zu senden, den es gitb insgesamt 8 Phasenzustände. Bei einer 2FSK können pro Änderung nur 1 Bit übertragen werden. Die Symbolrate wirds in Symbole pro Sekunde (Hertz, Hz) oder als Baud (Bd) gemessen.

Baudrate

In der Kommunikation ist Baud eine Maßeinheit für die Symbolrate, also die Geschwindigkeit, wenn 1 Symbol pro Sekunde übertragen wird. Jedes Symbol entspricht einer definierten, messbaren Signaländerung im physischen Übertragungsmedium. Die Baudrate hat ihren Namen von Émile Baudot, der den Baudot-Kode für das Fernschreiben entwickelt hat.

Da jedes Symbol für mehr als ein Bit Information steht, ist die Anzahl der übertragenen Bits das Produkt aus Baudrate und Anzahl der Bits pro Symbol. Zum Beispiel: 50 Bd bedeutet, dass 50 Symbole pro Sekunde gesendet werden. Wenn aber 16 verschiedene Symbole kodiert werden, repräsentiert jedes Symbol 4 Bits an Information. In dem Fall werden bei einer Symbolrate von 50 Bd 200 Bits übertragen.

Claude Shannon hat nachgewiesen, dass es eine optimale Kodierung (Bits pro Symbol) für jeden Übertragungskanal gibt.
Diesem Shannon Limit haben sich die Entwickler von Modems über die Jahre angenähert aber niemals erreicht. Shannon hat lediglich die Bedingung nachgewiesen, aber nicht eine realisierung.

Hinweis: Die Baudrate sollte nicht mit der Datenrate in "Bits pro Sekunde" (oder Bytes pro Sekunde usw.) verwechselt werden. Jedes gesendete Symbol kann ein oder mehr Informationsbits enthalten (zum Beispiel 8 Bits in einer 256QAM-Modulation, 2 Bits in einer QPSK-Modulation oder 3 Bits in einer 8PSK-Modulation). Wenn jedes Symbol binär übertragen wird, enthält es genau 1 Bit, sodass Baudrate und Bitrate gleich sind.

Ein Beispiel für den Unterschied zwischen Baudrate (oder Signalrate) und der Datenrate (oder Bitrate) ist die Übertragung mit dem Flaggenalphabet. Der Sender kann seine Arme einmal pro Sekunde zu einer neuen Position bewegen. Seine Signalrate (Bd) ist also 1 symbol pro Sekunde. Die Flagge kann aber eine von 8 Positionen einnehmen: gerade nach oben, 45° nach links, 90° nach links, 135° nach links, gerade nach unten, 135° nach rechts, 90° nach rechts, 45° nach rechts. Jede Flaggenposition überträgt also drei Bits an Informationen, da man mit drei Bits acht Zustände kodieren kann. In der Marine können aber mehr als ein Flaggennmuster oder Arme verwendet werden, sodass diese sehr viele orthogonale Symbole und damit sehr viele Bits ermöglichen.

5.5   Datenformate

Die kodierten, digitalen Daten werden in eine bestimmte Signalform umgewandelt, die Darstellung erfolgt entsprechend der durchgeführten Formatierung.

Je nach der gewählten Formatierungsart kann man Daten und Taktinformation zu einem Signal verbinden. Hierbei handelt es sich um selbsttaktende Formate. Diese Taktinformation kann auf der Empfängerseite zurückgewonnen werden.

Ein Beispiel der selbsttaktenden Formate ist das Manchester-II-Format oder Split-Phase.
In der Literatur spricht man anstelle von Formaten oftmals von Codes, so wird dann das Manchesterformat auch als Manchestercode bezeichnet.

Folgende Datenformate kommen recht häufig zur Anwendung :

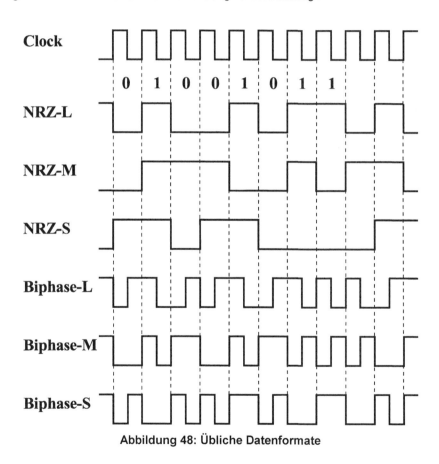

Abbildung 48: Übliche Datenformate

71

NRZ (Non Return to Zero)

In diesem Datenformat wird jedes Bit durch einen Rechteckimpuls dargestellt. Die digitale Information logisch 1 (H) wird durch den Pegel vorhanden und logisch 0 (L) wird durch Pegel nicht vorhanden dargestellt. Diese NRZ-Format ist nicht selbsttaktend und nicht gleichstromfrei, da bei langen 0 oder 1 Folgen keine Pegeländerung erfolgt. Im Basisband sind Code und Format identisch. Das NRZ-Format wird oft auch als NRZ (L) oder NRZ (C) bezeichnet. Es wird unter anderem für Funkfernschreiben (RTTY) eingesetzt.

NRZ (S) (Non Return to Zero - Space)

In diesem Datenformat wird ein Pegelwechsel nur beim Auftreten einer 0 durchgeführt. Lange Folgen von Einsen erzeugen einen hohen Gleichstromanteil.
Das NRZ (S) Format wird auch als NRZI bezeichnet und vorwiegend in kommerziellen Bausteinen wie z.B. Protokoll-Controllern verwendet. Es wird auch im PACKET RADIO benutzt, wobei dort lange Einsfolgen durch Bit-stuffing vermieden werden.

NRZ (M) (Non Return to Zero - Mark)

Das NRZ (M) Format hat nur bei Auftreten einer 1 eine Änderung des Pegels zur Folge. Lange Nullfolgen führen hier ebenfalls zu einem hohen Gleichstromanteil.

Bi-Φ-L (Biphase Level)

Dieses Datenformat ist auch als Manchesterformat oder Split Phase bekannt. Zur Empfängersynchronisation ist es selbsttaktend. Ein Pegelwechsel findet bei 1 und 0 in der Mitte der Bitzelle statt. Ein H-Pegel wird als Eins-Null-Folge und ein L-Pegel als Null-Eins-Folge dargestellt. Dieses Format ist fast gleichstromfrei, benötigt aber die doppelte Bandbreite gegenüber dem NRZI Format. Das Generieren des Bi-Φ-L Format ist duch eine EXOR-Verknüpfung von Takt und Datensignal sehr einfach zu erstellen.

Bi-Φ-S (Biphase Space)

Das Biphase Space Format hat einen Pegelwechsel bei jeder logischen 1 am Anfang der Bitzelle. Eine logische 0 verursacht einen weiteren Pegelwechsel in der Mitte der Zelle.Auf Grund des Verhaltens ist dieses Format gleich zu Bi-Φ-M.

Bi-Φ- M (Biphase Mark)

Diese Biphase Datenformat wird unter anderem als Manchester I-Code oder Diphase bezeichnet. Eine logische 0 führt am Anfang einer Bitzelle zu einem Pegelwechsel. Eine logische 1 führt zu einem weiteren Pegelwechsel in der Mitte der Bitzelle.

Biphase Mark ist ebenfalls selbsttaktend und enthält einen geringen Gleichstromanteil. Die erreichte Datenrate ist doppelt so hoch wie beim NRZ - Format.

5.6 Kodierung

Shannon-Hartley Gesetz

Das Shannon-Hartley-Gesetz beschreibt in der Nachrichtentechnik die theoretische Obergrenze der Bitrate eines Übertragungskanals in Abhängigkeit von Bandbreite und Signal-zu-Rausch-Verhältnis, über den mit einer gewissen Wahrscheinlichkeit eine fehlerfreie Datenübertragung möglich ist. Es ist nach Claude Elwood Shannon und Ralph Hartley benannt. In der Praxis wird die erzielbare Bitrate von Eigenschaften wie der Kanalkapazität und von Verfahren wie der Kanalkodierung beeinflusst. Das Shannon-Hartley-Gesetz liefert das theoretische Maximum, das mit einer hypothetischen optimalen Kanalkodierung erreichbar ist, ohne darüber Auskunft zu geben mit welchem Verfahren dieses Optimum zu erreichen ist

Gesetz

In einem rauschfreien Kanal mit unendlicher Bandbreite könnte eine unbegrenzte Anzahl von Daten übertragen werden. Real existierende Kanäle sind allerdings in der Bandbreite und ihrem Rauschverhalten und damit auch im Übertragungsverhalten begrenzt.

Claude Shannon hat 1948 in seinem Gesetz die beschrieben, welche mögliche Effizienz in Abhängigkeit vom Rauschen erreicht werden kann. Diese ist unabhängig von Fehlerkorrekturmassnahmen. Das Gesetz beschreibt nicht, wie Fehlerkorrekturmethoden entwickelt werden, sondern nur, wie gut diese Methode sein kann.

Shannon's Gesetz spielt eine große Rolle in vielen Anwendungen aus dem Bereich der Kommunikation und der Datenspeicherung und ist damit von größter Wichtigkeit in der Informationstheorie.

Shannon und Hartley stellten die Frage, welchen Einfluss die Bandbreite und Rauschen auf die Menge an Daten haben, die über einen analogen Kanal übertragen werden können. Sie fanden heraus, dass Bandbreite allein nicht der limitierende Faktor ist.

Das liegt daran, zumindest im Gedankenmodell, dass ein Signal eine unendliche Anzahl von Pegeln annehmen kann, wobei jeder Pegel einer bestimmte Bedeutung oder Bitsequenz entsprechen kann. Wenn man Rausch- und Bandbreitenbeschränkungen kombiniert, stellt man fest, dass es eine maximale Anzahl von Informationen gibt, die übertragen werden kann, unabhängig davon, wieviele Pegel oder Zustände verwendet werden. Das liegt daran, dass das Rauschsignal die feinen Pegelunterschiede verwischt und damit in der Praxis eine Erkennung beschränkt.

Shannon's Gesetz beschreibt die maximale Datenrate C mit einem bestimmten Signalpegel, die theoretisch durch einen analogen Kommunikationskanal bei Vorhandensein von weißem gaußschem Rauschen übertragen werden kann:

$$C \leq W \log_2(1 + S/N)$$

wobei

- **C** ist die maximale mögliche Bitrate pro Sekunde;
- **W** ist die Gesamtbandbreite in Hertz und
- **S/N** ist das Signal/Rausch-Verhältnis

Für große und kleine S/N kann auch angenommen werden:

$$\text{wenn S/N} \gg 1, \ C = 0.332 \cdot W \cdot \text{S/N (in dB)}.$$
$$\text{wenn S/N} \ll 1, \ C = 1.44 \cdot W \cdot \text{S/N (in Leistung)}.$$

Einfache Fehlerkorrekturen wie "sende eine Nachricht dreimal und verwende 2 von 3, wenn diese unterschiedlich sind" sind sehr ineffektive Nutzer der Bandbreite und daher sehr weit von der Shannon-Grenze entfernt. Fortgeschrittene Techniken wie Reed-Solomon oder Turbo-Codes kommen sehr nahe an die theoretische Grenze heran. Diese haben allerdings eine wesentlich höher Komlexität. Durch modern Signalporzessoren und Turbo-Codes erreicht man die Shannon-Grenze bis auf 0,1 db.
Der V.34 Modemstandard wirbt mit einer Datenrate von 33,6 KBps und V.90 behauptet, eine Datenrate von 56 Kbps zu erreichen, beide überschreiten aber die Shannon-Grenze (die Telefonbandbreite beträgt 3,3 kHz). Beide erreichen aber nicht diese Grenze, kommen ihr aber sehr nahe. Die Verbesserung bei V.90 wurde nur dadurch möglich, weil eine zusätzliche Analog/Digital-Umsetzung umgangen wurde durch die Verwendung von digitalen Geräten auf der Empfangsseite. Dadurch wird das S/N-Verhältnis erhöht.

Beispiele

Wenn das S/N 20 dB sein soll und als Bandbreite 4 kHz zur Verfügung stehen (beides sind Werte aus einer typischen Telefonkommunikation), dann ist C = 4 log2(1 + 100) = 4 log2 (101) = 26.63 KBps. Der Wert 100 entspricht in diesem Fall dem S/N von 20 dB.
Wenn 50 kBps in einer Bandbreite von 1 MHz gesendet warden sollen, dann ist das kleinste notwendige S/N bestimmt durch 50 = 1000 log2(1+S/N) sodass S/N = 2C/W -1 = 0.035 was einem S/N von -14.5 dB entspricht. Es ist also möglich, Signale bei entsprechender Bandbreite zu übertragen, die viel kleiner als das Hintergrundrauschen sind. Dieses wird besonders in gespreizten Modulationen angewendet.

Kode

In der Kommunikationstechnik werden Kodes verwendet, um Informationen in eine andere Form oder Darstellung gemäß einer bestimmten Regel zu konvertieren. Als Kodierung wird in der Kommunikations- und Informationstechnik der Prozess bezeichnet, bei demInformationen in daten umgewandelt werden, die dann zu einem Datenempfänger gesendet werden. Dekodierung ist der umgekehrte Prozess, bei der die Daten so konvertiert werden, dass sie vom Empfänger verstanden werden. Ein Grund für Kodierung ist das Ermöglichen vom Kommunikation, wo das normale geschriebene oder gesprochene Sprache schwierg oder garnicht verwendet werden kann.
So ersetzt z.B. ein kabelkode Wörter durch kürzere Ausdrücke, wodurch die gleiche Information mit weniger Zeichen schneller und damit auch günstiger übertragen werden können.

Kurz-Kodes in der Kommunikation

In den Zeiten, als der Fernschreiber das modernste Kommunikationsmittel in der weltweiten Kommunikation war, wurden spezielle Abkürzungen mit meistens fünf Buchstaben geschaffffen, hinter denen sich komplette Sätze verbergen. So gab es im internationalem Fernschreibverkehr zum Beispiel die Abkürzungen BYOXO ("Are you trying to weasel out of our deal?"), LIOUY ("Why do you not answer my question?"), BMULD ("You're a skunk!"), oder AYYLU ("Not clearly coded, repeat more clearly."). Dieses Kode-Wörter wurden aus verschiedenen Gründen geschaffen: Länge, Ausdrucksmöglichkeit usw. Die Bedeutung wurde an das jeweilige Umfeld angepasst: kommerzielle Verhandlungen, militärische Ausdrücke, diplomatische Bedeutung und alles aus dem Umfeld der Spionage wie Kodebücher und Kodes.

Der Hauptgrund war aber fast immer, Kosten für Telegramme zu sparen.

Im Zeitalter der Computer seit dem zweiten Weltkrieg werden Kodes z.B. die Huffmann-Kodierung für Datenkompression angewendet. Dieser ersetzt häufige Zeichen durch kurze Kodes und weniger häufige Zeichen durch längere Kodes - das gleiche Prinzip wie beim Morsekode.

Auf die Fernschreiberzeit geht der Baudot-Kode zurück, der für jedes Zeichen die gleiche Länge verwendet. Der Baudot-Kode isz der Vorkäufer für den heute verwendeten ASCII-Kode.

Ein Beispiel: der ASCII-Kode

Der am häufigsten verwendete Kode in der Datenkommunikation ist der ASCII-Kode. In der einen oder anderen Version wird er bei allen PC's, Terminals, Druckern und andere Kommunikationsgeräte verwendet. Die ursprüngliche Version bestand aus 128 Zeichen, die in 7 Bit kodiert waren. Im ASCII-Alphabet ist der Kleinbuchstabe "a" immer 1100001, ein Großbuchstabe "A" immer 1000001, und so weiter. Der ASCII-Code wurde dann auf 8 Bit erweitert (für Buchstaben der europäischen Sprachen und andere Symbole), sowie Zeichen aller Sprachen der Welt (siehe Unicode und Bob Bemer).

Verschachtelung in der Fehlerkorrektur

Verschachtelung ist eine Methode in der digitalen Kommunikation, um die Leistungsfähigkeit von Fehlerkorrekturkodes zu erhöhen. Fehler treten meistens gehäuft als Burst auf. Wenn zu viele Fehler in einem gesendeten Ausdruck auftreten, kann eine FEC diese nicht mehr korrigieren. Zu diesem Zweck wurde die Verschachtelung enrtwickelt, bei der Symbole über mehrere gesendte Wörterverteilt werden. Die Verschtelung ist nur eine Verteilung und enthält keinerlei Methoden zur Fehlerkorrektur. Die Verschachtelung benötigt mehr Zeit, ehe ein Wort nach der Dekodierung ausgegeben wird. Der Verschachtelungsvorgang benötigt erst alle Blöcke, über die ein Wort verteilt ist, bevor er in der Lage ist, dieses Wort wieder zusammenzusetzen. Wenn eine verschachtelung angewendet wird, können Fehlerstrukturen nicht für Berechnungen herangezogen warden, die auf diese Strukturen zurückgreifen.

Verschiedene Verschachtelungsmethoden wurden entwickelt:

- Rechteckige (oder einheitliche) Verschachtelung (wie oben beschrieben)
- Faltungskodeverschachtelung
- zufällige Verschachtelung (bei der die Verschachtelung eine bekannte zufällige Veränderung ist)
- S-Zufallsverschachtelung (bei der die Verschachtelung eine bekannte zufällige Veränderung ist mit der Einschränkung, dass kein Eingangszeichen mit dem Abstand S mit diesem Abstand S im Ausgang erscheint)

Beispiele für Verschachtelungen

Sendung ohne Verschachtelung:

Fehlerfreier Text:	aaaabbbbccccddddeeeeffffgggg
Empangener Text mit Burst-Fehler:	aaaabbbbcccc____deeeeffffgggg

Der Text cddd ist in vier Bits verändert worden, sodass er nicht korrekt oder falsch dekodiert wird.

Mit Verschachtelung:

Fehlerfreier Text:	Aaaabbbbccccddddeeeeffffgggg
Fehlerfreie Übertragung:	Abcdefgabcdefgabcdefgabcdefg
Empfangene Übertragung mit Burst-Fehler:	abcdefgabcd____bcdefgabcdefg
Empfangener Text nach Umkehr der Verschachtelung:	aa_abbbbccccdddde_eef_ffg_gg

In jedem Wort wurde nur ein Bit verändert, sodass eine Fehlerkorrektur den korrekten Text wieder herstellen kann.

Aussendung ohne Verschachtelung:

Gesendeter Satz:	ThisIsAnExampleOfInterleaving…
Feherlerfreie Übertragung:	TIEpfeaghsxIlrv.iAaenli.snmOten.
Empfangener Satz mit Burst-Fehler:	ThisIs_____pleOfInterleaving

Im empfangenen Text ist "AnExample" schwer zu erkennen oder zu korrigieren.

Mit Verschachtelung:

Gesendete Satz:	ThisIsAnExampleOfInterleaving…
Feherlerfreie Übertragung:	TIEpfeaghsxIlrv.iAaenli.snmOten.
Empfangener Satz mit Burst-Fehler:	TIEpfe_____lrv.iAaenli.snmOten.
Empfangener Satz nach Umkehr der Verschachtelung:	T_isl_AnE_amp_eOfInterle_vin_…

In diesem Fall ist kein Wort vollständig verloren und kann durch Raten erkannt werden.

Kodes für das Erkennen und Korrigieren von Fehlern

Um Daten widerstandfähig gegen Fehler bei der Übertragung oder Speicherung zu machen, werden Kodes verwendet. Diese Kodes werden als Fehlerkorrekturkodes bezeichnet. Sie fügen den zu speichernden oder zu übertragenen Daten eine Redundanz hinzu. Beispiele dafür sind Hamming Kodes, Reed-Solomon, Reed-Muller, Bose-Chaudhuri-Hochquenghem, Turbo, Golay, Goppa, und Gallager Low-density parity-check Kodes. Fehlererkennende Kodes sind für das Erkennen von Burst-Fehlern oder zufällige Fehler optimiert

Fehlerkorrigierende Kodes (ECC)

In der Informationtheorie und Kodierung werden fehlerkorrigierende Kodes (Error-Correcting Code, ECC) angewendet. Die Datensignale entsprechen einer Regel für den Aufbau, sodass Abweichungen von diesem Aufbau automatisch erkannt und Fehler korrigiert werden können.

Diese Technik wird z.B. bei der Speicherung von Daten in einem dynamischen RAM oder in Datenübertragungen angewendet. Beispiel sind der Hamming Kode, Reed-Solomon Kode, Reed-Muller Kode, Binary Golay Kode, der Faltungskode, Turbokodes und andere. Der einfachste Fehlerkorrekturkode kann Einzelbitfehler korrigieren (Single Error Correction, SEC) und Doppelbitfehler (Double Error Detection, DED). Es gibt andere Methoden, die auch emhrfachfehler erkennen und korrigieren können.

Das Shannon-Gesetz ist eine sehr wichtige Theorie für die Fehlerkorrektur. In diesem Gesetz wird beschrieben, welche maximale Effizienz eine Fehlerkorrekturmethode bei Vorhandsein von Rauschen im Übertragungskanal erreichen kann.

Hinweis 1: Wenn die Anzahl der Fehler gleich oder kleiner der maximalen Korrekturmöglichkeiten des Kodes ist werden alle Fehler korrigiert.

Hinweis 2: Fehlerkorrekturkodes benötigen immer mehr Datenelemente als die eigentliche Information enthält.

Hinweis 3: Die beiden Hauptmethoden bei den Fehlerkorrekturkodes sind   Blockkodes und Faltungskodes.

Die folgenden Abschnitte wurden aus Wikipedia http://de.wikipedia.org/wiki/ übernommen

Vorwärtsfehlerkorrektur (FEC)

Vorwärtsfehlerkorrektur (Forward Error Correction, FEC) ist eine Technik, die dazu dient, die Fehlerrate bei der Speicherung oder der Übertragung digitaler Daten zu senken, und stellt ein Fehlerkorrekturverfahren dar. Wenn in einem Übertragungssystem Vorwärtsfehlerkorrektur eingesetzt wird, kodiert der Sender die zu übertragenden Daten in redundanter Weise, so dass der Empfänger Übertragungsfehler ohne Rückfrage beim Sender erkennen und korrigieren kann. Vorwärtsfehlerkorrektur wird beispielsweise auf Compact Discs (CD), beim digitalen Fernsehen (DVB) und im Mobilfunk eingesetzt

Vorwärtsfehlerkorrektur erfolgt im Rahmen der Kanalcodierung und ist ein Teil der Kodierungstheorie. Dem digitalen und zunächst quellenkodierten Signal wird auf der Senderseite in einem Kanalencoder gezielt Redundanz hinzugefügt, die es dem Kanaldecoder im Empfänger ermöglichen soll, Fehler, die auf dem Übertragungskanal aufgetreten sind, zu korrigieren. Die Ergänzung der zu übertragenden Daten um eine Prüfsumme ist nicht hinreichend, um Vorwärtsfehlerkorrektur zu ermöglichen. Sie erlaubt es dem Empfänger lediglich, zu erkennen, dass ein Fehler aufgetreten ist; der Empfänger muss dann den Sender zu erneuter Übertragung des fehlerhaften Datenblocks auffordern. Ein solches Verfahren wird als „Rückwärtsfehlerkorrektur", „nachgefragte Korrekturübertragung" oder „automatische Wiederholungsanfrage" bezeichnet; es ist in ARQ-Protokollen (Automatic Repeat-reQuest) standardisiert und wird zum Beispiel im TCP-Protokoll eingesetzt. FEC-Algorithmen lassen sich fundamental danach unterteilen, ob sie auf Datenblöcke fester Länge (Block-Code) oder auf einen fortlaufenden Datenstrom wie die Faltungs-Codes wirken. Beispiele von Block-Codes sind der einfache Hamming-Code oder die wesentlich weiter parametrisierbaren BCH-Codes und die verwandten Reed-Solomon-Codes. Faltungs-Codes werden oft mit dem Viterbi-Algorithmus dekodiert. Die Fehlerkorrektur kann in der Kanalkodierung auf störungsreichen Übertragungstrecken wie Funk eingesetzt werden, um entstandene Fehler direkt nach der Übertragung auszugleichen. Je häufiger Fehler bei der Übertragung auftreten können, umso höhere Redundanz wird bei der Auswahl des FEC-Verfahrens gewählt. Entsprechend werden die angefügten FEC-Daten größer, was die Bandbreite einer Übertragungsstrecke für die eigentlichen Nutzdaten entsprechend senkt.

Ein weiterer Anwendungsfall ist die optische Datenübertragung in SDH-Netzen oder in Optischen Transportnetzen. Dort wird durch die Verwendung der fehlerkorrigierenden FEC der abnehmende Signal-Rausch-Abstand bei zunehmender Faserlänge kompensiert. Als besondere Funktion von optischen Transpondern mit FEC kann sich der Empfänger im Betrieb dynamisch an das Eingangssignal anpassen: Durch die Auswertung der Anzahl der korrigierbaren Fehler bei Alternierung verschiedener Betriebsparameter kann eine optimale FEC-Länge ermittelt werden. Bei Digital Video Broadcasting (DVB) ist die Viterbi-FEC für jeden übertragenen Sender wählbar, die möglichen Werte sind FEC 1/2, 2/3, 3/4, 5/6, 7/8 und 9/10. Dieses n/m Schema bedeutet, dass für n Netto-Bits jeweils m Brutto-Bits aufgewendet werden müssen. Die Viterbi-FEC 9/10 wird bei der terrestrischen Ausstrahlung (DVB-T) nicht verwendet, da Funk sehr störanfällig ist.

Im Bereich der Datenkommunikation ist die Vorwärtsfehlerkorrektur einer Rückwärtsfehlerkorrektur bei sehr schnellen Netzen und langen Signallaufzeiten – etwa beim Zugang über weit entfernte, geostationären Erdsatelliten – vorzuziehen.

Faltungskodes

Faltungscodes (Convolutional Code) werden, wie auch Blockcodes, in der Nachrichtentechnik zur Kanalkodierung eingesetzt, denn sie bieten eine Vorwärtsfehlerkorrektur. Dabei wird durch zusätzlich eingebrachte Redundanz ein höherer Schutz gegen Übertragungs- beziehungsweise Speicherfehler erreicht. Durch das namensgebende, mathematische Verfahren der Faltung wird der Informationsgehalt der einzelnen Nutzdatenstellen über mehrere Stellen des Codewortes verteilt. Faltungscodes werden beispielsweise im Mobilfunk und bei Satellitenübertragungen zur digitalen Datenübertragung eingesetzt. Sie finden aber auch bei Speichermedien wie Festplatten Anwendung und dienen dort zum Schutz gegen Lesefehler. Eine Kombination aus Faltungs- kodierung und digitaler Modulation ist die Trellis-Coded Modulation.

Ein Faltungscodierer bildet dabei im Regelfall eingangsseitig k Informationsbits (Nutzdatenbits) auf ein n Bit langes Codewort ab, wobei k kleiner als n ist. Aufeinanderfolgende Codewörter sind voneinander abhängig, d.h. ein Faltungscodierer besitzt im Gegensatz zu Blockcodes ein inneres „Gedächtnis". Da sich in der Praxis allerdings nur endlich lange Datensequenzen bearbeiten lassen, werden diese Sequenzen auf eine bestimmte Anzahl an Codewörtern limitiert. Danach wird der Faltungscodierer durch Terminierung wieder in einen definierten Zustand gebracht, der meist gleich dem Ausgangszustand ist. Daher lassen sich übliche Faltungscodes auch als eine Form von speziellen, nicht-systematischen Blockcodes beschreiben.

Bei Faltungscodes wird die Information welche ein bestimmtes Nutzdatenbit trägt, über mehrere Stellen (Bits) des Codewortes verteilt. Die Verteilung des Informationsgehaltes - man kann sich dies auch als eine Art „Verschmierung" über einzelne Bits des Codewortes vorstellen - wird durch die mathematische Funktion der Faltung erreicht. Dadurch entstehen Abhängigkeiten zwischen den einzelnen Codebits. Werden durch Fehler einzelne Stellen des Codewortes verfälscht, wobei die Anzahl der Fehler pro Codewort eine bestimmte obere Grenze nicht überschreiten darf, kann der Faltungsdecodierer durch die über mehrere Stellen verteilte Information die korrekte Nutzdatenfolge aus den um die Fehlerstelle benachbarten Stellen des Codewortes ermitteln.

Eine wesentliche Besonderheit von Faltungscodes ist, dass es für deren Konstruktion kein bekanntes systematisches Verfahren gibt. Faltungscodes werden primär durch rechenaufwendige Simulationen und das Durchprobieren sehr vieler unterschiedlicher Faltungsstrukturen, oder auch durch zufällige Entdeckungen, gewonnen. Die Mehrzahl der dabei durchprobierten Strukturen liefert so genannte katastrophale Faltungscodes, die bestimmte Übertragungsfehler nicht korrigieren, sondern durch eine theoretisch unendlich lange Folge von Fehlern ersetzen. Daher existieren im Vergleich zu den Blockcodes nur sehr wenige in der Praxis relevante und verwertbare

Faltungscodes. Dafür sind für die Decodierung von Faltungscodes mittels so genannter Soft-Decision sehr leistungsfähige Verfahren in Form des Viterbi-Algorithmus bekannt.

Viterbi-Algorithmus

Der Viterbi-Algorithmus ist ein Algorithmus der dynamischen Programmierung zur Bestimmung der wahrscheinlichsten Sequenz von verborgenen Zuständen bei einem gegebenen Hidden Markov Model (HMM) und einer beobachteten Sequenz von Symbolen. Diese Zustandssequenz wird auch als Viterbi-Pfad bezeichnet. Er wurde von Andrew J. Viterbi 1967 zur Dekodierung von Faltungscodes entwickelt, er fiel quasi als Nebenprodukt bei der Analyse der Fehlerwahrscheinlichkeit von Faltungscodes ab. G. D. Forney leitete daraus 1972 den Optimalempfänger für verzerrte und gestörte Kanäle her. Der Viterbi-Algorithmus wird heutzutage zum Beispiel in Handys oder Wireless LANs zur Fehlerkorrektur der Funkübertragung verwendet. Ebenso in Festplatten, da bei der Aufzeichnung auf die Magnetplatten ebenfalls Übertragungsfehler entstehen. Der Algorithmus ist in der Nachrichtentechnik und Informatik weit verbreitet: Die Informationstheorie, Bioinformatik, Spracherkennung und Computerlinguistik verwenden häufig den Viterbi-Algorithmus. Spracherkennung ohne diesen Algorithmus wäre schwer zu realisieren.

Reed-Solomon Fehlerkorrektur

Reed-Solomon-Codes (kurz RS-Codes) sind leistungsfähige Kodierungsverfahren, die beim Lesen oder Empfangen der mit ihnen codierten digitalen Daten erlauben, Fehler zu erkennen und zu korrigieren (Vorwärtsfehlerkorrektur). Bei nach dem DVB-Standard ausgesendeten Fernsehsignalen wird beispielsweise ein RS-Code verwendet, der es dem Empfänger ermöglicht, die Bitfehlerrate des empfangenen Signals um mehr als sechs Zehnerpotenzen zu verbessern. Reed-Solomon-Codes sind besonders zur Korrektur von Burstfehlern bei der Datenübertragung geeignet. Bei Burstfehlern erscheinen fehlerhafte („gekippte") Bits häufig als eine zusammenhängende Kette von Fehlern im Datenstrom. Beispielsweise werden durch einen Kratzer auf einer CD mit jeder Umdrehung viele aufeinanderfolgende Bits nicht richtig gelesen.

Diese RS-Codes arbeiten mit Blöcken von Symbolen, die in der Regel jeweils aus 8 Bit bestehen. Sie gehören daher zur Klasse der symbolorientierten Blockcodes. Es handelt sich um eine 1960 von Irving S. Reed und Gustave Solomon gefundene Klasse von Codes, die gute Fehlerkorrektureigenschaften besitzen und für die ein relativ einfacher Decodieralgorithmus, der Berlekamp-Massey-Algorithmus, existiert. Aufgrund dessen kamen einige Reed-Solomon-Codes bereits in wichtigen Anwendungen zum Einsatz: Die Fehlerkorrektur gewöhnlicher Audio-CDs basiert auf einem Reed-Solomon-Code, und auch im Mobilfunk, im Digital Video Broadcasting (DVB), im Digital Audio Broadcasting (DAB) sowie zur Kommunikation mit Raumsonden (1985 Voyager 2 nach Umprogrammierung, 1989 Galileo zum Jupiter, 1989 Magellan zur Venus und 1990 Ulysses zur Sonne) wurden Reed-Solomon-Codes benutzt. Auch im Checksummenformat PAR2 wird der Code benutzt. Ein weiteres Anwendungsbeispiel sind zweidimensionale Barcodes; so setzen z.B. der QR-Code, DataMatrix und der PDF417 Reed-Solomon zur Fehlerkorrektur ein.

Übersicht

Es soll eine Nachricht aus *k* Zahlen (zum Beispiel ein Textfragment in ASCII-Kodierung) fehlerfrei übertragen werden. Auf dem Übertragungsweg kann es aber zur Auslöschung oder Verfälschung einiger der Zahlen kommen (im ersten Fall weiß man, dass ein Fehler auftrat, im zweiten nicht). Um nun Redundanz zur Nachricht hinzuzufügen, werden die Zahlen der Nachricht als Werte eines Polynoms an *k* fest vereinbarten Stützstellen interpretiert. Ein Polynom des Grades *k-1* oder kleiner kann als Summe von *k* Monomen dargestellt werden. Die Koeffizienten dieser Monome ergeben sich als Lösung eines linearen Gleichungssystems. Aufgrund der speziellen Form dieses Systems gibt es eine Lösungsformel, die Lagrange-Interpolation. Das so erhaltene Polynom wird nun auf weitere Stützstellen extrapoliert, so dass die kodierte Nachricht insgesamt aus *n>k* Zahlen besteht. Werden bei der Übertragung nun einige wenige Zahlen ausgelöscht, so dass immer noch mehr als *k* der Zahlen erhalten bleiben, so kann das Polynom wiederum durch Interpolation aus den korrekt übertragenen Zahlen rekonstruiert werden, und damit auch die ursprüngliche Nachricht durch Auswerten in den ersten *k* Stützstellen. Im Falle einer fehlerbehafteten Übertragung mit Fehlern an nur wenigen Stellen kann mit einem etwas komplizierteren Ansatz immer noch die ursprüngliche Nachricht sicher rekonstruiert werden.

Die in der Interpolation auftretenden Ausdrücke enthalten Divisionen, müssen also über einem Körper durchgeführt werden. Werden die Zahlen – oder Symbole – der Nachricht aus den ganzen Zahlen gewählt, so finden die Rechnungen also in den rationalen Zahlen statt. Außerdem können die extrapolierten Werte sehr groß werden, was eventuell im vorliegenden Übertragungskanal nicht übermittelt werden kann. Um diese Nachteile zu beheben, führt man die Rechnungen in einem endlichen Körper durch. Dieser hat eine endliche Anzahl von Elementen, die durchnummeriert werden können, um sie mit den Symbolen der Nachricht zu verknüpfen. Die Division – außer durch Null – ist uneingeschränkt durchführbar, und somit auch die Interpolation.

Zeitliche Einordnung von Reed-Solomon

Der Kode wurde 1960 von Irving S. Reed und Gustave Solomon, damals Mitglieder des MIT Lincoln Laboratory, entwickelt. Ihr ursprünglicher Artikel hieß "Polynomial Codes over Certain Finite Fields." Als der Artikel geschriben wurde, war die digitale Technologie noch nicht sehr weit fortgeschritten. Der Schlüssel zur Anwendung der Reed-solomon Kodes war die Vorstellung der Dekoderalgorithmen von Elwyn Berlekamp, einem Professor für elktrotechnik an der Universität von Kalifornien, Berkeley. Heutzutage werden sie in Diskettenlaufwerken, CD's, der Telekommunikation und digitalem Rundfunk angewendet.

Satellitenkommunikation: Reed-Solomon + Viterbi-Kodierung

Eine der bekanntesten Anwendungen der Reed-Solomon-Kodierung war die Kodierung von digitalen Satellitenbildern, die die Raumsonde Voyager vom Uranus zur Erde gesendet hat. Voyager verwendete die Reed-Solomon-Kodierung zusammen mit einem Viterbi-Dekodiertem Faltungscode, eine Technik, die seitdem in der Raumfahrt und Satellitenkommunikation sehr weit verbreitet ist. Viterbi-Dekoder neigen dazu, Fehler in Bursts zu produzieren, die aber sehr gut durch den Reed-Solomon-Kode korrigiert werden können. Moderne Versionen des verknüpften Reed-Solomon/Viterbi-Decodierten Faltungskodes werden beim Mars Pathfinder, Galileo, Mars Exploration Rover und den Cassini-Missionen verwendet. Sie funktionieren bis auf 1–1.5 dB an die Shannon-Grenze heran. Diese Kodes führten zur Entwicklung des Turbocodes.

Turbocode

Turbocodes sind sehr leistungsfähige Fehlerkorrekturkodes, die hauptsächlich für die Satellitenkommunikation und andere Anwendungen entwickelt wurde, bei denen es darum geht, über vorgegebene Bandbreiten mit hohen Rauschanteilen, Daten fehlerfrei zu übermitteln. Von allen Lösungen, die es bisher gibt, kommen Turbocodes sehr nahe an die Shannon-Grenze heran. Dieses Methode wurde durch Berrou, Glavieux, und Thitimajshima in einer Arbeit von 1993 vorgestellt: "Near Shannon Limit error-correcting coding and decoding: Turbo-codes", die in den Proceedings of IEEE International Communications Conference vorgesetllt wurde. Verbesserungen und Anwendungen von Turbocodes gehören zu den Themengebieten, die an vielen Universitäten untersucht werden.

Mit Hilfe von Turbocodes is es möglich, vorhandene Bandbreiten ohne Leistungserhöhung besser auszunutzen oder bei gleicher Leistung mehr Daten zu übertragen. Der Hauptnachteil ist die hohe Latenzzeit, wodurch Turbocodes für bestimmte Anwendungen nicht brauchbar sind. Dieser Umstand ist z.B. für Satellitenkommunikation kein Problem, da hier durch die Entfernungen große Zeitverzögerungen entstehen.

Turbocodes werden in den 3G-Telefonstandards in großem Umfang genutzt. Vor den Turbocodes waren Fehlerkorrekturen mit Reed-Solomon Blockcodes in Kombination mit Viterbi-Algorithmen mit Faltungskodierungen die wirkungsvollste Technik.

5.7 Verwendete Code-Tabellen

ITA2, ITA2P und ITA3(CCIR342-2)

ISO Name ITU Name			ITA 2	ITA 2P	ITA 3 CCIR342-2
1	A	-	11000	0110001	0011010
2	B	?	10011	0100110	0011001
3	C	:	01110	0011100	1001100
4	D	$	10010	0100101	0011100
5	E	3	10000	0100000	0111000
6	F	!	10110	0101100	0010011
7	G	&	01011	0010110	1100001
8	H	#	00101	0001011	1010010
9	I	8	01100	0011001	1110000
10	J		11010	0110100	0100011
11	K	(	11110	0111101	0001011
12	L	)	01001	0010011	1100010
13	M	.	00111	0001110	1010001
14	N	,	00110	0001101	1010100
15	O	9	00011	0000111	1000110
16	P	0	01101	0011010	1001010
17	Q	1	11101	0111011	0001101
18	R	4	01010	0010101	1100100
19	S	'	10100	0101001	0101010
20	T	5	00001	0000010	1000101
21	U	7	11100	0111000	0110010
22	V	=	01111	0011111	1001001
23	W	2	11001	0110010	0100101
24	X	/	10111	0101111	0010110
25	Y	6	10101	0101010	0010101
26	Z	+	10001	0100011	0110001
27	cr	cr	00010	0000100	1000011
28	lf	lf	01000	0010000	1011000
29	ls	ls	11111	0111111	0001110
30	fs	fs	11011	0110110	0100110
31	sp	sp	00100	0001000	1101000
32	Unperf. tape		00000	0000001	0000111
control signal 1 (CS 1)					
control signal 2 (CS 2)					
control signal 3 (CS 3)					
idle signal				1000110	0101100
idle signal				1001001	0101001
signal repetition RQ				1110000	0110100

Tabelle 7: Code-Tabelle für ITA2, ITA2P und ITA3

Russisches MTK2

Die folgende Tabelle zeigt das russische MTK2 Alphabet welches die russische Version des ITA2-Codes ist. Es werden drei Ebenenumschaltungen verwendet, die kyrillische Buchstabenschaltung entspricht dem Zeichen (00000). Auf Grund der größeren Anzahl von Zeichen im kyrillischem Alphabet werden die Zeichen !, &, £, und BEL unterdrückt und durch kyrillische Zeichen ersetzt.

Код	Лат	Рус	Циф.	Код	Лат	Рус.	Циф.
11000	A	А	-	11101	Q	Я	1
10011	B	Б	?	01010	R	Р	4
01110	C	Ц	:	10100	S	С	'
10010	D	Д		00001	T	Т	5
10000	E	Е	3	11100	U	У	7
10110	F	Ф	Э	01111	V	Ж	=
01011	G	Г	Ш	11001	W	В	2
00101	H	Х	Щ	10111	X	Ь	1
01100	I	И	8	10101	Y	Ы	6
11010	J	Й	Ю	10001	Z	З	+
11110	K	К	(	00010		CR	
01001	L	Л	)	01000		LF	
00111	M	М	.	11111		ЛАТ	
00110	N	Н	,	11011		ЦИФ	
00011	O	О	9	00100		SP	
01101	P	П	0	00000		РУС	

Tabelle 8: Russisches ITA2 Alphabet

CCIR476-4, HNG-FEC, PICCOLO MK VI

	ISO Name ITU Name		CCIR476-4	HNG FEC	Piccolo MK VI
	Buch stabe	Zeichen			Ton 1/Ton 2
1	A	-	0001110	010 010 111 110 011	96
2	B	?	1011000	000 100 101 111 100	69
3	C	:	0100011	111 110 011 101 101	89
4	D	$	0011010	000 110 001 001 011	79
5	E	3	1001010	000 011 000 100 101	74
6	F	!	0010011	001 110 110 100 000	98
7	G	&	0101001	110 100 000 110 001	57
8	H	#	0110100	101 000 001 100 010	55
9	I	8	0100110	111 011 010 000 011	84
10	J		0001011	010 111 110 011 101	97
11	K	(	1000011	011 111 001 110 110	99
12	L	)	0101100	110 001 001 011 111	56
13	M	.	0110001	101 101 000 001 100	58
14	N	,	0110010	101 111 100 111 011	88
15	O	9	0111000	100 101 111 100 111	68
16	P	0	0100101	111 001 110 110 100	54
17	Q	1	1000101	011 000 100 101 111	44
18	R	4	0101010	110 110 100 000 110	87
19	S	'	0010110	001 011 111 001 110	95
20	T	5	1101000	100 000 110 001 001	65
21	U	7	1000110	011 010 000 011 000	94
22	V	=	1100001	111 100 111 011 010	59
23	W	2	0001101	010 000 011 000 100	46
24	X	/	1010001	001 100 010 010 111	48
25	Y	6	0010101	001 001 011 111 001	45
26	Z	+	0011100	000 001 100 010 010	64
27	cr	cr	1110000	100 111 011 010 000	78
28	lf	lf	1100100	110 011 101 101 000	86
29	ls	ls	1010010	011 101 101 000 001	49
30	fs	fs	1001001	010 101 010 101 010	47
31	sp	sp	1100010	101 010 101 010 111	85
32		Unperf. tape	1010100	100 010 010 111 110	67
control signal 1 (CS 1)			0101100		
control signal 2 (CS 2)			1010100		
control signal 3 (CS 3)			0110010		
idle signal			0000111		
idle signal			0011001		
signal repetition RQ			1001100		

HNG FEC verwendet für die Startsequenz P 110 100 110 010 011 und N 001 011 001 101 100, die zueinander invertiert sind. Piccolo MK VI für ITA 2 (6 von 12 möglichen Tönen)

Tabelle 9: Code-Tabelle für CCIR476-4, HNG-FEC und PICCOLO MK VI Alphabete

ITA 2

ITA-2 oder CCITT 2 ist eines der ersten Alphabete und das am meisten genutzte System. Dieses Alphabet besteht aus 5 Datenelementen und 2 Synchronelementen. Jedes Zeichen beginnt mit einem Startbit, das die gleiche Länge hat wie die folgenden 5 Datenbits. Das Zeichen wird beendet mit dem Stopbit, das normalerweise länger als die Datenbits sind, übliche Werte sind das 1, 1,5 oder 2-fache der Länge eines Datenbits. Die 5 Datenbits ermöglichen einen Zeichenvorrat von 32 Zeichen. Diese Anzahl reicht nicht aus, um alle Zahlen und Zeichen zu übertragen. Deshalb werden zwei Zeichen der 32 möglichen für eine Zahlen - Ziffernumschaltung reserviert. Wenn diese Zeichen empfangen werden, wird im Empfänger zwischen zwei oder mehr Zeichensatztabellen umgeschaltet. Ein Zeichensatz enthält die Buchstaben, der zweite die Zahlen und andere Zeichen. Außerdem werden Teleprinter mit Umschaltmöglichkeiten von bis zu vier Zeichensatztabellen benutzt. Dazu gehören kyrillische, griechische, koreanische und ähnliche Teleprinter mit bis zu drei Zeichensätzen oder arabische Geräte gemäß ATU-A mit vier Umschaltmöglichkeiten der Zeichensätze. Das ITA-2 Alphabet wird vorwiegend für Baudotverfahren und HC-ARQ verwendet.

ITA 2 P

ITA-2 P ist ähnlich wie ITA-2, aber zu den fünf Datenbit werden 2 Bit addiert. Dazu wird ein Synchronbit an den Anfang des Zeichens und ein Paritätsbit an das Ende des Zeichens angefügt. Das Synchronbit ist immer 0 außer bei Übermittlung von Kontrollsignalen wie RQ und im Leerlauf. Der Wert des Paritätsbit wird so gewählt, daß immer eine gerade Anzahl von Einsen entsteht. Dieses Alphabet ist üblich in FEC-Verfahren wie FEC 100 A und FEC 101 und den ARQ-Verfahren ARQ 1A und ARQ 1000D.

ITA 3

Dieses Alphabet wird hauptsächlich für Duplex ARQ-Verfahren wie ARQ-M2 242 und 342 verwendet. ITA-3 wird aber ebenfalls in den Verfahren ARQ-E3, SI-ARQ und SI-FEC benutzt.

CCIR 476

Dieses Verfahren wurde zusammen mit dem Verfahren SITOR ARQ eingeführt. Es wird weltweit in Schiffsfunkverbindungen genutzt, aber man findet es auch gemäß den Bestimmungen von CCIR 518 in dem Bereich der festen Funkdienste. Ein 5 Bit Basiskode wird auf 7 Bit zur Fehlererkennung erweitert. Unter den 128 möglichen Kombinationen der 7 Bit gibt es 35 mit einem Verhältnis 1: 0 = 3:4. Wird ein Zeichen empfangen, daß diesem Verhältnis nicht entspricht, so wird vom Empfänger eine automatische Wiederholung des mit Fehlern empfangenen Blockes angefordert.

ASCII / CCITT 5

Dieses Alphabet wurde für den Datenaustausch zwischen Computersystemen eingeführt. Es benutzt 8 Bit für 256 Zeichen. In einigen Fällen wird ein neuntes Bit für einen Paritätscheck angefügt.
Das Alphabet ist in der folgenden Tabelle dargestellt. Die Spalte HEX entspricht dabei dem digitalen Wert mit folgenden Wertigkeiten für die einzelnen Ziffern und Buchstaben:

Dezimal	Hex	Binär	Zeichen
0	00	0000 0000	
1	01	0000 0001	
2	02	0000 0010	
3	03	0000 0011	♥

Dezimal	Hex	Binär	Zeichen
4	04	0000 0100	♦
5	05	0000 0101	♣
6	06	0000 0110	♠

Dezimal	Hex	Binär	Zeichen
7	07	0000 0111	•
8	08	0000 1000	
9	09	0000 1001	
10	0A	0000 1010	
11	0B	0000 1011	
12	0C	0000 1100	
13	0D	0000 1101	
14	0E	0000 1110	
15	0F	0000 1111	
16	10	0001 0000	
17	11	0001 0001	
18	12	0001 0010	
19	13	0001 0011	
20	14	0001 0100	
21	15	0001 0101	§
22	16	0001 0110	
23	17	0001 0111	
24	18	0001 1000	↑
25	19	0001 1001	↓
26	1A	0001 1010	→
27	1B	0001 1011	←
28	1C	0001 1100	
29	1D	0001 1101	↔
30	1E	0001 1110	
31	1F	0001 1111	
32	20	0010 0000	
33	21	0010 0001	!
34	22	0010 0010	„
35	23	0010 0011	#
36	24	0010 0100	$
37	25	0010 0101	%
38	26	0010 0110	&
39	27	0010 0111	'
40	28	0010 1000	(
41	29	0010 1001	)
42	2A	0010 1010	*
43	2B	0010 1011	+
44	2C	0010 1100	,
45	2D	0010 1101	-
46	2E	0010 1110	.
47	2F	0010 1111	/
48	30	0011 0000	0
49	31	0011 0001	1
50	32	0011 0010	2
51	33	0011 0011	3
52	34	0011 0100	4

Dezimal	Hex	Binär	Zeichen
53	35	0011 0101	5
54	36	0011 0110	6
55	37	0011 0111	7
56	38	0011 1000	8
57	39	0011 1001	9
58	3A	0011 1010	:
59	3B	0011 1011	;
60	3C	0011 1100	<
61	3D	0011 1101	=
62	3E	0011 1110	>
63	3F	0011 1111	?
64	40	0100 0000	@
65	41	0100 0001	A
66	42	0100 0010	B
67	43	0100 0011	C
68	44	0100 0100	D
69	45	0100 0101	E
70	46	0100 0110	F
71	47	0100 0111	G
72	48	0100 1000	H
73	49	0100 1001	I
74	4A	0100 1010	J
75	4B	0100 1011	K
76	4C	0100 1100	L
77	4D	0100 1101	M
78	4E	0100 1110	N
79	4F	0100 1111	O
80	50	0101 0000	P
81	51	0101 0001	Q
82	52	0101 0010	R
83	53	0101 0011	S
84	54	0101 0100	T
85	55	0101 0101	U
86	56	0101 0110	V
87	57	0101 0111	W
88	58	0101 1000	X
89	59	0101 1001	Y
90	5A	0101 1010	Z
91	5B	0101 1011	[
92	5C	0101 1100	\
93	5D	0101 1101	]
94	5E	0101 1110	^
95	5F	0101 1111	_
96	60	0110 0000	
97	61	0110 0001	a
98	62	0110 0010	b

Dezimal	Hex	Binär	Zeichen
99	63	0110 0011	c
100	64	0110 0100	d
101	65	0110 0101	e
102	66	0110 0110	f
103	67	0110 0111	g
104	68	0110 1000	h
105	69	0110 1001	i
106	6A	0110 1010	j
107	6B	0110 1011	k
108	6C	0110 1100	l
109	6D	0110 1101	m
110	6E	0110 1110	n
111	6F	0110 1111	o
112	70	0111 0000	p
113	71	0111 0001	r
114	72	0111 0010	r
115	73	0111 0011	s
116	74	0111 0100	t
117	75	0111 0101	u
118	76	0111 0110	w
119	77	0111 0111	w
120	78	0111 1000	x
121	79	0111 1001	y
122	7A	0111 1010	z
123	7B	0111 1011	{
124	7C	0111 1100		
125	7D	0111 1101	}
126	7E	0111 1110	~
127	7F	0111 1111	
128	80	1000 0000	Ç
129	81	1000 0001	ü
130	82	1000 0010	é
131	83	1000 0011	â
132	84	1000 0100	ä
133	85	1000 0101	à
134	86	1000 0110	å
135	87	1000 0111	ç
136	88	1000 1000	ê
137	89	1000 1001	ë
138	8A	1000 1010	è
139	8B	1000 1011	ï
140	8C	1000 1100	î
141	8D	1000 1101	ì
142	8E	1000 1110	Ä
143	8F	1000 1111	Å
144	90	1001 0000	É

Dezimal	Hex	Binär	Zeichen
145	91	1001 0001	æ
146	92	1001 0010	Æ
147	93	1001 0011	ô
148	94	1001 0100	ö
149	95	1001 0101	ò
150	96	1001 0110	û
151	97	1001 0111	ù
152	98	1001 1000	ÿ
153	99	1001 1001	Ö
154	9A	1001 1010	Ü
155	9B	1001 1011	ø
156	9C	1001 1100	£
157	9D	1001 1101	Ø
158	9E	1001 1110	×
159	9F	1001 1111	ƒ
160	A0	1010 0000	á
161	A1	1010 0001	í
162	A2	1010 0010	ó
163	A3	1010 0011	ú
164	A4	1010 0100	ñ
165	A5	1010 0101	Ñ
166	A6	1010 0110	ª
167	A7	1010 0111	º
168	A8	1010 1000	¿
169	A9	1010 1001	⌐
170	AA	1010 1010	¬
171	AB	1010 1011	½
172	AC	1010 1100	¼
173	AD	1010 1101	¡
174	AE	1010 1110	«
175	AF	1010 1111	»
176	B0	1011 0000	░
177	B1	1011 0001	▒
178	B2	1011 0010	▓
179	B3	1011 0011	│
180	B4	1011 0100	┤
181	B5	1011 0101	Á
182	B6	1011 0110	Â
183	B7	1011 0111	À
184	B8	1011 1000	©
185	B9	1011 1001	╣
186	BA	1011 1010	║
187	BB	1011 1011	╗
188	BC	1011 1100	╝
189	BD	1011 1101	¢
190	BE	1011 1110	¥

Dezimal	Hex	Binär	Zeichen
191	BF	1011 1111	⌐
192	C0	1100 0000	└
193	C1	1100 0001	┴
194	C2	1100 0010	┬
195	C3	1100 0011	├
196	C4	1100 0100	─
197	C5	1100 0101	┼
198	C6	1100 0110	ã
199	C7	1100 0111	Ã
200	C8	1100 1000	╚
201	C9	1100 1001	╔
202	CA	1100 1010	╩
203	CB	1100 1011	╦
204	CC	1100 1100	╠
205	CD	1100 1101	═
206	CE	1100 1110	╬
207	CF	1100 1111	¤
208	D0	1101 0000	ð
209	D1	1101 0001	Đ
210	D2	1101 0010	Ê
211	D3	1101 0011	Ë
212	D4	1101 0100	È
213	D5	1101 0101	ı
214	D6	1101 0110	Í
215	D7	1101 0111	Î
216	D8	1101 1000	Ï
217	D9	1101 1001	┘
218	DA	1101 1010	┌
219	DB	1101 1011	█
220	DC	1101 1100	▄
221	DD	1101 1101	▌
222	DE	1101 1110	▐
223	DF	1101 1111	▀
224	E0	1110 0000	Ó
225	E1	1110 0001	ß
226	E2	1110 0010	Ô
227	E3	1110 0011	Ò
228	E4	1110 0100	õ
229	E5	1110 0101	Õ
230	E6	1110 0110	µ
231	E7	1110 0111	þ
232	E8	1110 1000	Þ
233	E9	1110 1001	Ú
234	EA	1110 1010	Û
235	EB	1110 1011	Ù
236	EC	1110 1100	ý

Dezimal	Hex	Binär	Zeichen
237	ED	1110 1101	Ý
238	EE	1110 1110	¯
239	EF	1110 1111	´
240	F0	1111 0000	-
241	F1	1111 0001	±
242	F2	1111 0010	♀
243	F3	1111 0011	¾
244	F4	1111 0100	¶
245	F5	1111 0101	§
246	F6	1111 0110	÷
247	F7	1111 0111	¸
248	F8	1111 1000	°
249	F9	1111 1001	¨
250	FA	1111 1010	·
251	FB	1111 1011	¹
252	FC	1111 1100	¸
253	FD	1111 1101	²
254	FE	1111 1110	■
255	FF	1111 1111	

Tabelle 10: ASCII Tabelle

CCIR 493

Die ITU-Empfehlung 493 beschreibt das Aphabet im Global Marine Distress Safety System GMDSS für digitale Selektivrufe (Digital Selective Calling DSC). Dieses Alphabet wird auch in verschiedenen anderen Selektivrufverfahren verwendet.
Die ersten 7 Bit dieses 10-Bit-Codes sind Informationsbits. Bit 8, 9 und 10 zeigen an, wieviele Nullen in den ersten 7 Bit aufgetreten sind.

Symbol Nr.	Binär
00	0000000111
01	1000000110
02	0100000110
03	1100000101
04	0010000110
05	1010000101
06	0110000101
07	1110000100
08	0001000110
09	1001000101
10	0101000101
11	1101000100
12	0011000101
13	1011000100
14	0111000100
15	1111000011
16	0000100110
17	1000100101
18	0100100101
19	1100100100
20	0010100101
21	1010100100
22	0110100100
23	1110100011
24	0001100101
25	1001100100
26	0101100100
27	1101100011

Symbol Nr.	Binär
28	0011100100
29	1011100011
30	0111100011
31	1111100010
32	0000010110
33	1000010101
34	0100010101
35	1100010100
36	0010010101
37	1010010100
38	0110010100
39	1110010011
40	0001010101
41	1001010100
42	0101010100
43	1101010011
44	0011010100
45	1011010011
46	0111010011
47	1111010010
48	0000110101
49	1000110100
50	0100110100
51	1100110011
52	0010110100
53	1010110011
54	0110110011
55	1110110010
56	0001110100
57	1001110011
58	0101110011
59	1101110010
60	0011110011
61	1011110010
62	0111110010
63	1111110001
64	0000001110
65	1000001101
66	0100001101
67	1100001100
68	0010001101
69	1010001100
70	0110001100

Symbol Nr.	Binär
71	1110001011
72	0001001101
73	1001001100
74	0101001100
75	1101001011
76	0011001100
77	1011001011
78	0111001011
79	1111001010
80	0000101101
81	1000101100
82	0100101100
83	1100101011
84	0010101100
85	1010101011
86	0110101011
87	1110101010
88	0001101100
89	1001101011
90	0101101011
91	1101101010
92	0011101011
93	1011101010
94	0111101010
95	1111101001
96	0000011101
97	1000011100
98	0100011100
99	1100011011
100	0010011100
101	1010011011
102	0110011011
103	1110011010
104	0001011100
105	1001011011
106	0101011011
107	1101011010
108	0011011011
109	1011011010
110	0111011010
111	1111011001
112	0000111100
113	1000111011

Symbol Nr.	Binär
114	0100111011
115	1100111010
116	0010111011
117	1010111010
118	0110111010
119	1110111001
120	0001111011
121	1001111010
122	0101111010
123	1101111001
124	0011111010
125	1011111001
126	0111111001
127	1111111000

Tabelle 11: CCIR 493 Alphabet

5.8 Kanalzugriffsverfahren

Frequency Division Multiple Access (FDMA)

FDMA, oder Frequency Division Multiple Access ist die wohl älteste der drei Möglichkeiten, einen bestimmten Frequenzbereich mehreren Nutzern zur Verfügung zu stellen. Bei den anderen Verfahren handelt es sich um Time Division Multiple Access (TDMA) und Code Division Multiple Access (CDMA).

In einer FDMA wird jedem Sender ein bestimmter Kanal oder Frequenz zugewiesen. Die Auswahl erfolgt durch das Abstimmen des gewünschten Kanals.

TDMA und CDMA werden immer zusammen mit einer FDMA eingesetzt. Ein Frequenzkanal wird dann entweder mit einer TDMA oder CDMA unabhängig von den Signalen in den anderen Frquenzkanaälen verwendet.

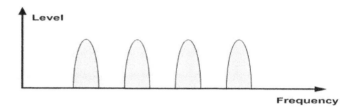

Abbildung 49: Prinzip einer FDMA

Time Division Multiple Access (TDMA)

Time Division Multiple Access (TDMA) ist eine Technologie für mittler Netzwerkgrößen, bei der mehrere Anwender den gleichen Frequenzbereich zu unterschiedlichen Zeiten nutzen. Jedem Nutzer ist ein bestimmtes Zeitfenster für seine Datenübertragung zugeteilt.

TDMA wird sehr häufig in Satellitensystemen, bei GSM, Sicherheitssystemen und taktishcen Netzen angewendet.

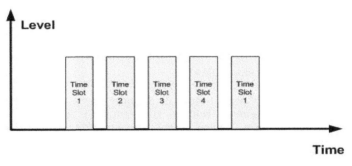

Abbildung 50: Prinzip einer TDMA

Code Division Multiple Access (CDMA)

Code Division Multiple Access (CDMA) ist eine Breitbandanwendung, bei der viele Sender Daten zu einem Empfänger auf dem gleichen Kanal senden, ohne sich gegenseitig zu stören.

Eine sehr bekannte Anwendung von CDMA ist das Global Positioning System, GPS.

Der Hauptvorteil von CDMA gegenüber einer TDMA und FDMA liegt darin, dass theroetisch eine unendlichen Anzahl von Kodes zur Verfügung stehen. Dadurch ist CDMA eine ideale Lösung für eine große Anzahl von Sendern, die jeweils unregelmäßig eine geringe Datenratel für die Übertragung benötigen. CDMA vermeidet eine Overhead, da nicht laufend eine geringe Anzahl von orthogonalen Zeitschlitzen oder Frequenzkanälen zugewiesen werden müssen. CDMA-Sender senden genau dann, wenn Daten zur Übertragung anstehen.

Orthogonal Frequency Multiple Access (OFDMA)

Orthogonal Frequency Division Multiple Access (OFDMA) ist eine Möglichkeit, die OFDM-Modulation für mehrere Nutzer anzuwenden. Dieser Mehrfachzugriff wird dadurch ermöglicht, dass individuellen Nutzern eine Untergruppe von Trägern zugeordnet wird. Dieser Zugriff erlaubt mehreren Nutzern den Zugriff mit geringeren Datenraten. OFDMA kann auch al seine Kombination von Frequenz- und Zeitmultiplexzugriff beschrieben werden. Die zur Verfügung stehenden Ressourcen werden sowohl in der Zeit als auch im Frequenzraum aufgeteilt.

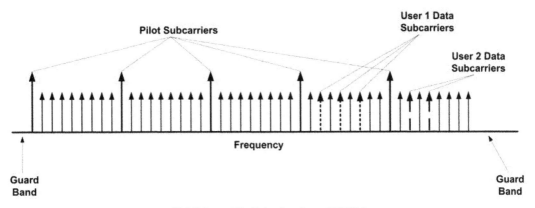

Abbildung 51: Prinzip einer OFDMA

5.9   Das OSI-Referenzmodell

Das OSI-Referenzmodell ist veranschaulicht in der folgenden Abbildund. Dieses Modell basiert auf einem Entwurf des International Standards Organization (ISO) im Rahmen der internationalen Standardisierung der Protokolle in den verschiedenen Kommunikationsschichten. Das Modell wird das ISO OSI (Open System Interconnection) Referenzmodell genannt, weil die Kommunikation zwischen offenen Systemen beschreibt.

Das Modell besteht aus sieben Schichten, die in der Abbildung zu sehen sind. Jede dieser abstrakten Schichten ist entworfen, um eine wohldefinierte und klar umrissene Funktion zu erfüllen. Dabei ist der Informationsfluss zwischen den Schnittstellen minimiert, damit das Modell als Grundlage für die Standardisierung von Protokollen weltweit geeignet ist.

Das OSI-Modell ist selbst keine Netzwerkarchitektur, da keine genauen Leistungen und Protokolle in den Schichten spezifiziert sind. Es beschreibt nur die Funktion einer Schicht. Es kann auf diese Art und Weise als Basis für fast jedes Kommunikationssystem und zur Erläuterung dessen Architektur dienen. Jede Schicht von 1 bis 7 wird im Folgenden erörtert.

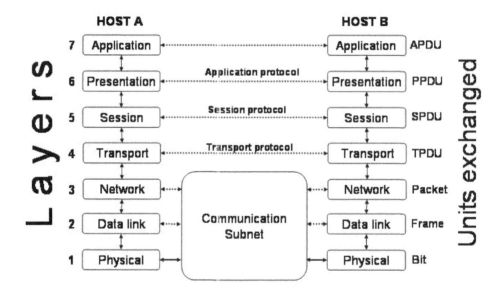

Abbildung 52: Das OSI-Referenzmodell

Die physische Schicht

In der physischen Schicht werden Bits über einen physischen Kommunikationskanal übertragen; Information und Struktur spielen an der Stelle keine Rolle. In dieser Ebene muss gewährleistet werden, dass bei Aussendung einer 1, auch eine 1 und keine 0 empfangen wird. Typische Fragen hierbei sind, wie viele Volts sollen eine 1 und wie viele eine 0 repräsentieren, wie viele Mikrosekunden dauert ein Bit, welcher Übertragungsmodus (z.B. duplex oder simplex) möglich ist, wie wird ein Kommunikationskanal hergestellt und wieder beendet, sowie welche Anzahl und Bedeutung von Pins soll ein Netzwerkkonnektor besitzen. Mit anderen Worten dreht sich der Entwurf in der physischen Schicht um mechanische, elektrische und prozeduralen Schnittstelen und um das physikalische Übetragungsmittel.

Die physikalische Schicht entspricht im Kontext der Funkkommunikation der Generierung und Übertragung von Modulationen wie 8FSK, PSK, QPSK, QAM, etc. Diese Schicht ist daher grundlegend zu allen Systemen der Funkkommunikation.

Die Datenlinkschicht

Die Hauptaufgabe der Datenlinkschicht besteht darin, eine Reihe von Bits so aufzubereiten, dass sie der nächsten Schicht ohne Übertragungsfehlern weitergeleitet werden können. Um dieses zu erreichen wird die Bitreihe in kleinen Portionen, Rahmen genannt, unterteilt und die Bitrahmen werden nach einander übertragen, wobei Empfangsbestätigungen vom Empfäger gesendet und vom Sender ausgewertet werden können. Die Erzeugung von Rahmen, genauer die Abgrenzung und die Erkennung von Rahmengrenzen, findet in der Datenlinkschicht statt. In dieser Schicht werden ebenso Probleme durch beschädigte, verlorene oder doppelt übertragene Rahmen behandelt. Letztere können z.B. entstehen, wenn eine Empfangsbestätigung verloren geht.

Eine weitere Problematik, die in dieser Schicht (sowie bei den meisten höheren Schichten auch) entsteht, ist zu vermeiden, dass ein schneller Sender einen langsameren Empfänger mit Daten ertränkt. Das bezieht sich allerdings an der Stelle auf den physikalschen Puffer des Empfängers. Es ist möglich, den Datenstrom dadurch zu regulieren, dass der Sender über die aktuelle Kapazität des Empfängers informiert wird, woraufhin er sein Tempo entsprechend anpasst.

Übliche Problematik in Kommunikationssystemen, die einen Kanal teilen, ist die Art und Weise, wie der Zugang zum Kanal reguliert werden kann. Diese Aufgabe ist einer speziellen Unterschicht der Datenlinkschicht der sogenannten Kanalzugangsschicht zugeordnet.

Bezüglich der Funkkommunikation bieten fast alle modernen Modems Fehlerkorrektur wie FEC und Minimierung von Interferenzen an. Solche Modems sind STANAG 4539, MIL-STD-188-110 und viele weitere. Ihre Funktionalität reicht daher bis in die Datenlinkschicht hinein. Manche fortgeschrittenen Modems, wie S4538, enthalten Fehlerkorrektur auf der Basis von ARQ.

Die Netzwerkschicht

Die Netzwerkschicht kontrolliert den Betrieb des Kommunikationsunternetzes. Hauptaufgaben dieser Schicht ist das Paketrouting und die Kontrolle bezüglich von Netzwerkstau. Beim Paketrouting handelt es sich um die korrekte Weiterleitung eines Datenpakets an den Sender. Dieser Aufgabe kann herausfordernd sein, wenn das Ursprungs- und das Zielnetzwerk oder die Zwischennetzwerke, die das Paket überquert, heterogen sind. Die Netzwerkschicht behandelt Probleme, die durch die Netzwerkheterohenität entstehen. Zusätzlich behandlet diese Schicht Stauprobleme in einem Netzwerk. Stauprobleme entstehen, wenn die Anzahl der einem Netzwerk befindlichen Datenpakete die Kapazität des Netzwerks übersteigt.

Ausserdem sind Abrechnungsfunktionen, die sich auf proprietäre Betreiberleistungen beziehen, ebenso in der Netzwekschicht integriert.

Im Gegensatz zu Computernetzwerken gibt es keine klassische Entsprechung der Netzwerkschicht in der Funkkommunikation. Nichtsdestotrotz könnten wir ansatzweise Standars wie ACS und ALE der Netzwerkschict zuordnen. Deren Funktion, den besten Übertragungskanal anhand kontinuierlicher Überwachung zu ermittleln, errinnert an intelligente Routingfunktionen in der Netzwerkschicht, welche für den besten Weg für die Weiterleitung von Paketen in einem Netzwerk sorgen. In diesem Sinne könnten wir sagen, dass die Funktionalität von Modems wie das S4538, welches ACS und ALE benutzt, auch bis in die Netzwerkschicht reichen.

Die drei Schichten, die bis her, beschrieben wurden, bilden die wichtigsten Schichten in Funkkommunikationssystemen. Zumindest in klassischen Funkkommunikationssystemen, die aus einer Antenne, aus einem Modem und aus einem Sender bzw. Empfänger bestehen.

Es gibt Standards und Protokolle über diese Schichten hinaus, wie das STANAG 5066, die entworfen sind, um den korrekten Betrieb einer Funkkommunikation in heterogänen Netzwerken zu gewährleisten. Ab diesem Punkt wird der Vergleich zum OSI-Modell schwierig. Auf der anderen Seite gibt es verschiedene Nutzerapplikationen, die auf Funkkommunikationssystemen basieren, wie z.B. email über Funk. Solche Applikationen gehören in der höchsten Schicht im OSI-Modell, d.h. die Applikationsschicht, die im Folgenden berschrieben wird. Es gibt aber auch Fälle, bei denen eine klare Abgrenzung nicht möglich ist.

Ähnlich sind die Überlegungen in umfangreicheren Kommunikationssystemen wie in GSM (Global System for Mobile Communications). Die Zuordnung der GSM-Protokolle bis zur Netzwerkschicht ist klar. Dagegen finden die drei höchsten Schichten des OSI-Modells praktisch keine Entsprechung in GSM. Darüber hinaus gibt es in GSM einige höhere Protokolle, deren Zuordung zu einer Schicht im OSI-Modell sehr ambivalent ist. Aber diese Themen werden uns nicht weiter beschäftigen in diesem Buch.

Nichtdestotrotz um den Eindruck über das OSI-Modell zu vervollständigen beschreiben wir noch die letzten Schichten im OSI-Modell.

Die Transportschicht

Die Hauptaufgabe der Transportschicht ist, die Daten von Ihrer darüberliegenden Schicht, der Sessionschicht, zu empfangen, ggf. zu portionieren, an die Netzwerkschicht weiterzuleiten und zu gewährleisten, dass diese Datenportionen korrekt das Ziel erreichen. Am Empfänger werden die Daten in der Transportschicht in der richtigen Reihenfolge zusammengesetzt und der wiederhergestellte Datenstrom wird an die Sessionschicht weitergeleitet.

Im normalen Fall stellt die Transportschicht eine eigene Netzwerkverbindung für jede durch die Sessionschicht erforderte Verbindung. Im Falle, dass die Durchsatzanforderungen zu hoch sind, stellt die Transportschicht mehrere Netzwerkverbindungen her und verteilt die zu transportierenden Daten unter diesen Verbindungen. Andersrum wenn die Herstellung oder Haltung einer Netzwerkverbindung zu aufwendig bzw. teuer sein sollte, kann die Transportschicht mehrere Verbindungsanforderungen durch die Sessionschicht zur einer Netzwerkverbindung zusammenbündeln. In allen Fällen gestaltet die Transportschicht die eigentlichen Netzwerkverbindung transparent zur Sessionschicht.

Die Transportschicht legt außerdem den Typ des Trasports fest, z.B. Paket-, Durchschalteverbindung oder Rundsendung.

Flusskontrolle findet auch in der Transportschicht statt. In diesem Falle bezieht sich die Flusskontrolle auf die Schnelligkeit der Transportschicht auf der Empfängerseite, mit der sie Daten verarbeitet, und nicht auf die Pufferkapazität des Empfängers auf der physischen Schicht.

Die Sessionschicht

Die Sessionschicht ermöglicht zwei verschiedenen Systemen, eine Session zwischen sich herzustellen. Eine Session ist in erster Linie für einen Dialog und Kapazitätskonrolle sowie für die Synchronisation zwischen zwei Systemen verantwortlich.

Beispielsweise eine Session lässt den Fluss von Datenverkehr in beiden Richtungen oder nur in einer Richtung zu, wenn nötig. Eine Session stellt auch spezielle Einheiten, Tockens genannt, für den Austausch zwischen zwei Systemen zur Verfügung. Auf diese Weise können Funktionen oder Kapazitäten höher liegenden Schichten korrekt oder fair genutzt werden. Darüber hinaus kann die Sessionschicht Kontrollpunkte im Datenstrom setzen, wodurch nach einer Kommunikationsabsturz nur die fehlenden Daten nach einem Kontrollpunkt wiederholt gesendet werden müssen. Diese Sicherheit kann sich insbesondere bei längeren Übertragungen als sehr hilfreich erweisen.

Die Präsentationsschicht

Zwei kommunizierende Systeme benutzen möglicherweise verschiedene Kodes, um u.a. Zeichenketten zu repräsentieren (z.B. ASCII und Unicode) oder Ganzzahlen (e.g. Einer oder Zweierkomplement). Die Presäntationsschicht sorgt dafür, dass die Darstellung zwischen heterogenen Systemen vereinheitlicht wird.

Im Gegensatz zu den darunterliegenden Schichten, die sich nur mit der korrekten Übertragung von Bits beschäftigen, berücksichtigt die Präsentationsschicht die Bedeutung und die Syntax der übermittleten Information und legt die abstrakten Datenstrukturen für den Austausch der eigentlichen Daten fest. Diese Schicht wandelt die eigentlichen Daten von der internen Darstellung des Systems in abstrakte Datenstrukturen um und zurück.

Die Applikationsschicht

Die Applikationsschicht enthält eine Vielfalt von Protokollen, die im Allgemeinen in der Schnittstelle zwischen einem Computer und einem Endnutzer notwendig sind. Ein paar von diesen zahlreichen und unterschiedlichen Protokollen sind der Dateitransfer (FTP), die elektronische Post (Email), der Remote Desktop etc.

5.10 Protokolle

Automatic repeat ReQuest Protocol (ARQ protocol)

Das Automatic repeat ReQuest (ARQ) Protokoll ist eine Technik, um Daten ohne Fehler von einem Sender zu einem Empfänger zu übertragen. Den Informationen wird ein Paketkopf und eine CRC hinzugefügt. Dieses ist in der nächsten Abbildung dargestellt:

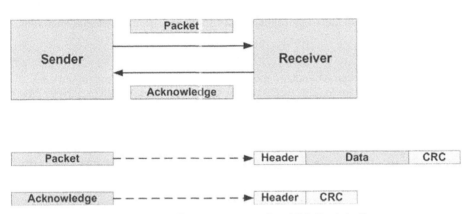

Abbildung 53: Basiselemente des ARQ Protokolls

Das Bestätigungspaket enthält einen Kopf und einen CRC.

Pure Stop and Wait ARQ

Der Sender überträgt seine Pakete zum Empfänger. Der Empfänger überprüft den CRC und schickt ein ACK zum Sender, wenn das Paket korrekt empfangen wurde. Tritt ein Fehler im CRC auf, wird ein NAK gesendet und fordert dadurch eine Wiederholung der Übermittlung an. Ist das neu gesendete Paket fehlerfrei, wird es durch ein ACK akzeptiert.

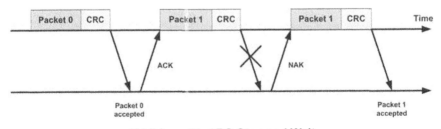

Abbildung 54: ARQ Stop and Wait

Diese Methode benötigt eine Erkennung, wenn ein Paket niemals beim Empfänger angekommen ist. In dem Fall erhält der Sender kein ACK oder NAK. Der Sender wiederholt dann das zuletzt gesendete Paket nach einer bestimmten Zeit.

Das bringt aber ein Problem mit sich: wenn der Sender einen Block wiederholt, der Empfänger die vorhergehende Sendung aber korrekt empfangen hat, gibt es doppelte Pakete beim Empfänger. daher werden Block und ACK abwechselnd mit 0 oder 1 markiert: ACK0 für Paket 1 und ACK1 für Paket 0.

Go Back N ARQ

In einer Back N ARQ werden alle Blöcke nach einen fehlerbehaftteten Block wiederholt. In dem folgenden Beispile ist ein Fehler im Block Nr.2:

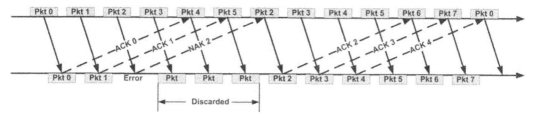

Abbildung 55: Go Back N Methode

Selective Repeat ARQ

In der Selective Repeat ARQ werden nur die Blöcke wiederholt, für die ein NAK empfangen wurde. Es wird ein Zwischenspeicher benötigt, um Pakete solange zu speichern, bis das fehlerbehaftete Paket korrekt empfangen wurde.

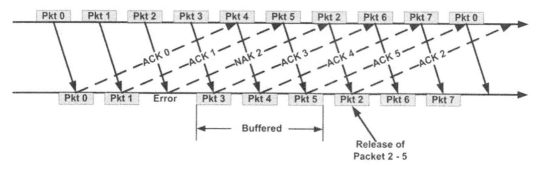

Abbildung 56: Selective repeat ARQ-Methode

Diese Methode ist schwieriger zu implementieren als die Go Back N Methode.

Polling

Polling ist eine Technik, bei der der Sender vom Empfänger einen Status abfragt. Der Empfänger antwortet darauf mit einem ACK. Wenn der Sender kein ACK erhält. wird das Polling gestartet. Der

Sender übermittelt ein Kontrollpaket, das den Status vom Empfänger anfordert. Wenn der Empfänger dieses Paket empfängt, antwortet er mit einem Statuspaket.
wenn der Prozess abgeschloaaen ist, sind beide Stationen synchronisiert und erlauben dem Sender, diejenigen Pakete festzustellen, die nicht korrekt empfangen wurden und sendet sie erneut.

ACP127

ACP 127 ist ein textbasierendes Protokoll für militärische Meldungen. Auch wenn es keinen Standard für Übertragungen auf Kurzwelle gibt, wird es häufig dafür eingesetzt.

Ein beosnderes Merkmal der ACP 127 ist die Integration in ein HF Modem. Eine Meldung wird über eine transparente Modemverbindung ohne Protokoll gesendet. Bestätigungen werden auf der ACP-Ebene abgehandelt.

Wenn der Bediener auf der Empfangsseite eine Nachricht empfängt, wird eine AVP127-Bestätigung zurück gesendet (in einigen System erfolgt das automatisch, in anderen durch ein Gespräch zwischen den beiden Bedienern). Es gibt keinerlei Fehlererkennung und -korrektur. fehler im Überragungskanal wirken sich direkt auf die Nachricht aus. Eine ACP127-Nachricht sihet folgendermassen aus:

```
RR RCWNDB
DE RCCIC 134 02/0009Z
R 012345Z APR 00
FM CANAVHED
TO NAVAL RESERVE DIV WINNIPEG
BT
UNCLAS NAVIGATIONAL WARNING FOR ALL SHIPS
BT
```

Die Kernfunktion der ACP 127 funktioniert gut, aber es gibt keine Möglichkeit der automatischen Fehlerkorrektur. Ein HF-Funkgerät kann nicht gleichzeitig mit anderen Datenapplikationen arbeiten, wenn es für ACP127 verwendet wird. Der ACP127-Ansatz sieht auch keine Übertragung von binären Daten vor.
Die manuelle Korrektur funktioniert nur mit alten Verschlüsselungssystemen. Bei moderenen Systemen wird durch einen Fehler in der Übertragung einen größeren Bock von Daten ändern.
ACP 127 ist ein 5-Bit Protokoll (es verwendet ein Textformat für das ITA2 Alphabet), das an das Modem geschickt wird.

STANAG 4406 Messaging

STANAG 4406 definiert eine Anzahl von Protokollen, die militärische Meldungen unterstützen. Sie basieren auf den ITU X.400 Standard. STANAG 4406 ersetzt die ACP127.
STANAG 4406 spezifiziert eine Ende-zu-Ende Nachrichtenprotokoll für eine Kommunikation zwischen zwei Stelle, die als User Agents (UA) bezeichnet werden. Dieses Protokill basiert auf das X.400 P2 Interpersonal Messaging Protokoll, erweitert durch das P772-Protokoll, das in der STANAG 4406 definiert ist und erweiterung für militärische Anwendungen enthält.

STANAG 4406 verwendet ein 8 Bitformat mit höherer Funktionalität. Ausserdem gibt es zusätzliche Protokollebenen. Diese Protokolle erzeugen zusätzliche Daten. Diese werden kompensiert durch:

- Neuere Modems ermöglichen durch bessere Verfahren einen höheren Datendurchsatz.
- STANAG 4406 Annex E enthält eine Kompression.
- Eine wiederholung der Aussendnung ist effizienter bei Fehlern,
- Das System verfügt über zusätzliche Funktionalitäten und benötigt keinen Bediener,
- Das System arbeitet mit moderner Verschlüsselung.

STANAG 5066

STANAG 5066 ist ein Netzwerkprotokoll der Verbindungsebene (Data Link Protocol DLP) und ersetzt FS-1052 DLP.

STANAG 5066 beschreibt die technischen Anforderungen und Forderungen für eine Interoperabilität für verschieden Unterschichten in einem Kurzwellenunternetzwerk einschließlich der folgenden:

- eine Unterschicht für eine Unternetzverbindung (subnetwork-interface sublayer, SIS),
- eine Unterschicht für den Kanalzugang (channel-access sublayer, CAS)
- eine Unterschicht für Datenübertragung (data-transfer sublayer, DTS)
- eine Unterschicht für das Unterschichtnetzwerkmanagement (subnetwork management sublayer, SMS).

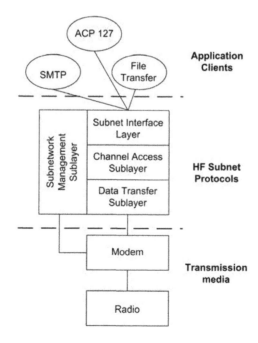

Abbildung 57: STANAG 5066 Ebenen

Zusätzlich zu diesen Pflichtdefinitionen empfiehlt STANAG 5066 weitere Unterstützungen für Unternetze, die Standardfunkgeräte und Modems einsetzen, die die Verwendung des STANAG 4285, MIL-STD-188-110A, und STANAG 4529 vorsehen. Ausserdem wird die Entwicklung für höhere Datenraten bis 9600 Bps vorgesehen.

Das Protokoll definiert in STANAG 5066 bietet eine generelle Luftschnittstelle und offene Systemspezifikation für die folgenden Datendienste auf beliebigen Kurzwellenkanälen:

- verläßliche Punkt-zu-Punkt Datenübertragung durch Anwendung eines ARQ-Protokolls;
- nicht verläßliche (oder nicht-ARQ) Punkt-zu-Punkt, Rundstrahl oder Mehrfach (z.B. Gruppenrundstrahldienst) Datenübertragung;
- regulärer Datenservice mit ARQ und Nicht-ARQ ;
- beschleunigter Datenservice mit ARQ und Nicht-ARQ;
- Linkaufbau und Beendigung für einfachen Kanalzugang;
- Managementservice für automatische Anpassungen der Datenraten (DRC).

STANAG 5066 DLP ersetzt den FED-STD-1052 DLP beim Übergang vom MIL-STD-188-141A zum MIL-STD-188-141B. Beide sind DLP's die mit MIL-STD-188-110x Modems verwendet werden, beide verwenden das ARQ-Protokoll, wobei das 5066 DLP wesentlich weiter entwickelt ist.

X.25

Die Anwendung dieses Protokolls begann um 1970. Das X.25-Protokoll wurde entwickelt, um ein Wide Area Network (WAN) über öffentliche Netzwerke Public Data Networks (PDNs) zu verbinden. Es bestand die Idee, das mehr Kompatibilität und geringere Kosten die Akzeptanz von PDNs erhöht. X.25 wurde von großen Anbietern entwickelt und war zu seiner Zeit am weitesten verbreitet. Eingroßer Vorteil von X.25 ist die internationale Verbreitung. Es wird durch die International Telecommunications Union (ITU) verwaltet und ist daher ein internationaler Standard.

X.25 wurde für den Austausch von Daten über WAN (Wide Area Network) entwickelt. X.25 ist ein Protokoll für Paketvermittlungsnetzte. Die erste Version war für Netzwerke mit niedrigen Geschwindigkeiten ausgelegt mit eine Ende-zu-Ende Fehlererkennung und -korrektur auf verrauschten Analogverbindungen.
Das X.25-Protokoll wurde für Verbindungen zwischen vielen Computern geschaffen und hatte die Hauptaufgabe, Interoperabilität zwischen unterschiedlichen Herstellern zu schaffen. Ein weiters Ziel war eine effektive Nutzung der vorhandenen Netzwerkresourcen.
Das X.25-Protokoll unterstützt Methoden für die drei niedrigsten Schichten der Kommunikation: der physikalischen Schicht, der Sicherungsschicht und der Vermittlungsschicht. Sie definieren ein offene Systemverbindung durch eine Standardverbindungenrd für jede Schicht. Dadurch wird eine Kompatibilität zwischen verschiedenen Herstellern für hard- und Softawre geschaffen.

Um Daten über ein Netzwerk oder Funkverbindungen zu schicken, werden diese in Datenpakete unterteilt. Sie erhalten als Zusatz Informationen über die Konfiguration und den Datenfluss.

Jedes Datenpaket besteht aus einer Synchronsequenz, einem Startbyte, dem Adreßfeld, dem Datenpaket mit bis zu 256 Datenbyte, 2 Fehlererkennungsbyte und dem Stopbyte.
Die Beschreibung der einzelnen Felder ist wie folgt:

Feldname	Länge	Beschreibung
Startsequenz start flag	1 Byte	8 Bitsequenz 01111110, welche sonst nicht im gesamten Paket verwendet wird. Wird nur am Anfang und Ende eines Paketes verwendet
Adreßfeld	14 - 70 Bytes	Rufzeichen der sendenden Station Rufzeichen der Empfangsstation Bis zu acht Rufzeichen von Relaisstationen (Digipeatern)
Kontrollfeld	1 Byte	Anzeige des Status der Verbindung (Aufbau, Ausführung, Beendung) und Übermittlung von Kontrollfunktionen : I = Informationblock S = numerierter Steuerblock U = nicht numerierter Steuerblock
Protokoll - erkennungsfeld	1 Byte	zeigt an, welches Protokoll benutzt wird
Datenfeld	0 - 256 Bytes	Daten nach ITA-5
Kontrollfeld FCS	2 Bytes	CRC
Paketende end flag	1 Byte0	8 Bitsequenz 01111110, welche sonst nicht im gesamten Paket verwendet wird. Wird nur am Anfang und Ende eines Paketes verwendet

Tabelle 12 : X.25 Paketrahmen

Beschreibung der einzelnen Felder:

Flag

Die übertragenen Pakete werden durch die sogenannten Flags gekennzeichnet. Diese Begrenzungen des Paketes werden nur am Anfang und Ende gesendet. Werden mehrere Pakete in Folge gesendet, kann das jeweilige Anfangsflag gleich dem Endeflag des vorhergehenden Paketes sein. Diese Flags bestehen aus einer festen Bitsequenz 01111110 oder Hex 7E.

Damit diese Flags einwandfrei erkannt werden, muß sichergestellt sein, daß es nicht in einem der anderen Felder auftaucht. Diese wird durch ein Füllbit garantiert. Dieses Bit-stuffing wird auf der Hardwareseite durch den Highlevel-Data-Linkcontroller (HDLC-Controller) erfüllt. Erscheinen mehr als 5 Bit mit dem Wert 1 in Reihe, wird durch den HDLC eine 0 eingefügt, die später auf der Empfängerseite wieder entfernt wird. Bit-Stuffing ermöglicht eine transparente Datenübertragung ,in welcher keine anderen Kontrollzeichen benötigt werden. Im Datenfeld kann jede Art von Zeichen übertragen werden. Die Flags werden ebenfalls zur Synchronisation zwischen Empfänger und Sender verwendet.

Adreßfeld

Das Adreßfeld enthält mindestens das Rufzeichen des Empfängers und des Absenders. Für eine sofortige Blockauswertung wird das Empfängerrufzeichen immer zuerst genannt. Werden für die Übertragung Netzknoten benutzt, so werden diese ebenfalls im Adreßfeld eingetragen. Dieses Feld ist auf 70 Byte begrenzt, es können also bis zu acht Netzknoten eingetragen werden. Für jedes Rufzeichen werden insgesamt 7 Byte vorgesehen, wobei 6 Byte für das eigentliche Rufzeichen und 1 Byte für einen Secondary Station Identifier (SSID) reserviert sind. Der SSID ist eine Ziffer zwischen 0 und 15. Hierfür sind nur 4 Bit des Bytes notwendig. Die anderen 4 Bit werden für Kontrollfunktionen benutzt. Mit der SSID ist es möglich bis zu 16 verschiedenen Stationen unter dem gleichen Rufzeichen zu arbeiten. Die Grundeinstellung der SSID ist 0. Ein anderer Wert wird eigentlich nur bei Betreiben eines Netzknotens notwendig.

Kontrollfeld

Im Kontrollfeld werden Steuerungs - und Kontrollbits für einen protokollgerechten Ablauf der Verbindungen eingetragen. Hier werden die Befehle (commands), Meldungen (responses) und Blockfolgenummern (sequence numbers) in codierter Form abgelegt.
Dieses Feld ist 8 Bit lang und enthält ebenfalls die Informationen über die benutzten Datenblocktypen.
Folgende Datenblocktypen werden genutzt :

1. Informationsblöcke (I-frames)
2. Steuerblöcke mit Folgenummern (S-frames)
3. Steuerblöcke ohne Folgenummern (U-frames)

1. Informationsblöcke

Informationsblöcke werden auch als Datenpaket oder I-Frames bezeichnet. Diese Informationsblöcke haben immer eine Folgenummer und gehören damit zu den numerierten Datenblöcken. Sie enthalten ein Datenfeld, das die eigentliche Information vom Absender beinhaltet.

2. Steuerblöcke mit Folgenummern

Diese Blöcke enthalten keine Daten wie die Informationsblöcke. Sie werden als S-Frames bezeichnet und gehören zu den numerierten Datenblöcken. Sie werden zum Beispiel für die Quittierung von I-Frames, zur Aufforderung zum Senden und zur Mitteilung der jeweiligen Sendestatuss benutzt. S -Frames sind für den protokollkonformen Informationsaustausch zwischen den Stationen zuständig.

3. Steuerblöcke ohne Folgenummern

Diese Blöcke werden als U-Frames bezeichnet und gehören zu den nicht numerierten Datenblöcken.
Diese Blöcke enthalten ebenfalls keine Datenfelder zur Informationsübertragung.
Sie sind lediglich für Steuerungsaufgaben wie z.B. Verbindungsaufbau und Verbindungsabbruch zuständig.

Blockfolgenummern

Die Blockfolgenummern (sequenze numbers) werden zur Blocknummerierung und Blockquittung benutzt. I-Frames werden mit einer Sendefolgenummer (send sequence number N(S)) versehen. Diese kann maximal den Wert 7 annehmen. Das bedeutet, es können 7 unbestätigte I-Frames anstehen.
Weitere I-Frames werden erst nach einer Quittierung durch die Empfangsstation, die damit den ordnungsgemäßen Empfang bestätigt, gesendet werden.

Die Empfangsbestätigung erfolgt mit den Empfangsfolgenummern (receive sequence number N(R)). Diese Nummer zeigt den letzten ohne Fehler empfangenen I-Frame an.

Hat die empfangene Station keine Information für den Sender, so erfolgt die Empfangsquittung mit einem numeriertem S-Frame.

Die Blockfolgenummern werden durch die Software im TNC (Terminal Node Controller) der Stationen erzeugt. Ihre Speicherung erfolgt indem Sendefolgezähler V(S) und dem Empfangsfolgezähler V(R). Beide Zähler werden beim Verbindungsaufbau auf 0 gesetzt.

V (S) wird nach Aussendung eines I-Frames inkrementiert und zeigt immer die fortlaufende Sendefolgenummer des nächsten I-frames an, der gesendet werden soll.
V (R) zeigt immer die Empfangsfolgenummer desjenigen I-Frames an, der als nächstes empfangen werden soll. Dieser Wert wird ebenfalls um eins inkrementiert, wenn ein I-Frame fehlerfrei empfangen wurde.

Poll/Final Bit

Im Steuerfeld eines Datenblock ist das Poll/Final Bit (PFB) enthalten. Diese Bit kann entweder als P-Bit oder als F-Bit gesetzt werden, je nachdem welche Reaktion im System gefordert ist.
Wird das P/F-Bit als P-Bit (poll) gesetzt, so handelt es sich um einen Befehlsdatenblock (command), der von der Gegenstation einen Antwortblock (response) erwartet.
In einem Antwortblock ist das P/F-Bit als F-Bit (final) gesetzt. beide Bits können auf eins gesetzt sein.

Das P/F-Bit steuert durch ein „Check Pointing" auch die notwendige Wiederholungen von I-Frames.
Ein einwandfrei empfangener und quittierter I- oder S-Frame mit gesetztem Pollbit muß alle in einer Sequenz bisher empfangenen I-Frames der Gegenstation quittieren.
Erfolgt diese nicht, so werden alle I-Frames nach dem letzten quittierten I-Frame wiederholt gesendet.

Im folgenden erfolgt eine kurze Übersicht über die möglichen Befehle und Meldungen:

Receive Ready RR

Mit RR werden alle einwandfrei empfangenen I-Frames quittiert. Ebenfalls wird eine erneute Empfangsbereitschaft der Stationen nach dem Zustand "nicht empfangsbereit" angezeigt.
Mit gesetztem Pollbit in einem RR-Kommando kann der Zustand der Gegenstation abgefragt werden.

RR gehört zu den S-Frames und kann mit gesetztem P-Bit als Kommando und mit gesetztem F-Bit als Meldung ausgesendet werden.

Receive Not Ready RNR

Mit RNR werden alle einwandfrei empfangenen I-Frames bestätigt, aber gleichzeitig angezeigt, das zur Zeit keine weiteren Informationsdatenblöcke mehr empfangen werden können. Die Aufhebung erfolgt durch Übermittlung eines S-Frames mit RR/REJ oder eines U-Frames mit UA/SABM.
RNR gehört zu den S-Frames und kann mit gesetztem P-Bit als Kommando und mit gesetztem F-Bit als Meldung ausgesendet werden.

Reject REJ

REJ bestätigt alle bisher einwandfrei empfangenen I-Frames und fordert eine Wiederholung von fehlerhaften I-Frames an. REJ gehört zu den S-Frames und kann mit gesetztem P-Bit als Kommando und mit gesetztem F-Bit als Meldung ausgesendet werden.

Set Asynchronous Balanced Mode SABM

Mit SABM wird der Verbindungsaufbau zu einer anderen Station eingeleitet. Kann die Gegenstation die Verbindung aufnehmen, wird die Anfrage mit einem UA bestätigt und die Blockfolgennummernzähler auf 0 gesetzt. SABM kann nur als Kommando mit einem U-Frame ausgesendet werden.

Disconnect DISC

Mit DISC wird die Verbindung zwischen zwei Stationen aufgehoben. Es können in diesem Zustand keine I-Frames mehr gesendet oder empfangen werden. DISC wird als Kommando mit einem U-Frame ausgesendet und wird mit einem UA beantwortet.

Unnumbered Achnowledge UA

Mit UA werden alle Befehle wie z.B. SABM und DISC in einem U-Frame von der Gegenstation bestätigt. UA wird in einem U-Frame als Meldung ausgesendet.

Frame Reject FRMR

Mit FRMR wird ein empfangener Befehl der Gegenstation zurückgewiesen. Diese kann auftreten, wenn trotz gültigem Blockprüfungszeichen FCS Unstimmigkeiten zur Protokollvereinbarungen festgestellt wurden. FRMR wird als U-Frame mit einem 24 Bit Datenfeld gesendet. Das Datenfeld hat den Inhalt des Kontrollfeldes und die Werte des Empfangs- und Sendefolgezählers des zurückgewiesenen Paketes als Inhalt. Es folgt ebenfalls die Übermittlung von aufgetretenen Fehlercodes.

Disconnect Mode DM

Mit DM werden von einer Station alle Datenblöcke einer nicht verbundenen Station beantwortet, wenn es sich nicht um SABM oder UI-Frames handelt. Die DM-Meldung erfolgt auch dann, wenn keine weiteren Verbindungen von der Gegenstation aufgenommen werden sollen.

Unnumbered Information UI

Mit UI werden U-Frame ausgesendet. U-Frames unterliegen nicht der Datenflußkontrolle. Aus diesem Grund wird auch der Verlust eines UI-Frames nicht erkannt. UI-frames enthalten einen Protokollidentifier (PID) und ein I-Frame.

Datenfeld

Im Datenfeld werden die eigentlichen Informationen übermittelt. Es ist bis zu 256 x 8 Bit lang und kann jede Bitkombination enthalten. Ein Datenfeld wird nur in I- und U-Frames übertragen.

Frame Check Sequence FCS

Die Blockprüfsumme oder Frame Check Sequence (FCS) ist 16 Bit lang. Die FCS wird im Gegensatz zu allen anderen Feldern der AX.25 Datenblöcke mit dem MSB ausgesendet.
Die Blocksicherung erfolgt nach Cyclic Redundancy Check (CRC-Verfahren) und zwar nach dem CCITT-Polynom

$$x^{16} + x^{15} + x^2 + 1$$

Für die Berechnung des CRC werden die Daten eines Datenblockes durch das Polynom geteilt und ein verbleibender Rest als FCS dazugefügt. Auf der Empfangsseite ist ein Datenblock fehlerfrei empfangen, wenn eine erneute Division durch das gleich Polynom keinen Rest ergibt. Durch diese Fehlererkennung kann man fast eine absolut fehlerfreie Übertragung von Daten gewährleisten.

Das oben beschriebene X.25 Protokoll entspricht den OSI-Ebenen 2 und 3.
Nachrichtenkönnen über diverse digital Repeater übertagen werden, sodass selbst im VHF/UHF-Bereich große entfernungen überbrückt werden können.

RSX.25

Dieses Protokoll wurde von Rhode & Schwarz entwickelt. Das RSX.25-Protokoll erlaubt die Anpassung verschiedener Paramet wie z.B. die Blocklänge, Anzahl der Blöcke pro Paket und Frequenz an die Kanalqualität.

Bei dem RSX.25-Protokoll, das in der neuen Modemgeneration wie GM857C4 oder GM2000 verwendet wird, ist ein modifiziertes AX.25-Funkprotokoll. Diese entwicklung hat gegenüber früheren Kommunikationsprotokollen folgende Vorteile:

- Verwendung eines Kanals im Funknetz,
- Routing und Relais-Funktion,
- bidirektionale Kommunikation und
- größere Flixibilität in Bezug auf Blockstuktur durch asychrone Übertragung.

Mit einer 8PSK-Modulation kann die Netto-Datenrate eines seriellen Modems mit adaptiver Echounterdrückung 5400 Bps betragen. Fehrler werden zuerst durch eine FEC (Forward Error Correction, Faltungskode, Koderate 1/2, Viterbi-Kodierung) korrigiert, wodurch die Nettodatenrate auf 2700 Bps reduziert wird. Fehler, die nicht durch die FEC korrigiert werden können, werden durch die ARQ (automatic repeat request) Prozedur des RSX.25-Protokolls behoben.

Automatic Link Establishment (ALE)

Automatic Link Establishment (ALE) ist ein Kommunikationsprotokoll für den Aufbau und das Halten einer Verbindung zwischen zwei oder mehr halbduplex (simplex) Kurzwellenfunksystemen. Die technischen Spezifikationen sind in dem MIL-STD 188-141A und im FED-STD 1045 zu finden.

Das Hauptkonzept von ALE ist das automatische Sammeln von Ausbreitungsbedingungen, die verfügbareb Stationen im Netz und die beste Frequenz, um eine Verbindung zu den jeweiligen Stationen aufzubauen. Es oll kein Bediener notwendig sein.

ALE verwendet die folgenden Grundregeln:

- Jeder Station in einem ALE-Netz ist eine "Adresse" als Rufzeichen zugeordnet (1 bis 15 Zeichen).
- Jede Station im ALE-Netz beobachtet, scannt, eine Anzahl von Frequenzen (2-100) mit einer bestimmten Scanrate (2-10 Frequenzen pro Sekunde).
- Jede Station kann otional "sounden", das heisst, es sendet sein Rufzeichen auf jeder Frequenz mit einem bestimmten Zeitintervall.
- Wenn eine Station während des Scans sein Rufzeichen hört, antwortet sie darauf (optional). Unabhängig davon, ob einentwort erfolgt, wird "Link Quality Analysis" (LQA) gespeichert.
- Wenn eine Station eine andere Station rufen will, wählt sie die diejenige Frequenz mit dem besten LQA-Wert. Oder sie ruft auf jeder Frequenz in der Scanliste.
- Wenn eine Station eine Verbindung zu einer bestimmten Staion benötigt, zu einer Gruppe von Stationen, das gesamte Netz, eine bestimmte Untergruppe des Netzes nach Rufzeichen ode durch eine Suche (z.B. alle Netzteilnehmer mit BA im Rufzeichen ein), dann sendet sie eine Nachricht mit den gewünschten Stationen, ein spezielles Rufzeichen für "an alle" oder an alle auf einer zugewiesenen Netzfrequenz.
- Wenn eine Station einen Ruf empfängt oder sie ruft selbst und eine angerufene Station antwortet, dann informiert sie den Bediener der Verbindung.

Rufen einer Station

Der Bediener oder ALE-Kontoller wählt das Rufzeichen und die beste Frequenz der anzurufenden Station und beginnt den Anruf.
Das ALE-Protokoll hat dafür drei Abschnitte: Das "TO"-Feld für den Anruf mit der Rufzeichen der angerufenen Station (TO LIMA) und das rufende Rufzeichen (TIS DELTA)

Die Bestätigung von der gerufenen Station (TO DELTA, TIS LIMA).

Die Bestätigung der anrufenden Station (TO LIMA, TIS DELTA). Von diesem Moment an wird die Verbindung als aufgebaut registriert.

Einmal verbunden, kann der Bediener eine Sprach-, Daten- oder AMD-Kommunikation starten.
Die Verbindung kann durch jede Seit wieder abgebaut werden oder wenn keine AKtivität statfindet.

Die Verbindung wird durch das Ausenden von "THIS WAS" (TWAS) an die andere Station beendet.

ALE basiert auf folgende Funktionen:

Jede Station in einem ALE-Netz überprüft eine bestimmte Anzahl von vorgegebenen Frequenzen. Diese Frequenzen werden als "Scan List" bezeichnet. Jede station beobachtet jede Frequenz für eine bestimmte Zeitspanne. Jede Frequenz wird für 500 ms abgehört, sodass 2 Kanäle pro Sekunde bearbeitet werden können. Dieser Wert kann im ALE-Kontroller programmiert werden.

Die Dauer eines Anrufs (die Zeit, die das Wort "TO" im Anruf gesendet wirdl) und dauer des Sounding hängen von der Anzahl der Kanäle in der Frequenzliste ab.
Ein Anruf auf einem Kanal muss solange dauern, dass die andere Station die Möglichkeit hat, auf dem Kanal nach dem eigenem Rufzeichen zu hören, wenn es seine Liste abarbeitet. Die Anrufzeit hängt von der Anzahl Frequenzen, der Länge der Rufzeichen und der Sende/Empfangsumschaltung des Senders ab.

Um die beste Frequenz für den Anruf einer anderen Station zu ermitteln, registriert jede Station jeden Anruf auf jeder Frequenz der Scan-Liste. Diese Informationen werden gesammelt und zu jedem Rufzeichen die Zeit, die Frequenz und die LQA gespeichert.

Um das Netzwerk aufrecht zu erhalten, kann jede station einen "Sound" senden. Dieser Vorgang lässt andere Stationen wiessen, auf welchen Kanälen man angerufen werden kann. Beim "Sound" sendet eine Station sein Rufzeichen auf jeder Frequenz der Scan-Liste. Das Format TO ABC - TIS ABC zeigt der Empfangsstation, wer im Netzwerk erreichbar ist und ermöglicht ebenfalls die Qualität der einzelnen Kanäle festzustellen. Sounding kann im ALE-Kontroller abgeschaltet werden.

Eine Station hat die Möglichkeit nur zu hören und nicht zu antworten, auch wenn sie direkt angefuen wird. Diese Station speichert die LQA-Daten, kann aber trotzdem Funkstille halten.

Wenn eine Station eine Station anrufen muss, für die kein LQA-Daten vorliegen, dann wird diese Station auf jeder Frequenz in der Scan-Liste gerufen, bis der Kontakt hergestellt ist.

Wenn eine Verbindung auf der besten Frequenz nicht zustande kommt, dann wird die nächstbeste Frequenz gewählt usw.

Codan Automated Link Management (CALM)

CALM ist eine fortgeschrittene ALE-Technologie, die durch CODAN für ihre Kurzwellenfunkgeräte entwickelt wurde. Im Vergleich zu konventionellen ALE hat CALM eine schnellere Scanrate und eine Link Quality Analysis, die über 24 Sunden arbeitet. Sie wählt automatisch beim Einschalten des Funkgerätes den besten Kanal und verringert die Soundingaktivität um fast 80%.
Das sich selbst verwaltende Netzwerk verfügt über selektives Rufen, Textnachrichten, Telefonanrufe, Anrufe an alle und Anufe abhängig von der GPS-Position. Um verschiedene Dienste wie Fax, Daten oder Email zu ünterstützen, ist eine virtuelle Adressierung implementiert.

CODAN hat ein "listen before transmit" implementiert, sodass CALM Anrufe auf Kanälen vermeidet, die bereits belegt sind.

CALM ist kompatible mit ALE gemäß FED-STD-1045.

5.11 Bezeichnung von Aussendungen

Aussendungen werden über die benötigte Bandbreite und ihren Sendemodus bezeichnet. Die Bandbreite ist besteht aus drei Zahlen und einem Buchstaben.
Der Buchstabe wird an Stelle des Kommas verwendet und zeigt die Größenordnung der Bandbreite.
Die benötigte Bandbreite

zwischen 0,001 und 999 Hz ist in Hz (Buchstabe H)
zwischen 1,00 und 999 kHz ist in kHz (Buchstabe K)
zwischen 1,00 und 999 MHz ist in MHz (Buchstabe M)
zwischen 1,00 und 999 GHz ist in GHz (Buchstabe G)

Erstes Symbol - Art der Modulation der Trägerfrequenz

- Aussendung eines unmodulierten Trägers   N

Aussendungen in denen der Träger amplitudenmoduliert ist
(einschließlich der Fälle in denen Unterträger winkelmoduliert sind)

- Doppeltes Seitenband   A
- Einseitenband, voller Träger   H
- Einseitenband, reduzierter oder variabler Träger   R
- Einseitenband, unterdrückter Träger   J
- Unabhängige Seitenbänder   B
- Restseitenband   C

Aussendungen in denen der Träger winkelmoduliert ist

- Frequenzmodulation   F
- Phasenmodulation   G

Hauptträger ist gleichzeitig amplituden- und winkelmoduliert
oder in einer vorher festgelegten Sequenz   D

Aussendungen von Impulsen

- Reihenfolge von unmodulierten Impulsen   P
- Reihenfolge von Impulsen amplitudenmoduliert   K
- Reihenfolge von Impulsen weiten-/dauermodulatiert   L
- Reihenfolge von Impulsen positions-/phaseenmoduliert   M
- Reihenfolge von Impulsen wenn der Träger während der Dauer
   der Impulse winkelmoduliert ist   Q
- Reihenfolge von Impulsen mit einer Kombination der vorherigen   V
   oder auf andere Art erzeugt
- Fälle, die nicht durch obiges abgedeckt werden, in welcher die Aussendung
   aus modulierten Trägern besteht, entweder gleichzeitig oder   W
   oder in einer vorher festgelegten Sequenz in einer Kombination
   von zwei oder mehr der folgenden Modi :
- Amplitude
- Winkel

- Puls
- Fälle, die nicht anderweitig abgedeckt sind   X

Aussendungnen von Impulsen (Aussendungen bei denen der Hauptträger direkt durch ein Signal moduliert ist, das in eine quantisierte Form kodiert wurde (z.B. Pulskodemodulation) sollen als Amplitudenmodulation oder Winkelmodulation bezeichnet werden)

Zweites Symbol - Art des Signals, das den Hauptträger moduliert

Keine Modulation   0
Einkanal, digitale Information (ein/aus des Trägers)   1
Einkanal, digitale Information mit dem Gebrauch eines
Modulationszwischenträgers (tonmodulierter Träger, ein/aus des Tons)   2
Einkanal mit analoger Information.   3
Zwei oder mehr digitale Kanäle   7
Zwei oder mehr analoge Kanäle   8
Kombinationen von analogen und digitalen Kanälen   9
Fälle, die nicht anders abgedeckt werden   X

- kein modulierendes Signal   0
- Einzelkanal mit quantisierter oder digitaler information   1
  ohne Verwendung eines modulierende Unterträgers
  (Zeitmultiplex ausgeschlossen)
- Einzelkanal mit quantisierter oder digitaler information   2
  ohne Verwendung eines modulierende Unterträgers
- Einzelkanal, der analoge Informationen enthält   3
- Zwei oder mehr Kanäle, die quantisierte oder digitale Information enthalten   7
- Zwei oder mehr Kanäle, analoge Information enthalten   8
- Kombiniertes System mit einem oder mehr Kanäle, die   9
  quantisierte oder digitale Information enthalten, zusammen mit einem
  oder mehreren Kanälen, die analoge Information enthalten
- Fälle, die nicht anders abgedeckt werden   X

Drittes Symbol - Typ der übermittelten Information

(in diesem Zusammenhang bedeutet das Wort "Information" keine konstanten Information wie sie von Zeitsignalstationen, Morse und Pulsradargeräte ausgestrahlt werden)

- Keine gesendeten Informationen   N
- Telegrafie - für Hörempfang   A
- Telegrafie - für automatischen Empfang   B
- Faksimile   C
- Datenübertragung, Telemetrie, Fernkommandos   D
- Telefonie - einschließlich Tonrundfunk   E
- Fernsehen - Video   F
- Kombination von obigen   W
- Fälle, die nicht anders abgedeckt werden   X

Viertes Symbol - Signaldetails

- Zweizustandscode mit Elementen von abweichender Anzahl und/oder Dauer	A
- Zweizustandscode mit Elementen gleicher Anzahl und Dauer ohne Fehlerkorrektur	B
- Zweizustandscode mit Elementen gleicher Anzahl und Dauer mit Fehlerkorrektur	C
- Vierzustandskode bei dem jeder Zustand ein Signalelement repräsentiert (von einem oder mehr Bits)	D
- Vielfachzustandskode bei dem jeder Zustand ein Signalelement repräsentiert (von einem oder mehr Bits)	E
- Vielfachzustandskode bei dem jeder Zustand oder Kombination von Zuständen ein Zeichen repräsentieren	F
- Tonqualität eines Rundfunksignals (Mono)	G
- Tonqualität eines Rundfunksignals (Stereo oder Quadro)	H
- Tonsignal einfacher Qualität (ohne die folgenden Kategorien)	J
- Tonsignal einfacher Qualität mit Frequenzinversion oder Bandaufteilung	K
- Tonsignal einfacher Qualität mit mit zusätzlichen frequenzmodulierten Signal zur Steuerung des Pegels des demodulierten Signals	L
- Einfarbig	M
- Farbig	N
- Kombination der obigen	W
- Fälle, die nicht anders abgedeckt werden	X

Fünftes Symbol - Art des Multiplex

- Kein	N
- Codemultiplex (inklusive Bandbreiteverbreiterungtechnik)	C
- Frequenzmultiplex	F
- Zeitmultiplex	T
- Kombination aus Zeit- und Frequenzmultiplex	W
- Andere Multiplextypen	X

Beispiel:

Fernsprechen, Einseitenband, unterdrückter Träger, ein Kanal	2K70J3EJN

Die folgende Tabelle zeigt eine Übersicht häufig verwendeter Modulationen und ihre Bezeichnung :

Modulation des Trägers	Modus	Bemerkung	Neue Bezeichnung	Alte Bezeichnung
AM	Ohne Modulation		N0N	A0
	Telegrafie		A1A	A1
	Fernschreiben		A1B	A1
	Telegraphie Audio moduliert		A2A	A2
	Fernschreiben		A2B	A2
	Telegrafie	ESB unterdrückter Träger	J2A	A2J
	Fernschreiben	ESB unterdrückter Träger	J2B	A2J
	Telegrafie	ESB verringerter Träger	R2A	A2A
	Telegraphie	ESB voller Träger	H2A	A2H
	Fernsprechen	Zwei Seitenbänder	A3E	A3
	Fernsprechen	ESB verringerter Träger	R3E	A3A
	Fernsprechen	ESB voller Träger	H3E	A3H
	Fernsprechen	ESB unterdrückter Träger	J3E	A3J
	Fernsprechen	Zwei unabhängige Seitenbänder	B8E	A3B
	Faksimile		A3C	A4
	Faksimile	ESB verringerter Träger	R3C	A4A
	Faksimile	ESB unterdrückter Träger	J3C	A4J
	Fernsehen	Zwei seitenbänder	A3F	A5
	Fernsehen	Restseitenband	C3F	A5C
	Fernsehen	ESB unterdrückter Träger	J3F	A5J
	Mehrfachaudiofrequenz-telegrafie	ESB verringerter Träger	R7B	A7A
	Mehrfachaudiofrequenz-telegrafie	ESB unterdrückter Träger	J7B	A7J
	andere		AXX	A9
FM	FSK Morse Fernschreiben		F1A	F1
	FSK Fernschreiben		F1B	F1
	AFSK Morse Fernschreiben		F2A	F2
	AFSK Fernschreiben		F2B	F2
	Telefon und Hörrundfunk		F3E	F3
		Telefonie phasen-moduliert	G3E	F3
	Faksimile	1 Kanal mit analoger Information	F3C	F4
	Fernsehen		F3F	F5

Modulation des Trägers	Modus	Bemerkung	Neue Bezeichnung	Alte Bezeichnung
	Vierfrequenzdiplextelegrafie		F7B	F6
	andere		FXX	F9
PM	Ohne Modulation		P0N	P0
	Telegrafie		K1A	P1D
	Telegrafie	Modulation der Pulseamplitude	K2A	P2D
	Telegrafie	Modulation der Pulsdauer	L2A	P2E
	Telegrafie	Moduation der Pulsphase	M2A	P2F
	Telephonie	Modulation der Pulseamplitude	K2E	P3D
	Telephonie	Modulation der Pulsdauer	L3E	P3E
	Telephonie	Modulation der Pulsphase	V3E	P3G
	Andere		XXX	P9

Tabelle 13: Häufig verwendete Übertragungsmodi

Bestimmung dee notwendigen Bandbreite

Die folgende Tabelle ist durch die ITU herausgegeben worden. Sie enthält Beispiele für die Berechnung und die dazugehörenden Bezeichnungen für Aussendungen.

Für die komplette Bezeichnung einer Aussendung sollte die notwendige Bandbreite, angeziegt durch vier Stellen, vor der eigentlichen Klassifikation hinzugefügt werden, Wenn angewendet, soll die notwendige Bandbreite durch folgende Methoden bestimmt werden:

1. Anwenden der Formeln in der folgenden Tabelle, die auch Beispiele für die notwendige Bandbreite und Bezeichnung der dazugehörenden Aussendung angibt;
2. Berechnung in Übereinstimmung mit den ITU-R Empfehlungen;
3. Messungen, in Fällen, die durch 1) oder 2) oben nicht abgedeckt werden.

Die auf diese Art bestimmte notwendige Bandbreite ist nicht das einzige Merkmal einer Aussendung, die betrachtet werden muss, wenn man Störungen durch diese Aussendung untersuchen will.

In der Tabelle werden die folgenden Bezeichnungen verwendet:

Bezeichnung	Beschreibung
Bn	Notwendige Bandbreite in Hertz
B	Modulationsrate in Baud
N	Maximale Anzahl der schwarzen plus der weissen Elemente gesendet pro Sekunde bei Faksimilie
M	Maximale Modulationsfrequenz in Hertz
C	Unterträgerfrequenz in Hertz
D	Spitzenabweichung z.B. halbe Differenz zwischen dem größten und kleinsten Wert einer Augenblicksfrequenz. Die Augenblicksfrequenz in Hertz ist die Zeitrate eines Wechsels der Phase geteilt durch 2 pi
t	Pulsdauer in Sekunden bei halber Amplitude
tr	Pulsanstiegszeit in Sekunden zwischen 10% und 90% Amplitude
K	Ein numerische Faktor, der von der Aussendung abhängt und von der erlaubteb Verzerrung abhängig ist
Nc	Anzahl der Basisbandkanäle in Funksystemen mit Mehrkanalmultiplex
fp	Kontinuierliche Pilottonunterträgerfrequenz (Hz) (Kontinuierliches Signal angenommen, um die Leistung von Frequenzmultiplexsystemen auszuwerten).

Tabelle 14: Bezeichungen und ihre Beschreibung

Beschreibung der Aussendung	Notwendige Bandbreite		Bezeichnung der Aussendung
	Formel	Beispiel	
I. KEIN MODULATIONSSIGNAL			
Kontinuierlicher Träger	-	-	**Keine**
II. AMPLITUDENMODULATION			
1. Signal mit quantisierten oder digital Informationen			
Morsetelegrafie	$Bn = BK$ $K = 5$ mit Fading $K = 3$ ohne Fading	25 Wörter/Minute; $B = 20$, $K = 5$ Bandbreite: 100 Hz	**100HA1AAN**
Telegrafie durch OOK eines tonmodulierten Trägers, Morsekode	$Bn = BK + 2M$ $K = 5$ mit Fading $K = 3$ ohne Fading	25 Wörter/Minute; $B = 20$, $M = 1000$, $K = 5$ Bandbreite: 2100 Hz $= 2{,}1$ kHz	**2K10A2AAN**
Selectives Rufen mit sequentiellen Einzelfrequenzkode, Einseitenband voller Träger	$Bn = M$	Maximale Code-frequenz ist: 2110 Hz $M = 2\,110$ Bandbreite: 2110 Hz $= 2{,}11$ kHz	**2K11H2BFN**
Fernschreiben mit Frequenzumtastung eines Unterträgers, mit Fehlerkorrektur, Einseitenband, unterdrückter Träger (Einzelkanal)	$Bn = 2M + 2DK$ $M = B/2$	$B = 50$ $D = 35$ Hz (70 Hz Shift) $K = 1{,}2$ Bandbreite: 134 Hz	**134HJ2BCN**
Fernschreiben, Mehrkanal im Sprachfrequenzbereich, Fehlerkorrektur, einige Kanäle mit zeitmultiplex, Einseitenband, reduzierter Träger	$Bn =$ höchste Mittenfrequenz $+ M + DK$ $M = B/2$	15 Kanäle; höchste Mittenfrequenz ist: 2805 Hz $B = 100$ $D = 42{,}5$ Hz (85 Hz Shift) $K = 0.7$ Bandbreite: 2885 Hz $= 2{,}885$ kHz	**2K89R7BCW**
2. Telefonie (Standardqualität)			
Telefonie, Doppelseitenband (Einzelkanal)	$Bn = 2M$	$M = 3000$ Bandbreite: 6000 Hz $= 6$ kHz	**6K00A3EJN**
Telefonie, Einseitenband, voller Träger	$Bn = M$	$M = 3000$ Bandbreite:	**3K00H3EJN**

Beschreibung der Aussendung	Notwendige Bandbreite		Bezeichnung der Aussendung
	Formel	Beispiel	
(Einzelkanal)		3000 Hz = 3 kHz	
Telefonie, Einseitenband, unterdrückter Träger (Einzelkanal)	$Bn = M$ - niedrigste Modulationsfrequenz	$M = 3000$ niedrigste Modulationsfrequenz 300 Hz Bandbreite: 2700 Hz = 2,7 kHz	2K70J3EJN
Telefonie mit zusätzlichen frequenzmoduliertem Signal zur Pegelkontrolle des demodulierten Sprachsignal, Einseitenband, reduzierter Träger (Lincompex) (Einzelkanal)	$Bn = M$	Maximale Kontroll-frequenz ist 2990 Hz $M = 2990$ Bandbreite: 2990 Hz = 2,99 kHz	2K99R3ELN
Telefonie mit Verschlüsselung, Einseitenband, unterdrückter Träger (zwei oder mehr Kanäle)	$Bn = Nc\,M$ - niedrigste Modulationsfrequenz im niedrigsten Kanal	$Nc = 2$ $M = 3000$ niedrigste Modulationsfrequenz ist 250 Hz Bandbreite: 5750 Hz = 5,75 kHz	5K75J8EKF
Telefonie, unabhängiges Seitenband (zwei oder mehr Kanäle)	Bn = sum of M für jedes Seitenband	2 Kanäle $M = 3\,000$ Bandbreite: 6000 Hz = 6 kHz	6K00B8EJN
3. Tonrundfunk			
Tonrundfunk, Zweiseitenband	$Bn = 2M$ M kann zwischen 4000 und 10000 variieren abhängig von der gewünschten Qualität	Sprache und Musik, $M = 4000$ Bandbreite: 8000 Hz = 8 kHz	8K00A3EGN
Tonrundfunk, Einseitenband reduzierter Träger (Einzelkanal)	$Bn = M$ M kann zwischen 4000 und 10000 variieren abhängig von der gewünschten Qualität	Sprache und Musik, $M = 4000$ Bandbreite: 4000 Hz = 4 kHz	4K00R3EGN
Tonrundfunk, Einseitenband unterdrückter Träger	$Bn = M$ - niedrigste Modulationsfrequenz i	Sprache und Musik, $M = 4\,500$ niedrigste Modulationsfrequenz = 50 Hz; Bandbreite:	4K45J3EGN

Beschreibung der Aussendung	Notwendige Bandbreite		Bezeichnung der Aussendung
	Formel	Beispiel	
		4 450 Hz = 4.45 kHz	

4. Fernsehen

Beschreibung der Aussendung	Formel	Beispiel	Bezeichnung der Aussendung
Fernsehen Bild und Ton	Die Bandbreiten für die üblich verwendeten fernsehnormen sind in den ITU-R Dokumenten zu finden	Anzahl der Linien = 625; Nominale Video-bandbreite: 5 MHz Sprachträger relativ zum Videoträgerr = 5.5 MHz; Gesamtbild-bandbreite: 6.25 MHz; FM Tonbandbreite mit Sicherheitsabstand: 750 kHz HF Kanal Bandbreite: 7 MHz	6M25C3F -- 750KF3EGN

5. Faksimile

Beschreibung der Aussendung	Formel	Beispiel	Bezeichnung der Aussendung
Analoges Faksimile durch Unterträgermodulation frequenzmoduliert, Einseitenbandsendung mit reduziertem Träger, einfarbig	$Bn = C + N/2 + DK$ $K = 1.1$ (typically)	$N = 1100$ IOC von 352 und einer Trommelgeschwindig-keit von 60 Rpm. IOC Index of cooperation ist das Produkt vom Trommeldurchmesser und Anzahl der Linien pro Längeneinheit. $C = 1900$ $D = 400$ Hz Bandbreite: 2890 Hz = 2,89 kHz	2K89R3CMN
Analoges Faksimile; Frequenzmodulation eines Tonunterträgers, der den Hauptträger moduliert, Einseitenband, unterdrückter Träger	$Bn = 2M + 2DK$ $M = N/2$ $K = 1.1$ (typisch)	$N = 1100$ $D = 400$ Hz Bandbreite: 1980 Hz = 1,98 kHz	1K98J3C --

6. Kombinierte Ausendungen

Beschreibung der Aussendung	Formel	Beispiel	Bezeichnung der Aussendung
Doppelseitenband, Fernsehrelais	$Bn = 2C + 2M + 2D$	Video beschränkt auf 5 MHz, Audio auf 6.5 MHz, frequenz-modulierter Unterträger, Unterträgeränderung = 50 kHz: $C = 6,5 \times 106$ $D = 50 \times 103$ Hz $M = 15000$ Bandbreite: $13,13 \times 106$ Hz	13M1A8W --

Beschreibung der Aussendung	Notwendige Bandbreite		Bezeichnung der Aussendung
	Formel	Beispiel	
Doppelseitenband Funkrelaissystem, Frequenzmultiplex	$Bn = 2M$	= 13,13 MHz 10 Sprachkanäle belegen das Basisband zwischen 1 kHz und 164 kHz $M = 164\,000$ Bandbreite: 328000 Hz = 328 kHz	328KA8E --
Doppelseitenbandaussendung eines VOR mit Sprache (VOR = VHF omnidirectional radio range)	$Bn = 2Cmax$ $+ 2M + 2DK$ $K = 1$ (typischy)	Der Hauptträger ist moduliert mit: - einem30 Hz Unterträger - einem Träger gebildet aus einem 9960 Hz Ton frequenzmoduliert mit einem 30 Hz Ton - einem Sprachkanal - einem 1020 Hz getastetem Ton für Morseidentifikation $Cmax = 9\,960$ $M = 30$ $D = 480$ Hz Bandbreite: 20940 Hz = 20,94 kHz	20K9A9WWF
Unabhängige Seitenbänder; mehrere Fernschreibkanäle mit Fehlerkorrektur zusammen mit mehreren Sprachkanälen mit Verschlüsselung; Frequenzmultiplex	Bn = Summe von M für jedes Seitenband	Normalerweise werden kombinierte Systeme gemäß den Bedingungen der standardisierten Kanälen betrieben (z.B. CCIR Rec. 348-2). 3 Telefoniekanäle und 15 Frenschreibkanäle benötigen eine Bandbreite von 12000 Hz = 12 kHz	12K0B9WWF

III-A. FREQUENZMODULATION

1. Signal mit quantisierten oder digital Informationen

Fernschreiben ohne Fehlerkorrektur (Einzelkanal)	$Bn = 2M + 2DK$	$B = 100$ $D = 85$ Hz (170 Hz Shift) Bandbreite: 304 Hz	304HF1BBN

Beschreibung der Aussendung	Notwendige Bandbreite		Bezeichnung der Aussendung
	Formel	Beispiel	
Scmalbandfernschreiben, mit Fehlerkorrektur (Einzelkanal)	$M = B/2$ $K = 1.2$ (typically) $Bn = 2M + 2DK$ $M = B/2$ $K = 1.2$ (typically)	$B = 100$ $D = 85$ Hz (170 Hz Shift) Bandbreite: 304 Hz	**304HF1BCN**
Selektivrufsignal	$Bn = 2M + 2DK$ $M = B/2$ $K = 1.2$ (typisch)	$B = 100$ $D = 85$ Hz (170 Hz Shift) Bandbreite: 304 Hz	**304HF1BCN**
Vierfrequenzduplexfernschreiben	$Bn = 2M + 2DK$ B = Modulationsrate in Baud des schnelleren Kanals. wenn die Kanäle synchronisiert sind: $M = B/2$ (sonst $M = 2B$) $K = 1.1$ (typisch)	Abstand zwischen Nachbarfrequenzen = 400 Hz; Synchronisierte Kanäle $B = 100$ $M = 50$ $D = 600$ Hz Bandbreite: 1420 Hz = 1,42 kHz	**1K42F7BDX**
2. Telefonie (Standardqualität)			
Standardtelefonie	$Bn = 2M + 2DK$ $K = 1$ (typisch, aber unter bestimmten Bedingungen könnte ein höherer Wert notwendig sein)	Für die normale Anwendung mit Standardqualität, $D = 5000$ Hz $M = 3000$ Bandbreite: 16000 Hz = 16 kHz	**16K0F3EJN**
3. Tonrundfunk			
Tonrundfunk	$Bn = 2M + 2DK$ $K = 1$ (typisch)	Mono $D = 75000$ Hz $M = 15000$ Bandbreite: 180000 Hz = 180 kHz	**180KF3EGN**

Beschreibung der Aussendung	Notwendige Bandbreite		Bezeichnung der Aussendung
	Formel	Beispiel	
4. Faksimile			
Faksimile mit direkter Frequenzmodulation des Trägers; schwarz und weiss	$Bn = 2M + 2DK$ $M = N/2$ $K = 1.1$ (typisch)	$N = 1\ 100$ Elemente/s; $D = 400$ Hz Bandbreite: 1980 Hz = 1,98 kHz	**1K98F1C --**
Analoges Faksimile	$Bn = 2M + 2DK$ $M = N/2$ $K = 1.1$ (typisch)	$N = 1\ 100$ Elemente/s; $D = 400$ Hz Bandbreite: 1980 Hz = 1,98 kHz	**1K98F3C --**
5. Kombinierte Aussendungen			
Radiorelaissystem, Frequenzmultiplex	$Bn = 2fp + 2DK$ $K = 1$ (typisch)	60 Telefonkanäle belegen ein Basisband zwischen 60 kHz und 300 kHz; Rms pro Kanalabweichung: 200 kHz; kontinuierlicher Pilotton auf 331 kHz erzeugt 100 kHz rms Abweichung des Hauptträgers. $D = 200 \times 103 \times 3.76 \times 2,02 = 1,52 \times 106$ Hz; $fp = 0,331 \times 106$ Hz; Bandbreite: $3,702 \times 106$ Hz = 3,702 MHz	**3M70F8EJF**
Radiorelaissystem, Frequenzmultiplex	$Bn = 2M + 2DK$ $K = 1$ (typisch)	960 Telefonkanäle belegen ein Basisband zwischen 60 kHz und 4 028 kHz; rms pro Kanalabweichung: 200 kHz; kontinuierlicher Pilotton auf 4715 kHz erzeugt 140 kHz rms Abweichung des Hauptträgers. $D = 200 \times 103 \times 3.76$	**16M3F8EJF**

Beschreibung der Aussendung	Notwendige Bandbreite		Bezeichnung der Aussendung
	Formel	Beispiel	
		× 5.5 = 4.13 × 106 Hz; $M = 4'{,}028 × 106$;	
		$fp = 4{,}715 × 106$; $(2M + 2DK) > 2\,fp$	
		Bandbreite: 16,32 × 106 Hz = 16,32 MHz	
Radiorelaissystem, Frequenzmultiplex	$Bn = 2fp$	Telefonkanäle belegen ein Basisband zwischen 60 kHz und 2,540 kHz; rms pro Kanalabweichung: 200 kHz; kontinuierlicher Pilotton auf 8 500 kHz erzeugt 140 kHz rms Abweichung des Hauptträgers. $D = 200 × 103 × 3{,}76$ $× 4{,}36 = 3{,}28 × 106$ Hz; $M = 2{,}54 × 106$; $K = 1$;	**17M0F8EJF**
		$fp = 8{,}5 × 106$; $(2M + 2DK) < 2\,fp$	
		Bandbreite: 17 × 106 Hz = 17 MHz	
Stereo Tonrundfunk mit gemultiplextem Nebentelefonunterträger	$Bn = 2M + 2DK$ $K = 1$ (typisch)	Pilottonsystem; $M = 75000$ $D = 75000$ Hz Bandbreite: 300000 Hz = 300 kHz	**300KF8EHF**

IV. PULSEMODULATION

1. Radar

Unmodulierte Pulsaussendung	$Bn = 2K / t$ K hängt vom Verhältnis der Pulsdauer zur Pulsanstiegszeit ab. Sein Wert ist normalerweise zwischen 1 und 10	Primärradar Entfernungsauflösung: 150 m K = 1.5 (Dreieckspuls bei dem t tr, nur Anteile bis 27 dB unter dem stärksten Puls sind berücksichtigt)	3M00P0NAN

| Beschreibung der Aussendung | Notwendige Bandbreite | | Bezeichnung der Aussendung |
	Formel	Beispiel	
	und ist meistens nicht größer als 6	dann: Bandbreite: 3×10^6 Hz = 3 MHz	
2. Composite Emissions			
Radiorelaissystem	$B_n = 2K / t$ $K = 1.6$	Pulse position Modulation von 36 Sprachbasisbandkanälen; Pulsbreite bei halber Amplitude = 0.4 ms Bandbreite: 8×10^6 Hz = 8 MHz (Bandbreite unabhängig von der Anzahl der Sprachkanäle)	8M00M7EJT

Tabelle 15: Bestimmung der notwendigen Bandbreite von Aussendungen

5.12 Tabelle der Übertragungsverfahren sortiert nach der Baudrate

Die folgende Tabelle gibt einen Überblick über die verschiedenen Übertragungsverfahren und deren Hauptparameter wie z.B Baudrate, Shift , Anzahl der Kanäle usw. sortiert nach der Baudrate. Zusätzlich ist angeben, welche Nutzer diese Übertragungsverfahren anwenden.

Baud-rate in Bd	Daten- rate in Bps	Shift in Hz oder Mode	Anzahl der Töne	Shift zwischen den Tönen in Hz	Mode	Anwender	Bemer kung
1.00		MFSK	13	40.00	AUM-13	RUS	MFSK
1.00		MFSK	20	40.00	MFSK-20	RUS	
1.00		MFSK	9	8.00	Thorb	HAM	
1.00		MFSK	11	78.13	ThorbX	HAM	
1.00		MFSK	144	15.63	ROS	HAM	
2.00		MFSK	9	8.00	Thorb	HAM	
2.00		MFSK	11	78.13	ThorbX	HAM	
2.70		MFSK	65	5.40	JT56B	HAM	
2.70		MFSK	65	2.70	JT65A	HAM	
2.70		MFSK	65	10.70	JT65C	HAM	
3.00		MFSK	6		MAZIELKA	RUS	
3.91			18	78.13	DominoEX 4	HAM	
4.00		MFSK	9	16.00	Thorb	HAM	
5.00		MFSK	64	78.13	MT63		
5.38		MFSK	18	10.77	DominoEX 5	HAM	
7.81		MFSK	18	15.63	DominoEX 8	HAM	
7.81		MFSK	32	7.81	MFSK-8	HAM	
8.00			13	40.00	AUM-13	RUS	MFSK
10.00		MFSK	64	15.63	MT63		
10.00		DBPSK	1		PSKAM 10	HAM	async
10.00		MFSK	20	40.00	CIS MFSK-20	RUS	
10.77		MFSK	18	10.77	DominoEX 11	HAM	
12.00		MFSK	12	20.00	PICCOLO 12	G	
13.30		MFSK	13	30.00	COQUELET 13	BEL	
13.30		MFSK	8	30.00	COQUELET 8	ALG	
15.63		MFSK	18	15.63	DominoEX 16	HAM	
15.63		MFSK	16	15.63	MFSK-16	HAM	
16.00		MFSK	144	15.63	ROS	HAM	
20.00		MFSK	64	31.25	MT63		
20.00		250			Pseudo random		
20.00		MFSK	20	40.00	CIS MFSK-20	RUS	
20.00		MFSK	12	20.00	PICCOLO 12	G, AUS	
20.00		MFSK	6	20.00	PICCOLO MK VI	G, AUS	
21.09			1		CHIP 128	HAM	DSSS
21.09		D2PSK			CHIP 128	HAM	DSSS
21.53		MFSK	18	21.53	DominoEX 22	HAM	
21.53		MFSK	44	21.53	JT6M	HAM	
24.00		MFSK	12	20.00	PICCOLO 12	G	
26.67		MFSK	8	30.00	COQUELET 8	ALG	
31.25		DBPSK	1		PSKAM 31	HAM	async
31.25		MFSK	32	31.25	Olivia	HAM	
31.25		MFSK	8		Contestia		
31.25		MFSK	16		Contestia		
31.25		MFSK	32		Contestia		

Baud-rate in Bd	Daten-rate in Bps	Shift in Hz oder Mode	Anzahl der Töne	Shift zwischen den Tönen in Hz	Mode	Anwender	Bemer-kung
31.25		MFSK	8		RTTYM	HAM	
31.25		MFSK	16		RTTYM	HAM	
31.25		MFSK	32		RTTYM	HAM	
31.50		DBPSK	1		PSK 31	HAM	async
36.50		500	2		8181	RUS	sync
37.50			1		CHIP 64	HAM	DSSS
37.50			32	75.00	CHN MFSK	CHN	MFSK
37.50		D2PSK			CHIP 64	HAM	DSSS
40.00		MFSK	32	40.00	CROWD 36	RUS	
40.00		MFSK	12	20.00	PICCOLO 12	G	
40.00		MFSK	6	20.00	PICCOLO MK VI	G	
40.50		1000	2		CIS 405-3915	RUS	
40.50		125	2		8181	RUS	sync
40.50		200	2		8181	RUS	sync
40.50		250	2		8181	RUS	sync
40.50		500	2		8181	RUS	sync
40.50		1000	2		8181	RUS	sync
42.10		500	2		CIS 14/PARITY 14	RUS	sync
45.45		1000	2		BAUDOT 1,5 STB	various	async
46.00		170	2		ARQE	various	sync
47.50		500	2		CIS 14/PARITY 14	RUS	sync
48.00		170	2		ARQE	various	sync
48.00		400	2		ARQE	various	sync
48.00		850	2		ARQE	various	sync
48.00		270	2		ARQ-E3	various	sync
48.00		300	2		ARQ-E3	various	sync
48.00		400	2		ARQ-E3	various	sync
48.00		850	2		ARQ-E3	various	sync
48.00		400	2		ARQ-M2 242	various	sync
48.00		500	2		CIS 14/PARITY 14	RUS	sync
50.00		2000	2		ASCII		
50.00		170	2		CIS 50-17	RUS	
50.00		500	2		CIS 50-17	RUS	
50.00		200	2		CIS 50-50	RUS	
50.00		250	2		CIS 50-50	RUS	
50.00		50	2		Pseudo random		
50.00		85	2		Pseudo random		
50.00		200	2		Pseudo random		
50.00		250	2		Pseudo random		
50.00		400	2		Pseudo random		
50.00		500	2		Pseudo random		
50.00		850	2		Pseudo random	F	
50.00		1000	2		Pseudo random		
50.00		DBPSK	2		PSKAM 50	HAM	
50.00		50	2		BAUDOT 1 STB	various	async
50.00		170	2		BAUDOT 1 STB	various	async
50.00		400	2		BAUDOT 1 STB	various	async
50.00		500	2		BAUDOT 1 STB	various	async
50.00		850	2		BAUDOT 1 STB	various	async
50.00		1000	2		BAUDOT 1 STB	various	async
50.00		85	2		BAUDOT 1,5 STB	various	async
50.00		100	2		BAUDOT 1,5 STB	various	async

Baud-rate in Bd	Daten-rate in Bps	Shift in Hz oder Mode	Anzahl der Töne	Shift zwischen den Tönen in Hz	Mode	Anwender	Bemerkung
50.00		170	2		BAUDOT 1,5 STB	various	async
50.00		200	2		BAUDOT 1,5 STB	various	async
50.00		250	2		BAUDOT 1,5 STB	various	async
50.00		400	2		BAUDOT 1,5 STB	various	async
50.00		425	2		BAUDOT 1,5 STB	various	async
50.00		500	2		BAUDOT 1,5 STB	various	async
50.00		850	2		BAUDOT 1,5 STB	various	async
50.00		1400	2		BAUDOT 1,5 STB	various	async
50.00		1575	2		BAUDOT 1,5 STB	various	async
50.00		400	2		BAUDOT 2 STB	various	async
50.00		850	2		BAUDOT 2 STB	various	async
50.00		1000	2		BAUDOT 2 STB	various	async
50.00			8	50.00	ALE400	HAM	MFSK
50.00		500	2		CIS 11/TORG 10/11	RUS	sync
50.00		500	2		CIS 14/PARITY 14	RUS	sync
50.00		500	2		CIS 27	RUS	sync
50.00		250	2		CIS 36-50	RUS	sync
50.00		500	2		CIS 36-50	RUS	sync
50.00		400	2		Baudot sync		sync
50.00		850	2		Baudot sync		sync
50.00			4	170.00	Baudot F7B		
50.00		850	2		CV-786	MIL	
50.00		25	2		DGPS		
50.00		85	2		MD-674	MIL	
50.00		85	2		STANAG 5065	NATO	
50.00		850	2		STANAG 5065	NATO	
54.35		390	2		AFS N FSK	AFS	
54.35			28	64.00	AFS N MFSK	AFS	MFSK
62.30		400	2		SPREAD 11,21,51		
62.30		400	2		AUTOSPEC		sync
62.50		MFSK	8	62.50	PAX	HAM	
62.50		MFSK	8		Contestia		
62.50		MFSK	16		Contestia		
62.50		MFSK	4		Contestia		
62.50		DBPSK	1		PSK-63	HAM	
62.50		DQPSK	1		PSK-63	HAM	
62.50		DBPSK	1		PSK-63F	MIL, Diplo	
62.50		MFSK	8		RTTYM	HAM	
62.50		MFSK	16		RTTYM	HAM	
62.50		MFSK	4		RTTYM	HAM	
64.00		85	2		POCSAG		
64.00		170	2		ARQE	various	sync
64.00		400	2		ARQE	various	sync
68.50		400	2		AUTOSPEC		sync
68.50		400	2		SPREAD 11,21,51		sync
68.60		85	2		Pseudo random		
70.50		500	2		CIS 14/PARITY 14	RUS	sync
72.00		85	2		ARQE	various	sync
72.00		170	2		ARQE	various	sync
72.00		400	2		ARQE	various	sync
72.00		500	2		ARQE	various	sync
72.00		400	2		ARQ-E3	various	sync

Baud-rate in Bd	Daten-rate in Bps	Shift in Hz oder Mode	Anzahl der Töne	Shift zwischen den Tönen in Hz	Mode	Anwender	Bemer kung
72.00		170	2		ARQN	I	sync
72.00		500	2		CIS 14/PARITY 14	RUS	sync
73.00		250	2		CIS 8181	RUS	sync
73.00		400	2		CIS 8181	RUS	sync
73.00		500	2		CIS 8181	RUS	sync
73.00		850	2		CIS 8181	RUS	sync
75.00		50	2		ISR VFT 75 Bd Kanal	ISR	
75.00		75	2		Pseudo random		
75.00		85	2		Pseudo random		
75.00		170	2		Pseudo random		
75.00		200	2		Pseudo random		
75.00		250	2		Pseudo random		
75.00		300	2		Pseudo random		
75.00		400	2		Pseudo random		
75.00		500	2		Pseudo random		
75.00		850	2		Pseudo random		
75.00		1000	2		Pseudo random		
75.00		200	2		SNG N FSK	SNG	
75.00		85	2		BAUDOT 1 STB	various	async
75.00		170	2		BAUDOT 1 STB	various	async
75.00		400	2		BAUDOT 1 STB	various	async
75.00		500	2		BAUDOT 1 STB	various	async
75.00		850	2		BAUDOT 1 STB	various	async
75.00		85	2		BAUDOT 1,5 STB	various	async
75.00		170	2		BAUDOT 1,5 STB	various	async
75.00		200	2		BAUDOT 1,5 STB	various	async
75.00		250	2		BAUDOT 1,5 STB	various	async
75.00		300	2		BAUDOT 1,5 STB	various	async
75.00		400	2		BAUDOT 1,5 STB	various	async
75.00		425	2		BAUDOT 1,5 STB	various	async
75.00		500	2		BAUDOT 1,5 STB	various	async
75.00		850	2		BAUDOT 1,5 STB	various	async
75.00		850	2		BAUDOT 2 STB	various	async
75.00		495	2		IRA-ARQ	BUL	async
75.00			32	75.00	CHN MFSK	CHN	MFSK
75.00		170	2		LINK 14	NATO	sync
75.00		850	2		LINK 14	NATO	sync
75.00		400	2		Baudot sync		sync
75.00		850	2		Baudot sync		sync
75.00		850	2		CV-786	MIL	
75.00		85	2		MD-674	MIL	
75.00		85	2		STANAG 5065	NATO	
75.00		850	2		STANAG 5065	NATO	
80.00		2PSK	37	80.00	CODAN Chirp		
81.00		200	2		CIS 8181	RUS	sync
81.00		250	2		CIS 8181	RUS	sync
81.00		400	2		CIS 8181	RUS	sync
81.00		500	2		CIS 8181	RUS	sync
81.00		1000	2		CIS 8181	RUS	sync
81.60		300	2		VISEL	Ex YUG	sync
83.30		500	2		CIS 14/PARITY 14	RUS	sync
84.21		500	2		CIS 14/PARITY 14	RUS	sync

Baud-rate in Bd	Daten-rate in Bps	Shift in Hz oder Mode	Anzahl der Töne	Shift zwischen den Tönen in Hz	Mode	Anwender	Bemerkung
86.00		170	2		ARQE	various	sync
94.11		500	2		CIS 14/PARITY 14	RUS	sync
96.00		500	2		Pseudo random		
96.00		850	2		Pseudo random		
96.00		1400	2		Pseudo random		
96.00		2000	2		Pseudo random		
96.00		85	2		ARQE	various	sync
96.00		170	2		ARQE	various	sync
96.00		200	2		ARQE	various	sync
96.00		330	2		ARQE	various	sync
96.00		500	2		ARQE	various	sync
96.00		850	2		ARQE	various	sync
96.00		170	2		ARQ-E3	various	sync
96.00		400	2		ARQ-E3	various	sync
96.00		170	2		ARQ-M2 242	various	sync
96.00		400	2		ARQ-M2 242	various	sync
96.00		400	2		ARQ-M2 242	various	sync
96.00		400	2		ARQ-M2 242	various	sync
96.00		400	2		ARQ-M4 242	various	sync
96.00		400	2		ARQ-M4 242	various	sync
96.00		400	2		ARQN	I	sync
96.00		170	2		ARQS	AUT, INS	sync
96.00		200	2		ARQS	AUT, INS	sync
96.00		400	2		ARQS	AUT, INS	sync
96.00		500	2		CIS 14/PARITY 14	RUS	sync
96.00		400	2		FEC 100	D,various	sync
96.00		85	2		FEC 100	various	sync
96.00		170	2		FEC 100	various	sync
96.00		850	2		FEC 100	various	sync
96.00		170	2		FECS	INS	sync
96.00			4	500.00	CIS 4FSK	RUS	
100.00	300		8	250.00	CHN MIL 8FSK	CHN	MFSK
100.00		170	2		CODAN 8580		
100.00		200	2		GTOR		
100.00		170	2		PACTOR	HAM, UN,USA MARS	
100.00		200	2		PACTOR	HAM, UN,USA MARS	
100.00		85	2		Pseudo random		
100.00		100	2		Pseudo random		
100.00		170	2		Pseudo random		
100.00		200	2		Pseudo random		
100.00		500	2		Pseudo random		
100.00		1000	2		Pseudo random		
100.00		2000	2		Pseudo random		
100.00		85	2		BAUDOT 1 STB	various	async
100.00		170	2		BAUDOT 1 STB	various	async
100.00		200	2		BAUDOT 1 STB	various	async
100.00		850	2		BAUDOT 1 STB	various	async
100.00		85	2		BAUDOT 1,5 STB	various	async

Baud-rate in Bd	Daten-rate in Bps	Shift in Hz oder Mode	Anzahl der Töne	Shift zwischen den Tönen in Hz	Mode	Anwender	Bemer kung
100.00		170	2		BAUDOT 1,5 STB	various	async
100.00		200	2		BAUDOT 1,5 STB	various	async
100.00		300	2		BAUDOT 1,5 STB	various	async
100.00		330	2		BAUDOT 1,5 STB	various	async
100.00		400	2		BAUDOT 1,5 STB	various	async
100.00		500	2		BAUDOT 1,5 STB	various	async
100.00		850	2		BAUDOT 1,5 STB	various	async
100.00			2		IRA-ARQ	BUL	async
100.00		170	2		SITOR A/B	various	Bsync
100.00		300	2		SITOR A/B	various	Bsync
100.00		400	2		SITOR A/B	various	Bsync
100.00		170	2		SITOR, F7B	various	Bsync
100.00		200	2		SITOR, F7B	various	Bsync
100.00		400	2		SITOR, F7B	various	Bsync
100.00		500	2		SITOR, F7B	various	Bsync
100.00		400	2		SW-ARQ	S	Bsync
100.00		170	2		ARQE	various	sync
100.00		330	2		ARQE	various	sync
100.00		400	2		ARQE	various	sync
100.00		400	2		ARQ-E3	various	sync
100.00		850	2		ARQ-E3	various	sync
100.00		500	2		CIS 11/TORG 11	RUS	sync
100.00		500	2		CIS 14/PARITY 14	RUS	sync
100.00		500	2		CIS 27	RUS	sync
100.00		850	2		LINK 4	NATO	sync
100.00		240	2		POL-ARQ	POL	sync
100.00		340	2		POL-ARQ	POL	sync
100.00		500	2		TORG 10/11	RUS	sync
100.00		MFSK	8	200.00	TT2300-ARQ		
100.00		4PSK	7	200.00	4DPSK		
100.00		400	2		Baudot sync		sync
100.00		850	2		Baudot sync		sync
100.00		500	2		BUL ASCII	BUL diplo	
100.00			4		CIS 4FSK	RUS	
100.00		500	2		CIS ARQ	CIS	
100.00		850	2		CV-786	MIL	
100.00		50	2		DGPS		
100.00		200	2		Globe Wireless FSK	Globe Wireless	
100.00		85	2		MD-674	MIL	
100.00		200	2		PACTOR FEC		
100.00		200	2		PACTOR FEC		
100.00		85	2		STANAG 5065	NATO	
100.00		850	2		STANAG 5065	NATO	
100.50			2		HNG-FEC	HNG	
102.70		400	2		AUTOSPEC		sync
102.70		400	2		SPREAD 11,21,51		sync
106.70		180	2		BAUDOT 2 STB	various	async
107.53		500	2		BUL 107.53 Bd	BUL diplo	
108.90		170	2		ARQE	various	sync
108.90		170	2		FEC 100	various	sync
109.50		400	2		LINEA-500 ARQ	EQA	

129

Baud-rate in Bd	Daten-rate in Bps	Shift in Hz oder Mode	Anzahl der Töne	Shift zwischen den Tönen in Hz	Mode	Anwender	Bemerkung
109.50		400	2		LINEA-500 FEC	EQA	
110.00		1350	2		Pseudo random		
110.00		495	2		IRA-ARQ	BUL	async
110.00		170	2		ASCII	HAM	sync
120.00			12	200.00	4-DPSK	RUS	
120.00		495	2		BAUDOT 1,5 STB	various	async
120.00		495	2		BAUDOT 2 STB	various	async
120.00		495	2		IRA-ARQ	BUL	async
120.96		300	2		VISEL	Ex YUG	sync
125.00	250		4	400.00	CHN MIL 4FSK	CHN	MFSK
125.00	250		4	500.00	CHN MIL 4FSK	CHN	MFSK
125.00	375	MFSK	8	250.00	MIL STD 188-141A	various	
125.00		170	2		Pseudo random		
125.00		850	2		Pseudo random		
125.00		170	2		DUP-ARQ	HNG	Bsync
125.00		MFSK	8	125.00	PAX 2	HAM	
125.00		2PSK	4	125.00	CLOVER, BPSM mode		
125.00		MFSK	4		Contestia		
125.00		MFSK	8		Contestia		
125.00		DBPSK	1		PSK-125	HAM	
125.00		DQPSK	1		PSK-125	HAM	
125.00		DBPSK	1		PSK-125F	HAM	
125.00		MFSK	4		RTTYM	HAM	
125.00		MFSK	8		RTTYM	HAM	
130.36		700	2		AFS N FSK	AFS	
137.00		400	2		AUTOSPEC		
137.00		400	2		SPREAD 11,21,51		sync
144.00		170	2		Pseudo random		
144.00		200	2		Pseudo random		
144.00		170	2		ARQE	various	sync
144.00		400	2		ARQE	various	sync
144.00		170	2		ARQN	I	sync
144.00		170	2		ARQS	AUT, INS	sync
144.00		500	2		CIS 14/PARITY 14	RUS	sync
144.00		400	2		FEC 100	F,various	sync
144.00		850	2		FEC 100	TUR,various	sync
144.00		85	2		FEC 100	various	sync
144.00		250	2		FEC 100	various	sync
144.00		340	3	680.00	D AF VFT	MIL	
150.00		200	2		CIS 150 Bd SELCAL	RUS	
150.00		85	2		ISR VFT 150 Bd Kanal	ISR	
150.00		400	2		Pseudo random		
150.00		850	2		Pseudo random		
150.00		400	2		BAUDOT 1,5 STB	various	async
150.00		495	2		BAUDOT 1,5 STB	various	async
150.00		500	2		BAUDOT 1,5 STB	various	async
150.00		850	2		BAUDOT 1,5 STB	various	async
150.00		495	2		IRA-ARQ	BUL	async
150.00		500	2		CIS 11/TORG 11	RUS	sync
150.00		PSK	1		HF-Datalink		
150.00			4	4000.00	CIS 4FSK	RUS	

Baud-rate in Bd	Daten-rate in Bps	Shift in Hz oder Mode	Anzahl der Töne	Shift zwischen den Tönen in Hz	Mode	Anwender	Bemer kung
150.00		850	2		CV-786	MIL	
150.00			1		DPRK BPSK Modem	DPRK	
150.00		85	2		MD-674	MIL	
150.00		85	2		STANAG 5065	NATO	
150.00		850	2		STANAG 5065	NATO	
160.00		495	2		BAUDOT 2 STB	various	async
162.50		1000	2		Pseudo random		
164.50		400	2		ROU-FEC	ROU	sync
171.42		500	2		IRA-ARQ	SLO	async
180.00		495	2		IRA-ARQ	BUL	async
184.50		400	2		ARQE	F	sync
192.00		500	2		Pseudo random		
192.00		1000	2		Pseudo random		
192.00		500	2		BAUDOT 2 STB	various	async
192.00		85	2		ARQE	various	sync
192.00		170	2		ARQE	various	sync
192.00		200	2		ARQE	various	sync
192.00		400	2		ARQE	various	sync
192.00		170	2		ARQ-E3	various	sync
192.00		400	2		ARQ-E3	various	sync
192.00		850	2		ARQ-E3	various	sync
192.00		170	2		ARQN	I	sync
192.00		170	2		ARQS	AUT, INS	sync
192.00		400	2		FEC 100	F,various	sync
192.00		170	2		FEC 100	various	sync
192.00		850	2		FEC 100	various	sync
192.00		170	2		FECS		sync
192.00		340	3	680.00	D AF VFT	MIL	
195.30		MFSK	4	200.00	MFSK		
200.00	400	D4PSK	1		Globe Wireless PSK	Globe Wireless	
200.00	600	D8PSK	1		Globe Wireless PSK	Globe Wireless	
200.00		200	2		GTOR		
200.00		4PSK	1		OQPSK		
200.00		170	2		Packet Radio	HAM,USA, various	
200.00		170	2		PACTOR	HAM, UN,USA MARS	
200.00		200	2		PACTOR	HAM, UN,USA MARS	
200.00		1000	2		Pseudo random		
200.00		1400	2		Pseudo random		
200.00		400	2		BAUDOT 1,5 STB	various	async
200.00		495	2		IRA-ARQ	BUL	async
200.00		400	2		ARQ 6-70	F	sync
200.00		400	2		ARQ 6-90	F	sync
200.00		400	2		ARQ 6-98	F	sync
200.00		400	2		ARQE	various	sync
200.00		400	2		ARQ-E3	various	sync

Baud-rate in Bd	Daten-rate in Bps	Shift in Hz oder Mode	Anzahl der Töne	Shift zwischen den Tönen in Hz	Mode	Anwender	Bemer kung
200.00		400	2		ARQ-M2 342	various	sync
200.00		400	4		ARQ-M4 242	various	sync
200.00		400	4		ARQ-M4 242	various	sync
200.00		170	2		ARQS	AUT, INS	sync
200.00		500	2		CIS 11/TORG 11	RUS	sync
200.00		500	2		CIS 14/PARITY 14	RUS	sync
200.00		170	2		FECS		sync
200.00		500	2		SYNC FEC	RUS	sync
200.00		MFSK	8	200.00	TT2300-ARQ		
200.00		2PSK	1		PACTOR II, DBPSK mode	HAM, UN,USA MARS	sync
200.00		2PSK	2	840.00	PACTOR III, DBPSK mode	HAM, UN,USA MARS	sync
200.00		500	2		BUL ASCII	BUL diplo	
200.00		100	2		DGPS		
200.00		200	2		Globe Wireless FSK	Globe Wireless	
200.20		495	2		IRA-ARQ	SLO	async
207.00	207.00	4PSL			IRN N QPSK	IRN	
210.25		495	2		BAUDOT 1,5 STB	various	async
210.25		495	2		IRA-ARQ	BUL	async
218.50		400	2		ROU-FEC	ROU	sync
220.00		DBPSK	1		PSK-220F	HAM	
228.50		170	2		RS-ARQ	D, I, TUR, LBY	Bsync
228.50		170	2		ALIS		
240.00		495	2		IRA-ARQ	BUL	async
240.00			2		HC-ARQ	UN	Bsync
240.00			8	240.00	RS-ARQ	D, I, TUR, LBY	MFSK
240.00			8	240.00	ALIS-2		
250.00		170	2		CHX-200		
250.00		170	2		DUP-ARQ 2		Bsync
250.00		4PSK	1		4-QPSK	UK	
250.00		4PSK	4	125.00	CLOVER, QPSM mode		
250.00		DQPSK	1		HAM	HAM	
250.00		DBPSK	1		PSK-250	HAM	
266.66		850	2		RAC-ARQ	G	Bsync
272.75		495	2		IRA-ARQ	BUL	async
288.00		170	2		FEC 100		
288.00		400	2		FEC 100		
288.00		400	2		ARQE		sync
288.00		170	2		ARQE	D, ISR	sync
288.00		330	2		ARQE	D, ISR	sync
288.00		500	2		CIS 14/PARITY 14	RUS	sync
300.00		200	2		GTOR		
300.00		170	2		Packet Radio	HAM,USA, various	
300.00		200	2		Packet Radio	HAM,USA, various	

Baud-rate in Bd	Daten-rate in Bps	Shift in Hz oder Mode	Anzahl der Töne	Shift zwischen den Tönen in Hz	Mode	Anwender	Bemer kung
300.00		300	2		Packet Radio	HAM,USA, various	
300.00		170	2		Pseudo random		
300.00		170	2		ASCII	HAM	sync
300.00		500	2		CIS 11/TORG 11	RUS	sync
300.00		200	2		DGPS		
300.00		PSK	1		HF-Datalink		
300.00		PSK	8	60.00	Robust PR	HAM	
300.00		500	2		BUL ASCII	BUL diplo	
300.00		850	2		CLANSMAM	UK MIL	
300.00		200	2		DGPS		
300.00			1		DPRK BPSK Modem	DPRK	
300.30		495	2		IRA-ARQ	SLO	async
375.00		16PSK	4	125.00	CLOVER, 16PSM mode		
375.00		8PSK	4	125.00	CLOVER, 8PSM mode		
384.00		400	2		FEC 100	F	sync
400.00		2PSK	1		PACTOR II, DQPSK mode	HAM, UN,USA MARS	sync
414.00	414	4PSK	1		IRN N adaptive Modem V1	IRN	
441.00		MFSK	4	441.00	FSK 441	HAM	
468.00	468	4PSK	1		IRN N adaptive Modem V2	IRN	
500.00		1000	2		CIS 500 FSK Burst	CIS	
500.00		2PSK	8	250.00	CLOVER 2000, BPSM mode	USA	
500.00		ASK4PSK16	4	125.00	CLOVER, 16P2A mode		
500.00		ASK2PSK8	4	125.00	CLOVER, 8P4A mode		
512.00			2		POCSAG		
600.00		600	2		AUS N FSK	AUS	
600.00		600	2		DPRK ARQ	DPRK	
600.00		600	2		DPRK FEC	DPRK	
600.00		495	2		IRA-ARQ	BUL	async
600.00		2PSK	1		BPSK	KRE	
600.00		PSK	1		HF-Datalink		
600.00		PSK	8	60.00	Robust PR	HAM	
600.00		2PSK	1		PACTOR II, 8-DPSK mode	HAM, UN,USA MARS	sync
600.00		2PSK	6	240.00	PACTOR III, DBPSK mode	HAM, UN,USA MARS	sync
600.00		600	8		CHN 4+4	CHN	
600.00		500	2		BUL ASCII	BUL diplo	
600.00		4PSK	4		CODAN 3012		
600.00		2PSK	1		DPRK BPSK Modem	DPRK	
632.00		4PSK	12	62.50	Globe Wireless OFDM	Globe Wireless	
736.00		4PSK	14	62.50	Globe Wireless OFDM	Globe Wireless	
750.00		ASK4PS	4	125.00	CLOVER, 16P4A mode		

Baud-rate in Bd	Daten-rate in Bps	Shift in Hz oder Mode	Anzahl der Töne	Shift zwischen den Tönen in Hz	Mode	Anwender	Bemer kung
		K16					
800.00		495	2		IRA-ARQ	BUL	async
800.00		DPSK	1		PACTOR II, 16-DPSK mode	HAM, UN,USA MARS	sync
800.00		ASK	8	300.00	Japan 8 tone ASK	J	
828.00	828	4PSK	1		IRN N adaptive Modem V1	IRN	
842.00		4PSK	16	62.50	Globe Wireless OFDM	Globe Wireless	
936.00	936	4PSK	1		IRN N adaptive Modem V2		
948.00		4PSK	18	62.50	Globe Wireless OFDM	Globe Wireless	
1000.00		4PSK	8	250.00	CLOVER 2000, QPSM mode	USA	
1052.00		4PSK	20	62.50	Globe Wireless OFDM	Globe Wireless	
1158.00		4PSK	22	62.50	Globe Wireless OFDM	Globe Wireless	
1200.00	75	2PSK	1		STANAG 4529	NATO	
1200.00	150	2PSK	1		STANAG 4529	NATO	
1200.00	300	2PSK	1		STANAG 4529	NATO	
1200.00	600	2PSK	1		STANAG 4529	NATO	
1200.00	600	4PSK	1		STANAG 4529	NATO	
1200.00	1200	8PSK	1		STANAG 4529	NATO	
1200.00	1200	4PSK	1		STANAG 4529	NATO	
1200.00	1800	8PSK	1		STANAG 4529	NATO	
1200.00		1200	2		ASCII		
1200.00		1000	2		Packet Radio	HAM,various	
1200.00			2		POCSAG		
1200.00		495	2		IRA-ARQ	BUL	async
1200.00		PSK	1		HF-Datalink		
1200.00		4PSK	16	100.00	J 16 tone OFDM	J	OFDM
1200.00		4PSK	16	120.00	IRN N 16 x 75 Bd	IRN	
1200.00		2PSK	45	62.50	CIS 45 tone	CIS	OFDM
1200.00		4PSK	1		CIS AT-3004	CIS	
1200.00		2PSK	1		CIS BPSK	C	
1200.00		4PSK	8		CODAN 3012		
1200.00			1		DPRK BPSK Modem	DPRK	
1263.00		4PSK	24	62.50	Globe Wireless OFDM	Globe Wireless	
1280.00		4PSK	1		OQPSK	RUS	
1364.00		PSK	16		LINK 11	NATO	MFSK
1368.00		4PSK	26	62.50	Globe Wireless OFDM	Globe Wireless	
1400.00		2PSK	14	120.00	PACTOR III, DBPSK mode	HAM, UN,USA MARS	sync
1440.00		2PSK	12	200.00	CIS 12 FEC	RUS	
1440.00		2PSK	12	200.00	CIS 12 ARQ	RUS	
1474.00		4PSK	28	62.50	Globe Wireless OFDM	Globe Wireless	

Baud-rate in Bd	Daten-rate in Bps	Shift in Hz oder Mode	Anzahl der Töne	Shift zwischen den Tönen in Hz	Mode	Anwender	Bemer kung
1500.00		8PSK	8	250.00	CLOVER 2000, 8PSM mode	USA	
1500.00		4PSK	1		J N 4PSK modem	J	
1578.00		4PSK	30	62.50	Globe Wireless OFDM	Globe Wireless	
1600.00		9600	2		FLEX		
1600.00		4PSK	12		CODAN 3012		
1648.00		4PSK	32	62.50	Globe Wireless OFDM	Globe Wireless	
1656.00	1656	4PSK	1		IRN N adaptive Modem V1	IRN	
1800.00		PSK	1		HF-Datalink		
1800.00		2PSK	60	43.66	CIS 60 tone	CIS	OFDM
1800.00		4PSK	1		FARCOS	MIL	
1872.00	1872	4PSK	1		IRN N adaptive Modem V2	IRN	
2000.00		PSK	8	250.00	CLOVER 2000, 8P2A mode	USA	
2250.00		ASK2PSK8	16		LINK 11	NATO	MFSK
2400.00	75	8PSK	1		STANAG 4415	NATO	
2400.00	75	8PSK	1		MIL STD 188-110A	MIL, Diplo	
2400.00	75	2PSK	1		STANAG 4285	NATO	
2400.00	150	8PSK	1		MIL STD 188-110A	MIL, Diplo	
2400.00	150	2PSK	1		STANAG 4285	NATO	
2400.00	300	2PSK	1		STANAG 4481	NATO	
2400.00	300	8PSK	1		MIL STD 188-110A	MIL, Diplo	
2400.00	300	2PSK	1		STANAG 4285	NATO	
2400.00	300	2PSK	1		STANAG 4481	NATO	
2400.00	600	2PSK	1		STANAG 4285	NATO	
2400.00	600	8PSK	1		MIL STD 188-110A	MIL, Diplo	
2400.00	600	4PSK	1		STANAG 4591	NATO	
2400.00	800	4PSK	1		STANAG 4444	NATO	
2400.00	1200	4PSK	1		STANAG 4285	NATO	
2400.00	1200	8PSK	1		MIL STD 188-110A	MIL, Diplo	
2400.00	1200	2PSK	1		STANAG 4285	NATO	
2400.00	1200	4PSK	1		STANAG 4591	NATO	
2400.00	2400	8PSK	1		STANAG 4285	NATO	
2400.00	2400	2PSK	1		GM2100	various	
2400.00	2400	8PSK	1		MIL STD 188-110A data	MIL, Diplo	
2400.00	2400	8PSK	1		MIL STD 188-110A voice	MIL, Diplo	
2400.00	2400	4PSK	1		STANAG 4285	NATO	
2400.00	2400	4PSK	1		STANAG 4591	NATO	
2400.00	3200	4PSK	1		MIL STD 188-110B (App. C)	MIL, diplo	
2400.00	3200	4PSK	1		STANAG 4539	NATO	
2400.00	3600	8PSK	1		STANAG 4285	NATO	
2400.00	4800	8PSK	1		STANAG 4539	NATO	
2400.00	4800	4PSK	1		GM2100	various	
2400.00	4800	8PSK	1		MIL STD 188-110A	MIL, Diplo	
2400.00	4800	8PSK	1		MIL STD 188-110B (App. C)	MIL, diplo	
2400.00	6400	16QAM	1		STANAG 4539	NATO	
2400.00	6400	16QAM	1		MIL STD 188-110B (App.	MIL, diplo	

Baud-rate in Bd	Daten-rate in Bps	Shift in Hz oder Mode	Anzahl der Töne	Shift zwischen den Tönen in Hz	Mode	Anwender	Bemer kung
					C)		
2400.00	7200	8PSK	1		GM2100	various	
2400.00	8000	32QAM	1		STANAG 4539	NATO	
2400.00	8000	32QAM	1		MIL STD 188-110B (App. C)	MIL, diplo	
2400.00	9600	64QAM	1		STANAG 4539	NATO	
2400.00	9600	64QAM	1		MIL STD 188-110B (App. C)	MIL, diplo	
2400.00	12800	64QAM	1		MIL STD 188-110B (App. C)	MIL, diplo	
2400.00	12800	64QAM	1		STANAG 4539	NATO	
2400.00			2		POCSAG		
2400.00		8PSK	1		MIL STD 188-141B	various	
2400.00		8PSK	1		STANAG 4538 BW2, 8PSK	NATO	
2400.00		8PSK	1		STANAG 4538 BW3, 8PSK	NATO	
2400.00		4PSK	45	62.50	CIS 45 tone	CIS	OFDM
2400.00		8PSK	1		ALE 3G	MIL	
2400.00		4FSK	1		CHN MIL Hybrid Modem	CHN	
2400.00		4PSK	2	1200.00	CIS AT-3004	CIS	
2400.00		4PSK	1		CIS AT-3004	CIS	
2400.00		4PSK	16		CODAN 3012		
2400.00		8PSK	1		MAHRS	MIL	
2400.00		2PSK	1		STANAG 4197	MIL	
2666.00		8PSK	1		RFSM-2400	HAM	
2700.00		2PSK	93	31.25	CIS 93 tone	CIS	OFDM
2800.00		4PSK	14	120.00	PACTOR III, DQPSK mode	HAM, UN,USA MARS	sync
3000.00		8PSK	1		CIS 3000 Bd modem	RUS	
3000.00		ASK4PSK16	8	250.00	CLOVER 2000, 16P4A mode	USA	
3200.00		8PSK	1		RFSM-2400	HAM	
3200.00		4PSK	16	120.00	PACTOR III, DQPSK mode	HAM, UN,USA MARS	sync
3600.00		D4PSK	36	62.50	ARD9800	HAM	OFDM
3600.00		4PSK	60	43.66	CIS 60 tone	CIS	OFDM
3600.00		4PSK	18	120.00	PACTOR III, DQPSK mode	HAM, UN,USA MARS	sync
4800.00		PSK	1		LINK 11 LESW	NATO	
4800.00		4PSK	12	200.00	MS5	RUS	
5400.00		4PSK	93	31.25	CIS 93 tone	CIS	OFDM
6400.00		3200	4		FLEX		
6400.00		16QAM	1		RFSM-8000	HAM	
8000.00		32QAM	1		RFSM-8000	HAM	
9600.00		6000	2		Packet Radio	HAM	

Tabelle 16: Tabelle der Verfahren und mögliche Anwender sortiert nach der Baudrate

6.   HF Übertragungsverfahren

Im folgenden Abschnitt des "Technischen Handbuch" werden Übertragungsverfahren mit unterschiedlicher Tiefe an Informationen vorgestellt. Wenn immer möglich wird zu jedem Übertragungsverfahren eine Beschreibung der Modulation, das Spektrum, eine Phasenkonstellation oder Oszillographenabbildung gezeigt. Die Überschrift enthält den Namen des Übertragungsverfahren. Darunter sind in kursiv die Namen angegeben, unter denen das Verfahren ebenfalls bekannt ist.

Allgemeine Information

In den folgenden beschreibungen sind verschieden Abbildungen dargestellt. Es wird, wenn immer es möglich oder sinnvoll ist, das Spectrum auf einem Audio-Spektrumanalyzer gezeigt. Aber es gibt auch Darstellungen für die Phasenzustände, Korreltaionsfunktionen, Sonogramm bzw wasserfall usw.

Die Bedeutung dieser Abbildungen wird im folgenden Abschnitt beschrieben.

Spektrum

Das Spektrum zeigt standardmäßig den Audiofrequenzbereich von 0 Hz bis 5500 Hz (bei breiteren Signalen auch mit größeren Bandbreiten wie z.B. 11 kHz oder 22 kHz oder andere). Das Spektrum ist das Ergebnis einer Fast Fourier Transformation (FFT), die dazu die Werte der Audiokarte eines PC's verwendet. Diese Werte entsprechen den analog/digital gewandeltem wert des Signals.

Sonogramm

Das Sonogramm zeigt die Abhängigkeit von Frequenz und Amplitude über die Zeit. Eine Achse stellte den Freqeunzbereich, eine andere die Zeit dar. Durch die Helligkeit erhält man eine Information über die Höhe der Amplitude des Signals.

Oszilloskop

Das Oszilloskop zeigt die Amplitude eines Signals über die Zeit. Je nach Typ (z.B. FSK, MFSK, analog) erhält mann eine Aussage über die Frequenzzustände eines Signals nach der Demodulation.

Phasenspektrum

Um eine Aussage über die Baudrate eine Phasensignals zu machen, wird häufig das Phasenspecktrum verwendet. Es zeigt die Baudrate als Ablage vom Nullpunkt links und rechts von der Spektrumsmitte an.

Phasendarstellung

Die Phasendarstellung zeigt die Verteilung der Phasenumschaltpunkte, also bei welchem Phasenwinkel im Signal geschaltet wird. In Abhängigkeit vom Typ der Phasenmodulation ergeben sich dann zwei, vier oder mehr Punktwolken.

Speed Bit Analyse

Diese Funktion ist ähnlich eines schwarz/weiß Fax-Gerätes. Es zeigt bei einer 0 keine Linie und bei einer 1 eine schwarze Linie nach der Demodulation. Bei der korrekt eingestellten baudrate lassen sich Bitmuster im Datenstrom erkennen.

Bitkorrelation, Autokorrelationfunktion (ACF)

Die Autokorrelationsfunktion wird verwendet, um die Bitlängen von sich wiederholenden Bitmustern für eine weitere Analyse zu erkennen. Sind die Bitlängen dieser Muster konstant, erhält man eine Spitze in der Frequenz, die der Anzahl der Bits bei einer vorgegebenen Bitrate entspricht. Darüber können bestimmte Alpabte oder Verfahren differenziert werde.
So hat zum Beispiel eine 1/0-Umtastung eine ACF von 2, ein 11 Bit ASCII-Signal eine ACF von 11 oder STANAG 4529 eine ACF von 64.

1.   AFS Navy FSK

Dieses FSK-Mmodem verwendet eine Baudrate von 130.36 Bd und eine Shift von 700 Hz. Die Übertragung ist immer verschlüsselt. Dieses Modem wird von der afrikanischen marine verwendet

Das Spektrum zeigt die folgende Abbildung:

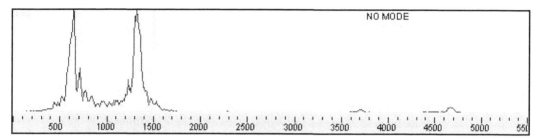

Abbildung 58: Spektrum des AFS Navy Modems

2.   ALE 3G

STANAG 4538, MIL STD 188-110A, MIL STD 188-141B App. C

ALE 3G ist die dritte Generation für den automatischen Verbindungsaufbau. Es basiert auf den MIL STD 188-110 mit einer Mittenfrequenz von 1800 Hz und einer Symbolrate von 2400 Bd. ALE 3G hat eine Pulslänge von 613.33 ms oder 1472 PSK-Symbolen. Die Nutzdaten haben immer eine Länge von 26 Bit. Die Präamble hat eine Länge von 160 ms oder 384 PSK-Symbolen. Die Modulation ist 8PSK.

Das folgende Spektrum zeigt ein ALE 3G.

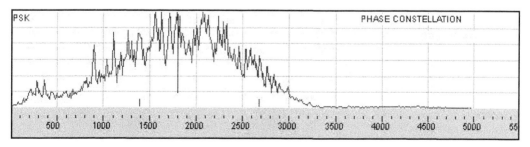

Abbildung 59: Spektrum von ALE 3G

Die typische Phasenverteilung einer 8PSK sieht folgendermaßen aus:

139

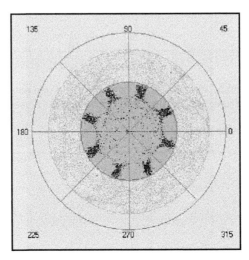

Abbildung 60: Phasediagramm eines ALE 3G 8PSK Signals

ALE 3G kann im asynchronen Modus wie ALE 2G arbwitwn, erreicht aber einen viel besseren Durchsatz im synchronen Modus. In diesem Modus wird eine feste Zeitstruktur für die Aussendung und das Hören auf einem Kanal verwendet. Jede Verweilzeit hat eine Länge von 4 Sekunden, die wiederum in 5 Zeitschlitze von 800 ms unterteilt ist. Dieses ist in der folgenden Abbildung dargestellt:

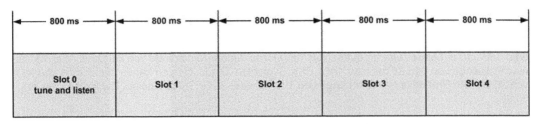

Abbildung 61: Zeitstruktur einer ALE 3G

Jede Verweilperiode beginnt mit einen Zeitschlitz in dem auf dem Kanal gehört wird und das Modem Signale erkennt . Diesem Hör-Zeitschlitz folgen vier Anruf-Zeitschlitze für den Austausch von Protocol Data Units (PDU). Jede PDU hat eine Länge von 613 ms und erlaubt 70 ms für Verzögerungen durch die Ausbretungsbedingungen und 100 ms für Synchronisationunsicherheiten.

Wenn eine rufende Station eine Handshake PDU erkennt, stoppt sie den eigenen Anruf. Wenn der Kanal frei ist, ruft sie in einem Zeitschlitz und hört auf ein Handshake PDU in dem darau folgendem Zeitschlitz.

Die folgende Abbildung zeigt die verschiedenen PDU's, die bei ALE 3G verwendet werden:

140

Call Protocol Data Unit

1	0	6 Bit Called Member (not 111xx)	3 Bit Call Type	6 Bit Caller Member	5 Bit Caller Group	4 Bit CRC

Handshake Protocol Data Unit

0	0	6 Bit Link ID	3 Bit Command	7 Bit Argument	8 Bit CRC

Notification Protocol Data Unit

1	0	111111	3 Bit Caller Status	6 Bit Caller Member	5 Bit Caller Group	4 Bit CRC

Broadcast Protocol Data Unit

0	1	110	3 Bit Countdown	3 Bit Call Type	7 Bit Channel	8 Bit CRC

Scanning Call Protocol Data Unit

0	1	111	11	11 Bit Called Station Address	8 Bit CRC

Abbildung 62: ALE 3G Protokol Datenpakete

Während des Anrufs wird ein Anruftyp mit 3 Bit verwendet. Die verschiedenen Anruftypen zeigt die folgende Tabelle.

Anruftyp	Beschreibung
Packet Data	Es wird das ALE 3G Protokol verwendet, negatives SNR ist ok
HF Modem Circuit	Verbindung verwendetein HF Datenmodem. Positives SNR ist notwendig
Voice Circuit	Dienstleitung über Draht. Benötigt ein SNR > 10 bis 15 dB
High-Quality Circuit	Verbindung benötigtein höheres SNR als eine Dienstleitung über Draht.
Unicast	Eins zu eins Anruf, Anrufender weisst einen Kanal zu.
Multicast	Anruf an mehrereTteilnehmer,, Anrufender weisst einen Kanal zu
Link release	Anrufer gibt angerufene Station(en) und den Kanal frei.

Tabelle 17: ALE 3G Anruftypen

3. ALE400

Automatic Link Setup

ALE400 ist eine 8FSK für den automatischen Aufbau von Verbindungen und wurde von Patrick Lindecker F6CTE entwickelt. ALE400 basiert auf den MIL STD 188-141A , verwendet allerdings eine kleinere Bandbreite von 400 Hz, sodas dieses Verfahren in einem Kanal von 500 Hz Bandbreite verwendet werden kann. Die Funktionen sind absolut gleich zum normalen ALE. Lediglich die Baudrate wurde auf 50 Bd und der Tonabstand auf 50 Hz verringert.

Bezogen auf eine Mittenfrequenz von 1625 Hz ergibt es folgende Tonverteilung:

Ton Nummer	1	2	3	4	5	6	7	8
Frequenz in Hz	1450	1500	1550	1600	1650	1700	1750	1800
Binärwert	000	001	011	010	110	111	101	100

Tabelle 18: Tonverteilung von ALE400

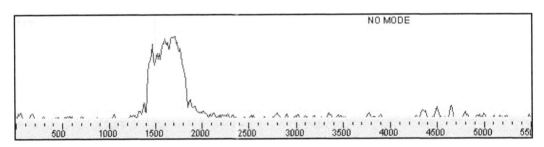

Abbildung 63: Spektrum von ALE400

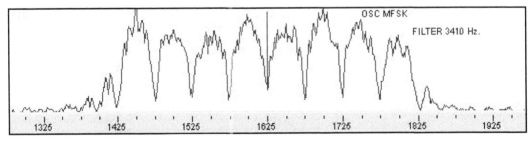

Abbildung 64: Erweitertes Spektrum von ALE400

4.   ALIS

ALIS ist ein automatischer Funkprozessor und Frequenzmanagementsystem von Rhode & Schwarz. ALIS verwendet eine schmalbandige FSK mit 228.66 Bd und eine Shift von 170 Hz.

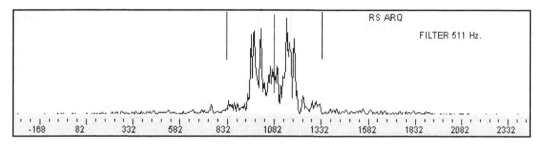

Abbildung 65: Spektrum eines ALIS-Signals

Mit Hilfe der ALIS-Software werden folgende Funktionen ausgeführt:

- Laufende Analyse des FunkKanäle aller Frequenzen im Frequenzpool beim Scannen
- Auswahl des besten Arbeitskanal aus einem Frequenzpool
- Verläßlicher und schneller Aufbau einer Verbindung
- Selektiv Anrufadressen (bis zu 9999)
- Automatische Übermittlung des Status
  - Art der Modulation
  - Geschwindigkeit der Übertragung
  - Typ der fehlerkorrektur (FEC, ARQ, PRP)
- Automatische Fehlerkorrektur (ARQ oder PRP) und adaptive Anpassung während der Übermittlung, entweder bei einer datenrate von 266 Bd (normale FSK-Modulation) oder mit zusätzlichem HF Datenmodem bis zu 5400 bit/s
- Verschiedene Datenformate
  - 5 Bit Baudot (Telex)
  - 7 Bit ASCII (Textdateien vom PCs)
  - 8 Bit ASCII (Textdateinen und binäre Dateien etc)
- Nachrichtenlänge: unbegrenzt

Das folgende Sonogramm zeigt den typischen Aufbau einer Verbindung:

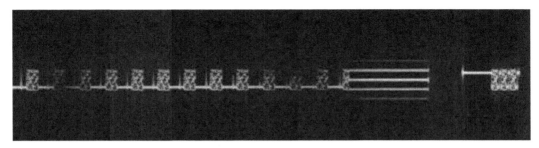

Abbildung 66: Sonogramm ALIS Verbindungsaufbau

5. ALIS 2

Improved Automatic Link Setup

ALIS 2 ist eine MFSK Paketaussendung mit 8 Tönen entwickelt von Rohde & Schwarz mit eine Übertragungsgeschwindigkeit von 240 Bd (entsprichto 720 Bit/s).
Der Abstand zwischen den Tönen ist 240 Hz und die Töne haben eine Dauer von 4.15254 ms.

Die Präambleenthält einen Identifizierungskode von 21 Bits. Ein Sendeblock enthält 55 tri-bits, das ergibt 165 Bits in jedem Rahmen. Es wird eine 16 Bit CRC Prüfsumme verwendet.

Das Verfahren kann 5 Bit ITA2 oder 8 Bit ASCII ITA5 Zeichen verwendet.

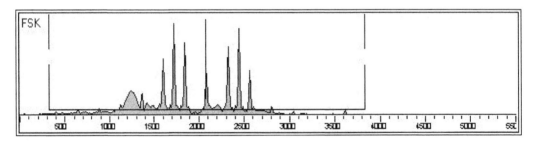

Abbildung 67: Spektrum von ALIS 2

6. ARD9800 OFDM 36 Kanal Modem

ARD9800

Diese Modem wurde von AOR entwickelt und verwendet eine OFDM mit 36 Trägernim Frequenzbereich von 300 Hz - 2500 Hz. Die Symbolrate in jedem Kanal beträgt 50 Bd mit einem Guardinterval von 4 ms. Der Trägerabstand beträgt 62.5 Hz. Jeder Träger ist mit einer DQPSK

moduliert. Für Sprache wird eine Fehlerkorrektur nach Golay & Hamming verwendet, für Video/Daten Convolution & Reed-Solomon.
Jede Aussendung beginnt mit einem Header von 1 s und besteht aus 3 Tönen und einer BPSK Trainingsequenz zur Synchronization.

Für digitale Sprache wird der AMBE2020 Coder und Decoder verwendet.

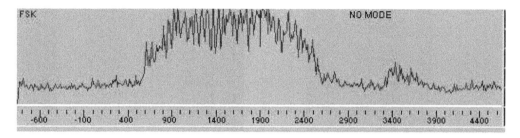

Abbildung 68: Spektrum der ARD9800-OFDM

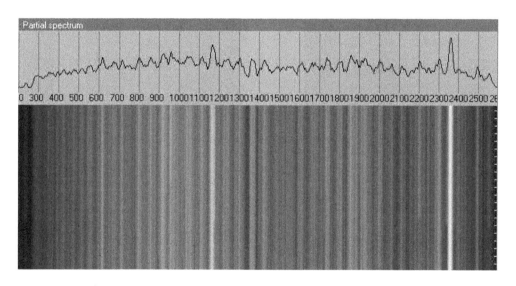

Abbildung 69: Spektrum und Sonogramm der ARD9800-OFDM

7.   ARQ-E

ARQ-N, ARQ-1000 duplex

ARQ-E ist eine synchrone Duplex-ARQ mit zwei Stationen auf verschiedenen Frequenzen. Es verwendet ein 7 Bit ITA 2-P Alphabet mit 4, 5 oder 8 Zeichen Wiederholzyklus. Jedes vierte, fünfte oder achte Zeichen wird wiederholt.

Bei ARQ-N werden alle Zeichen nicht invertiert gesendet. ARQ-N wird hauptsächlich mit 96 Bd gehört.

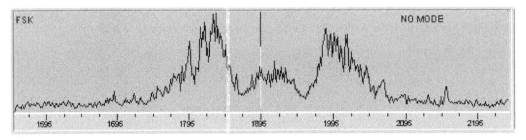

Abbildung 70: Spektrum einer ARQ-E mit 288 Bd

ARQ-E und ARQ-N arbeiten im Duplexmodus mit den Baudraten of 48, 50, 64, 72, 96, 144, 184.6, 192 und 288 Bd.

8.   ARQ-E3

CCIR 519 Variant, TDM 342 1 Kannal

ARQ-E3 ist eine synchrone Duplex-ARQ, dass das ITA 3 Alphabet mit einer 7 Bit Fehlerkorrektur und einem Wiederholzyklus von 4 oder 8 Zeichen verwendet.

Es arbeiten zwei Stationen auf verschiedenen Frequenzen als Master und Slave. Wird ein Zeichen auser den 35 möglichen Kombinationen des Alpabets empfangen, wird eine Wiederholung angefordert. Das RQ-Signal leitet die Wiederholung ein.
Alle Zeichen werden innerhalb eines Wiederholzyklus überprüft. Bei Auftreten eines Fehlers wird sofort eine weitere Wiederholung angefordert, bis alle Zeichen korrekt empfangen wurden.
In einem Standard-Wiederholzyklus von 4 Zeichen sind ein RQ und drei widerholte Zeichen, in einem Wiederholzyklus mit 8 Zeichen sin des ein RQ und 7 wiederholte Zeichen.

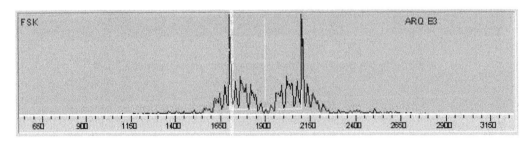

Abbildung 71: Spektrum einer ARQ-E3 im Idle-Zustand

Hinweis: Wenn eine ARQ-E3 im Idle-Zustand sendet wird sie häufig als FEC 100 erkannt!

ARQ-E3 arbeitet meistens im Duplexmode mit Datenraten von 48, 50, 96, 192 und 288 Bd.

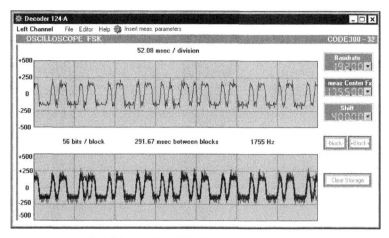

Abbildung 72: ARQ-E3 – Signalstruktur

9. ARQ-M2

TDM 242, TDM 342, CCIR 242, CCIR 342, ARQ-28

ARQ-M2 CCIR 242 ist eine synchrones Duplex-ARQ System, dass das ITA 3 Alphabet mit einer 7 Bit Fehlerkorrektur verwendet. In einem Übertragungskanal werden im Zeitmultiplexverfahren 2 Datenkanäle übertragen.

Es arbeiten zwei Stationen duplex auf zwei verschiedenen Frequenzen.

Das 2-Kanäleystem sendet von Kanal A ein normales Zeichen und anschließende ein invertiertes Zeichen von Kanal B: A, -B, A, -B, A, -B, A, -B usw.

ARQ - M2 wird auf festen Linien zwischen zwei Stationen eingesetzt. Durch die Einbindung in automatische Systeme hört man lange Idle-Zeiten und kurze Abschnitte, in denen Informationen übertragen wird. Die Idle-Perioden können an einem typischen Rhythmus erkannt werden, der während einer Informationsübertragung nicht zu hören ist.

Es wird hauptsächlich 96 Bd und 200 Bd verwendet.

10. ARQ-M4

TDM 242, TDM 342, CCIR 242, CCIR 342-2, ARQ-56

ARQ–M4 CCIR 342 ist eine synchrones Duplex-ARQ System, dass das ITA 3 Alphabet mit einer 7 Bit Fehlerkorrektur verwendet. In einem Übertragungskanal werden im Zeitmultiplexverfahren bis zu 4 Datenkanäle übertragen.

Es arbeiten zwei Stationen duplex auf zwei verschiedenen Frequenzen. Eine arbeite als ISS (Information Transmitting Station), die andere als IRS (Information Receiving Station)

Beim Beginn eines Zyklus ist jedes erstes Zeichen auf allen Kanälen invertiert:

1 Kanal: A-Kanal normal
2 Kanäle: A-Kanal normal, B-Kanal invertiert, zeichenverschachtelt.
4 Kanäle: A-Kanal normal, B-Kanal invertiert, C-Kanal invertiert, D-Kanal normal
                 Zeichen von Kanal A und B verschachtelt, A/B und C/D Bit verschachtelt.

ARQ–M4 wird auf festen Linien zwischen zwei Stationen eingesetzt. Durch die Einbindung in automatische Systeme hört man lange Idle-Zeiten und kurze Abschnitte, in denen Informationen übertragen wird. Die Idle-Perioden können an einem typischen Rhythmus erkannt werden, der während einer Informationsübertragung nicht zu hören ist.

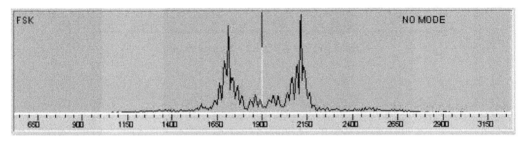

Abbildung 73: Typisches Spektrum einer ARQ-M4

Dieses Übertragungsverfahren wird hauptsächlich mit 192 Bd gehört.

11.   ARQ-S

ARQ 1000-S, Siemens ARQ 1000

ARQ-S ist ein synchrones Duplex-ARQ System, dass das ITA 3 Alphabet mit einer 7 Bit Fehlerkorrektur und einem zusätzlichem Bit für die Paritätskontrolle verwendet.
Die Empfangsstation überprüft das 3:4-Verhältnis des ITA 3-Kodes. Werden Fehler in diesem Verhältnis festgestellt, wird eine Wiederholung der Zeichen angefordert. Das zusätzlich Paritätsbit verringert zusätzlich die Fehlerrate während der Übermittlung.
Die Empfangsstation sendet eine Bestätigungs-RQ wenn der Zeichenblock korrekt empfangen wurde und fordert dann den nächsten Block an. Enthält der empfangene Block Fehler, wird eine Wiederholung angefordert. Wird die Bestätigung nicht korrekt empfangen, wird ein spezielles Zeichen für die Wiederholung ausgesendet.

Zwei Station arbeiten auf der gleichen Frequenz als ISS und IRS. Für automatsche Übermittlungen sind Selektivrufe möglich ebenso FEC mit Fehlerkorrektur im Zeit-Diversitymodus für Rundstrahldienste.

In jedem ungeraden Zyklus sind alle Bits invertiert. Die Wiederholzykluszeiten für die verschiedenen Blocklängen von 3, 4, 5, 6 oder 7 Zeichen sind wie folgt:

Zyklus	Zeichen	Blocklänge	Pause
438 ms	3 Zeichen mit 7 Bit	219 ms	219 ms
583 ms	4 Zeichen mit 7 Bit	292 ms	292 ms
729 ms	5 Zeichen mit 7 Bit	365 ms	365 ms
875 ms	6 Zeichen mit 7 Bit	438 ms	438 ms
1021 ms	7 Zeichen mit 7 Bit	510 ms	510 ms

Tabelle 19: ARQ-S Wiederholzyklus

Für FEC-Sendungen wird jede Nachricht zweimal im Zeitdiversity gesendet. Nach einem Zeitabstand entrechend 15 Zeichen wird die erste Aussendung wiederholt. Wird eine Zeichenblock mit Fehlern empfangen, wird auf die zweite Aussednung gewartet, um die korrekt Information zu empfangen. Ist auch das nicht möglich, wird ein Leerzeichen ausgegeben.

12. ARQ-SWE

SWED ARQ, CCIR 518 Variant

ARQ- ist ein synchrones Duplex-ARQ System, dass das ITA 3 Alphabet mit einer 7 Bit Fehlerkorrektur und einem zusätzlichem Bit für die Paritätskontrolle verwendet.

Zwei Station arbeiten auf der gleichen Frequenz als ISS und IRS. In jedem ungerade Zyklus werden alle Bits invertiert. Je nach der Qualität des ÜbertragungsKanäle kann SW ARQ die Blocklänge auf 3, 9 oder 22 Zeichen Einstellen. Eine Blocklänge von 3 Zeichen ist mit SITOR A identisch.

Die Wiederholzykluszeiten sind wie folgt:

Zyklus	Zeichen	Blocklänge	Pause
450 ms	3 Zeichen mit 7 Bit	210 ms	210 ms
900 ms	9 Zeichen mit 7 Bit	630 ms	270 ms
1800 ms	22 Zeichen mit 7 Bit	1540 ms	260 ms

Tabelle 20: ARQ-SWE Wiederholzyklus

SW ARQ verwendet normalerweise 100 Bd und eine Shift von typisch 400 Hz.

Das System, basiert auf normales SITOR und wurde vom schwedischenAußenministerium zu den Botschaften verwendet. Ein ähnliches System wurde auch in Norwegen verwendet, allerdings ohne Änderung der Zeichenlängen.

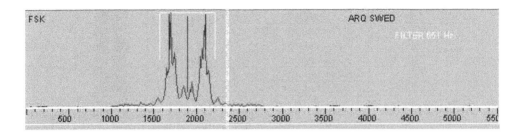

Abbildung 74: Spektrum einer ARQ-SWE

13. ARQ 6-70S

CCIR 518 variant S

ARQ 6-70 ist ein synchrones simplex-ARQ System, dass das ITA 3 Alphabet mit einer 7 Bit Fehlerkorrektur verwendet. Zwei Station arbeiten auf der gleichen Frequenz als ISS und IRS.

Der Wiederholzyklus ist folgendermassen aufgebaut:

ARQ 6-70: 350 ms: 6 Zeichen mit 35 ms = 210 ms meit einer pause von 140 ms.

ARQ 6-70 arbeitet mit 200 Bd.

14. ARQ 6-90/98

CCIR 518 variant

SITOR ARQ 6-90/98 ist ein synchrones simplex-ARQ System, dass das CCIR 476 Alphabet mit einer 7 Bit Fehlerkorrektur verwendet. Zwei Station arbeiten auf der gleichen Frequenz als ISS und IRS.

Jeder gesendete Block enthält 6 Zeichen oder 42 Bbit.

Der Wiederholzyklus ist folgendermassen aufgebaut:

ARQ 6-90: 450 ms: 6 Zeichen mit 35 ms = 210 ms und 240 ms Pause.
ARQ 6-98: 490 ms: 6 Zeichen mit 35 ms = 210 ms und 280 ms Pause.

ARQ 6-90/98 arbeitet mit 200 Bd.

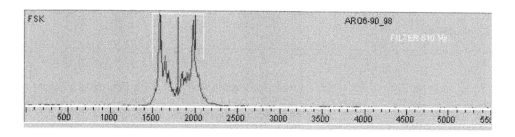

Abbildung 75: Spektrum einer ARQ 6-90

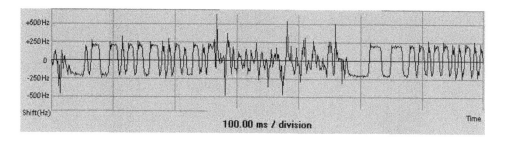

Abbildung 76: Oszillographendarstellung einer ARQ 6-90

15. ASCII

IRA-ARQ ITA No.5

ASCII ist ein kontinuierliches Signal mit einem 1 Start bit, 5, 6, oder 7 Datebit und optional einem Paritätsbit sowie 1 Stopbit.Ein Zeichen kann aus insgesamt 8, 9 und 10 Bit bestehen. Die Paritätkann gerade oder ungerade sein.

ASCII verwendet optional eine Paritätsüberprüfung, bei der am Ende des Zeichens ein zusätzliches Bit für eine Fehlererkennung angehängt wird. Die Anzahl der Einsen wird überprüft. Wird eine ungerade Anzahl gefunden und wenn die Parität auf UNGERADE eingestellt, sollte eine 1 als Parität erkannt werden. Anonsten leigt ein Fehler vor.
Ist die Parität auf GERADE eingestellt und die Anzahl der gefundenen Einsen ist eben gerade, dann sollte das Paritätsbit auch eine 1 sein.

16. AUM-13

AUM-13 ist eine MFSK, die Zahlen mit einer Geschwindigkeit von 8 Bd übermittelt. Dieser Mode verwendet 10 Töne für die Zahlen 0...9 und 3 Töne für Kontrollzwecke. Ein Ton ist dem Idle-Zustand, einer Space und einer für eine Wiederholung zugeordnet.

Die Aussendung startet mit einer 1 Bd-Sequenz und schaltet für die Datenübertragung auf 8 Bd um. Die Geasmtbandbreite beträgt 480 Hz. Die Modulation ist AM.

Die langsame Geschwindigkeit erlaubt die Übertragung von Zeichen unter sehr schlechten Ausbreitungsbedingungen und Fading.

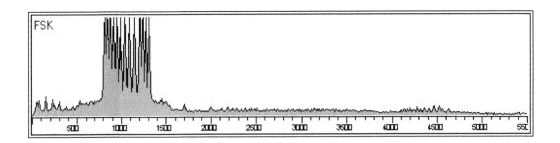

Abbildung 77: Spektrum eines AUM 13 Signals

17. AUS MIL ISB Modem

Dieses ISB-Modem wird von den Streitkräften in Australien verwendet. Es verwendet das obere und untere Seitenband mit unterschiedlichen Signalen gleichzeitig. Im oberen Seitenband erfolgt eine Aussendung mit 50 Bd und 340 Hz Shift. Im unteren Seitenband wird ein Signal mit 600 Bd und 600 Hz Shift übertragen.

Beide Datenübertragungen sind verschlüsselt und zeigen kein Ergebnis in der ACF.

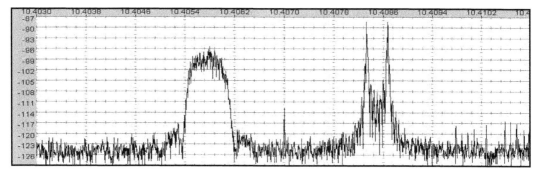

Abbildung 78: Spektrum des AUS MIL ISB Modem mit zwei Modulationen

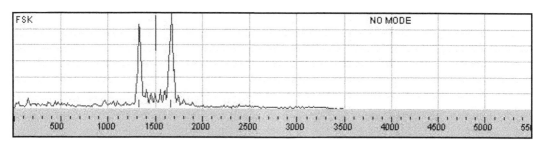

Abbildung 79: Spektrum des 50 Bd-Signals

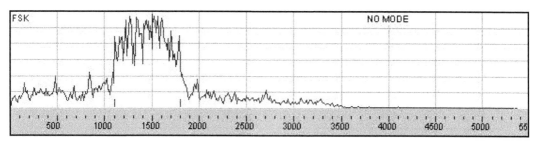

Abbildung 80: Spektrum des 600 Bd Signals

18. AUTOSPEC

AUTOSPEC mit Spread 11, Spread 21, Spread 51

AUTOSPEC ist ein synchrones FEC-System, das 7 1/2 Bit ITA-2 Zeichen in ein 10 Bit Zeichen mit Fehlererkennung umsetzt. Es wird auf Simplex- oder Duplex-Verbindungen eingsetzt. Einzelen Bitfehler können korrigiert werden.

Die originale Version Mark I hatte keine Verschachtelung, in der Version MK II wurde eien Verschachtelung von 10 (Standard') , 20 und 50 Zeichen eingeführt.

Das Verfahren arbeitet mit 68.5 Bps für 50 Bd Terminaleingang und 102.75 Bps für einen 75 Bd Terminaleingang.

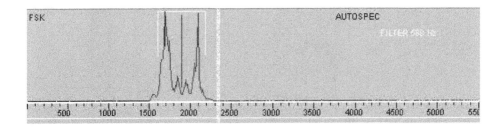

Abbildung 81: Spektrum von AUTOSPEC mit 75 Bd

19. Baudot ITA No.2

RTTY, FSK

Baudot ist ein kontinuierliches asychrones Verfahren, dass standardmäßig 1 Startbit, 5 Datenbits und ein Stopbit (üblicherweiser 1, 1.5 oder 2 Bit lang) verwendet. Häufig auftretende Baudraten sind 50, 75 oder 100 Bd. Selten, aber durchaus verwendet, ist eine Bitinversion einzelner oder mehrerer der 5 Datenbits. Be 5 Datenbits ergibt das 32 mögliche Kombinationen für eine Bit nversion. Ebenso werden Alphabete mit mehreren Umschaltungen mit Baudot verwendet (Cyrillic, Arabic, Hebrew usw.).

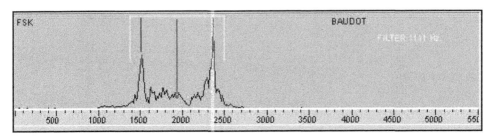

Abbildung 82: Spektrum eines 150 Bd Baudot Signals

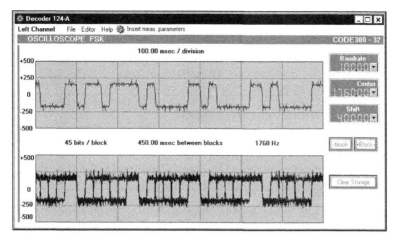

Abbildung 83: Baudotsignal in der Oszillographendarstellung

Die folgende Abbildung zeigt eine Bitkorrelation eines Baudotsignal mit einem maximum bei 15 bit. Die Rahmenlänge bei baudot beträgt 7,5 Bit. Da das halbe Bit bei einer gegebenen Baudrate nicht dargestellt wird, erfolgt eine Wiederholung erst bei 15 Bit.

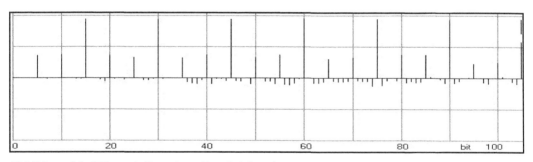

Abbildung 84: Bitkorrelation eines Baudotsignals

In der folgenden Helldarstellung kann man den typischen Rahmen eine Baudotsignals mit 1 Startbit (weisser Block), 5 Datenbit und 1.5 Stopbit (schwarzer Block) erkennen:

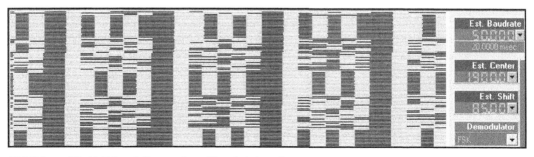

Abbildung 85: Helldarstellung eines Baudotsignals

155

Baudot Code

Der Baudotkode wurde durch Emile Baudot 1870 vorgestellt und 1874 patentiert. Es war ursprünglöich ein 5-Bitkode, mit gleichen Intervallen, die eine Übertragung des romanischen Alphabetes, Zahlen und Kontrollsignalen erlaubten.

Der Kode wurde auf einer Tastatur mit 5 Tasten ähnlich den Tasten eines Klaviers mit zwei Fingern der linken und drei Fingern der rechten Hand gegeben.

Wenn eine Taste gedrückt wurde, verblieb sie im gedrückten Zustand und wurde durch einen Distributor abgefragt und dann mit einem deutlichem Klick wider freigegeben. Damit wurde dem Bediener angezeigt, das er das nächste Zeichen eingeben konnte.

Der Vorgang musste kontinuierlich mit gleichbleibender Geschwindigkeit ausgeführt warden, sodas sich eine Geschwindigkeit von ca. 30 Wörtern pro Minute ergab.

Baudot's Kode wurde auch unter dem Namen "International Telegraph Alphabet No. 1" bekannt. Er wird heute nicht mehr verwendet.

Murray Code

1901 wurde der Baudot Code durch Donald Murray (1865-1945) verändert. Er wurde jetzt über eine Tastatur ähnlich einer Schreibmaschine eingegeben. Da es keinen Zusammenhang mehr zwischen der Handbewegung des Bedieners und dem ausgesendetem Code gab, gab es auch keine Notwendigkeit mehr, auf dessen Ermüdung Rücksicht zu nehmen. Vielmehr ging es darum, die Abnutzung der Maschine zu verringern. Murray hat deshalb für die am häufigsten verwendeten Zeichen einen Code mit möglichst wenig Stellen verwendet.

Der Murray enthielt ebenfalls Formatsteuerzeichen oder Kontrollzeichen. Dazu gehören z.B. der Zeilenvorschub LF oder die Eingabetaste CR., Es gibt Zeichen aus dem ehemaligen Baudot Code, die bis heute erhalten worden sind: NULL oder BLANK und der DEL (ENTF) Code. NULL/BLANK wurde verwendet, wenn es keine Zeichen zum Senden gab.

Das Murray-System enthielt zusätzlich einen Papierstreifenstanzer, mit deme in Bediener einen Lochstreifen vorbereiten konnte und diesen dann mit einem Lochstreifensender aussenden konnte.

Auf der empfängerseite konnte die Nachricht einfach auf Papier oder aber zur Kopie mit einem Lochstreifenstanzer kopiert werden.

Die ersten englischen Creed-Maschinen verwendeten das Murray-System.

Western Union Code

Murray's Code wurde von Western Union bis ca. 1950 mit nur geringen Anpassungen angewendet. Diese betraffen das Weglassen einiger Zeichen und das Hinzufügen von Kontrollzeichen. So wurde zum Beispiel ein Zeichen für die Leertaste (space = SPC) hinzugefügt, dass das Zeichen BLANK/NULL und ebenso der Klingel-Code BEL, der eine Klingel oder anderes hörbares Signal erklingen liess. Zusätzlich wurde das Zeichen WRU oder "Who aRe yoU?" eingeführt, das einen Fernschreiber aufforderte, eine Identifikation zum Sender zurückzuschicken.

ITA2 Code

Etwa 1930 hat die CCITT das "International Telegraphy Alphabet No. 2" (ITA2) als einen internationalen Standard Code eingeführt. Dieser basierte ebenfalls mit kleinen Änderungen auf den Western Union Code. Die USA standardisierte eine Version von ITA2 als American Teletypewriter Code (USTTY), der die Basis für einen 5-Bit Teletypecode bis ca. 1963 war, als das 7-Bit ASCII-Alphabet eingeführt wurde.

ITA2 wird noch für viele Verbindungen auf Kurzwelle verwendet. Dieser Code unterscheidet sich aber erheblich von dem Code, den Baudot ursprünglich entwickelt hatte. Fälschlicherweise wird ITA2 oft als Baudot-Code bezeichnet. Baudot's Originalcode war ausschließlich für das Senden von Zeichen mit Hilfe einer 5-Tastentastatur ausgelegt. Keine Fernschreibmaschine hat jemals diesen Code verwendet.

20. Baudot–ARQ System

Dieses ARQ-System verwendet eine Blockaussendung von ITA-2 Zeichen mit einer Datenrate von 74,1 Bd und einer Shift von 495 Hz. Jeder Block hat eine Länge von 6 ITA-2 Zeichen.

Dieses Verfahren soll vom russischen diplomatischen Dienst verwendet worden sein.

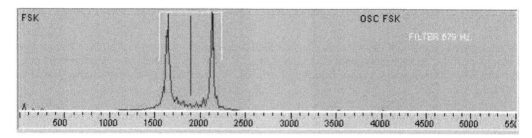

Abbildung 86: Spektrum des Russischen Baudot-ARQ System

21. Baudot F7B

ITA-2 Twin, 2 Kanal ITA-2 RTTY, BF6 Baudot

F7B BAUDOT ist ein FDM (Frequency Domain Multiplex) mit 2 asynchronen Kanälen, das das ITA 2 Alphabet verwendet. Mögliche Baudraten sind 50, 75 und 100 Bd. Die Shift zwischen den Tönen beträgt 170 Hz.

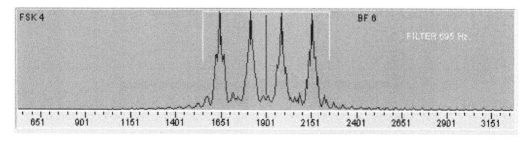

Abbildung 87: Spektrum von Baudot F7B mit 50 Bd

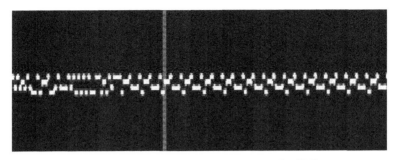

Abbildung 88: Sonogramm von Baudot F7B

22. Baudot Sync

Sync Baudot

Hierbei handelt es sich um ein synchrones koninuierliches Signal, das aus 1 Startbit, 5 Datenbit und 1 Stopbit besteht. Jedes Zeichen hat also insgesamt 7 Bit. Die Synchronization des Systems erfolgt über die Start- und Stopbits. Häfige Baudarten sind 50, 75 und 100 Bd mit einer Shift von 400 und 850 Hz.

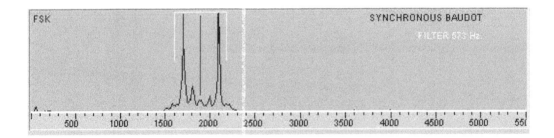

Abbildung 89: Spektrum von Baudot Sync

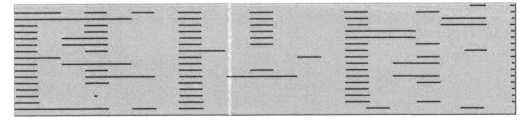

Abbildung 90: Baudot Sync Hellschreiberdarstellung

23. BEE

CIS 36-50, T-600

Dieses synchrone System wird meistens mit 50 Bd verwendet und hatte keine meßbare ACF. Im Idle-Zustand mit 36 Bd kann man für die Umtastung lediglich eine ACF von 2 feststellen. Beim Übergang auf eine Überrtragung ist eine ACF von 70 meßbar, die im Zusammenhang mit einer Präamble steht. Es wird eine Shift von 85 Hz, 125 Hz, 250 Hz und manchmal 500 Hz verwendet.

Dieses verfahren wird bei der russichen Marine als Rundstrahldienst eingesetzt. Auf den gut bekannten Frequenzen werden üblicherweis kurze Nachrichten um h+08 und h+38, lange Nacherichten um h+48 gesendet. Es sind aber auch andere Zeiten wie z.B h+18, h+28 oder h+58 möglich. Diese Nachrichten werden an RDL addressiert. Dabei scheint es sich um ein kollektives Rufzeichen zu handeln.

Die folgende Abbildung zeigt das typiesche Spektrum eines CIS 36-50 Signals im Idle-Zustand.

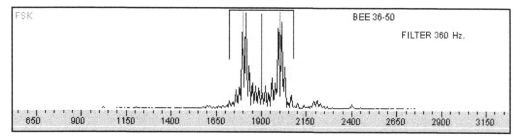

Abbildung 91: Spektrum eines CIS 36-50 Signals

24. BR 6028

Barrie, USA 7 Kanal-Modem

Das BR 6028 VFT System ist ein häufig gehörtes VFT System mit 7 Kanälen, auf denen ITA2 mit 45 Bd bis 100 Bd Baudot und 170 Hz Shift verwendet werden. Die Kanäle arbeiten zeitversetzt um 1 s. Jeder gestörte Kanal kann ausgeblendet werden. Daher wird das Verfahren auch mit weniger als 7 Kanälen gehört.

Das Verfahren wird auch als "BARRIE", 6028 oder USA 7 Kanal-Modem bezeichnet.

Kanal	Mittenfrequenz
1	850 Hz
2	1190 Hz
3	1530 Hz
4	1870 Hz
5	2210 Hz
6	2550 Hz
7	2890 Hz

Tabelle 21: BR6028 Kanalfrequenzen

BR6028 verwendet einen unmodulierten Pilotton auf 560 Hz. BR 6028 kann in den Kanälen verschiedene Verfahren übertragen solange diese eine Baudrate bis zu 100 Bd verwenden.

Alle Kanäle sind mit 100 Bd und 170 Hz Shift Baudot verzögert um 1 s moduliert.

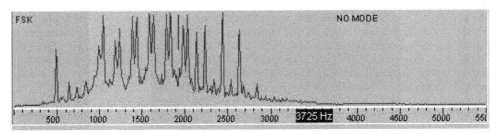

Abbildung 92: Spektrum eines BR6028 Signals

25.   BR 6029C Time Diversity Modem

MD-1142/UGC Modem, Time Diversity

Das MD-1142 oder BR 6029C Modem kann im Vollduplexmodus arbeiten (Empfänger und Sender sind unabhängig voneinander). Intern wird ein einzelnes Fernschreibsignal auf 7 verschiedene Kanäle gemultiplext. Die Shift beträgt üblicheweise 85 Hz; die Baudrate kann bis zu 110 Bd betragen. Die Signale in jedem Kanal sind ebenfalls um eine Sekunde zeitversetzt. Zusätzlich gibt es einen Pilotton bei 560 Hz. Diese Art von Betrieb garantiert, dass eine der Nachrichten auch unter gestörten Verhältnissen durchkommt. Jeder Kanal kann auch einen unterschiedelichen Datenstrom übertragen, hat dann aber keinerlei Redundanz. Folgende Kanäle werden verwendet:

Kanal Nr	Mitten- frequenz	Verzögerung in s
3	1530	0
7	2890	1
1	850	2
4	1870	3
6	2550	4
2	1190	5
5	2210	7
8	560	Pilotton

Tabelle 22: BR6029C Kanalfrequenzen

Es dauert mindestens 4 von 7 Sekunden, bis die Ausgabe korrekt funktioniert. Übertragungsunterbrechungen bis zu 3 s können toleriert werden.

26. BUL 107,53 Bd

Dieses Verfahren wurde von Bulgarien verwendet. Es hat eine eindeutige Baudrate von 107,53 Bd mit einer Shift von 500 Hz. Das System war verschlüsselt, daher sind keine weiteren Informationen verfügbar.

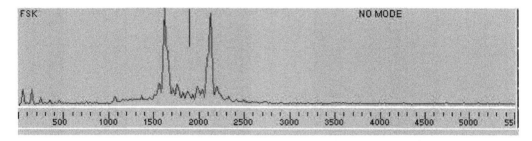

Abbildung 93: Spektrum von BUL 107.53 Bd

27. BUL ASCII

Dieses Verfahren wurde durch das Außenministerium von Bulgarien eingesetzt. Es verwendet eine FSK mit dem ITA-5 Alphabet. Für jedes Zeichen werden 11 Bit ohne Fehlerkorrektur verwendet. Die Baudrate kann von 100 bis 600 Bd betragen und die Shift ist 500 Hz.

Spektrum und Sonogramm des BUL ASCII Verfahrens mit 300 Bd wird in der folgenden Abbildung gezeigt:

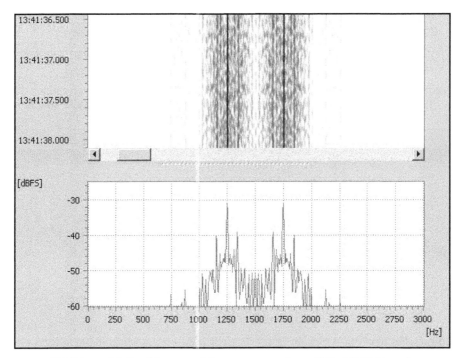

Abbildung 94: Spektrum und Sonogramm eines BUL ASCII Signals

28. CCIR 493 SELCALL

Dieses Selektivrufverfahren basiert auf die ITU Empfehlung CCIR 493-4. CCIR 493-4 verwendet eine FSK mit zwei Tönen aus 1700Hz = 0 und 1870Hz= 1. Die Baudrate beträgt 100 Bd und die Shift 170 Hz. Die Mittenfrequenz liegt auf 1785Hz. Das folgende Bild zeigt das Spektrum für CCIR493-4.

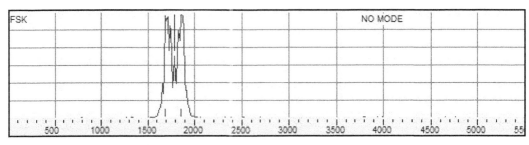

Abbildung 95: Spektrum CCIR 493-4

CCIR 493-4 verwendet ein 10 Bit Alphabet mit einer Fehlerkorrektur FEC. Jede Aussendung startet mit eine Umtastung von mehreren Sekunden zur Synchronisation.

Es werden meistens 4stellige Nummern gesendet, es gibt aber auch Varianten mit 6 Stellen.

Ein sehr großer Anteil vom CCIR 493-Format, die Kodierung und Signalisierung ist für GMDSS-DSC übernommen worden. Das maritime Selektivrufverfahren ITU-R 493.9+ hat für die Schiffahrt die Adressierung erweitert und weitere Funktionen hinzugefügt.

29. CHN MIL 4MFSK

Dieses 4FSK Modem verwendet 4 Töne mit einem Abstand von 500 Hz. Es wurde allerdings auch eine Variante it 400 Hz beobachtet. Die Baudrate beträgt 125 Bd was eine Länge von 8 ms pro Ton bedeutet.

Das Modem sendet Blöcke mit einer Länge von 2.9 s und einer Pause von 2.1 s aus. Jede Aussendung startet mit eine 8 Mal gesendeten Präamble der Bitfolge 00011011, die den Tönen 1,2,3 und 4 entsprechen, gefolgt von der Inversen 11011000 entsprechend den Tönen 4,3,2 und 1.

Tonnummer	1	2	3	4
Frequenz	1250	1750	2250	2750
Möglicher Wert	00	01	10	11

Tabelle 23: Tonverteilung für die 500 Hz Variante

Die 400 Hz Variante verwendet die folgenden Töne:

Tonnummer	1	2	3	4
Frequenz	1500	1900	2300	2700
Möglicher Wert	00	01	10	11

Tabelle 24: Tonverteilung für die 400 Hz Variante

Folgende Abbildung zeigt eine CHN MIL 4FSK mit einer Shift von 500 Hz:

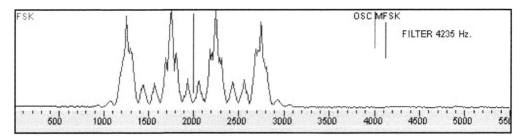

Abbildung 96: Spektrum der CHN MIL 4FSK 500 Hz Variante

Die folgende Abbildung zeigt das gleiche Signal mit 400 Hz zwischen den Tönen:

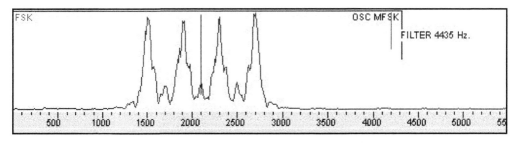

Abbildung 97: Spektrum of CHN MIL 4FSK 400 Hz variant

In der nächsten Abbildung ist das Sonogramm der CHN MIL 4FSK mit 500 Hz Shift dargestellt:

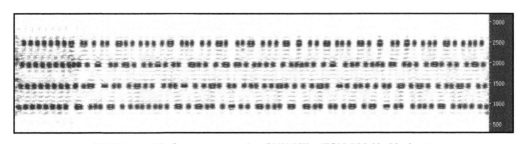

Abbildung 98: Sonogramm der CHN MIL 4FSK 500 Hz Variante

30. CHN MIL 8MFSK

Dieses 8FSK Modem verwendet 8 Töne mit einem Abstand von 250 Hz. Die Baudrate beträgt 100 Bd was einer Tonlänge von 10 ms entspricht.

Es werden folgende Töne in diesem Verfahren verwendet:

Tonnummer	1	2	3	4	5	6	7	8
Frequenz	750	1000	1250	1500	1750	2000	2250	2500
Möglicher Wert	000	001	010	011	100	101	110	111

Tabelle 25: Tonverteilung CHN MIL 8FSK

Die folgende Abbildung zeigt das Spektrum der CHN MIL 8FSK mit einer Shift von 250 Hz zwischen den Tönen:

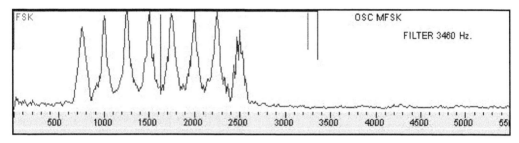

Abbildung 99: Spektrum einer CHN MIL 8FSK

Bei jedem Start einer Aussendung wird ein Startton mit einer Länge von 192 ms und der Frequenz entsprechend Tonnummer 2 gesendet. Die Sendung wird ebenfalls mit einem Träger der Tonnummer 2 und einer Länge von 80 ms gefolgt von einer 7fach Umschaltung zwischen Ton 2 und 5 abgeschlossen.

Die folgende Abbildung zeigt das Sonogram der CHN MIL 8FSK:

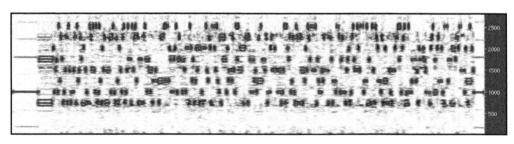

Abbildung 100: Sonogramm einer CHN MIL 8FSK

31. CHN MIL 64FSK

Dieses MFSK-Modem verwendet 64 Töne mit einem Tonabstand von 37,35 Hz und einer Tondauer von 27 ms. Das entspricht eine Baudrate von 37,35 Bd. Der erste Ton liegt auf 520 Hz, der letzte auf 2353 Hz.

Die folgende Abbildung zeigt das Spektrum der CHN 64FSK:

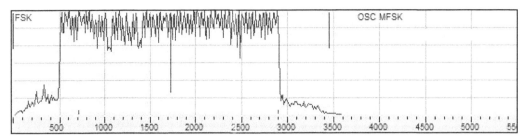

Abbildung 101: Spektrum der CHN 64FSK

Das nächste Bild zeigt ein vergößertes Spektrum:

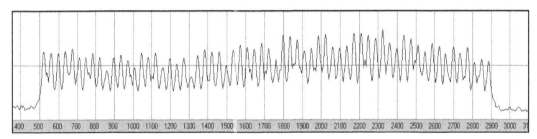

Abbildung 102: Vergrößertes Spektrum der CHN 64FSK

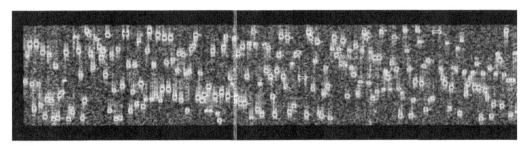

Abbildung 103: Sonagram der CHN 64 FSK

Die Aussendung wird mit einer Abschlussequenz beendet, die eine Dauer von 340 ms hat und in der die Töne doppelt so lang und damit die Baudrate halbiert ist.

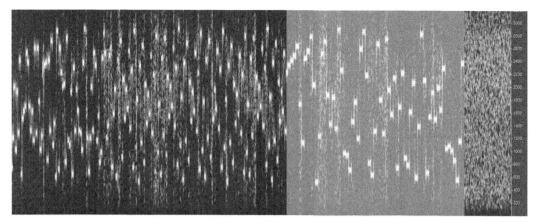

Abbildung 104: Abschlussequenz der CHN 64FSK

32. CHN MIL Hybridmodem (4MFSK-OFDM20)

Diese Modem sendet eine Präamble 4FSK moduliert gefolgt von einer OFDM für die Daten mit 20 Tönen.

Die Tonverteilung der 4FSK ist wie folgt:

Tonnummer 4FSK	1	2	3	4
Frequenz	700 Hz	1100 Hz	1500 Hz	1900 Hz

Tabelle 26: Tonverteilung CHN Hybridmodem 4FSK-OFDM20

Die Präamble startet mit einem Vorträger auf der Frequenz von 700 Hz und hat eine Länge von 812,5 ms. Diesem Vorträger folgen drei kurze Töne auf jeder der 3 verbleibenden MFSK-Frequenzen von 1100 Hz, 1500 Hz und 1900 Hz mit einer Dauer von 62.5 ms. Der folgende 4FSK-Abschnitt sendet mit 100 Bd was einer Tonduaer von 10 ms entspricht. Bevor der OFDM-Abschnitt beginnt, werden zwei Töne auf 700 Hz und 1500 Hz mit einer Tonlänge von je 100 ms gesendet. Die OFDM verwendet 20 Träger, jeder mit einer DQPSK moduliert. Die Symbolrate beträgt 72,2 Bd. Der OFDM-Abschnitt wird mit einem Nachträger auf 700 Hz mit einer Dauer von 500 ms abgeschlossen.

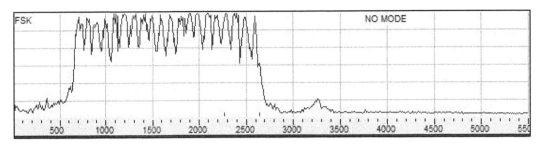

Abbildung 105: Spektrum des CHN Hybridmodems 4FSK-OFDM20

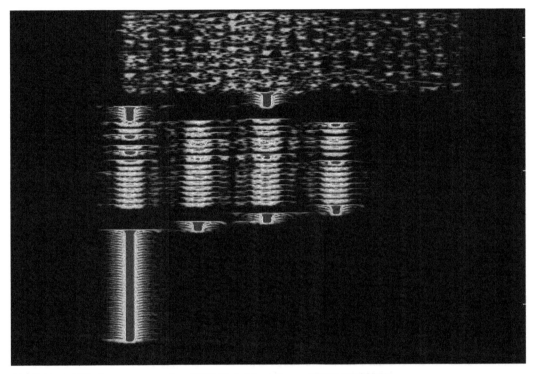

Abbildung 106: Sonogramm des CHN Hybridmodems 4FSK-OFDM20

33. CHN MIL Hybridmodem (8MFSK-OFDM19)

Dieses Modem beginnt mit einer 4FSK-Ssequenz gefolgt von einem 8FSK-Wort, einem Träger mit einer Dauer von 200 ms auf 2000 Hz und einer zweiten 8FSK-Präamble von 575 ms. Der Tonabstand beträgt 225 Hz und die Töne haben eine Dauer von 9 ms was einer Baudrate von 111 Bd entspricht.

Die Tonverteilung ist wie folgt:

Tonnummer 4FSK	1	2	3	4				
Tonnummer 8FSK	1	2	3	4	5	6	7	8
Frequenz in Hz	650	875	1100	1325	1550	1775	2000	2225

Tabelle 27: Tonverteilung des CHN Hybridmodems

Auf diese Einleitungssequenz folgt eone OFDM mit 19 Tönen und einem Pilotton auf 333 Hz. Die OFDM-Träger haben einen Tonabstand von 112 Hz. Jeder Träger ist mit einer DQPSK moduliert. Die Symbolrate beträgt 44.4 Bd.

Das Spektrum für den OFDM-Anteil ist in folgender Abbildung dargestellt:

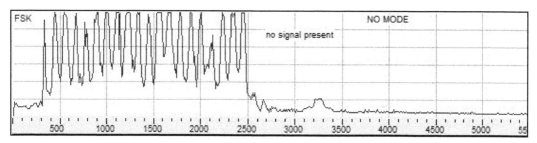

Abbildung 107: Spektrum der OFDM mit 19 Tönen

Das Sonogramm ist in folgender Abbildung dargestellt:

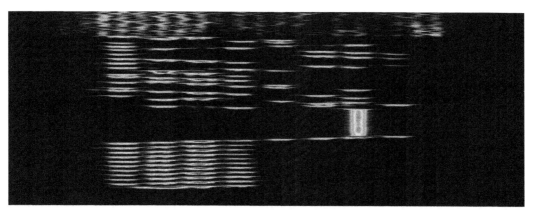

Abbildung 108: Präamble des CHN Hybridmodem 8FSK-OFDM19

34. CHN MIL Hybrid Modem (8FSK-PSK)

Dieses Modem verwendet eine Kombination von 8FSK und einer 2400 Bd 4PSK Modulation. Die 8FSK-Modulation ist identisch mit der CHN MIL 8FSK.

Die PSK-Modulation verwendet eine Trägerfrequenz von 1800 Hz.

Abbildung 109: Sonogramm des CHN MIL Hybridmodems

Beide Verfahren verwenden eine Präamble mit 7 Umtastungen. Für die 8FSK-Modulation bestehen diese aus einer Umschaltung der Frequenzen 750 Hz und 1750 Hz. Die 4PSK-Modulation verwendet eine Umtastung zwischen 1000 Hz und 2000 Hz gefolgt von einer 2PSK-Modulation.

Die folgenden Abbildungen zeigen diese beiden Versionen:

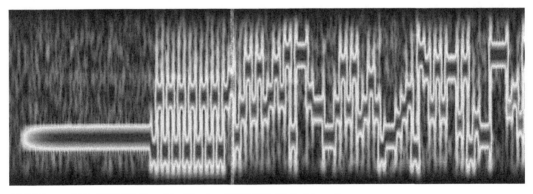

Abbildung 110: 8FSK Präamble für das CHN MIL Hybridmodem

Abbildung 111: PSK Präamble für das CHN MIL Hybridmodem

35. CHN 4+4 Modem

Dieses System wird dem Chinesischen Militär zugeordnet. Es verwendet zwei Gruppen mit jeweils 4 Tönen. Der Tonabstand innerhalb der Gruppe beträgt 300 Hz, zwischen den Gruppen 450 Hz.

Kanal	1	2	3	4	5	6	7	8
Ton	615	915	1215	1515	1965	2265	2565	2865

Tabelle 28: Frequenzen des Chinesischen 4+4 Modems

Jeder Ton ist mit einer 75 Bd QPSK moduliert. Das Chinesische 4+4 Modem arbeitet mit einer Verschachtelung in Zeit und Frequenz. Jedes Zeichen hat eine Länge von 44 Bit was eine charakteristische ACF von 44 ergibt. Diese 44 Bit setzen sich aus dem Zeichen, einem Synchronisationsanteil und einer CRC zusammen. Die Zeichen selbst haben eine Länge von 8 Bit.

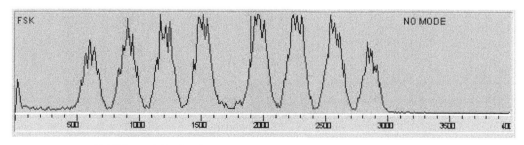

Abbildung 112: Spektrum des chinesischen MFSK 4+4 Signals

36.   CHIP 64/128

CHIP 64/128 ist ein neuer PSK Mode der Funkamateure, der ein gespreiztes Spektrum verwendet, in diesem Fall Direct Sequence Spread Sequence (DSSS) mit Hilfe des originalen Algorithmus. Dadurch handelt es sich um ein sehr robustes Verfahren, das mit einem Signal-/Rauschverhältnis von -8 dB auskommt.

Die Chiprate beträgt 300 Chips/s wodurch eine Datenrate (nach einer Pseudo WHP inversen transformation transform) 37.5 Bps für CHIP64 und 21.09 Bps für CHIP128.

Das typische Spektrum wird in der folgenden Abbildung gezeigt:

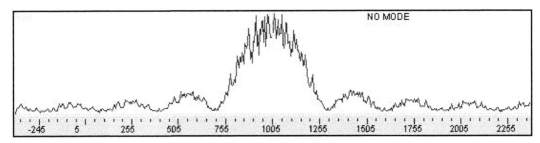

Abbildung 113: Spektrum eines CHIP64 Signals

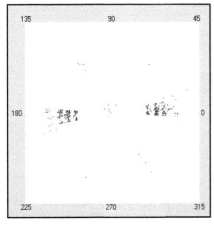

Abbildung 114: Phasendarstellung eines CHIP Signals

Für die Modulation wird eine DBPSK verwendet. Ein "Block" besteht aus 64 Chips in Chip64 und 128 in Chip128. Ein Block entspricht 8 Bits bei Chip64 und 9 Bits bei Chip128. Der Block wird aus dem Code durch eine WHP Transformation "Walsh-Hadamard-Porcino" gebildet.

Chip64 verwendet für die Codes zwischen 0 und 127 die m-Sequenz [6,5,2,1] für ungerade Codes und die m-Sequenz [6,5] für die geraden Codes. Chip128 verwendet für die Codes zwischen 0 und 255 die m-Sequenz [7,3,2,1] für ungerade Codes und die m-Sequenz [7,3] für gerade Codes.

CHIP 64/128 verwenden keinen Faltungscode oder eine Verschachtelung.

Die folgenden Abbildungen zeigen das Phasenspektrum eines CHIP 64 Signals mit Peaks bei 300 Bps und ein typisches Phasenoszillogramm mit der Umschaltung zwischen zwei Phasen einer BPSK.

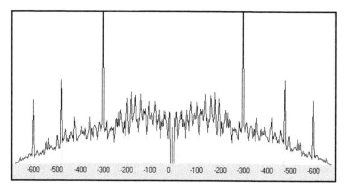

Abbildung 115: Phasenspektrum eines CHIP 64 Signals

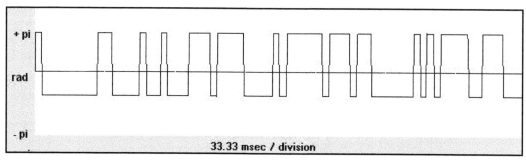

Abbildung 116: Phasenoszillogramm eines CHIP 64 Signals

37.   CIS 11

TORG 10/11

TORG 10/11 ist ein russisches synchrones Duplexverfahren, das aus 11 Bit besteht, die aus dem kyrillischen ITA-2 Alphabet und hinzugefügten Bit zur Synchronisation und als Parität zusammengesetzt sind. TORG 14 verwendet 14 Bit. Zwei Varianten sind als TORG 10 und TORG 11 bekannt.

Ein 11 Bitrahmen   besteht aus 5 Bit ITA-2, zwei Synchronisationsbit und 4 Paritätsbit. Das Synchronisationssignal α ist 01101001100, das Synchronisationssignal β 10101000001.

Die Baudrate beträgt normalerweise 100 Bd mit einer Shift von 500 Hz.

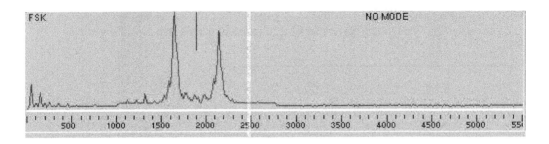

Abbildung 117: Spektrum von CIS-11

38.   CIS 12

CIS 12, CIS 20, Fire, MS5, , CIS AT-3104 Modem

CIS 12 ist ein russisches 12 oder 20 Tonmodem in dem jeder Kanal mit einer BPSK oder QPSK moduliert ist. Die 12-Tonvariante verwendet eine Datenrate von 120 Bd, die 20 Tonvariante 75 Bd. Der Abstand zwischen den Trägern beträgt bei der 12 Tonvariante 200 Hz und 120 Hz in der 20 Tonvariante. Die maximale Datenrate kann 4800 bps betragen. Meistens wird nur die 12 Tonvariante gehört.

Das System verwendet einen Pilotton auf 3300 Hz. In der 12 Tonvariante werden 10 Kanäle für die Übertragung der Daten und 2 Kanäle für Synchronisation und Nachrichtenverwaltung verwendet.

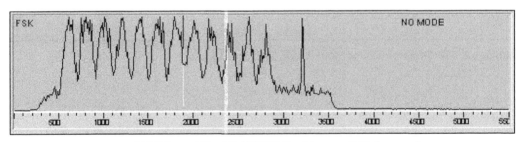

Abbildung 119: CIS12/MS5 Spektrum mit Referenzeton

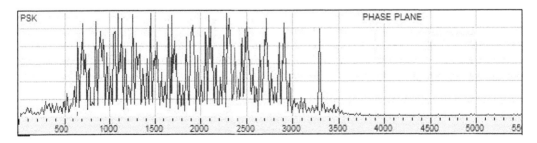

Abbildung 118: CIS12/MS5 Spektrum im Idlemodus

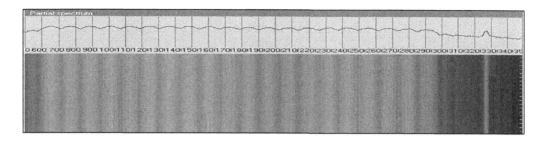

Abbildung 120: CIS 20 Spektrum mit Referenzeton

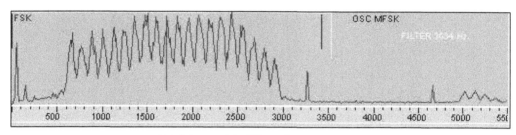

Abbildung 121: CIS 20 Sonogramm

39. CIS 12 ARQ

Hierbei handelt es sich um eine spezielle Version des CIS 12 Modems. Es verwendet eine ARQ mit einer Blocklänge von 450 ms. Die Burststruktur ist in der folgenden Abbildung dargestellt:

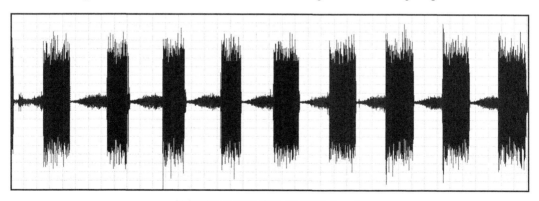

Abbildung 122: CIS 12 ARQ Bursts

40. CIS 14

CIS 14 ist ein Zweikanal-Duplex ARQ System, das auf zwei Frequenzen arbeitet und 96 Bd oder 192 Bd verwendet. Das System verschachtelt zwei Kanäle in 14 Bit Rahmen mit 2 Bit als Kanäletatus, um zu signalisieren, ob der Kanal sich im Idle-Zustand befindet oder Daten überträgt. Zwei M2 Zeichen werden bitverschachtelt übertragen und durch zwei Paritätsbit für eine Fehlerkorrektur ergänzt.

Dieses Verfahren soll im Einsatz bei der russischen PTT sein. Meistens arbeitet das Verfahren mit 96 Bd und die Übertragung ist verschlüsselt. CIS-14 wird auch mit dem Namen AMOR oder AMOR 96 bezeichnet.

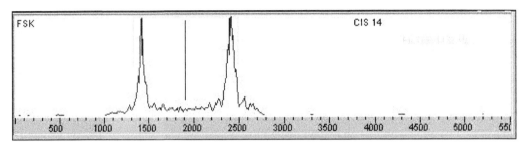

Abbildung 123: Spektrum einer CIS 14 mit 96 Bd und 1000 Hz Shift

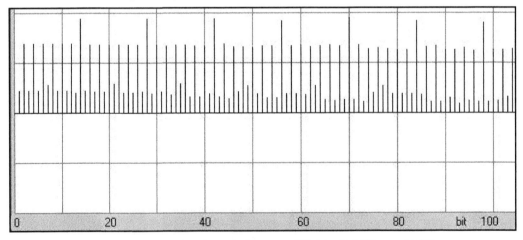

Abbildung 124: Autokorrelation von CIS 14 mit ACF von 14 Bit

41. CIS 150 Bd SELCAL

Dieses Selektivrufverfahren wird oft in der Kombination mit dem AT-3004 Modem gehört. Es verwendet eine Datenrate von 150 Bd mit 200 Hz Shift. Für eine Verbindungsaufnahme kann es in 2 kHz Sprüngen seine Frequenz ändern.

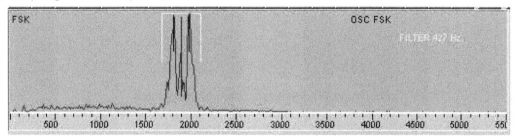

Abbildung 125: Spektrum eines CIS 150 Bd Selektivruf

42. CIS 16x75 Bd

Dieses CIS Modem verwendet 16 Kanäle. Jeder Kanal ist mit 75 Bd BPSK moduliert.
Der Kanalabstand beträgt 150 Hz. Das Modem verwendet einen Referenzton bei 3300 Hz.

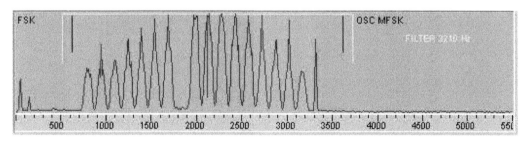

Abbildung 126: Spektrum eines CIS 16x75 Bd Modems

177

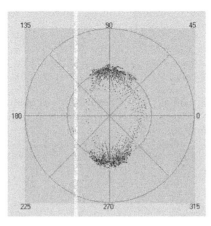

Abbildung 127: Phasendarstellung eines Kanals

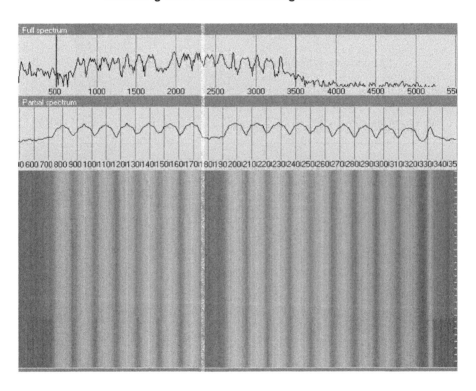

Abbildung 128: Spektrum und Sonogramm des CIS 16x75 Bd Modems

43. CIS 36-50

BEE, T-600

Hierbei handelt es sich um ein synchrones Verfahren der russischen Marine. Dieses Verfahren arbeitet mit 50 Bd. Im Idle-Mode wird mit 36 Bd umgetastet. Beim Übergang von 36 auf 50 Bd wird eine erkennbare Präambel ausgestrahlt, die eine ACF von 70 Bit hat. Dieses System arbeitet in einer Shift von 85 Hz, 200 Hz, 250 Hz und 500 Hz. Oft kann während oder am Anfang bzw. Ende einer Meldung das Rufzeichen RDL in FSK CW gehört werden. Auf den bekannten Rundstrahldienstfrequenzen können Routinenachrichten um h+08 und h+38, lange Nachrichten meistens um h+48 gehört werden. Aber es sind auch alle Zeitfenster wie z.B. h+18, h+28 oder h+58 möglich. Dieses Verfahren wird oft im Zusammenhang mit FSK-CW gehört, bei der das Sammelrufzeichen RDL verwendet wird.

Die folgende Abbildung zeigt das typische Spektrum eines CIS 36-50 Signals im Idle-Zustand:

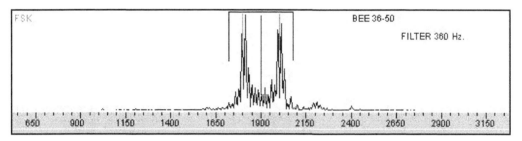

Abbildung 129: Spektrum von CIS 36-50 im Idle-Zustand

Eine typische Aussendunghat sehr lange Umtast- oder Leerlauf-Phasen. Eine nachrichtenüberragung beginnt mit einem Synchronisationsblock bestehend aus 44 Bit gefolgt von dem Schlüssel, der zweimal gesendet wird. Danach beginnt die verschlüsselte Nachricht. Die Nachricht endet mit dreimal dem EOM bestehend aus der Bitkombination 1110111. Anschließend geht der Sender wieder in den Leerlauf. Die Stuktur ist in der folgenden Abbildung zu sehen:

Reversals	Sync 44 Bit	Session Key 70 Bit	Session Key 70 Bit	Message	EOM 1110111	EOM 1110111	EOM 1110111

Abbildung 130: Aufbau einer CIS 36-50, T600 Nachricht

44. CIS 405-3915

FROST1

Hierbei handelt es sich um ein russisches System mit einer Datenrate von 40.5 Bd und 1000 Hz Shift. Das typische Spektrum und Sonogramm zeigt die nächste Abbildung:

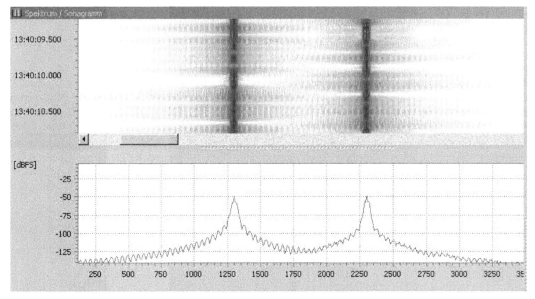

Abbildung 131: Spektrum und Sonogramm eines CIS 40.5/1000 Signals

Die Nachrichten sind immer verschlüsselt.

45. CIS 50-17 Baudot

FROST2, MOROZ2 Teleprinter

Dieses Verfahren verwendet eine Baudrate von 50 Bd mit einer Shift von 170 Hz oder 500 Hz. Es basiert auf das ITA-2 Alphabet mit 1 Startbit und 2.5 Stoppbit. In der Bitkorrelation können typische Peaks bei 17 Bit erkannt werden. Die Inhalte sind immer verschlüsselt.

Das Verfahren wird von russischen Behörden verwendet.

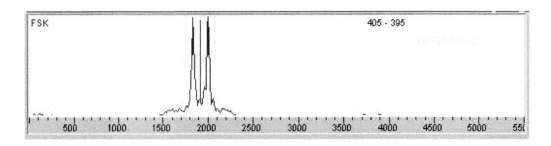

Abbildung 132: Spektrum von CIS 50-17 Baudot FROST2

180

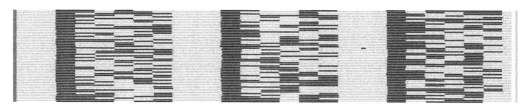

Abbildung 133: HELL Darstellung CIS 50-17 Baudot FROST2

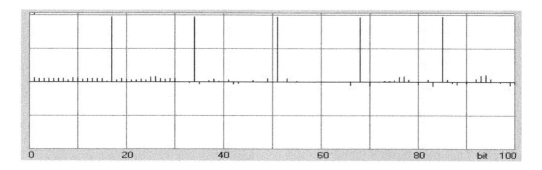

Abbildung 134: Autokorrelationsfunktion (ACF) von CIS 50-17 Baudot FROST2

46. CIS 50-50

BEE, T-600

CIS 50-50 ist ein synchrones Verfahren, das meistens mit 50 Bd arbeitet und keine erkennbare ACF aufweist. Es tastest im Idle-Zustand mit 50 Bd um. Übliche Shifts sind 200 Hz und 250 Hz.

Dieses Verfahren ist im gesamten HF-Bereich sehr häufig zu hören und wird von der russischen Marine verwendet.

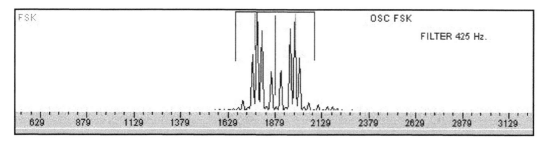

Abbildung 135: Spektrum einer CIS 50-50 im Idle-Zustand

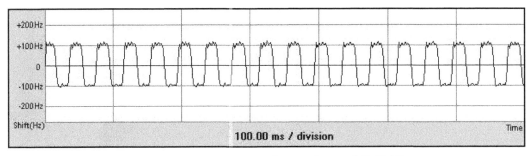

Abbildung 136: Oszilloskopdarstellung des Idle-Zustands von CIS 50-50

47. CIS 81-29

Frost

Hierbei handelt es sich um ein militärisches Fernschreibverfahren, dass sehr weit verbreitet im Warschauer Pakt eingesetzt wurde. Die übliche Datenrate ist 81 Bd mit 250, 500 oder 1000 Hz Shift, sehr selten wurden auch die Baudraten von 73 Bd, 96 Bd und 162 Bd gehört. Es handelt sich um einen pseudozufälligen TDM Code mit zwei Kanälen a 12 Bit. Das Verfahren arbeitet immer verschlüsselt. Es gibt außerdem eine 40,5 Bd Variante mit nur einem Kanal.

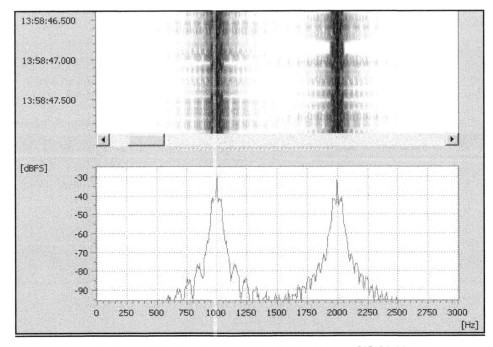

Abbildung 137: Spektrum und Sonogramm von CIS 81-29

182

48. CIS 81-81

CIS 81

Hierbei handelt es sich um eine militärisches Fernschreibverfahren, dass im Warschauer Pakt eingesetzt wurde. Die übliche Datenrate ist 81 Bd mit 250, 500 oder 1000 Hz Shift, sehr sekten wurden auch die Baudraten von 73 Bd, 96 Bd und 162 Bd gehört. Es handelt sich um einen pseudozufälligen TDM Code mit zwei Kanälen a 12 Bit. Das Verfahren arbeitet immer verschlüsselt. Es gibt außerdem eine 40,5 Bd Variante mit nur einem Kanal.

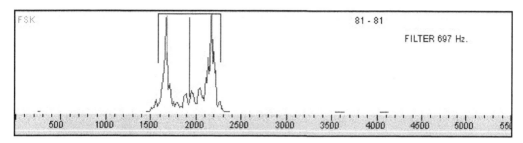

Abbildung 138: Typisches Spektrum eines 8181 Signals mit 500 Hz Shift

49. CIS 200-1000

Dieses russische Verfahren arbeitet mit eine Baudrate von 200 Bd und einer Shift von 1000 Hz. Es sendet gemäß eines Zeitplanes Nachrichten auf festen Frequenzen aus.
Die Inhalte entsprechen dem CIS 50-500 mit einem gleichem Aufbau des Spruchkopfes, an dem der Kanal und Adressat erkannt werden kann.

Das Spektrum ist in der folgenden Abbildung dargestellt.

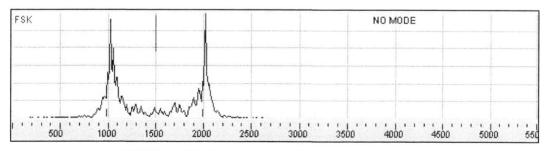

Abbildung 139: Spektrum eines CIS 200-1000 Signals

CIS 200-100 verwendet einen typischen Rahmen von 288 Bit, die sehr gut in der ACF erkannt werden können. Dieses zeigt die folgende Abbildung der ACF mit Peaks bei 288 Bit

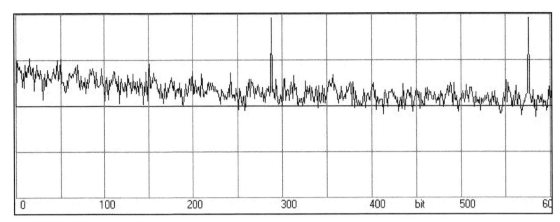

Abbildung 140: CIS 200-1000 Autokorrelationsfunktion ACF

:

50. CIS 500 Bd FSK Burst Modem

Dieses militärische Modem sendet sehr kurze FSK-Bursts mit einer Baudrate von 500 Bd und einer Shift von 1000 Hz. Die Burstaussendung hat eine Länge von ca. 1 bis 3 s und beginnt mit einer Präamble von 125 ms.
Die Präamble besteht aus einem Vorträger gefolgt von einer Serie von 0011 und einer Serie von 0101.

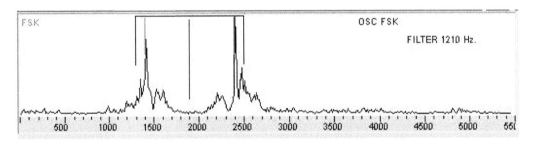

Abbildung 141: Spektrum des CIS 500 FSK Burstmodems

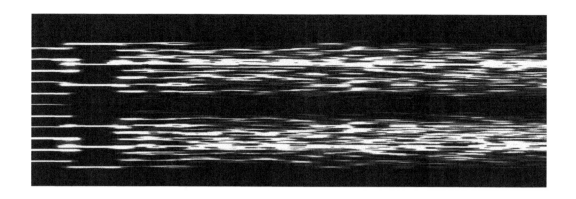

Abbildung 142: Sonogramm des CIS 500 FSK Burstmodems

51. CIS 1280 Bd Modem

Dieses Modem hat eine Datenrate von 1280 Bd mit einer Offset-QPSK (OQPSK) moduliert. Es wird auf Kurzwelle nicht mehr gehört.

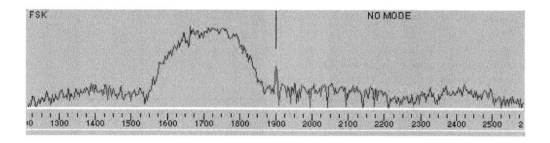

Abbildung 143: Spektrum des CIS 1280 Bd Modems

In der Phasendarstellung ist die Offset-Eigenschaft des Signals sehr gut zu erkennen. Eine Amplitudenmodulation des Signals wird dadurch verhindert, dass es keine Phasensprünge durch den Nullpunkt gibt.

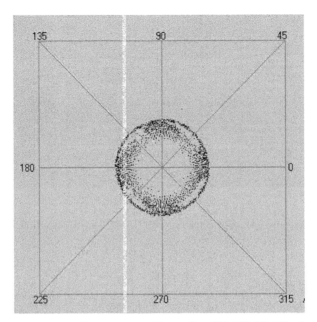

Abbildung 144: Phasendarstellung des CIS 1280 Bd Modems

52. CIS 3000 Bd Modem

Diese Burstmodem verwendet eine 8PSK mit einer Datenrate von 3000 Bd. Jeder Burst hat eine Länge von 900 ms und eine Pause von 600 ms.
Die folgende Abbildung zeigt das typische Spektrum:

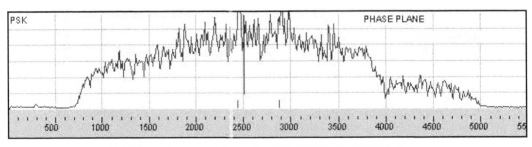

Abbildung 145: Spektrum des CIS 3000 Bd 8PSK Modems

In der folgenden Darstellung wird die Baudrate mit Hilfe des Phasenspektrums angezeigt:

186

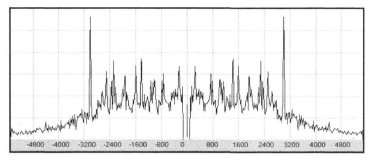

Abbildung 146: Phasenspektrum des CIS 3000 Bd 8PSK Modems

53. CIS 4FSK 96 Bd

Dieses F7B-Modem verwendet vier Träger mit einem Abstand von 500 Hz und einer Baudrate von 96 Bd. Das Spektrum zeigt die folgende Abbildung:

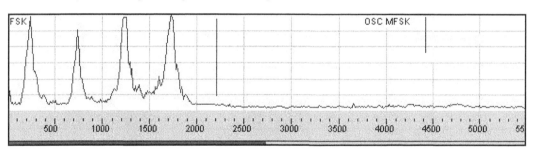

Abbildung 147: Spektrum der CIS 4FSK mit 96 Bd

Die folgende Oszillographendarstellung zeigt die vier unterschiedlichen Trägerfrequenzen und die MFSK-Darstellung das demodulierte Signal:

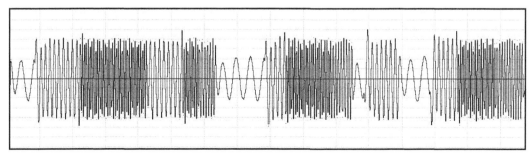

Abbildung 148: Tonfrequenzen der CIS 4FSK mit 96 Bd

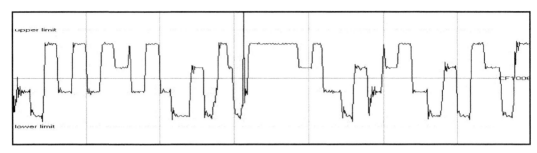

Abbildung 149: MFSK-Darstellung der CIS 4FSK mit 96 Bd

54. CIS 4FSK 100 Bd

Dieses F7B-Modem verwendet vier Träger mit einem Abstand von 500 Hz und einer Baudrate von 100 Bd. Das Spektrum zeigt die folgende Abbildung:

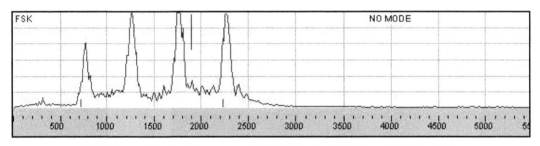

Abbildung 150: Spektrum der CIS 4FSK mit 100 Bd und 500 Hz Shift

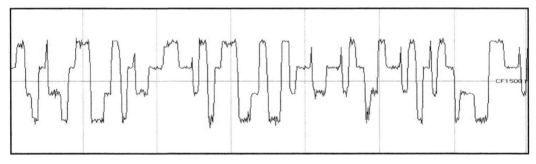

Abbildung 151: MFSK Demodulation der CIS 4FSK mit 100 Bd und 500 Hz Shift

55. CIS 4FSK 150 Bd

Dieses F7B-Modem verwendet vier Träger mit einem Abstand von 4000 Hz und einer Baudrate von 150 Bd. Das Spektrum zeigt die folgende Abbildung:

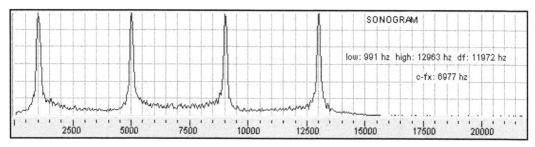

Abbildung 152: Spektrum der CIS 4FSK mit 4000 Hz Kanalabstand

In dem folgenden Sonogramm ist dargestellt, das immer nur eine Frequenz zur Zeit aktiv ist:

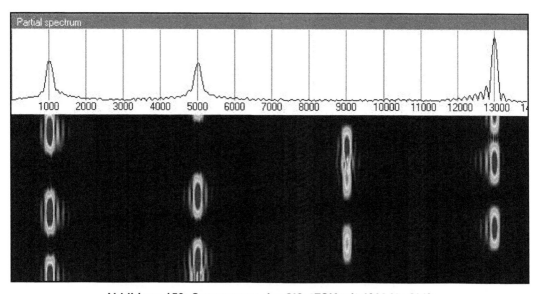

Abbildung 153: Sonogramm der CIS 4FSK mit 4000 Hz Shift

56. CIS-ARQ

Diese Verfahren verwendet eine Baudrate von 100 Bd mit einer Shift von 500 Hz. Es wird auf zwei Frequenzen duplex eingesetzt. Die höhere Frequenz (Space) wird in den Pausen zwischen den Datenblöcken nicht abgeschaltet und gibt diesem Verfahren seinen charakteristischen Klang. Ein kompletter Zyklus hat eine Länge von 1620 ms mit 720 ms Datenübertragung und 900 ms Pause.

Das Spektrum einer CIS ARQ ist in folgender Abbildung dargestellt:

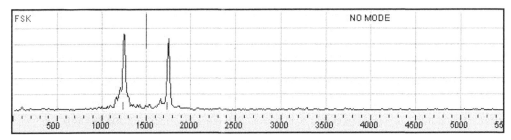

Abbildung 154: Spektrum einer CIS ARQ

Das folgende Sonogramm zeigte einen kompletten Zyklus der ARQ-Übertragung:

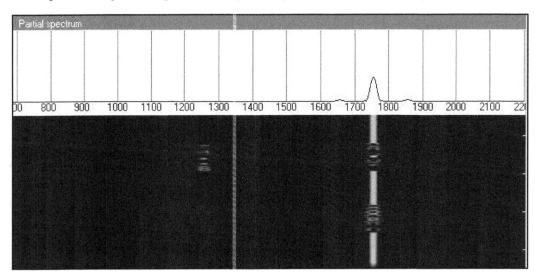

Abbildung 155: Sonogramm einer CIS ARQ

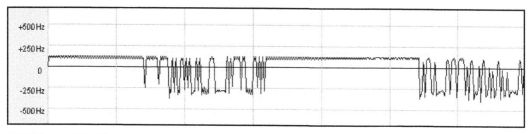

Abbildung 156: FSK Oszillographdarstellung einer CIS ARQ

57. CIS AT-3004 Modem

CIS 1200 Bd Modem

Dieses PSK-Modem verwendet eine Symbolrate von 1200 Bd (BPSK) oder 2400 Bd (QPSK). Es wurde im Zusammenhang mit MS 5- oder CROWD 36-Übertragungen gehört.

Das AT-3004 Modem kann mit 1200 Bd in einem Kanal, zweimal 1200 Bd in je einem Kanal oder mit 2400 Bd in einem Kanal senden.

Das Modem kann mit verschiedenen Konvertern wie z.B. dem AT-3125 oder dem AT-3132 für Daten und Sprachübertragungen kombiniert werden.

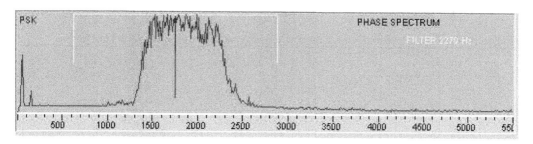

Abbildung 157: Spektrum des CIS 1200 Bd Modems

58. CIS BPSK

Dieses Modem verwendet eine BPSK mit 1200 Bd. Häufig wird es mit einem zusätzlichen Sprachkanal, der den Vocoder Yachta (T-219), 3,3 Khz über der Mittenfrequenz der BPSK erkannt. Charakteristisch für den Sprachkanal ist die FSK in der Mitte des Kanals mit 100 Bd und einer Shift von 150 Hz.

Diese Kombination lässt vermuten, dass es sich um eine Variante des AT-3004 Modems handelt.

Das Spektrum dieses Systems ist in folgender Abbildung dargestellt:

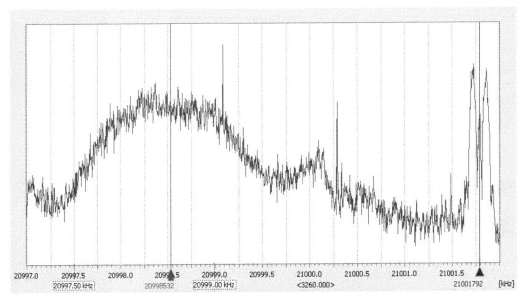

Abbildung 158: Spektrum CIS BPSK System

Der Sender wurde im Raum Omsk – Novosibirsk lokalisiert. Der Anwender ist bisher nicht bekannt, aber auf Grund des Sprachvocoders ist eine Nutzung durch die Streitkräfte möglich.

Das folgende Bild zeigt die Bestimmung der Symbolrate mit Hilfe des Phasenspektrums:

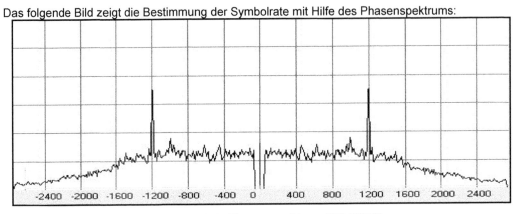

Abbildung 159: Phasenspektrum CIS BPSK

59. CIS MFSK-20

CIS MFSK-20 ist ein Verfahren, das Daten mit einer Datenrate von 10 oder 20 Bd übertragen kann. Es verwendet einen Tonabstand von 40 Hz. Es ist ähnlich zu AUM-13 , verwendet aber 20 Töne für die Übertragung von Zahlen 0…9, 6 Töne für Zeichen und 3 Töne für Kontrollfunktionen.
Ein Ton ist dem Idle-Zustand, eine Ton dem Leerzeichen und ein Ton der Wiederholungsanforderung zugewiesen.
Eine Aussendung startet mit einer Sequenz von 1 Bd und schaltet dann für die Datenübertragung auf 10 Bd oder 20 Bd um.

Ale primäre Modulation wird AM verwendet und das Verfahren hat eine Bandbreite von 800 Hz. Die Geringe Übertragungsgeschwindigkeit erlaubt eine Übertragung auch unter sehr schlechten Bedingungen und bei Mehrwegeausbreitung.

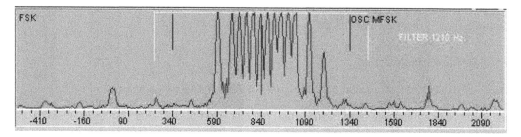

Abbildung 160: Spektrum von MFSK-20

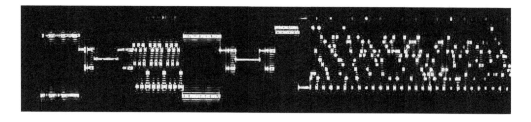

Abbildung 161: Sonogramm von MFSK-20

60. CIS 45/60/93/112/128 Kanal OFDM

Aussendungen von COWD36 oder CIS 12 werden neuerdings häufig mit sogenannten Hochgeschwindigkeitsmodems (High Data Rate modems HDR) gehört. Hierbei werden eine Vielzahl von OFDM-Modems mit unterschiedlicher Trägeranzahl eingesetzt. Folgende OFDM-Verfahren wurden bisher gehört:

45 Ton OFDM Variante 1

Dieses OFDM-Modem verwendet 45 orthogonale Träger mit einem Abstand von by 62.5 Hz. Die Träger sind jeweils mit einer Symbolrate von 26,66 Bd BPSK oder QPSK moduliert. Die Symbolrate its 1200 Bd und ergibt eine Datenrate von 1200 Bps (BPSK) oder 2400 Bps (QPSK). Die gesamte Audiobandbreite ist 2750 Hz von 438 Hz bis 3188 Hz. Es wird ein Referenzton 133 Hz über dem letzten Ton bei 3321 Hz verwendet.

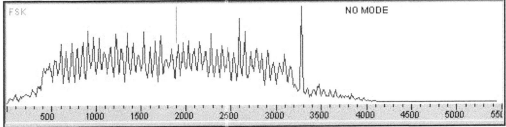

Abbildung 162: Spektrum der CIS 45 Ton OFDM

45 Ton OFDM Variante 2

Dieses OFDM-Modem verwendet 45 orthogonale Träger mit einem Abstand von by 62.5 Hz. Die Träger sind jeweils mit einer Symbolrate von 33,33 Bd BPSK moduliert. Die Symbolrate its 1500 Bd und ergibt eine Datenrate von 1500 Bps (BPSK) oder 3000 Bps (QPSK).. Die gesamte Audiobandbreite ist 2750 Hz von 438 Hz bis 3188 Hz. Es wird ein Referenzton 133 Hz über dem letztem Ton bei 3321 Hz verwendet.

45 Ton OFDM Variante 3

Dieses OFDM-Modem verwendet 45 orthogonale Träger mit einem Abstand von by 62.5 Hz. Die Träger sind jeweils mit einer Symbolrate von 48 Bd BPSK moduliert. Die Symbolrate its 1800 Bd und ergibt eine Datenrate von 1800 Bps (BPSK) oder 3600 Bps (QPSK).. Die gesamte Audiobandbreite ist 2750 Hz von 438 Hz bis 3188 Hz. Es wird ein Referenzton 133 Hz über dem letztem Ton bei 3321 Hz verwendet.

60 Ton OFDM Variante 1

Dieses OFDM-Modem verwendet 60 orthogonale Träger mit einem Abstand von 43.66 Hz. Die Träger sind jeweils mit einer Symbolrate von 30 Bd BPSK oder QPSK moduliert. Die Symbolrate ist 1800 Bd und ergibt eine Datenrate von 1800 Bps (BPSK) oder 3600 Bps (QPSK). Die gesamte Audiobandbreite ist 2576 Hz von 600 Hz bis 3176 Hz. Es wird ein Referenzton 131 Hz über dem letzten Ton bei 3307 Hz verwendet.

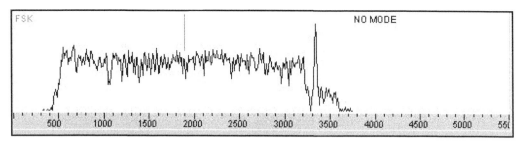

Abbildung 163: Spektrum der CIS 60 Ton OFDM

60 Ton OFDM Variante 2

Dieses OFDM-Modem verwendet 60 orthogonale Träger mit einem Abstand von 44.44 Hz. Die Träger sind jeweils mit einer Symbolrate von 35,5 Bd 8DPSK moduliert. Die Symbolrate ist 2130 Bd und ergibt eine Datenrate von 6390 Bps (8DPSK). Die gesamte Audiobandbreite ist 2622 Hz von 540 Hz bis 3182 Hz. Es wird ein Referenzton 133 Hz über dem letzten Ton bei 3315 Hz verwendet.

93 Ton OFDM

Dieses OFDM-Modem verwendet 93 orthogonale Träger mit einem Abstand von 31,25 Hz. Die Träger sind jeweils mit einer Symbolrate von 30 Bd BPSK oder QPSK moduliert. Die Symbolrate its 2700 Bd und ergibt eine Datenrate von 2700 Bps (BPSK) oder 5400 Bps (QPSK). Die gesamte Audiobandbreite ist 2875 Hz von 300 Hz bis 3175 Hz. Es wird ein Referenzton 125 Hz über dem letzten Ton bei 3300 Hz verwendet.
Dieses OFDM-Modem wurde mit einem zweiten Referenzton auf 0 Hz im USB-Kanal erkannt.

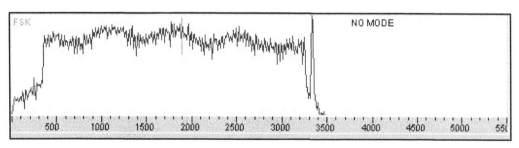

Abbildung 164: Spektrum der CIS 93 Ton OFDM

Die folgende Abbildung zeigt das gleich Signal um 550 Hz verschoben, um den zweiten Referenzträger auf 0 Hz darzustellen.

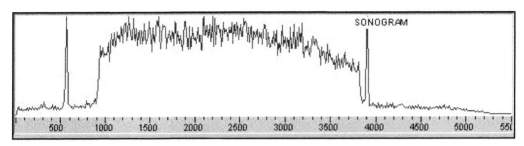

Abbildung 165: Spektrum der CIS 93 Ton OFDM verschoben um 550 Hz

112 Ton OFDM

Dieses OFDM-Modem verwendet 112 orthogonale Träger mit einem Abstand von 25,6 Hz. Die Träger sind jeweils mit einer Symbolrate von 22,22 Bd DQPSK moduliert. Die Symbolrate ist 2488 Bd und ergibt eine Datenrate von 4976 Bps (QPSK). Die gesamte Audiobandbreite ist 2842 Hz von 340 Hz bis 3182 Hz. Es wird ein Referenzton 111 Hz über dem letztem Ton bei 3293 Hz verwendet.

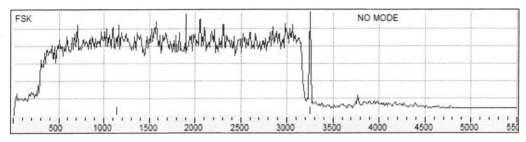

Abbildung 166: Spectrum of a CIS 112 tone OFDM

128 Ton OFDM

Dieses OFDM-Modem verwendet 128 orthogonale Träger mit einem Abstand von 23,5 Hz. Charakteristisch ist eine Lücke in der Mitte zwischen zwei Paketen zu je 64 Trägern von einem Träger. Die Träger sind jeweils mit einer Symbolrate von 21 Bd BPSK oder 16QAM moduliert. Die Symbolrate ist 2688 Bd und ergibt eine Datenrate von 2688 Bd (BPSK) oder 10752 Bps (16QAM). Die gesamte Audiobandbreite ist 3008 Hz. Es wird kein Referenzton verwendet.

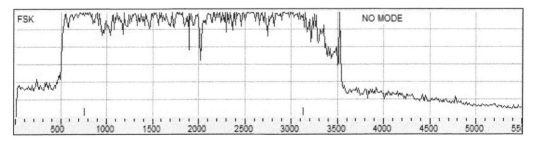

Abbildung 167: Spektrum einer CIS 128 Ton OFDM

196

61. CIS VFT 3 Kanäle 100 Bd

Dieses VFT-Modem sendet drei FSK-Signale, die über die Frequenz innerhalb des Überragungskanals verschachtelt sind. Jedes FSK-Signal hat eine Übertragungsrate von 100 Bd und eine Shift von 1440 Hz. Der Frequenzabstand zwischen den Einzeltönen beträgt 480 Hz.

	Mark	Space
Kanal 1	600 Hz	2040 Hz
Kanal 2	1080 Hz	2520 Hz
Kanal 3	1560 Hz	3000 Hz

Tabelle 29: Kanalfrequenzen CIS VFT 3 Kanäle

Dieses Modem ist sehr robust gegen selektives Fading im Übertragungskanal.

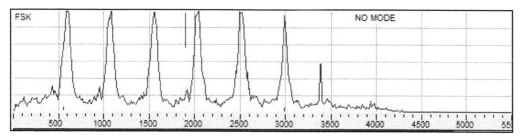

Abbildung 168: Spektrum einer CIS VFT 3 Kanäle

62. CIS VFT 3 Kanäle 144 Bd

Dieses Modem sendet innerhalb der Übertragungsbandbreite drei 2FSK-Kanäle. Jeder 2FSK-Kanal hat eine Baudrate von 144 Bd und eine Shift von 200 Hz. Der Abstand von Mittenfrequenz zu Mittenfrequenz beträgt jeweils 950 Hz. Der erste Kanal liegt auf der Mittenfrequenz von 950 Hz, der zweite Kanal auf 1900 Hz und der dritte Kanal auf 2850 Hz

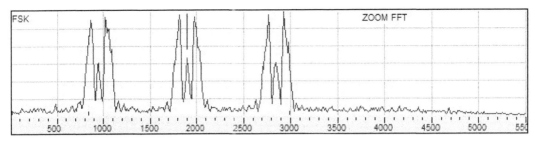

Abbildung 169: Spektrum einer CIS VFT 3 Kanäle 144 Bd

63. Clansman FSK Modem

Dieses FSK-Modem ist Teil des Clansman Radio Systems, das von den Streitkräften in Großbritannien verwendet wird. Es verwendet eine Burst-Aussendung mit einer Datenrate von 300 Bd und 850 Hz Shift auf einer Mittenfrequenz von 2000 Hz. Jede Aussendung startet mit einer Synchronisationsphase von 120 Bit.

Das Clansman Radio System soll das Bowman Radio System ersetzen.

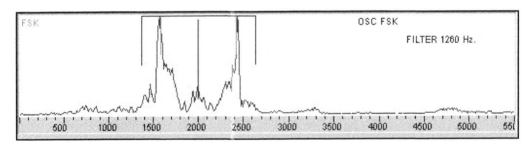

Abbildung 170: Spektrum des Clansman FSK Modems

64. Clover

CLOVER hat seine Anfänge vor ca. 25 Jahren, als Funkamateure anfingen, mit "Coherent CW" Versuche zu machen.

CLOVER faßt alle Vorteile von AMTOR und HF PACKET RADIO zusammen und versucht, die Hauptproblem dieser Betriebsarten zu lösen. Die Hauptbeeinträchtigung von RTTY, AMTOR und HF PR ist der Datendurchsatz und wie das Hochfrequenzsignal mit den Daten moduliert wird.

HF PR, AMTOR und RTTY benutzen FSK Modulation. CLOVER arbeitet dagegen mit einer anderen Modulationsart. CLOVER moduliert die Phase und nicht die Frequenz eine Trägers. Für jeden Phasenzustand können sogar mehr als ein Bit übertragen werden. Zum Beispiel im Fall einer BPSK (Binary Phase Shift Keying) sind zwei Phasenzustände möglich (0 oder 180 Grad) welche die Zustände MARK und SPACE darstellen. QPSK (Quadrature PSK) hat vier Phasenzustände (0, 90, 180, 270 Grad)und kann in einer Phasenänderung zwei Bit übermitteln. Bei einer 8PSK können 3 Bit bei jeder Phasenänderung und bei einer 16PSK sogar 4 Bit gesendet werden.
.

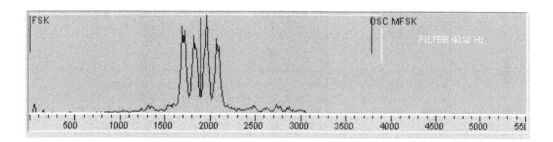

Abbildung 171: Spektrum eines CLOVER Signals

CLOVER kann aber auch die Amplitude in einer 8PSK oder 16PSK modulieren. Dieser Mode wird auch als "8P2A" (4 Datenbits bei jedem Phasen- oder Amplitudenwechsel) und "16P4A" (6 Datenbits bei jedem Phasen- oder Amplitudenwechsel) bezeichnet.

Da alle Amplituden- und Phasenänderungen auf einer festen Übertragungsrate von 31,25 Bps basieren (was einer Pulsbreite von 32 ms entspricht) werden alle Übertragungsfehler durch Mehrwegeausbreitung und ähnliches auf ein Minimum gesenkt. CLOVER versucht, eine sehr niedrige Grunddatenrate zu senden und eine Geschwindigkeitssteigerung durch Mehrfachänderungen in der Phase oder der Amplitude zu realisieren. Eine weitergehende Entwicklung von CLOVER II soll 4 Kanäle im Abstand von 125 Hz übertragen. Jeder dieser Kanäle kann mit einer BPSK bis 16PSK plus 8P2A oder 16P4A moduliert werden. Diese vervierfacht den Datenfluss. Alles in allem kann CLOVER Datenübertragungsgeschwindigkeiten von der Grunddatenrate 31,25 Bps bis 750 Bps übertragen.

Eine PSK-Modulation bringt einige Problem mit sich. Wenn ein Dauerträger phasenmoduliert wird, so erzeugt diese ein sehr weites Frequenzspektrum mit extrem starken Seitenbändern. CLOVER begegnet diesem Problem mit zwei Techniken:

1. Jeder der vier Trägerfrequenzen wird EIN/AUS getastet und eine Phasenänderung findet nur im ausgeschalteten Zustand statt.

2. Die Amplitudenform von jeder EIN/AUS Tastung ist sehr sorgfältig gefiltert um das resultierende Frequenzspektrum auf ein Minimum zu reduzieren.

Diese zwei Techniken erzeugen ein Gesamtfrequenzspektrum, das lediglich 500 Hz breit ist und dort eine Tiefe von - 60 dB erreicht.

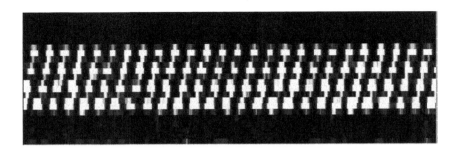

Abbildung 172: Sonogramm eines CLOVER Signals

CLOVER benutzt eine Reed-Solomon Fehlerkorrektur, welche dem Empfänger erlaubt eine bestimmte Anzahl von Fehlern ohne eine Wiederholung der Aussendung zu korrigieren.
Dadurch ist ein kontinuierlicher, fehlerfreier Datenfluss gewährleistet. CLOVER verfügt über eine Fehlerkorrekturprotokol und darüber hinaus, wie bei PACKET RADIO, einen CRC (Cyclic Redundancy Check Sum) welches besonders unter sehr schlechten Bedingungen benutzt wird, wenn die Fehlerrate die Kapazität der Reed-Solomon Fehlerkorrektur übersteigt.

CLOVER ARQ ist außerdem adaptiv. Als ein Ergebnis der DSP-Berechnungen, die nötig sind um Mehrfach- PSK und -ASK zu erkennen, hat ein CLOVER Empfänger bereits alle Informationen, um das Signal/Rauschverhältnis, Phasenverschiebungen und Zeitverzögerungen des empfangenen Signals zu bestimmen.
CLOVER hat 8 verschiedene Modulationsmodi, 4 verschiedene Fehlerkorrekturmöglichkeiten und 4 verschiedene Datenblocklängen. Dieses entspricht 128 verschiedenen Modulations- / Fehlerkorrektur- / Blockkombinationen.

Aufgrund der Echtzeitsignalanalyse kann ein CLOVER - Empfänger jederzeit der Gegenstation eine Änderung der Modi signalisieren, um so die Übertragungsgeschwindigkeit den aktuellen Ausbreitungsbedingungen anzupassen.
Bei guten Bedingungen wird der Datendurchsatz erhöht, bei schlechten verkleinert.
Unter normalen Bedingungen erreicht CLOVER aber immer noch eine Datenrate, die zehnmal höher als die von AMTOR oder PACKET RADIO ist.

65.   Clover II

Die CLOVER-II Modulation verwendet vier Träger mit einem Abstand von 125 Hz. Es gibt vier vordefinierte Tonkombinationen, die alle eine Bandbreite von 500 Hz haben. Die Tonverteilungen sind in der folgenden Tabelle zusammengefasst. Der voreingestellte Kanal ist Nr. 4 mit einer Mittenfrequenz von 2250 Hz.

Frequenz	Kanal 1	Kanal 2	Kanal 3	Kanal 4
Mittenfrequenz	750.0 Hz	1250.0 Hz	1750.0 Hz	2250.0 Hz
Ton F1	562.5 Hz	1062.5 Hz	1562.5 Hz	2062.5 Hz
Ton F2	687.5 Hz	1187.5 Hz	1687.5 Hz	2187.5 Hz
Ton F3	812.5 Hz	1312.5 Hz	1812.5 Hz	2312.5 Hz
Ton F4	937.5 Hz	1437.5 Hz	1937.5 Hz	2437.5 Hz

Tabelle 30: CLOVER-II Tonfrequenzen

Die vier Töne werden im Abstand von 8 ms gesendet. (8 ms zwischen Ton 1 und 2, 8 ms zwischen Ton 2 und 3, usw.). Eine komplette Tonsequenze wird alle 32 ms wiederholt; z.B. 32 ms vergehen zwischen dem 1. Und 2. Auftreten von Ton Nr.1. Die vier Tonkombinatioen formen dann die Gesamttonsequenz.

Mode	Beschreibung	Datenrate	Verwendet für
16P4A	16 Phase, 4-Amplitude Modulation	750 bps	ARQ & FEC
8P2A	8 Phase, 2-Amplitude Modulation	500 bps	ARQ & FEC
8PSM	8-level Phase Shift Modulation	375 bps	ARQ & FEC
QPSM	4-level Phase Shift Modulation	250 bps	ARQ & FEC
BPSM	Binary Phase Shift Modulation	125 bps	ARQ & FEC
2DPSM	2-Kanal Diversity BPSM	62.5 bps	FEC

Tabelle 31: CLOVER-II Modulationsarten

Die Symbolrate von CLOVER-II ist immer 31,25 Bd. Dieses gilt für alle Modulationen und Fehlerkorrektureinstellungen sowie FEC oder ARQ von CLOVER. Die Datenrate ändert sich bei CLOVER-II gemäß obiger Tabelle der verwendeten Modulation.

CLOVER-II verwendet eine Forward Error Correction (FEC) die der Empfangsstation eine Fehlerkorrektur ermöglicht, ohne eine Aussendung erneut anzufordern.
Reed-Solomon FEC wird für alle CLOVER-Modes verwendet. Hierbei handelt es sich um einen byte- und blockorientierten Code. Fehler werden in jedem Datenbyte von 8 Bit und nicht auf ein Bit bezogen festgestellt.

CLOVER-II sendet seine Daten in festen Blocklängen von 17 Bytes, 51 Bytes, 85 Bytes, oder 255 Bytes. Eine Fehlerkorrektur auf der Empfängerseite wird sogenannte Überprüfungs-Bytes festgestellt, die in jeden Block auf der Senderseite eingefügt werden. Der Empfänger kann mit Hilfe dieser Bytes Fehler bei gestörter Übertragung korrigieren.

Allerdings ist die Anzahl der Fehler, die korrigiert werden können, begrenzt und hängen von der Anzahl von Überprüfungsbytes ab. Diese Bytes sorgen für einen sogenannten Overhead, der Hinzufügen die Effektivität und damit den Datendurchsatz des Verfahrens verringern. CLOVER-II verfügt über vier Effektivitätsstufen: 60%, 75%, 90%, und 100%. Hierbei handelt sich um das Verhältnis von echten übertragenen Daten vom gesamten Datenumfang, der gesendet wurde. 60% Effektivität korrigiert die meisten Fehler, hat aber den geringsten Datendurchsatz. 100% schaltet Reed-Solomon Encoder aus und hat den höchsten Datendurchsatz, korrigiert aber keine Fehler.

66.   Clover 2000

CLOVER-2000 ist eine digitale Modulation und Protokoll um Daten mit der höchstmöglichen Datenrate über Kurzwelle zu übertragen. CLOVER-2000 verwendet eine adaptive ARQ, um die Modulation an gemessene Ausbreitungsbedingungen anzupassen. Alle Daten verwenden eine Reed Solomon Fehlerkorrektur. Ein FEC-Modus ist möglich, wird aber nicht verwendet.

CLOVER-2000 kann unkomprimierte Daten bis zu 2000 Bps übertragen; die Bandbreite istauf 2000 Hz beschränkt (500 bis 2500 Hz). CLOVER-2000 überträgt fehlerkorrigierte Daten über einen Standard-SSB-Kanal mit einer Geschwindigkeit von bis zu 210 Byte pro Sekunde - über 1600 Bps, inklusive dem Overhead. Die maximale Eingangsdatenrate für CLOVER's kann bis zu 3000 Bps betragen.

Der Kanalabstand bei CLOVER beträgt 250 Hz zwischen den Tönen. Die verwendeten Tonfrequenzen sind: 625 Hz, 875 Hz, 1125 Hz, 1375 Hz, 1625 Hz, 1875 Hz, 2125 Hz und 2375 Hz.

Der ARQ-Modus verwendet fünf Modulationsarten:

1.   BPSM (Binary Phase Shift Modulation)
2.   QPSM (Quadrature PSM)
3.   8PSM (8-level PSM)
4.   8P2A (8PSM + 2-levelAmplitude Shift Modulation)
5.   16P4A (16 PSM plus 4 ASM).

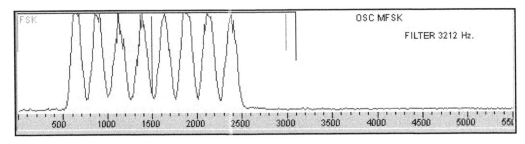

Abbildung 173: Spektrum von CLOVER im 8P2A-Mode

Der maximale Datendurchsatz variiert von 35 Bytes pro Sekunde im BPSM-Mode bis zu 210 Bytes pro Sekunde im 16P4A-Mode. BPSM hat seine Vorteile bei schwachen und gestörten Signalen, während 16P4A sehr starke Signale erfordert.

Der CLOVER-Empfangsdemodulator misst und speichert das Signal-/Rauschverhältnis (SNR), die Phasenabweichung (PHS) und die Anzahl der Fehlerkorrekturen (ECC) für jeden empfangenen Datenblock.
Diese Informationen werden dann mit den Werten für jede Modulation verglichen und der beste Übertragungsmodus für die momentane Übertragungsqualität eingestellt. Diese Messungen und Entscheidungen werden alle 5,5 S durchgeführt.

CLOVER-2000 verwendet ein 2-Ebenen ARQ-Protokoll. Es sendet Systeminformationen im Clover Control Block (CCB) im robusten Modus und Daten in 256 Byte Datenblöcken in einem Modus, der zu den Übertragungsbedingungen passt.

Fehlerkorrektur

CLOVER-2000 verwendet für alle gesendete Daten eine Fehlerkorrektur. Es wird eine Reed-Solomon Kodierung verwendet, da diese besonders Burstfehler, die typisch für den Kurzwellenbereich sind, korrigieren kann. Der Reed-Solomon Code verfügt über eine echte Fehlerkorrektur ohne Daten erneut anzufordern. CCIR-476/625 (SITOR) und andere häufig genutzte Übertragungsverfahren erfordern zur Fehlerkorrektur eine oder mehrere Wiederholungen der Datenblöcke. CLOVER fordert nur eine erneute Übertragung, wenn die Möglichkeiten zur Fehlerkorrektur vom Reed-Solomon überschritten werden.

Alle über CLOVER-2000 gesendeten Datenbytes sind als 8-Bit-Worte kodiert und die Fehlerkorrektur und verwendete Modulation sind für den Datenstrom transparent. Jedes Quell-Datenbit wird ohne Veränderung an das Empfangsterminal geliefert. Es werde von CLOVER-2000 keine Kontrollzeichen oder spezielle Escape-Sequenzen verwendet.
Die Reed-Solomon Fehlerkorrektur baasiert auf GF (2e8); Blockgrößen sind 17, 51, 85, und 255 Bytes; Koderaten sind 60%, 75%, und 90%.

Selective ARQ Repeat

Im Gegensatz zu anderen Übertragungsverfahren oder ARQ Protokollen wiederholt CLOVER-2000 keine Daten, die korrekt übertragen wurden. CLOVER-2000 speichert alle empfangenen Daten zwischen und wiederholt nur die Daten, die nicht durch Reed-Solomon korrigiert werden können.
Wenn z.B. die Blöcke 1,3,4, und 6 korrekt empfangen wurden, wird eine wiederholungsanfrage nur für die Blöcke 2 und 5 gestellt, während Block 3, 4, und 6 gespeichert werden, bis 2 und 5 ebenfalls korrekt empfangen wurden.

Der CLOVER ARQ Zeitrahmen wird automatisch an die Menge der zu übertragenen Daten in eine oder beide Richtungen angepasst. Wenn eine Verbindung hergestellt wird, tauschen beide Seiten ARQ Datenlinkinformationen mit Hilfe von 6 Bytes des Clover Control Block (CCB) im BPSM-Mode aus. Wenn eine Station eine große Datenmenge im Speicher hat und bereit zum Senden ist, schaltet das Protokoll auf einen erweiterten Zeitrahmen, sodass ein oder mehrere 255 Byteblöcke übertragen werden können. Hat die andere Station ebenfalls eine große Datenmenge zu übertragen, so wird ihr Zeitrahmen ebenfalls erweitert.

Signalformat

Es werden Datenrahmen von 16 ms Länge in 8 Dolph-Chebychev-Blöcken verschachtelt in Zeit und Frequenz übertragen. Das Frequenzspektrum hat eine -50dB Bandbreite von 2000 Hz und eine Mittenfrequenz von 1500 Hz.

Modulation

Modulation	Modulation	Brutto Datenrate in Bps
BPSM 2 phase	BPSK	500
QPSM 4 phase	QPSK	1000
8PSM 8 phase	8PSK	1500
8P2A 8 phase, 2 amplitude	10QAM	2000
16P4A 16 phase, 4 amplitude	20QAM	3000

Tabelle 32: Clover 2000 Modulation

Übertragungsmodi

Es wird eine manuelle ARQ und eine automatische adaptive ARQ verwendet. Der manuelle ARQ-Mode verbindet zwei Stationen miteinander; der adaptive ARQ-Mode misst das empfangene S/N, die Phasenabweichung und die Anzahl der korrigierten Fehler. Die beste Modulation unter den aktuellen Bedingungen wind dann für das nächste ARQ-Datenpaket eingestellt. ARQ-Modes sin bidirektional. Daten können in beide Richtungen ohne ein Übergabekommando übertragen werden. Die ARQ-Voreinstellung erlaubt drei Fehlerkorrekturen: Robust = 60%, Normal = 75%, Schnell = 90%.

Datendurchsatz (Bps)

Modulation	Robust	Normal	Schnell
BPSM	28	35	42
QPSM	55	69	83
8PSM	83	104	125
8P2A	110	138	166
16P4A	165	207	249

Tabelle 33: Clover 2000 Modulationen und ihre Datenraten

67. Clover 2500

CLOWER 2500 ist eine Weiterentwicklung von der HAL Communications Corp. Die CLOVER 2500 Modulation verwendet acht Tonpulse, die Mehrfache von 78,125 Hz sind. Die Mittenfrequenz leigt auf 1562.50 Hz. Die Gesamtbandbreite von CLOVER 2500 beträgt 2500 Hz.

CLOVER 2500 verwendet in jedem Kanal eine Symbolrate von 78,125 Bd. Die einzelne Träger werden in einem zeitlichen Abstand zueinandner gesendet. Jeder Ton, beinnend mit dem ersten der acht Töne, hat zum nächsten Ton eine Verzögerung von 1.6 ms sodass die Aussendung von 8 Tönen 12,8 ms dauert.

CLOVER 2500 verwendet verschiedene Blocklängen von 17, 51, 85 oder 255 Bytes. Zusammen mit drei verschiedenen Reed-Solomon Codereinstellungen von 60%, 75% und 90% würde das 72 verschiedene Modi ergeben.
Das Modem kann mit einer adaptiven ARQ oder im Rundstrahlmodus FEC arbeiten.

Die folgende Tabelle zeigt die Tonverteilung von CLOVER 2500:

Ton-nummer	Tonfrequenz
1	468,75 Hz
2	1718,75 Hz
3	781,25 Hz
4	2031,25 Hz
5	1093,75 Hz
6	2343,75 Hz
7	1406,25 Hz
8	2656,25 Hz

Tabelle 34: CLOVER 2500 Tonfrequenzen

Clover 2500 kann die folgenden Modulationen verwenden:

Modulation	Modulation	Beschreibung	Bitrate in Bps	Mode
16P4A	20QAM	16 Phase, 4-Amplitude Modulation	3750	ARQ & Bdcst
8P2A	10QAM	8 Phase, 2-Amplitude Modulation	2500	ARQ & Bdcst
8PSM	8PSK	8-level Phase Shift Modulation	1875	ARQ & Bdcst
QPSM	QPSK	4-level Phase Shift Modulation	1250	ARQ & Bdcst
BPSM	BPSK	Binary Phase Shift Modulation	625	ARQ & Bdcst
2DPSM	2DBPSK	2-Channel Diversity BPSM	312.5	Broadcast only

Tabelle 35: CLOVER 2500 Modulation

68. Coachwhip

Boeing US und SiCom haben ein Verfahren zur Breitbandkommunikation auf Kurzwelle entwickelt. Es verwendet ein Direct Sequence Spread Spectrum (DSSS), um Daten innerhalb eines 6 MHz-Bandes über Kurzwelle zu übertragen.
Coachwhip kann bis zu 937,5 kbps über Kurzwelle übertragen. Diese Geschwindigkeit ist für die Übertragung von Videos geeignet.

Das Übertragungsverfahren DSSS ist hierbei nicht die eigentliche Herausforderung, sondern die Effekte, die die Ausbreitungsbedingungen auf Kurzwelle wie Mehrwege-ausbreitung oder Fading bei einem DSSS-Signal hervorrufen. Coachwhip benötigt eine sehr hohe Rechenleistung, die durch ASICS realisiert wurde, um diese Effekte aus dem Signal zu entfernen.

Allerdings gibt es mit Coachwhip ein Problem: um Störungen bei anderen Nutzern auf Kurzwelle zu vermeiden, wurde es in den USA nur für eine Bandbreite von 3 kHz freigegeben.

69. CODAN

CODAN 3012, CODAN 9001/9002

Dieses Modem verwendet 16 Träger, die QPSK-moduliert sind. Der Frequenzbereich reicht von 656,25 Hz bis 2343,75 Hz mit einem Tonabstand von 112,5 Hz und und kann 2400 Bps übertragen. Jeder Ton ist mit 75 Bd QPSK-moduliert.

Das Modem arbeitet vollautomatisch und verfügt über Datenkompression und selektives Rufen. Für den Linkaufbau wird ein 80 Bd Chirp verwendet. Der unkomprimierte Datendurchsatz beträgt 1475 Bps; mit Kompression sind 6000 Bps möglich.

Dieses Modem wird häufig in mobilen Funknetzen eingesetzt.

Ton	Frequenz in Hz	Ton	Frequenz in Hz
1	656,25	9	1556,25
2	768,75	10	1668,75
3	881,25	11	1781,25
4	993,75	12	1893,75
5	1106,25	13	2006,25
6	1218,75	14	2118,75
7	1331,25	15	2231,25
8	1443,75	16	2343,75

Tabelle 36: CODAN Tonfrequenzen

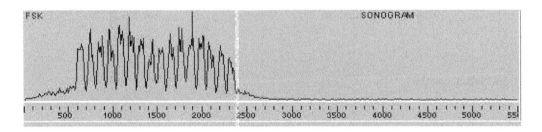

Abbildung 174: Spektrum von CODAN 16 Kanäle

CODAN verwendet verschiedene Übertragungsmodi, deren interne Struktur sich unterscheiden:

206

- Nicht verschlüsselt: nicht komprimiert
- Verschlüsselt: komprimiert / nicht komprimiert
- Rundstrahlmodus
- Chat-Modus

Für eine Fehlerkorrektur wird eine ARQ verwendet.

Neben dem 16-Kanalverfahren enthält das CODAN-Modem noch drei andere Verfahren, die allerdings sehr selten gehört werden.

CODAN 4 Kanäle

Das erste Verfahren verwendet vier Träger, die alle mit einer Symbolrate von 75 Bd moduliert sind. Dieses Verfahren wird in der folgenden Darstellung gezeigt:

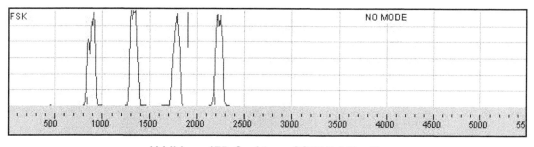

Abbildung 175: Spektrum CODAN 4 Kanäle

Der Tonabstand beträgt 450 Hz. Für eine Mittenfrequenz von 1500 Hz werden die Tonfrequenzen 825 Hz, 1275 Hz, 1725 Hz und 2175 Hz verwendet.

CODAN 8 Kanäle

Das zweite Verfahren verwendet acht Träger, die mit einer Symbolrate von 75 Bd moduliert sind.

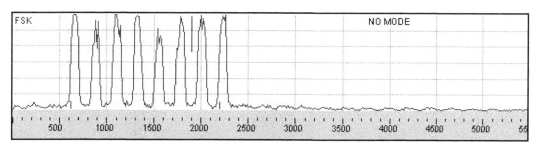

Abbildung 176: Spektrum CODAN 8 Kanäle

Der Tonabstand beträgt 225 Hz. Für eine Mittenfrequenz von 1500 Hz werden die Tonfrequenzen 600 Hz, 825 Hz, 1050 Hz, 1275 Hz, 1500 Hz, 1725 Hz, 1950 Hz und 2175 Hz.

CODAN 12 Kanäle

Das dritte Verfahren verwendet 12 Kanäle in 4 Gruppen zu je drei Trägern. Jeder Träger ist mit einer Symbolrate von 75 Bd moduliert.

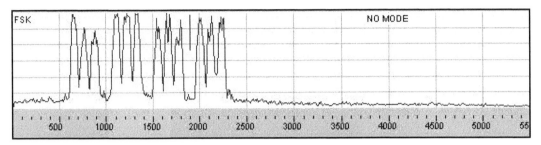

Abbildung 177: Spektrum CODAN 12 Kanäle

Der Tonabstand in jeder Gruppe beträgt 112,5 Hz. Die Gruppen haen einen Abstand von 450 Hz zwischen den Mittenfrequenzen der Gruppen. Der Abstand zwischen den Gruppen beträgt 225 Hz. Für eine Mittenfrequenz von 1500 Hz werden folgende Tonfrequenzen verwendet:

Gruppe	Erster Ton	Zweiter Ton	Dritter Ton
1	712,5 Hz	825 Hz	937,5 Hz
2	1162,5 Hz	1275 Hz	1387,5 Hz
3	1612,5 Hz	1725 Hz	1837,5 Hz
4	2062,5 Hz	2175 Hz	2287,5 Hz

Tabelle 37: Tonfrequenzen für CODAN 12 Kanäle

70. CODAN Chirp Modus

CODAN-Sender können für einen Verbindungsaufbau einen 80 Bd CHIRP verwenden. Die Symbolrate beträgt 80 Symbole/s wenn 1 Bit pro Symbol übertragen wird. Ein Symbol dauert 12,5 ms, wodurch Mehrwegeausbreitung im HF-Bereich mit einer Dauer von bis zu 4 s keinen Einfluss haben. Es wird
Binary Phase Shift Keying (BPSK) verwendet. Der Chirp enthält die Identifikation für die angesprochene und sendende Station.

Eine Aussendung zwischen zwei Stationen beginnt mit dem Linkaufbau (LE) im Chirp-Modus. Das LE Protokoll verarbeitet die Initiierung und beobachtet die LE-Sequenzdaten. Eine LE-Sequenz besteht aus einer "to" Stationsadresse, einer "from" Stationsadresse und optionalen Kommandos.

Die LE-Sequenz basiert auf den U.S. Federal Standard 1045 (auch als ALE oder Automatic Link Establishment bekannt) da es lange Adressen und Kommandowiederholungen für eine größere Redundanz erlaubt.
In dieser Phase tauschen die beiden Stationen Identifikationsinformationen aus, ermitteln die Frequenzabweichung und legen die Modulation für den Hochgeschwindigkeitsmodus fest.

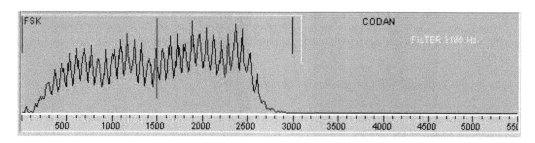

Abbildung 178: Spektrum vom CODAN Chirp

71. CODAN Selektivrufverfahren

CCIR / ITU-R 493-4 kompatibel, CODAN 8580

Das CODAN Selektivrufverfahren verwendet eine FSK mit 100 Bd und einer Shift von 170 Hz. Die Aussendung beginnt mit einer 0/1-Folge gefolgt von einer Synchronisationssequenz. Nach dieser Sequenz wird der Datenblock gesendet, in dem jedes Zeichen aus 7 Datenbits und 3 Paritätsbits besteht.

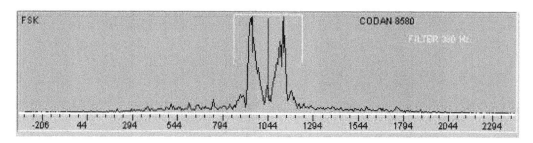

Abbildung 179: Spektrum vom CODAN Selektivrufverfahren

Contestia wurde direkt aus Olivia durch Nick Fedoseev (UT2UZ) entwickelt, verwendet aber einen anderen Kompromiss zwischen Geschwindigkeit und Fehleranfälligkeit. Contestia verwendet eine Blocklänge (Symbole) von 32 und eine Scrambling Pseudozufallssequenz von 0xEDB88320. Die Anzahl der Scramblingverschiebung ist 5 (Sequence right rotation). Es sind 40 verschiedene Sub-Modi möglich.

Die folgende Tabelle zeigt die am häufigsten genutzten Modi:

Modus	Anzahl der Töne	Bandbreite in Hz	Baudrate in Bd	Geschwindig-keit in WPM	Niedrigstes S/N in dB
8-250	8	250	31.25	29.2	-13
16-500	16	500	31.25	39.0	-12
32-1K	32	1000	31.25	31.25	-12
8-500	8	500	62.5	58.6	-10
16-1K	16	1000	62.5	78.2	-9
4-500	4	500	125	78.2	-8
4-250	4	250	62.5	39.1	-10
8-1K	8	1000	125	117	-5

Tabelle 38: Häufig verwendete Modi von Contestia

Die folgenden Abbildungen zeigen einige der Contestia-Modi.

Contestia 4-250 Modus:

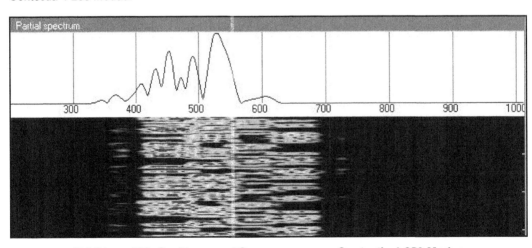

Abbildung 180: Spektrum und Sonogramm vom Contestia 4-250 Modus

Contestia 8-1000 Modus:

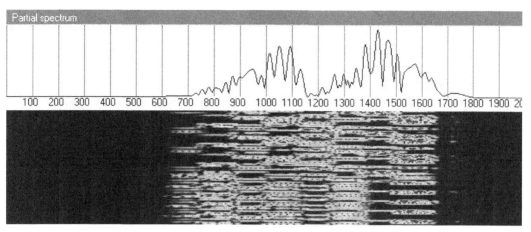

Abbildung 181:: Spektrum und Sonogramm vom Contestia 8-1000 Modus

Contestia 32-1000 Modus:

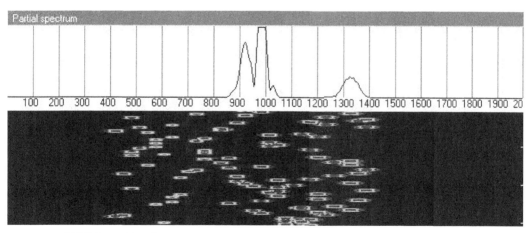

Abbildung 182: Spektrum und Sonogramm vom Contestia 32-1000 Modus

73. Coquelet 8

COQUELET 8 ist ein französisches System, das darauf basiert, jeweils zwei Audiotöne aus einer Anzahl von 8 Tönen in Sequenz für jedes Zeichen zu senden.
Leerlaufsequenzen tasten zwischen den Tönen 4 und 5 um. Die Töne 1 bis 4 der Gruppe I haben einen Abstand von 30 Hz, ebenso die Töne 5 bis 8 der Gruppe II.

Die verwendeten Töne haben einen Abstand von 27 Hz für das 13,3 Bd System und 26,7 Hz für das 26,67 Bd System. Beide Systeme verwenden zwei Tongruppen.

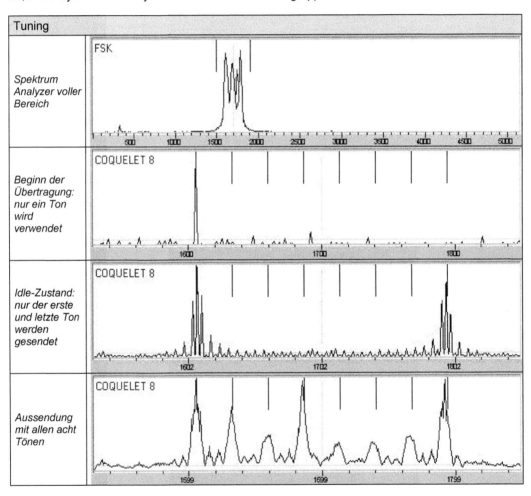

Abbildung 183: Beispiele für Coquelet-8

Tonzuweisung

Gruppe 1								Gruppe 2			
1	2	3	4	5	6	7	8	9	10	11	12
773	800	826	853	880	907	933	960	880	907	933	960

Tabelle 39: Coquelet Tonfrequenzen

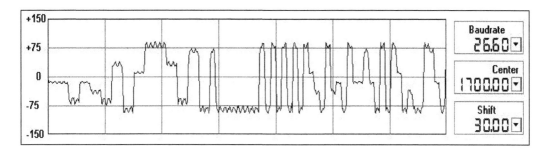

Abbildung 184: MFSK Coquelet-8 Signal

74. Coquelet 8 FEC

Coquelet 80

Coquelet 8 FEC ist ein sychrones System mit Fehlerkorrektur Wie beim Standard Coquelet 8 verwendet das System jeweils zwei Töne aus zwei Tongruppen. Allerdings weichen die verwendeten Tonfrequenzen ab.
Eine FEC wird durch das doppelte Aussenden der Zeichen erreicht, wobei zwischen der Wiederholung eine bestimmte Zeit liegt. Ausserdem hat das Zweite Zeichen durch mathematische Berechnungen ein anderes Format.

Tonzuweisung:

Gruppe 1								Gruppe 2				
1	2	3	4	5	6	7	8	1	5	6	7	8
773	800	827	853	880	907	935	960	773	880	907	935	960

Tabelle 40: Coquelet 8 FEC Tonfrequenzen

75. Coquelet 100

Dieses sehr robuste Verfahren verwendet 8 Töne, die mit 16,7 und 100 Bd moduliert sind. Der Tonabstand beträgt 100 Hz.

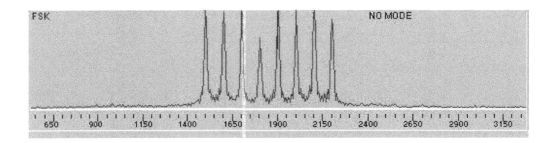

Abbildung 185: Spektrum von Coquelet 100 mit 16.7 Bd

76. Coquelet 13

COQUELET 13 ist ein französisches System, das 2 Audiotöne, jeweils 75 ms lang, aus 12 Tönen für jedes Zeichen sendet. Ton 0 wird bei Leerlaufsequenzen gesendet. Dieser Ton 0 liegt zwischen den Tönen 8 und 9. Dieses macht es sehr leicht, den Empfänger auf die richtige Frequenz einzustellen, wenn im Leerlauf gesendet wird. Die verwendete Baudrate ist 13,33 Bd.

Die benutzten Töne 1 bis 8 mit einem Abstand von 30 Hz gehören zur Gruppe I und die Töne 9 bis 13, ebenfalls mit 30 Hz Abstand, gehören zur Gruppe II.

COQUELET benutzt das ITA-2 Alphabet. Dieses wird nach folgender Tabelle in die jeweils richtigen Töne umgesetzt :

Tonnummer	Frequenz in Hz	Bit 1	Bit 2	Bit 3	Bit 4	Bit 5
1	812			1	1	1
2	842				1	1
3	872					1
4	902			1		
5	932			1		1
6	962			1	1	
7	992				1	
8	1022					

214

Tonnummer	Frequenz in Hz	Bit 1	Bit 2	Bit 3	Bit 4	Bit 5
0 (IdleTon)	1052					
9	1082	1	1			
10	1112	1				
11	1142		1			
12	1172					

Tabelle 41: Frequenzen Coquelet

Die zwei Töne werden aus jeder Frequenzgruppe für das zu übertragende Zeichen ausgewählt.

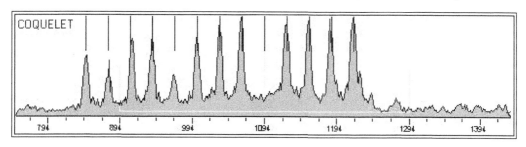

Abbildung 186: Spektrum von Coquelet 13

77. CROWD 36

CIS-36, Russian Piccolo, URS Multitone, CIS 10 11 11

Hierbei handelt es sich um ein russisches duplex MFSK-System, dass üblicherweise auf 2 Frequenzen arbeitet. Es kann allerdings auch im Simplex-Mode auf einer Frequenz eingesetzt werden. Es verwendet 36 Töne und soll auf das britische Piccolo basieren.

Die Übertragungsrate ist 40 Bd wobei ein Tine eine Länge von 25 ms hat. Im Chat-Modus wird eine Datenrate von 10 Bd verwendet. Hier ist die Tonlänge dann 100 ms. Der Tonabstand beträgt 40 Hz. CROWD36 verwendet zur Übertragung von Daten und Text 32 Töne in Blöcken zu jeweils 10,11,11 Tongruppen. Jeder der 32 Töne repräsentiert ein ITA2-Zeichen. Ein Abstand von 80 Hz zwischen den Blöcken wird durch die geringe Verwendung Töne 1, 12, 24 und 36 sichtbar.
Hauptsächliche Anwender sind der diplomatische Dienst.

Idle-Ton its der Ton 24. Für eine Verschlüsselung kann ein Schieberegister verwendet werden. CROWD 36 sendet Blöcke von zehn Datenblöcken sowie einen zusätzlichen Paritätsblock aus. Jeder Datenblock enthält fünf Zeichen mit einem Zeichen für Parity. Wenn ein Fehler in der Übermittlung auftritt, fordert die empfangene Station eine Blockwiederholung durch eine NAK anstelle des ACK für den letzten korrekt empfangenen Block an.
Das Verfahren arbeitet duplex mit automatischer Anforderung von fehlerhaft übertragenen Zeichen auf zwei Frequenzen.

Für die Steuerung der Verkehrsabwicklung werden folgende Gruppen verwendet:

VDAE	
VDBA	Übergang in den Chat-Modus
VDBE	Start des Textes
VDBG	
VDCB	
VDCE	Resynchronisation?
VDEA	Übertragungsende
VDFB	Unterbrechung
VDEA	Ende der Übermittlung

Tabelle 42: Crowd 36 Kontrolsequenzen

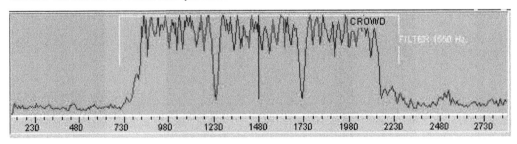

Abbildung 187: Spektrum von CROWD 36

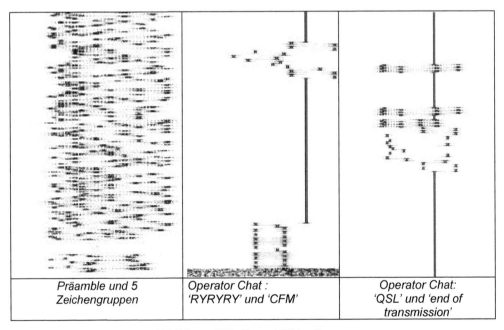

Präamble und 5 Zeichengruppen	Operator Chat : 'RYRYRY' und 'CFM'	Operator Chat: 'QSL' und 'end of transmission'

Abbildung 188: Crowd 36 im Sonogramm

216

78. CROWD 36 Selektives Rufen

Dieser Modus wird verwendet, um außerhalb der festgelegten Zeiten eine Station zu rufen.

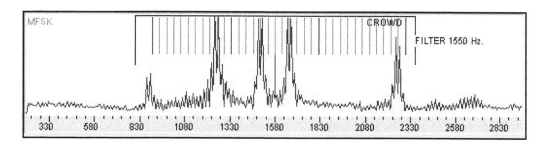

Abbildung 189: Spektrum CROWD 36 selektives Rufen

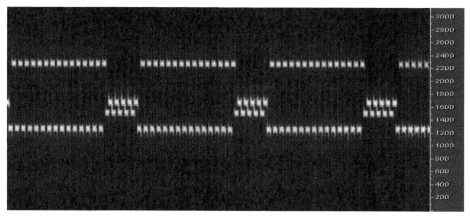

Abbildung 190: Sonogramm CROWD 36 selektives Rufen

79. CW

Morse

Die älteste Datenübertragung, die immer noch von Funkamateuren, der Marine ode rim militärischen Bereich gehört wird.

Das Standard-Morsealphabet wir in der folgenden Tabelle gezeigt:

A	.-	N	-.	1	.----	.	.-.-.-
B	-...	O	---	2	..---	,	--..--
C	-.-.	P	.--.	3	...--	?	..--..
D	-..	Q	--.-	4	....-	(	-.--.
E	.	R	.-.	5	.....	)	-.--.-
F	..-.	S	...	6	-....	-	-....-
G	--.	T	-	7	--...	"	.-..-.
H	....	U	..-	8	---..	_	..--.-
I	..	V	...-	9	----.	‾	.-----.
J	.---	W	.--	0	-----	:	---...
K	-.-	X	-..-	/	-..-.	;	-.-.-.
L	.-..	Y	-.--	+	.-.-.	$	...-..-
M	--	Z	--..	=	-...-		

Tabelle 43: Morsealphabet

80. CW-F1B

FSK Morse, Morse F1B

In diesem speziellem Modus einer Standard-FSK werden die Morsezeichen durch Umtastung zwischen den beiden Frequenzen übertragen.

81. D AF VFT

Diese VFT mit drei Kanälen wird durch die deutsche Luftwaffe verwendet. Es werden drei Kanäle mit 144 Bd oder 192 Bd und 340 Hz Shift gesendet. Der Abstand zwischen den Kanälen beträgt 680 Hz. Dieses Übertragungsverfahren wird oft im Zusammenhang mit der Kommuikations-ausbildung gehört.

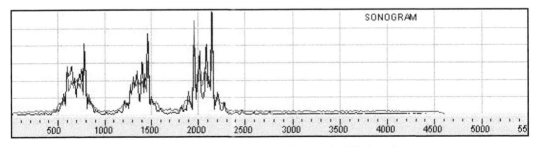

Abbildung 191: Spektrum of a D AF VFT signal

82. DGPS

Differential Global Positioning System

DGPS-Aussendungen werden im Frequenzbereich von 284,5 KHz bis 325 KHz ausgestrahlt. Dieses Band ist für Funknavigation im Bereich der Marine reserviert. Die Baken senden DGPS-Korrekturinformation auf der Mittenfrequenz aus. Das Verfahren ist eine Minimum Shift Keying (MSK). DGPS-Stations wurden ebenfalls im Frequenzbereich bis 7 MHz beobachtet. Die Baudrate kann 100 Bd oder 200 Bd betragen. Es wurden aber auch Stationen mit 300 Bd und einer Shift von 200 Hz mit unbekannter Herkunft beobachtet.

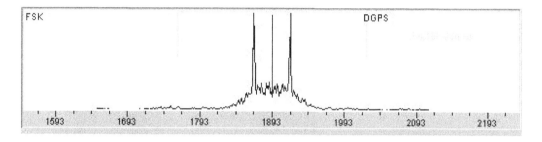

Abbildung 192: Spektrum eines DGPS-Signals mit 100 Bd

Das gesendete Signal enthält DGPS Korrekturinformation und eine Identifikation der aussendenden Station nach dem RTCM SC104 Standard. Die ausgesendeten Datenformate sind vom Typ 3, 5, 6, 7, 9 und 16.
DGPS-Daten werden in Blöcken ausgestrahlt. Die zwei ersten Datenwörter in jedem Block enthalten die Stations-ID, den Nachrichtentyp, eine fortlaufende Nummer und die Zustandsdaten der Satilliten. Der Saus enthält die Auflösung der User Differential Range Error (UDRE). Jedes Datenwort hat eine Länge von 30 Bit mit 24 Bit Daten und 6 Bit Parität.

Parameter	Bits	Beschreibung
Präamble	8	Festes Bitmuster 0110 0110
Nachrichtentyp	6	0 – 63
Stationsnummer	10	0 – 1023
Zähler	13	Zähler von 0 bis 6000 alle 0.6 s
Sequenz	3	Zähler von 0 bis 7
N	5	Anzahl der Datenworte die folgen: 0 - 31
Satellitenstatus ermittelt von der Referenzstation	3	111 = unzuverlässige Ausstrahung 110 = unbeobachte Ausstrahlung 101 = UDRE Scale Factor = 0.10 100 = UDRE Scale Factor = 0.20 011 = UDRE Scale Factor = 0.30 010 = UDRE Scale Factor = 0.50 001 = UDRE Scale Factor = 0.75 000 = UDRE Scale Factor = 1.00
Parität	2 x 6	XOR

Tabelle 44: Datenstruktur DGPS

Sendernummer

Die Sendernummer im ersten Header identifizert die empfangene Station. Es existieren zwei Nummern: 1. GPS Referenzstationsnummer und 2. DGPS Stationnummer.

83. DominoF

DominoF ist ein experimentelles Übertragungsverfahren der Funkamateure mit zwei verschachteltet Tongruppen. Jede Tongruppe hat 16 Töne. DominoF verwendet einen Tonabstand von 10.766 Hz. Die gesamte Bandbreite beträgt 213 Hz.
Eigentlich werden 18 Töne (2 x 9) verwendet, um eine wiederholung zu vermeiden. Jedes Zeichen wird aus 2 Symbolen zu je 3 Bits gebildet. Jedes Symbol wird auf einer anderen Tongruppe übertragen (erstes Symbol auf Tongruppe 1 und danach das zweite Symbol in der Tongruppe 2).
Es gibt insegsamt 62 Zeichen (Kleinbuchstaben, Zahlen und Zeichensetzung), ein Zeihcen für einen Fehlerreset (6 Bit lang) und eien Zechen für Synchronisation.

DOMINO wurde vom Entwickler für eine Familie von IFK kodierten phasenkohärenten MFSK-Signalen gewählt.
Die Tongruppen sind so gewählt, dass Modulationsprodukte duch die Ausbreitung in der Ionosphäre die Töne so verändern, dass eien falscher Ton erkannt wird oder das ein falsches Symbol erkannt wird. Dieses wird durch einen doppelten Abstand bei den Tönen und eine Verschachtelung der Tongruppen erreicht.

84. DominoEX

DominoEX ist ein experimentelles Übertragungsverfahren der Funkamateure das eine MFSK mit 18 Tönen verwendet. Der Tonabstand ist abhängig von Übertragungsdatenrate. Die Paramter sind in folgender Tabelle zusammengefasst:

Mode	Baudrate	WPM	Tonabstand	Gesamte Bandbreite
DominoEX 4	3,90625 Bd	27	7,8125 Hz	140 Hz
DominoEX 7	5,3833 Bd	38	10,766 Hz	194 Hz
DominoEX 8	7,8125 Bd	55	15,625 Hz	281 Hz
DominoEX 11	10,766 Bd	77	10,766 Hz	194 Hz
DominoEX 16	15,625 Bd	110	15,625 Hz	281 Hz
DominoEX 22	21,533 Bd	154	21,533 Hz	388 Hz

Tabelle 45: DominoEX-Modulation

DominoEX verwendet Incremental Frequency Keying (IFK).

Jedes gesendete Zeichen wird aus 1 bis 3 "Nibbles" (Gruppe von 4 Bit) gebildet. Der erste wird als "Initial Nibble" bezeichnet und hat einen Wert zwischen 0 und 7. Die beiden anderen werden als "Continuation Nibbles" bezeichnet und haben einen wert zwischen 0 und 15. Der "Initial Nibble" muss vorhanden sein und ermöglicht das erkennen des Beginns eines Zeichens an den ersten 4 Bit. Die "Continuation Nibbles" sind von den gesendeten Zeichen abhängig. Für eine Nibble wird nu rein Ton verwndet. Für die Bestimmung der Tonnummer wird die folgende Formel verwendet:

* Tonnummer (zwischen 0 und 17) = Vorherige Tonnummer + Daten-Nibble (0 to 15) +2
* Wenn die Tonnummer>=18 dann Tonnummer = Tonnummer -18

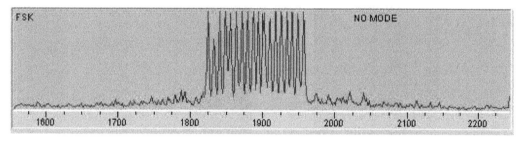

Abbildung 193: Spektrum von DominoEX mit 4 Bd

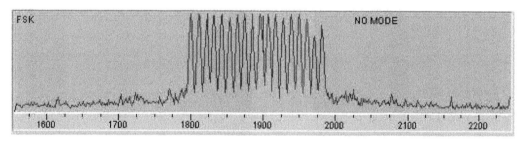

Abbildung 194: Spektrum von DominoEX mit 11 Bd

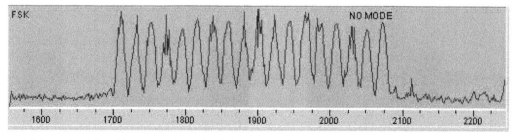

Abbildung 195: Spektrum von DominoEX mit 22 Bd

85. DPRK ARQ 600 Bd

Dieses Fernschreibsystem wird von Nordkorea (Democratic People Republic of Korea (DPRK)) mit 600 Bd und 600 Hz Shift für den diplomatischen Dienst im ARQ Modus verwendet. Die Blocklänge beträgt 217 ms, die Pause 323 ms, sodass die gesamten Blocklänge 540 ms beträgt. Jedes Bit hat eine Länge von 1,67 ms, sodass eine Blockausstrahlung 130 Bit enthält.

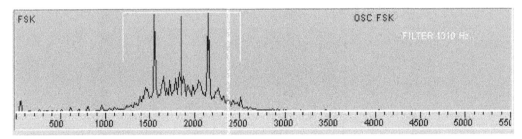

Abbildung 196: Spektrum der DPRK FSK im ARQ-Modus

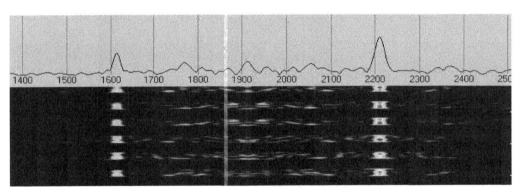

Abbildung 197: Sonogramm der DPRK FSK im ARQ-Modus

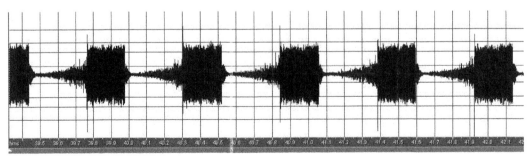

Abbildung 198: Unterschiedliche Sonogrammdarstellung der DPRK FSK im ARQ-Modus

Die folgende Abbildung zeigt die Bitlänge eines Paketes gemessen mit der Autokorrelationsfunktion ACF.

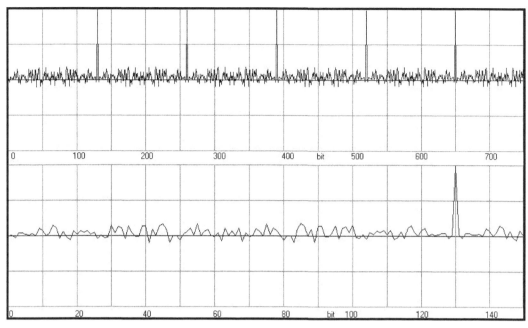

Abbildung 199: ACF der DPRK ARQ mit 600 Bd

86.   DPRK ARQ 1200 Bd

Dieses Übertragungsverfahren ist eine verbesserte Version des DPRK ARQ 600 Bd mit einer Baudrate von 1200 Bd. Es werden die gleichen Mark- und Spacefrequenzen verwendet, 1200 Hz und 1800 Hz bei einer Mittenfrequenz von 1500 Hz sowie der Shift von 600 Hz.
Jedes Datenpaket hat eine Länge von 210 ms und eine Pausenzeit von 290 ms.
Das Burstverhalten und Spektrum ist in der folgenden Abbildung dargestellt.

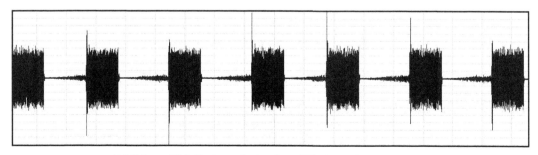

Abbildung 200: Datenpakete einer DPRK ARQ mit 1200 Bd

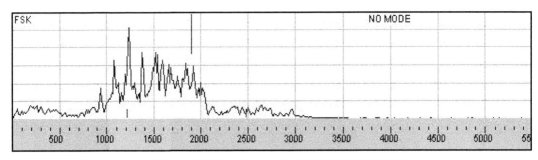

Abbildung 201: Spektrum der DPRK ARQ 1200 Bd

87. DPRK FSK 600 FEC

Dieses Fernschreibverfahren wird von Nordkorea (DPRK) eingesetzt. Es verwendet eine FSK mit 600 Bd und 600 Hz Shift für Übertragungen im diplomatischen Dienst mit einer FEC für Fehlerkorrektur.

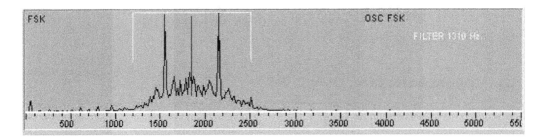

Abbildung 202: Spektrum einer DPRK FSK 600 FEC

88. DPRK BPSK Modem

Dieses BPSK-Modem scheint von Nordkorea verwendet zu werden. Es wird eine BPSK-Modulation mit 150 Bd, 300 Bd, 600 Bd und 1200 Bd verwendet. Die folgenden Abbildungen zeigen die verschiedenen Geschwindigkeiten dieses Verfahren.

DPRK 150 Bd BPSK

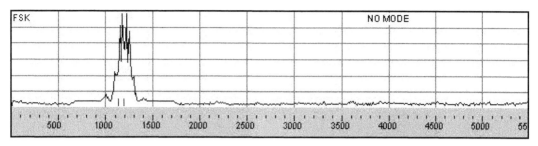

Abbildung 203: Spektrum eines DPRK BPSK Modem mit 150 Bd

DPRK 300 Bd BPSK

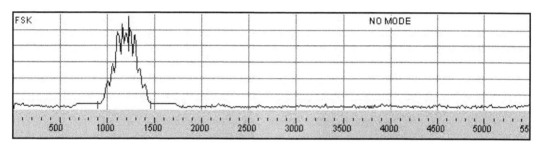

Abbildung 204: Spektrumeines DPRK BPSK Modem mit 300 Bd

DPRK 600 Bd BPSK

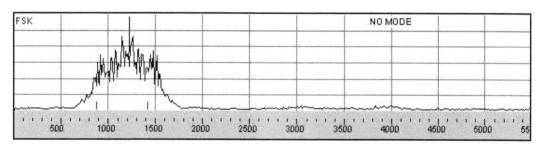

Abbildung 205: Spektrum eines DPRK BPSK Modem mit 600 Bd

DPRK 1200 Bd BPSK

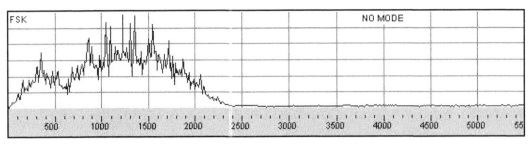

Abbildung 206: Spektrum eines DPRK BPSK Modem mit 1200 Bd

89. DRM

Digital Radio Mondiale

Digital Radio Mondiale verwendet verschiedene Moudulationsarten. Jeder dieser Modulationen erlaubt die Übertragung in verschiedenen Kanälen. Es gibt allerdings Kanalbeschränkungen sowie Beschränkungen durch die Ausbreitungbedingungen. Auch wenn die möglich Bandbreite 9 bis 10 kHz beträgt, so kann DRM auch halbe Kanäle mit einer Bandbreite von 4,5 kHz bis 5 kHz verwenden und ermöglicht so, die gleichzeitige Übertragung von analoger AM und digitaler AM. Ebenso unterstützt DRM auch einen Doppelkanal-Mode mit Bandbreiten von ca. 18 kHz bis 20 kHz. In einem Kanal 9 bis 10 kHz können ca. 20 bis 24 kBps übertragen werden. Im Doppelkanalmode können dies bis zu 72 kBps sein.

Orthogonal Frequency Division Multiplexing (OFDM)

Digital Radio Mondiale verwendet OFDM, indem es die Daten auf vielen schmalen Trägern überträgt. Diese Träger werden dann alle gleichzeitig gesendet.

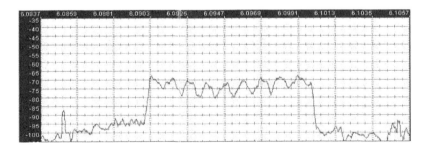

Abbildung 207: Spektrum of DRM-OFDM

DRM verwendet die folgenden OFDM-Parameter:

DRM Mode	T_u [ms]	Trägerabstand [Hz]	T_g [ms]	T_s [ms]	T_g / T_u	Anzahl von Symbolen
A	24.00	41.66	2.66	26.66	1/9	15
B	21.33	46.88	5.33	26.66	1/4	15
C	14.66	68.18	5.33	20.00	4/11	20
D	9.33	107.14	7.33	16.66	11/14	24

T_g Schutzabstand in Sekunden.
T_u Dauer eines OFDM Symbols.

Tabelle 46: DRM OFDM parameter

Die verwendete Anzahl von DRM-Trägern hängt vom Mode und der Kanalbandbreite (9 kHz für Lang- und Mittelwelle, und 10 kHz für Kurzwelle) ab.

DRM Mode	Träger abstand [Hz]	Anzahl Träger 9 kHz	Anzahl Träger 10 kHz	Anzahl Träger 18 kHz	Anzahl Träger 20 kHz
A	41,66	204	228	412	460
B	46,88	182	206	366	410
C	68,18		138		280
D	107,14		88		178

Tabelle 47: DRM OFDM Anzahl der Träger

Eine DRM-Aussendung wird durch drei Kanäle MSC (Main service Channel), SDC (Service Description Channel) und FAC (Fast Access Channel) charakterisiert.

Stream Multiplexer

Die Aufgabe des Multiplexers ist die Generierung des Multiplex-Frame für den MSC, aus den Daten eines oder mehrere logische Ströme. Ein logischer Audio- oder Datenstrom ist dabei aufgeteilt in hoch- und niedriggeschützte Bereiche. Es können nur bis zu vier logische Ströme übertragen werden.

Fast Access Channel (FAC)

Die Aufgabe des FAC ist es, dem Empfänger die notwendigen Daten zur Dekodierung des MSC bzw. SDC bereitzustellen. Kanalbandbreite (Spectrum Occupancy), Sub- und Pilotträgerabstand sowie QAM-Auflösung der Service-Kanäle werden zunächst vom Empfänger benötigt, damit er sich auf das Signal synchronisieren kann und der Inhalt der OFDM-Symbole des SDC und MSC korrekt interpretiert werden können. In den Channel Parameters des FAC werden diese Informationen, im zeitlichen Abstand von 400ms, für den Empfänger bereitgestellt. Einen Überblick über die im Multiplexstrom enthaltenen Services geben die in bestimmter Reihenfolge gesendeten Service Parameters. Mit einer Coderate von 0,6 und einer 4-QAM ist der FAC sehr fehlerrobust. Der kodierte komplexwertige Inhalt wird auf exakt 65 Trägerfrequenzen abgebildet, deren Positionen innerhalb eines Transmission Frame, unabhängig von der Signalbandbreite, genau festgelegt ist. Folglich ist auch die Datenbandbreite des FAC auf genau 72 Bits pro Transmission Frame beschränkt.

Service Description Channel (SDC)

Der SDC beinhaltet die zur Dekodierung des MSC benötigten Informationen, wie z.B. Aufbau des Multiplexstromes, sowie andere Zusatzinformationen. Diese werden in einer sequentiellen Liste so genannter Data-Entities übertragen. Jeder Data-Entity-Typ ist mit einer eindeutigen Nummer gekennzeichnet und besitzt eine fest vorgegebene Struktur. Der SDC verwendet ausschließlich das Standard Mapping mit wahlweise 4 oder 16 QAM und jeweils einer Gesamtcoderate von 0,5. Wie der FAC besitzt der SDC keinen hoch geschützten Datenteil und wird mittels EEP kodiert

Main Service Channel (MSC)

Der MSC als Hauptdatenkanal kodiert die Datenströme des Multiplexers. Als Abbildungsverfahren stehen das bei FAC und SDC angewandte Standard Mapping mit 16- und 64-QAM, als auch Symetrical Hierarchical Mapping sowie Mixed Hierarchical Mapping mit jeweils 64-QAM zur Verfügung. Bei hierarchischer Modulation wird jedes kodierte Bit des hierarchischen Frames innerhalb einer 64 QAM Zelle jeweils auf einen Zellquadranten abgebildet, wodurch der hierarchische Teil mit einer quasi-4-QAM kodiert wird. Zusätzlich können beim MSC, mit Hilfe von UEP, zwei unterschiedlich stark geschützte Datenbereiche (Protection Level high/low) definiert werden, die sich in ihrer Coderate voneinander unterscheiden. Dadurch wird der hochgeschützte Bereich des Multiplex-Frame bei der Faltungskodierung mit mehr Redundanzdaten kodiert (bzw. schwächer punktiert), womit die Bitfehlerwahrscheinlichkeit bei einer gestörten Übertragung im hochgeschützten Datenteil abnimmt. Um Bündelfehlern entgegenzuwirken werden zusätzlich zum Bitinterleaving die QAM-Zellen des MSC vor der Abbildung auf ein Transmission Frame mit wählbarer Verschachtelungstiefe verwürfelt. Im DRM-Standard sind zwei unterschiedliche Verschachtelungsstufen spezifiziert, die kurze Verschachtelung, welche die QAM-Zellen über ein Transmission Frame (400ms) verteilt und die lange Verschachtelung mit einer Verwürflungstiefe von fünf Transmission Frames (2s)

Transmission Frame

Der größte Übertragungsrahmen in einem DRM-System ist der Transmission Super Frame (TSF). Ein TSF besteht dabei aus drei Transmission Frames. Die Übetragungsdauer eines Transmission Frame beträgt 400 ms und demzufolge die Dauer eines TSF 1,2 Sekunden. Ein Transmission Frame setzt sich zusammen aus einer definierten Anzahl von OFDM- Symbolen. Die Anzahl der QAM-Zellen pro OFDM-Symbol ist abhängig von der Anzahl der Trägerfrequenzen und damit sowohl vom Übeertragungsmode als auch von der Bandbreite des OFDM-Signals.

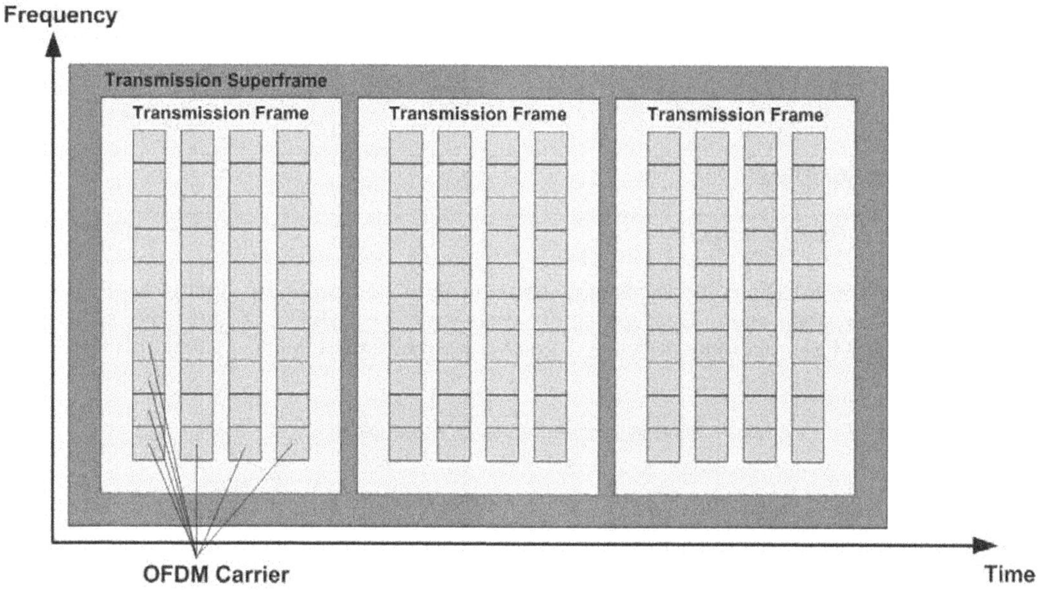

Abbildung 208: Blockbildung OFDM

MPEG-4

MPEG-4 ist ein MPEG-Standard (ISO/IEC-14496), der unter anderem Verfahren zur Video- und Audiodatenkompression beschreibt. Ursprünglich war das Ziel von MPEG-4, Systeme mit geringen Ressourcen oder schmalen Bandbreiten (Mobiltelefon, Video-Telefon, ...) bei relativ geringen Qualitätseinbußen zu unterstützen. Da H.263, ein Standard der ITU zur Videodekodierung und -kompression, die eben erwähnten Voraussetzungen bereits sehr gut verwirklicht hat, wurde er ohne größere Änderungen als Teil 2 in MPEG-4 integriert.
Zusätzlich zur Videodekodierung wurden auch noch einige Audiostandards, wie das bereits in MPEG-2 standardisierte Advanced Audio Coding (AAC) sowie die Unterstützung für Digital Rights Management, welches unter der Bezeichnung IPMP (Intellectual Property Management and Protection) läuft, in den Standard aufgenommen.

Advanced Audio Encoding (AAC)

Advanced Audio Coding (AAC) ist ein von der MPEG-Arbeitsgruppe des ISO, Moving Abbildung Experts Group entwickeltes, verlustbehaftetes Audiodatenkompressionsverfahren, das als Weiterentwicklung von MPEG-2 Multichannel im MPEG-2-Standard spezifiziert wurde.

MPEG CELP
Code Excited Linear Prediction (CELP) ist ein hybrides Verfahren zur Audiodatenkompression, das die Vorteile der Signalformkodierung mittels Vektorquantisierung und der parametrischen Verfahren vereint. Dieses Verfahren ermöglicht eine gute Sprachqualität, die auch bei niedrigen Datenübertragungsraten von 4 bis 16 kbit/s der von Puls-Code-Modulation entspricht. Die Grundlage für die meisten Hybridcodierverfahren ist die Codierung mittels linearer Vorhersage (Linear Predictive Coding, LPC), dessen verbleibendes Restsignal durch „Nachschlagen" (Quantisierung) in

einer Tabelle komprimiert wird. Hier werden 40 Abtastwerte (5-ms-Signal) durch 10 bit (Tabelle mit 1024 Einträgen) abgebildet.

90. DRM – WinDRM

Amateur Digital Radio Mondiale

WinDRM ist eine Entwicklung von Funkamateuren, um Sprache oder Daten über einen SSB-Kanal auf Kurzwelle zu übertragen. Das Verfahren verwendet 51 COFDM Träger, die sich in 48 Datenträger und 3 Referenzträger aufteilen. Es gibt drei verschiedene Modi, die folgende Parameter verwenden:

Modus	Bandbreite 2,3 kHz	Bandbreite 2,5 kHz
A	53	57
B	45	51
E	29	31

Tabelle 48: Anzahl der Träger bei WinDRM

Die Modulation kann als 4QAM, 16QAM oder 64QAM gewählt werden. WinDRM verwendet eine Forward Error Correction (FEC). WinDRM sendet Daten in Blöcken, jeder Block hat eine Länge von 400 ms.

1047 - Robust Mode B 16QAM MSC Normal - Standard – 313 Cps
1395 - Robust Mode A 16QAM MSC Normal – 348 Bps Steigerung

1310 - Robust Mode B 16QAM MSC Niedrig – 263 Bps Steigerung
1745 - Robust Mode A 16QAM MSC Niedrig – 698 Bps Steigerung

1883 - Robust Mode B 64QAM MSC Niedrig – 836 Bps Steigerung
2511 - Robust Mode A 64QAM MSC Niedrig – 1464 Bps Steigerung – 770 Cps

Cps = Zeichen pro Sekunde

Tabelle 49: Datenraten von WinDRM

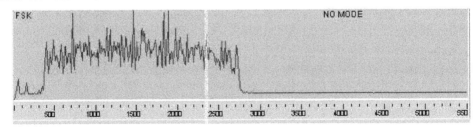

Abbildung 209: Spektrum of WinDRM

230

Mit WinDRM können während einer Sprachübertragung Textnachrichten gesendet warden. Die Datenrate beträgt 80 Bps und wird kontinuierlich übertragen.

91. DUP-ARQ

ARTRAC

DUP-ARQ ist ein synchrones Duplex ARQ Verfahren, das das ITA-2 Alphabet verwendet. Für eine Fehlerkorrektur werden zu jedem Block von 5 Zeichen 7 Paritätsbits addiert. Jede Aussendung besteht aus Blöcken von 32 Bit (5 Zeichen mit 5 Bit + 7 Paritätscheckbits) mit einer Dauer von 256 ms und einer folgenden Pause von 96 ms. Dieses gibt eine Wiederholungsrate von 704 ms.
DUP-ARQ arbeitet mit 125 Bd, was einem realen Datenfluß von 50 Baud entspricht und einer Shift von 170 Hz. Dieses System wurde vom Außenministerium in Ungarn verwendet.

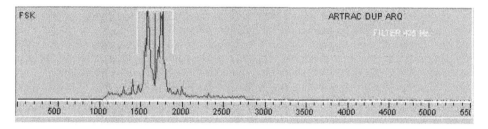

Abbildung 210: Spektrum of DUP ARQ

Jede zu sendende Information während eines Anrufes oder bei der Übermittlung von Daten wird in Blöcke unterteilt. Jeder Block hat eine Länge von 32 Bit und dauert 256 ms. Insgesamt gibt es sieben verschiedene Blöcke:

> **Rufblock**
> **Identifizierungsblock**
> **Antwortblock**
> **Nachrichtenblock**
> **Systemblock**
> **RQ-Block ungerade**
> **RQ-Block gerade**
> **Kanalwechselblock**
> **Unterbrechungsblock**

Während der Übertragung von Informationen werden spezielle Systemmeldungen zwischen den Computern auf beiden Seiten ausgetauscht. Hierbei handelt es sich um folgende Blöcke, die grundsätzlich aus Gruppen zu fünf Buchstaben bestehen :

BEGTX : Start Text / Daten
ENDTX : Ende Text / Daten
VOICE : Druckknopf " Sprache " ist gedrückt
NOVCE : Druckknopf " Sprache " ist nicht gedrückt
TPRNO : Teleprinter aus
TPROL : Teleprinter an
JJJJJ : letzter Block ist gerade

UUUUU : letzter Block ist ungerade

Tabelle 50: Steuerkodes DUP-ARQ

Um anzuzeigen, daß eine Systemmeldung folgt, werden Klammern zu Beginn und am Ende des Blockes übermittelt.

DUP-ARQ arbeitet auf festen Frequenzen in bis zu acht verschiedenen Bändern. Jedes Band hat fünf Kanäle mit einem Kanalabstand von 400 Hz.
Dieses System hat die Möglichkeit eine Verbindung auf der für die Ausbreitung günstigsten Frequenz herzustellen.
Während des Leerlaufes werden alle Kanäle für die besten Ausbreitungsbedingungen gescannt. Das Ergebnis dieser Suchläufe wird im System gespeichert. Dadurch kennt es immer die beste Frequenz für eine Verbindungsaufnahme.

Wenn für einen Anruf alle Frequenzen durchlaufen werden, wird auf jedem Kanal für 330 ms gewartet. Dieser Suchvorgang auf den besten Kanälen entspricht einer Zeitdauer von ca. 2,6 s, wenn alle acht möglichen Frequenzbänder durchlaufen werden.
Während der Interferenzmessungen mißt der Empfänger auf jedem Kanal eines Bandes für 90 ms. Dieses ergibt bei 5 Kanälen eine Zeitdauer von 450 ms und eine Gesamtzeitdauer für alle Kanäle in allen Bändern von 3 s. Diese Zeit entspricht aber genau der Dauer von 12 Rufblöcken.
Wird ein Ruf empfangen, so werden die einlaufenden Daten auf einen SELCALL-Code hin untersucht.

DUP-ARQ mißt immer die Qualität einer Verbindung. Ist die Datenrate auf einer Frequenz zu niedrig, so wird automatisch ein Frequenzwechsel eingeleitet und die zweite Station auf diese neue Frequenz gezogen.
Ein Frequenzwechsel wird durch einen Kanalwechselblock ausgelöst, der anstelle eine RQ-Blocks gesendet wird. Dieser Block enthält unter anderem diejenige Kanalnummer, welche zur Zeit am besten für den Empfang geeignet ist. Vor der Aussendung dieses Blockes werden alle Kanäle in dem jeweiligen Band vermessen. Die Kanalwechselaufforderung wird dann zehnmal ausgesendet. Ist diese nicht erfolgreich folgt ein Unterbrechungsblock. Bei Empfang dieses Blockes wird die Verbindung durch die sendende Station unterbrochen und 30 s gewartet. Nach dieser Pause folgt der nächste Anruf.

DUP-ARQ hat die Möglichkeit von 15625 SELCALL Nummern. Mit Hilfe dieser SELCALL's kann eine Verbindung zu einer angeforderten Station automatisch aufgebaut werden. Dazu wählt das System die beste Frequenz in Abhängigkeit von der Zeit und Ausbreitungsvorhersagen für die zu rufende Station.
Danach wird auf der ersten Frequenz des ausgesuchten Bandes gerufen und, falls eine Verbindung nicht zustande kommt, aller weiteren Kanäle nacheinander probiert. Kommt in einem Band keine Verbindung zustande, wird zu dem nächsten günstigen Band gewechselt.
Ist auf keinem Band eine Verbindung hergestellt worden, bleibt das System stehen und wartet einige Minuten, bevor es den nächsten Versuch unternimmt.

Der Anruf einer Station erfolgt mit einem Rufzeichen - und Identifikationsblock. Der Rufzeichenblock wird zwölfmal und der Identifikationsblock dreimal gesendet. Diesen Blöcken folgt nach einer Pause von einer halben Sekunde ein RQ Block. Wird der Anruf von der gerufenen Station gehört, so antwortet diese mit einem Antwortblock. Die Verbindung ist dann hergestellt, wenn der Antwortblock von der rufenden Station einwandfrei empfangen wurde.
Erhält die rufende Station nach dem zweiten RQ Block keine Antwort, so wechselt sie automatisch die Frequenz wie oben beschrieben.

Wenn die Verbindung aufgebaut ist, können beide Stationen Nachrichten übermitteln. Dazu wird jede Nachricht zu Nachrichtenblöcken zusammengefaßt. Diese Blöcke enthalten ein ungerades Paritätsbyte für den gesamten Block, eine 5 Bit Checksumme nach Hamming, fünf Zeichen nach ITA-2 und ein Bit mit umgekehrter Polarität in der Mitte des Nachrichtenblocks zwischen dem 2 und 3 ITA-2 Zeichen, um eine konstante Polarität zu vermeiden.

Die Empfangsstation überprüft die Checksumme und Parität des empfangenen Block. Wird ein Fehler festgestellt, so sendet sie eine Wiederholungsaufforderung des letzten Blockes aus.

Dieser wird dann von der sendenden Station wiederholt. Wird dieser dann fehlerfrei empfangen, wird die Aussendung an der unterbrochenen Stelle fortgesetzt.

92. DUP-ARQ II

Dieses ARQ-System verwendet das gleiche Blockzeitverhalten wie DUP-ARQ, verwendet aber eine datenrate von 250 Bd. Es wird das ITA2- oder ITA5-Alphabet verwendet.

Ein kompletter Zyklus besteht aus 176 Bit mit 704 ms Länge. Beide Stationen senden ihre abwechselnd ihre 64 Bit-Blöcke. Diese Blöcke bestehen aus 2 Blöcken zu je 32 Bit, die eine 5 Bit – Prüfsumme für eine Fhlerkorrektur und ein Bit für eine ungerade Parität. Jeder Block enthält ebenfalls 3 Zeichen und zwei Füllbit, die auf 0 gesetzt sind. Diese beiden Bit können das Ausenden von speziellen Blöcken durch voreingestellte Bitkombinationen definieren.

Automatisch Kanalwahl und das Frequenzsprungverfahren werden unterstützt.

93. DUP-FEC II

Dieses FEC-System ist eine Weiterentwicklung von DUP-ARQ II und kann mit einer Datenrate von 125 oder 250 Bd arbeiten. Es wird das ITA2- oder ITA5-Alphabet verwendet.

DUP FEC II wird als Duplex-System auf zwei verschiedenen Frequenzen eingesetzt. Beim Auftreten von Fehlern werden spezielle Blöcke verwendet, um eine erneute Aussendung anzufordern.

Automatisch Kanalwahl und das Frequenzsprungverfahren werden unterstützt.

94. ECHOTEL 1810 HF Modem

MAHRS

Das ECHOTEL 1810-Modem arbeitet gemäß einem modifizierten STANAG 4285 mit 8PSK im oberen Seitenband und unterdrücktem Träger (J2D). Das Verfahren wird als MAHRS (Multiple Adaptive HF Radio System) bezeichnet.

Die Datenrate ist is 2400 Bit/s. Daten werden in Blöcken zu 3,2 s übertragen.

Der Funkprozessor ARCOTEL kontrolliert die adaptive ARQ und die automatische Auswahl der Sendefrequenz. Der Verbindungsaufbau arbeitet in Abhängigkeit von den Ausbreitung bedingungen, dem Mode und der zu übertragendenen Daten automatisch.
Nach dem Aufbau der Verbindung und der Blockübertragung kann das Modem 10 Frequenzsprünge pro Sekunde durchführen. Dabei wird immer die nächste Frequenz an den Empfänger übertragen
Ein Funknetz sollte über ca. 50 bis 60 Frequenzen verfügen, um eine Verbindungszeit von 95% zu erreichen.

Dieses Modem wird u.a. durch die Italienischen und Deutschen Streitkräfte verwendet.

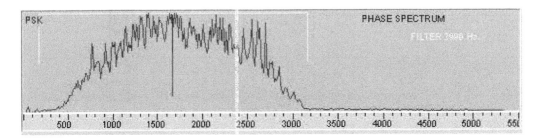

Abbildung 211: MAHRS Spektrum mit 2400 Bd

95.   ECHOTEL 1820 HF Modem

FARCOS

Das HF Modem Echotel 1820 wird von EADS RACOM hergestellt und ist ein multifunktionales Modem für eine schneller serielle Datenübertragung über Kurzwelle. Es unterstützt eine reihe von Übertragungsverfahren und Standards, die per Software in das Modem geladen werden können.

Neben den Übertragungsverfahren STANAG 4285 und 4529, MIL-STD-188-110A, Standard FSK und Minimum Frequency Shift Keying MSK in Anlehung an STANAG 5065 unterstützt es auch das Verfahren FARCOS (Fast Adaptive HF Radio Communication System). Dieses Verfahren verwendet eine QPSK mit einer Symbolrate von 1800 Bd auf einem Einzelträger.

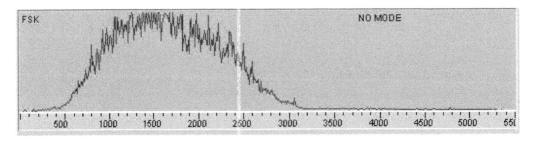

Abbildung 212: Spektrum des FARCOS Modems

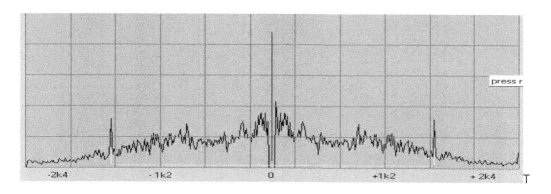

Abbildung 213: Phasenspektrum vom FARCOS mit Peaks bei 1800 Hz

Das Modem verwendet eine komplexe Forward Error Correction (FEC) um Übertragungsfehler auf ein Minimum zu begrenzen. Es werden Datenraten bis 12800 Bps unterstützt.

96.   F7B-195.3 Bd 4-Ton

Dieses Übertragungsverfahren verwendet eine Modulation mit 4 Tönen und einem Tonabstand von 195 Hz. Die Datenrate beträgt 195,3 Bd.

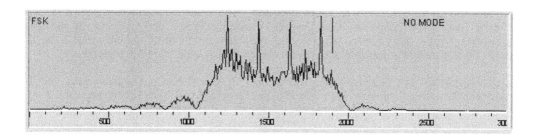

Abbildung 214: Spektrum einer F7B 195.3 Bd

Das Verfahren wird nicht mehr gehört und wurde anscheinend durch ein modifiziertes WinDRM oder 51 Ton OFDM ersetzt.

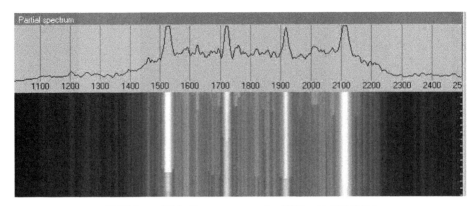

Abbildung 215: Sonogramm der F7B mit 195.3 Bd

97. Fax

Facsimile

FAX ist die Abkürzung für "facsimili" und bedeutet " mache gleich ". Es wird zur zeilenweise Übermittlung von Bildern benutzt. Synchronisation zwischen Sender und Empfänger wird durch die Aussendung von Einphas - Start - und Stopsignalen am Anfang und Ende einer Übermittlung sicher gestellt.
Diese Synchronsignale werden für die Einstellung des richtigen Index Of Cooperation (IOC) und für die Umdrehungsgeschwindigtkeit übertragen. Die Auswahl des IOC erfolgt durch die Aussendung des Startsignals mit Schwarzweißübergängen von 300 Hz für IOC 576 und 675 Hz für IOC 288 für eine Zeit von 5 bis 10 Sekunden. Bildeinphasen und die Auswahl der Umdrehungsgeschwindigkeit wird durch die Übertragung von Übergängen zwischen schwarz und weiß für 30 Sekunden sichergestellt. Hierbei gibt es zwei verschiedene Varianten: symmetrisch mit einer Hälfte der Linie weiß und die andere Hälfte schwarz oder asymmetrisch mit 5% weiß und 95% schwarz.

Das Stopsignal für den automatischen Bildempfang besteht aus der Aussendung von 5 s Schwarzweißübergängen mit einer Frequenz von 450 Hz gefolgt von 10 Sekunden schwarz.
FAX - Aussendungen auf Kurzwelle und Langwelle nutzen verschiedene Shiften.
Im HF- Bereich beträgt der Hub bei einer Mittenfrequenz von 1900 Hz - 400 Hz für schwarz und +400 Hz für weiß. Im VLF-Bereich ist der Frequenzhub für schwarz -150 Hz und für weiß +150 Hz.

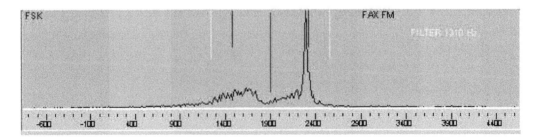

Abbildung 216: Spektrum eines FAX Signals

Die Qualität der Bildübertragung hängt von zwei wesentlichen Faktoren ab: die Anzahl von Punkten pro Linie und Liniendichte. Die Auflösung wird nicht durch die Anzahl der übermittelten Linien pro Zeiteinheit beeinflußt. Diese hat nur einen Effekt auf die benötigte Zeit für die Übermittlung eines Bildes und auf die Bandbreite des gesendeten Signales. Für einen korrekten Bildempfang in Länge und Breite müssen das Sendemodul (IOC) und die Anzahl der übermittelten Zeilen pro Minute auf den jeweiligen Sender eingestellt werden.

Das Sendemodul IOC ist das Produkt aus Trommeldurchmesser und die Anzahl der Punkte pro Zeile. Übliche Werte sind 264, 288, 364 und 576. Der Trommeldurchmesser wird mit 152 mm zugrunde gelegt. Die Anzahl der gesendeten Zeilen pro Minute (LPM) ist der zweite wichtige Faktor. Gängige Werte hierfür sind 45, 48, 60, 90, 120, 180 und 240 LPM. Die benötigte Bandbreite eines Faxsignals ergibt sich aus der benutzten Shift (800 oder 300 Hz) plus zweimal der Modulationsfrequenz. Die Modulationsfrequenz ist das halbe Produkt aus IOC, Zeilen pro Sekunde in Hz und Pi (3,14).

FAX wird heutzutage fast nur noch zur Ausstrahlung von Wettervorhersagen genutzt. Die Anzahl von Pressediensten, die per FAX Bilder übertragen, ist in den letzten Jahren erheblich reduziert worden.
Die folgenden Bilder zeigen einmal ein typisches Wetterbild, wie es schon mit einfachen Mitteln im Kurzwellenbereich empfangen werden kann.

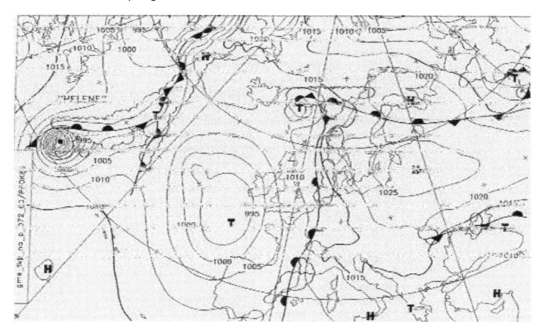

Abbildung 217: Typische Wetterkarte einer FAX-Aussendung

Abbkürzungen in Fax-Aussendungen

In Sendeplänen und auf den gesendeten Karten der FAX-Funkstellen werden der Inhalt und die geographischen Angaben in Kurzform durch eine vierstellige Buchstabengruppe dargestellt.

Die ersten Buchstaben bezeichnen den Karteninhalt und die letzten Buchstaben das geographische Gebiet.

Abkürzung	Bezeichnung
	Bodenangaben
SM	Eingetragene Bodenangaben
SD	Zusammengefaßte Radarbeobachtungen
ST	Meereisinformation
SO	Karte der Oberflächenwassertemperaturen oder Temperaturen in der Tiefe, Salinität oder Strömungsdaten
SX	Karte verschiedener Bodendaten
	Höhenangaben
US	Eingetragene Höhenangaben
UX	Radiosonden-Aufstiegsdarstellung
	Analysen
AS	Bodenanalysen
AU	Analysen der absoluten Temperatur
AU	Analysen maximaler Winde
AH	Analysen der relativen Topographie
AR	Analysen von Radarbeobachtungen
AN	Wolkenanalysen (Satellitenangaben)
AI	Meereisanalysen
AO	Karte der Oberflächenwassertemperaturen oder Temperaturen in der Tiefe Salinität oder Strömungsanalysen
AW	Seegangsanalysen
AX	Analysen der Wirbelgröße/Wirbelstärke
AX	Analysen der Temperatur und der Taupunktdifferenz
AX	Analysen der Nullgradgrenze
	Vorhersagen
FS	Bodenvorhersagen
FU	Vorhersagen der absoluten Topographie
FU	Vorhersagen maximaler Winde
FH	Vorhersagen der relativen Topographie
FI	Meereisvorhersagen
FO	Karte der Oberflächenwassertemperaturen oder Temperaturverteilung in der Tiefe, Salinität oder Strömungsvorhersagen
FW	Seegangsvorhersagen
FE	Erweiterte Vorhersagekarten
FB	Karten bedeutsamer Wettererscheinungen
FX	Vorhersagen der Temperatur und Taupunktdifferenz

FX	Wettervorhersage in Klartext
FX	Vorhersagen der Nullgradgrenze
FX	Vorhersagen der Wirbelgröße/Wirbelstärke

Klimatische Angaben

CS	Monatliche mittlere Bodenwerte
CS	Mittelwerte Boden
CU	Monatliche mittlere Höhenwerte
CU	Mittelwerte Höhe
CO	Monatliche Durchschnittswerte (Meeresgebiete)

Warnungen

WP	Warnungen in Bildform

Tabelle 51: Abbürzungen in FAX-Aussendungen

Geographische Buchstabengruppen :

AA	Antarktis	ME	Östliches Mittelmeer
AC	Arktis	MO	Mongolei
AE	Südostasien	NA	Nordamerika
AG	Argentinien	NT	Nordatlantik
AO	Westafrika	OC	Ozeanien
AP	Südliche Afrika	PA	Pazifik
AS	Asien	PN	Nordpazifik
AU	Australien	RA	Russland (Asien)
BZ	Brasilien	SN	Schweden
CI	China	SP	Spanien
CN	Kanada	TH	Thailand
CZ	Tschechoslowakei	TU	Türkei
DL	Deutschland	UK	Großbritannien
EA	Ostafrika	US	USA
EE	Östliches Europa	XN	Nördliche Halbkugel
EG	Ägypten	XS	Südliche Halbkugel
EN	Nördliche Europa	XT	Tropengürtel
EU	Europa	XX	bei Nichtzutreffen anderer Bezeichnungen
EW	Westliches Europa	YG	Serbien
FE	Fernost	ZA	Südafrika
FR	Frankreich		
GL	Grönland		
IO	Indischer Ozean		
IR	Iran		
JP	Japan		

Tabelle 52: Geographische Buchstabengruppen

98.   FEC-A

FEC 100 ist ein synchrones Simplex ARQ-Verfahren, das das ITA-2 Alphabet mit einem Synchronbit und einem Bit als Paritätscheck benutzt. Das ITA-2 Alphabet wird ähnlich in einen 7 Bit Code umgesetzt wie beim ARQ-E3 Verfahren. Übliche Übertragungsgeschwindigkeiten sind 96, 144, 192 und 288 Bd.

Dieses System wurde für einen fehlerfreien Rundstrahlbetrieb und für Aussendungen ohne Antwort entworfen. Ein Selektivruf kann bis zu 17575 verschiedene Stationen adressieren. Gruppenanrufe mit bis zu 676 verschiedenen Gruppen mit jeweils 26 Unteradressaten sind ebenso implementiert.
Zum Schutz der Nachrichten wird ein bitorientierter Kode verwendet. Dieses System ist ebenso für direktes Kodieren und Dekodieren von isochronen Bitströmem ausgelegt.
Für eine Fehlerkorrektur wird ein erweiterter Faltungskode verwendet. Eine Korrektur von Unterbrechungen bis zu 7 s bei einer Übertragungsgeschwindigkeit von 50 Bd ist möglich.

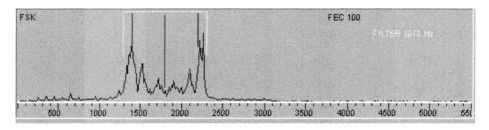

Abbildung 218: Spektrum einer FEC-A mit 192 Bd

99.   G-TOR

G-TOR wurde für sichere und schnelle Datenübertragung entworfen und arbeitet ähnlich wie PACTOR. G-TOR ist die Abkürzung für Golay-TOR. Hierbei handelt sich um den Namen eines Fehlerkorrekturverfahren nach M.J.E. Golay. Dieses Verfahren wurde unter anderem von der Raumsonde Voyager genutzt, um fehlerfreie Farbbilder vom Jupiter und Saturn zu übertragen. Dieses Verfahren bildet die Grundlage für G-TOR. G-TOR's schnelle und fehlerfreie Übertragungsmöglichkeiten gründen sich auf folgende Techniken:

1. Ganzrahmen-Bitverschachtelung
2. Huffman Komprimierung auf Anforderung
3. Lauflängenkodierung
4. Variable Baudrate
5. 16-bit CRC Fehlererkennung mit Hybrid - ARQ
6. Golay Fehlerkorrektur

Um Daten vor Störungen während der Übertragung zu schützen nutzt G-TOR eine Bitverschachtelung, wie sie auch von Compactdisk - Spielern bekannt ist.

Durch diese Verschachtelung sind die einzelnen Bits eines Zeichens im Übertragungsrahmen verteilt und werden im Empfänger wieder richtig zusammengesetzt. Der Vorteil besteht darin, daß durch eine kurzzeitige Störung diese auf alle Zeichen verteilt wird und nicht ganze Abschnitte der Nachricht auf einmal beschädigt sind. Normalerweise werden so ein oder zwei Bit eines Segmentes gestört und machen eine Fehlerkorrektur recht leicht möglich.

Parallel zur Bitverschachtelung werden die Daten durch Huffmannkompression und Lauflängenkodierung verdichtet. Beide Methoden können Datenwörter so komprimieren, daß sie kürzer als die Orginalinformation sind.

Die Huffmankodierung ermöglicht eine Kompression auf eine Länge, die kleiner als das normale 8-bit ASCII Zeichen ist. Da diese Kodierung aber auch Datenwortlängen erzeugen kann, die länger als die Orginalinformation sind, wird nur dann die Huffmankodierung genutzt, wenn sie einen Vorteil bringt.

Die Lauflängenkodierung funktioniert ähnlich. Sie ordnet denjenigen Zeichen, die wiederholt werden, einem einzigen Zeichen zu. Durch diese beiden Methoden der Datenkompression wird oftmals die Anzahl der Bits um bis zu 40 % gesenkt.

Während der Übertragung kann G-TOR automatisch, je nach Übertragungsqualität, mit drei verschiedenen Baudraten, 300, 200, oder 100 Baud, arbeiten.

Dabei wird die Übertragungsrate immer so angepaßt, daß ein Maximum an Datendurchsatz unabhängig von den Ausbreitungsbedingungen erreicht wird. Der Verbindungsaufbau beginnt immer mit 100 Baud. Dieser Wert kann dann bis auf 300 Baud gesteigert werden.

Ist die Fehleranzahl zu hoch, wird automatisch 100 oder 200 Baud gewählt. Bei Auftreten von kurzzeitigen Fadings oder Störungen wird nach deren Abklingen die Übertragungsgeschwindigkeit wieder erhöht. Wenn die Daten empfangen und die Bitverschachtelung aufgehoben ist, nutzt G-TOR eine 16-Bit CRC mit Hybrid ARQ, um Fehler zu erkennen und zu korrigieren. Die errechneten CRC - Kodes beider Stationen müssen für eine einwandfreie Übertragung übereinstimmen. Ist dieses nicht der Fall, wird eine Wiederholung veränderten Datenbits durch die Empfangsstation initiiert. Diese werden dann nach dem korrekten Empfang mit den schon empfangenen Bit kombiniert. Das Golayprotokol kann 3 Bitfehler in 24 übertragenen Bit erkennen und korrigieren.

Das G-TOR-Protokol erlaubt Rufzeichen bis zu einer Länge von 10 Zeichen.

G-TOR sendet immer einen Datenrahmen mit einer Dauer von 1,92s. Das Bestätigungspaket dauert 0,16s, ein Gesamtzyklus 2,4s. Bei 100 Bd werden 21 Bytes gesendet, bei 200 Bd 45 Bytes und bei 300 Bd 69 Bytes.

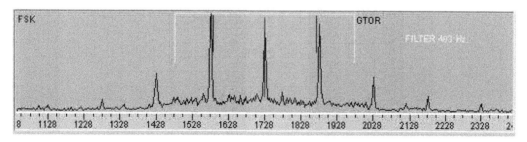

Abbildung 219: Spektrum eines G-TOR Signals mit 300 Bd

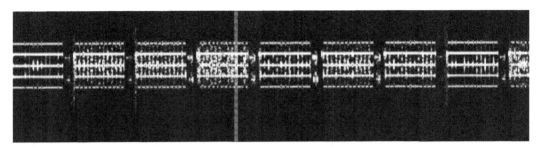

Abbildung 220: Sonogramm eines G-TOR Signals

100. Globe Wireless Pactor

GW Dataplex, Globe Wireless Kanal Free Marker

GW Pactor ist eine Entwicklung von Globe Wireless und verwendet 100 Bd oder 200 Bd FSK mit einer Shift von 200 Hz. Dieses adaptive Modem sendet Blöcke von 6 Zeichen bei 100 Bd oder 14 Zeichen bei 200 Bd. Das ergibt eine Gesamtblocklänge von 48/112 Bit.

Die Stationen verwenden im Idle-Zustand 100 Bd; Datenaustausch findet dann mit 200 Bd statt. Dieser Modus wird auch als "Channel free marker" bezeichnet. Im Idle-Zustand können die verschieden Stationen durch bestimmte Bitkombinationen erkannt werden, wobei diese anscheinen auch mehrfach vergeben werden. Es sind folgende hexadezimale Kombinationen bekannt:

ID	Rufzeichen	Station	Land
33	LFI	Rogaland	NOR
47	H	Seoul	KOR
4E	VCS	Halifax	CAN
5D	KEJ	Honolulu	HWA
5E	CPK	Santa Cruz	BOL
5F	A9M	Bahrain	BHR
63	9HD	Malta	MLT
C3	XSV	Tianjin	CHN
C6			
C9	ZLA	Awanui	NZL
CC	HEC	Berne	SUI
D2	ZSC	Capetown	RSA
D7	KPH	San Francisco	USA
D8	WNU	Slidell	USA
DB	KHF	Agana	GUM
DC	KFS	Palo Alto	USA
DD	LSD836	Buenos Aires	ARG
DE	SAB	Gotenborg	S
E3	8PO	Bridgetown	BRB

Tabelle 53: ID's der Globe Wireless Küstenfunkstellen

Für den Verbindungsaufbau wird immer der FSK-Modus verwendet. Wenn die Ausbreitungsbedingungen es erlauben, kann das Modem seine Modulation und Geschwindigekit anpassen. Diese können z.B. eine PSK mit einer DQPSK 400 Bps oder D8PSK mit 600 Bps sein. Die Gesamtbandbreite beträgt 400 Hz. Die Symbolrate beträgt immer 200 Bd. Jeder Block besteht aus 288 oder 432 Bit mit 25 Datenbytes. Für eine Fehlerkorrektur wird eine 16 Bit CRC eingesetzt.

101. Globe Wireless Einzeltonmodem

Dieses ARQ-Modem ist eine Entwicklung von Globe Wireless und verwendet einen Kanal mit einer 200 Bd QPSK Modulation.

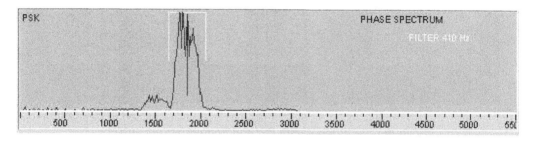

Abbildung 221: Spektrum of GW Single Tone Modem

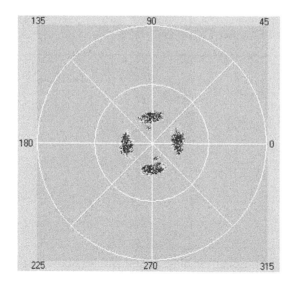

Abbildung 222: Phasendarstellung des GW Einzeltonmodems

102. Globe Wireless Multitonmodem

Globe Wireless OFDM

Dieses adaptive Multiton-ARQ Modem wurde von Globe Wireless entwickelt und verwendet eine OFDM mit 12 bis 30 Tönen. Der Tonabstand beträgt 62,5 Hz und die Bandbreite andert sich von 768 Hz (12 Töne) bis 1920 Hz (30 Töne). Die Mittenfrequenz liegt bei 1700 Hz.

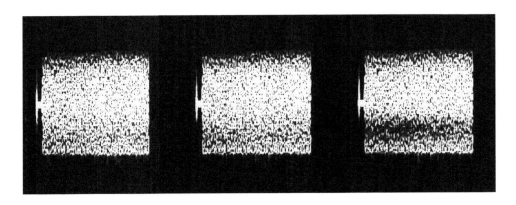

Abbildung 223: Sonogramm GW Multitonmodem mit 30 Tönen

Die folgenden Abbildungen zeogen das Spektrum und Sonogramm einer Globe Wireless OFDM mit 12, 24 und 32 Tönen.

Globe Wireless OFDM mit 12 Tönen

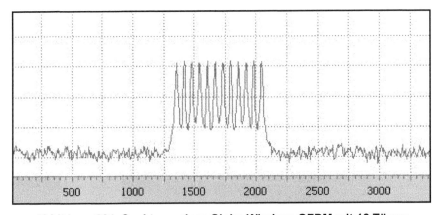

Abbildung 224: Spektrum einer Globe Wireless OFDM mit 12 Tönen

Globe Wireless OFDM mit 24 Tönen

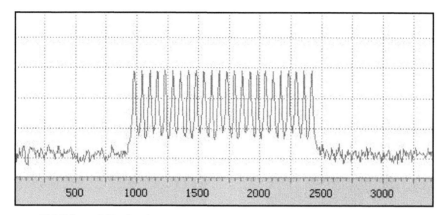

Abbildung 225: Spektrum einer Globe Wireless OFDM mit 24 Tönen

Globe Wireless OFDM mit 32 Tönen

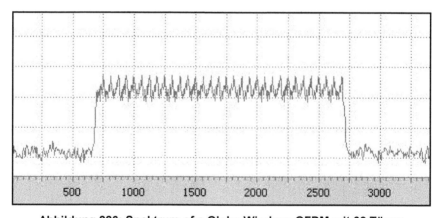

Abbildung 226: Spektrum of a Globe Wireless OFDM mit 32 Tönen

103. GRC MIL FSK

Dieses FSK-Verfahren verwendet eine Baudrate von 145,5 Bd und eine Shift von 1275 Hz. Das Spektrum ist in der folgenden Abbildung dargestellt:

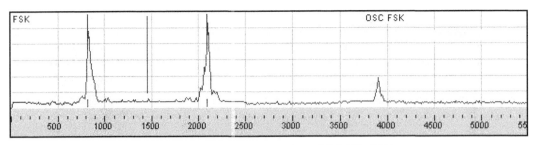

Abbildung 227: Spektrum einer GRC MIL FSK

Die Blocklänge beträgt 10 Bit mit einem Start- und 2 Stopbits. Der Text wird mit 7 Bit ASCII gesendet. Jede Aussendung beginnt mit einem Träger von 290 ms auf der Mark-Frequenz gefolgt von einer Präamble.

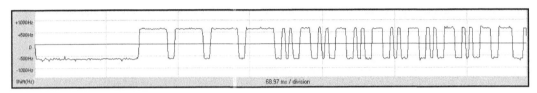

Abbildung 228: Präamble einer GRC MIL FSK

104. GMDSS-DSC HF

Global Maritime Distress und Safety System

Das Global Marine Distress und Selective calling System arbeitet gemäß CCIR 493-6, CCIR 541-2 und ITU-R M.1159.

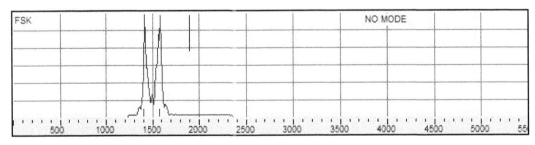

Abbildung 229: Spektrum von GMDSS-DSC

Auf Kurzwelle verwendet HF GMDSS eine Datenrate von 100 Bd, im VHF-Bereich von 1200 Bd. Digital Selective Calling ist eine Variation von Sitor-B, 100 Bd mit 170 Shift, verwendet aber einen speziellen Zeicehnsatz von 127 Symbolen mit einem 10-bit Fehlerkorrekturkode. Das System ist in der ITU Empfehlung ITU-R M493-6 beschrieben. Ein DSC-Signal ist sehr kurz und hat eine Länge von 6-7 Sekunden auf MF/HF und enthält folgende Informationen: Station ID, Priorität, angerufene Station und die zu verwendende Frequenz. DSC wird verwendet, um eine Verbindung zwischen einem Schiff und einer Küstenfunkstelle aufzubauen.

DSC Signale werden auf folgenden Frequenzen verwendet:
2187,5 kHz, 4207,5 kHz, 6312,0 kHz, 8414,5 kHz, 12577,0 kHz, 16804,5 kHz ebenso auf VHF Kanal 70 – 156,525 MHz mit 1200 Bd

105. HC-ARQ

Hagelin Crypto ARQ

HC-ARQ ist ein synchrones Simplex ARQ-Verfahren, welches das ITA-2 Alphabet nutzt.
Ein Wiederholungszyklus dauert 2771 ms und besteht aus einem Block von 665 Bit bei 240 Baud.
Jeder Datenblock beginnt mit einer Synchronisationssequenz 1000 1011 1010 0010 gefolgt von einem Datenblock mit ITA-2 Zeichen und 32 Checkbits. Die Datenblocklänge muß vorher zwischen beiden Stationen vereinbart sein. Sie kann auf 38, 68 oder 188 Zeichen eingestellt werden.
Unabhängig von der Anzahl der Zeichen beträgt die Übertragungsgeschwindigkeit immer 240 Bd.

Dieses System wurde von der Haegelin Cryptos AG hergestellt. Es wird unter anderem im diplomatischen Funkverkehr im Iran sowie vom Roten Kreuz und der UN verwendet.

106. HDSSTV

High Definition Slow Scan TV, DigiTRX, RDFT

HDSSTV (High Definition Slow Scan TV) ist ein experimenteles Übertragungsverfahren für Funkamateure, um Daten mit Hilfe des RDFT-Protokolls (Redundant Digital File Transfer) zu übertragen. Es wurde eigentlich für die Bildübertragung auf Kurzwelle entwickelt.

Dieses Verfahren verwendet 8 Träger, jeder mit einer 9-DPSK moduliert. Der Tonabstand beträgt 230 Hz beginnend bei 590 Hz bis 2200 Hz. Die datenrate beträgt 122.5 Bd.
Es werden zwei Ebenen einer Reed Solomon Kodierung verwendet. Die äußere Ebene besteht aus einem (306,178) Code mit 178 Informationssymbolen und 128 redundanten Symbolen. Damit enthält jeder Block 306 Symbole. Die innere Kodierung ist eine (8,4) Code mit 4 Informationssymbolen und 4 redundanten Symbolen. Das ergibt einen Block von 8 Symbolen.
Abhängig vom Redundanzschema kann die Datenrate zwischen 866 Bps und 291 bps für den RDFT Wyman Modus 11 bis 14 variieren.

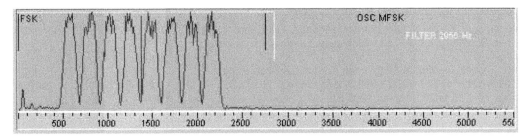

Abbildung 230: Spektrum von DSSTV

DigiTRX ist eine Software, die Verschiedene Modi vom HDSSTV mit unterschiedlichen Baudraten ermöglicht.

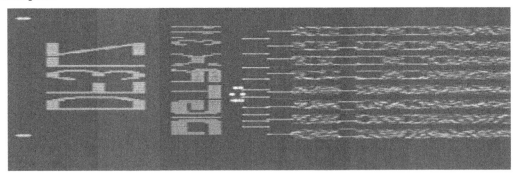

Abbildung 231: Sonogramm von DigiTRX mit Rufzeichen

HELL ist ein Modulationsverfahren das ähnlich einem Fernschreibverfahren zur Bildübertragung verwendet wird. Das Verfahren wurde 1929 von Dr. Rudolf Hell in Kiel entwickelt. Jedes Zeichen wird in ein Raster von 7 x 7 Punkten aufgelöst und beginnend von rechts unten nach links oben nacheinander Pukt für Punkt übertragen. In seiner ursprünglichen Form wird für jeden schwarzen Punkt ein elektrischer Impuls ausgelöst bzw. ein Träger getastet (oder ein Ton von 980 Hz aufmoduliert). Eine zum Buchstaben gehörige Sendenockenscheibe löst bei einer Umdrehung die entsprechenden Impulse aus.

Das Siemens-System verwendet für eine Start/Stop Signalisierung eine FSK. Feld-HELL war ein halbsynchrones Verfahren. HELL wurde bis 1993 z.B. in China eingesetzt. Heute wird es nur noch von Funkamateuren verwendet.

Es gab verschiedene HELL-Typen:

F-Hell, Press-Hell

Dieses quasisynchrone System verwendet eine 7 x 7 Matrix wie beim Feld-Hell. Es sendet die Buchstaben mit 245 Bd oder 5 Zeichen/Sekunde. Im Originalsystem wurde der Träger geschaltet, später ein 1000 Hz Ton. Dieses system ist bis auf die Baudrate absolut identisch mit dem weit verbreiteten Feld-Hell.

Abbildung 232: Matrix Feld Hell

Feld-Hell

Feld-Hell ist das am meisten und wohl bekannteste quasi-synchrone Hell-System und wurde durch den vielfach produzierten Siemens & Halske Feldfernschreiber (Field Teleprinter) bekannt. Es wird eine 7 x 7 Buchstabenmatrix verwendet, die dann mit einer Datenrate von 122,5 Bd (2.5 Zeichen/Sekunde) gesendet wurde. Für die Aussendung wurde ein 900 Hz Ton getastet. Allerdings verwenden die meisten softwarebasierten Systeme heute 980 Hz (Baudrate x 8).

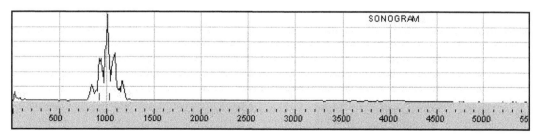

Abbildung 233: Spektrum eines typischen Feld-Hell Signals

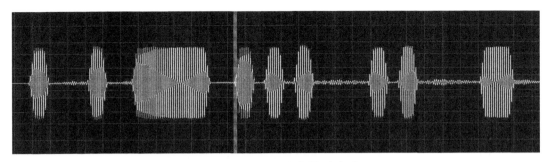

Abbildung 234: Feld-Hell Modulation

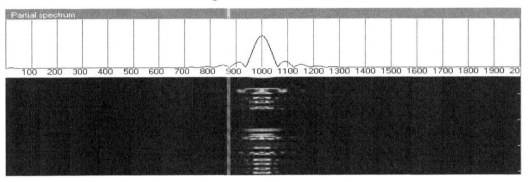

Abbildung 235: Sonogramm eines Feld-Hell Signals

GL-Hell

Das GL-Hell System verwendet die gleiche 7 x 7 Matrix wie Feld-Hell. Aber die Zeichen wurden um einen Startanteil auf der linken Seite ergänzt, der allerdings nicht gedruckt wurde. Die Übertragungsdatenrate beträgt 300 Bd (6.1 Zeichen/Sekunde), und es wird entweder 1000 Hz oder 3000 Hz getastet. Das Siemensmodel 72c wurde lange Zeit in den Deutschen Streitkräften und bei der Bahn verwendet Funkamateure haben es dann im VHF-bereich eingesetzt. Auch heute hört man das Verfahren noch um Amateurfunkbereich auf VHF in Europa. GL-Hell ist nicht für Kurzwelle geignet, da es dort häufig zu Synchronisationsproblemen kommt.

	A	B	C	D	E	F
7						
6	F		F			F
5	F		F			F
4	F		F	F	F	F
3	F		F			F
2			F			F
1						

Abbildung 236: GL-Hell Matrix

Hell-80

Hierbei handelt es sich um das letzte, von Siemens produzierte Model 80. Diese Maschine konnte quasi-synchron und asynchron senden. Sie verwendete eine Matrix von 9 x 7 Punkten. Mit 63 Punkten anstelle der sonst üblichen 49 Punkte konnte sie mit einer Datenrate von 315 Bd (enspricht 5 Zeichen/Sekunde) übertragen. Hierbei handelt es sich auschließlich um ein FSK-Format - 1625 Hz für weiss, 1925 Hz für schwarz und 1260 Hz für Signalisierung. Hell-80 wird von Funkamateuren nur selten verwendet.

PC-Hell

Verschiedene Funkamateure haben mit asynchronen Hell-Aussendungen experimentiert, die mit vorhandenem Fernschreibgeräten kompatibel sein sollten. Diese Technik verwendete den PC UART (Universal Asynchronous serial Receiver and Transmitter) um asynchrone Zeichen für jede Zecihenspalte zu senden. Selbst mit 100 Bd (eine Geschwindigkeit, die die meisten Fernschreiber senden konnten) war der Textdurchsatz eines 7 x 5 Zeichens mit einem Stopbit unter zwei Zeichen/Sekunde. Diese Technik war sehr empfindlich gegen Störungen wie bei es bei schnelleren Fernschreibern üblich war.

PSK-Hell und FM-Hell

PSK-Hell ist eine neue Modulation, die 1999 entwickelt wurde. FM-Hell ist technisch sehr ähnlich, verwendet aber nur ein Seitenband. Dieses Moduationsarten haben sehr beeindruckende Eigenschaften: sehr empfindlich ähnlich wie PSK31 aber sehr wenig Beeinflussungen durch polaren Dopplerschwankungen und Fading. Durch einen großen Dynamikbereich und Unempfindlichkeit gegen Amplitudenschwankungen ist PSK-Hell in der Lage, sich nach Gewitterstörungen schnell zu erholen. FM-Hell ist weniger verschwommen und Texte sehen auch nach schlechter Ausbreitung scharf aus. Die folgende Abbildung zeigt das Spektrum eines PSK-Hell Signals.

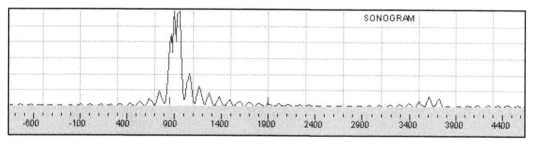

Abbildung 237: Spektrum eines PSK-Hell Signals

PSK-Hell und FM-Hell sind Fuzzy Differential Phase Shift Keyed Modulationen. PSK-Hell, ählich wie PSK-31, sendet im Idle.Zustand Phasenumtastungen um 180° aus. Damit endet die Ähnlickeit aber auch. FM-Hell kombiniert eine FSK mit einer PSK um ein sehr sauberes und schmales Signal, ähnlich einer MSK in einem Seitenband zu generieren.

Dieses Verfahren übermittelt Zeichen mit einer kleinen 7 x 6 Matrix bei einer Geschwindigkeit von 105 Bd, oder eine hochauflösende 14 x 7 Punktmatrix mit 245 Bd, sodass der Zeichendurchsatz identisch zu feld-hell ist.

Um einen einfluss auf die Phasenumtastungen zu haben wird bei 105 Bd spezielle Zeichen verwendet. Eine typische Baudratenmessung ist in der nächsten Abbildung dargestellt.

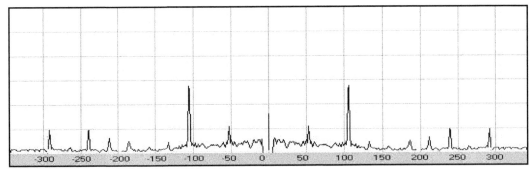

Abbildung 238: Phasenspektrum für ein PSK-Hell Signal

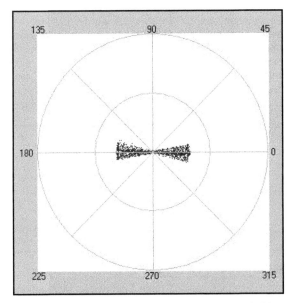

Abbildung 239: Phasediagramm eines PSK-Hell Signals

Da es ist nicht möglich ist, die ursprüngliche Auflösungserweiterung in Form einer 2-Punkteregel von Dr. Rudolf Hell zu verwenden, wird sattdessen mit 245 Bd gesendet. Schwarze Punkte werden durch eine fehlende Phasenumkehr am Beginn eines Punktes angekündigt. Beim empfang werden für PSK-Hell und FM-Hell die Phasen jeden Punktes mit der davor gesendeten Phase verglichen. Alle Amplitudenschwankungen werden ignoriert und ein Phasenwechsel wird mit Hilfe einer Fuzzy-Logik erkannt. So ist eine Übertragung auch unter schlechten Bedingungen möglich.
Mit vierfacher Überabtastung werden Doppler Phasenfehler gemittelt Eine Taktrückgewinnung ist nicht notwendig, da das System wie Feld-Hell analog und quasi-synchron ist.

FSK-Hell

Es gibt verschiedene Softwarepaket, die FSK-Versionen von Feld-Hell anbieten. Es scheint hier keinen bestimmten Standard zu geben, aber eine Version mit 245 Hz Shift bei 122b5 Bd weit verbreitet ist. Diese Version verwendet 980 Hz für schwarz, 1225 Hz für weiss im Zeichen und keine Frequenz für das weiss zwischen den Zeichen mit einer Option für Dauerweiss.

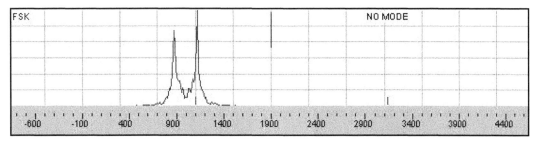

Abbildung 240: Spektrum eines FSK-Hell Signals

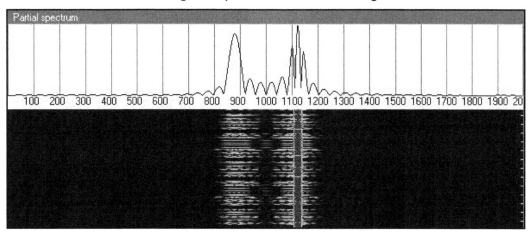

Abbildung 241: Sonogramm eines FSK-Hell Signals

Duplo-Hell

Diese neue Modulation ist vom Zeichen und Format her identisch zu Feld-Hell. Es werden allerdings zwei Reihen zur gleichen Zeit gesendet. Diese Töne (980 Hz und 1225 oder 1470 Hz für 245 Hz oder 490 Hz Shift) können offensichtlichzur gleichen Zeit gesendet werden. Der niedrige Ton wird für die linke Reihe und der höhere Ton für die rechte Reihe verwendet. Stat die Geschwindigkeit zu verdoppeln, arbeitet diese Modus mit dem gleichen Durchsatz wie Feld-Hell (2.5 Zeichen/Sekunde), wobei die Punkte in ihrer Länge verdoppelt werden. Duple-hell ist sehr widerstandsfähig gegen Störungen, da für die Erkennung für jeden Punkte eine höhere Integrationszeit zur Verfügung steht. Die größere Shift ist weniger Störanfällig, aber auch empfinlich bei selektivem Fading.

Sequential Multi-Tone Hell

S/MT-Hell ist ein Kompromiss zwischen Feld-Hell und C/MT-Hell. Wie bei Feld-Hell werden die Zeichen in einer matrix gesendet. Aber für jede Reihe werden andere Töne verwendet.
Das Zeichen ist auf eine Größe von 7 x 5 beschränkt und die weissen Punkte können „ausgelassen" werden, da der Empfang in der Frequenzdomäne mit Hilfe einer FFT realisiert ist (Sonogramm-

Darstellung). S/MT-Hell ist bei Störungen sehr effektiv und hat eine höhere Empfindlichkeit als C/MT-Hell.

Concurrent Multi-Tone Hell

C/MT-Hell würde bereits 1937 entwickelt und vorgeführt. Concurrent Multi-Tone Hell oder C/MT-Hell sendet jeden Pixel in jeder Reihe eines Zeichens auf einer anderen Frequenz. Es können sogar mehrere Punkte zur gleichen Zeit übertragen werden, indem mehrere Töne gleichzeitig ausgesendet werden. Allerdings wird dann die Sendeleistung eines Senders auf alle Töne aufgeteilt. Ausserdem kommt es zu Leistungsspitzen, wenn zwei Töne sehr nah beieinander liegen. Das passiert z.B. wenn eine vertikale Linie gesendet wird, was eigentlich in vielen Zeichen vorkommt.

Es gibt eigentlich keine Beschränkung, wieviele Töne gleichzeitig gesendet werden, ausser das die Sendeleistung unter ihnen aufgeteilt wird. Mehr Töne ergeben einen klaren und scharfen Text. Üblich sind sieben, neun oder 16 Töne.

Alle Punkte einer Spalte werden zur gleichen Zeit gesendet. Es gibt keine Zeitbeschränkung. Aufeinanderfolgende Reihen sollte so schnell gesendet warden, dass eine korrekte Ansicht des Zeichens entsteht. Für korrekte Proportionen sollte die Übertragungsrate konstant sein. Die emisten Systeme senden zwei und drei Zeichen/Sekunde, oder aber 10 bis 20 Punktreihen/Sekunde oder 10 - 20 Bd (20 - 30 WPM). Die Geschwindigkeit hängt von der Textgröße und dem Zeichenfont ab.Die meisten Aussendungen sind ca. 200 Hz breit. Die Symbolrate und der Punktabstand in Hz werden so gewählt das möglichst geringe Interferenzen und die höchste Übertragungsrate erzielt werden kann.

Slow-Feld

Diese Modus wurde eigentlich für LF und HF QRP Baken entwickelt und nicht für daas Führen von QSO's. Das Verfahren ist ein sehr langsames Feld-Hell. Es werden die üblichen Zeichen und Matrizen verwendet, aber mit einer Übertragungsrate von 2 Zeichen/Minute! Der größte Unterschied besteht auf der Empfangsseite. Es wird eine Mehrkanal-FFT verwendet, um das Signal aus dem Rauschen herauszurechnen. Dieser Ansatz ermöglicht eine sehr hohe Empfindlichkeit, da die Bandbreite für jeden Kanal sehr schmal ist.

108. HFDL

Hierbei handelt es sich um eine Datenübertragungsverfahren, daß dem ACARS im VHF-Bereich ähnlich ist. Es wird zur Übertragung von Informationen zwischen Flugzeugen und Bodenstationen eingesetzt. Es handelt sich ebenfalls um ein Modem im Einzeltonverfahren entsprechend MIL-STD-188 entsprechend ARINC specification 635-2 27/02/1998. Die Aussendung findet auf einem Träger von 1440 Hz statt.

Bodenstationen senden alle 32 s auf 3 oder mehr aktiven Frequenzen Systemmanagementpakete aus. Diese dienen vornehmlich zum Auffinden von freien Übertragungskanälen.

Die Übertragungsdatenraten können je nach Ausbreitungsbedingungen auf 150, 300, 600, 1200 oder 1800 Bit/s angepaßt werden Die Symbolrtae ist immer 1800 Bd. Die verwendete Modulation ist 2PSK, 4PSK oder 8PSK.

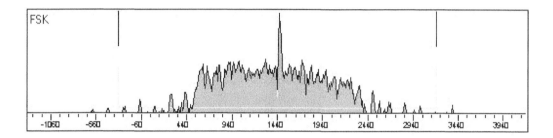

Abbildung 242: Spektrum of a HFDL signal

Jede Aussendung beginnt mit einem Vorträger von 1440 Hz mit einer Länge von 249 ms. Auf diesen folgt eine Präamble von 295 ms, die aus 2PSK-Symbole zur Synchronisation besteht. Daten werden in Blöcken zu 1.8 s (single slot) oder 4.2 s (double slot) ausgestrahlt. Es werden Blöcke mit 30 Datensymbolen und 15 2PSK-Symbolen zur Synchronisation übermittelt. Das folghende Sonogramm zeigt die typische Struktur:

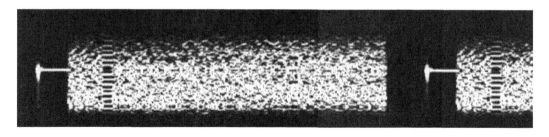

Abbildung 243: Sonogramm eines HFDL-Signals mit Unterträger auf 1440 Hz

HFDL-Daten werden in Paketen von der Bodenstation und vom Flugzeug gesendet. Die Zugriffsmethode ist eine Kombination von TDMA (Time Division Multiple Access) und FDMA (Frequency Division Multiple Access).

Jeder TDMA-Block hat eine Länge von 32 s und wird in 13 gleiche Slots mit je einer Dauer von 2,46 s unterteilt.

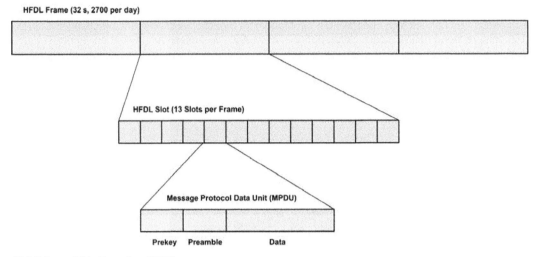

Abbildung 244: Framing HFDL

Der erste Slot eines Blocks ist für die Aussendung von Link Management Data in der Form eines SPDU-Block (Squitter Protocol Data Unit) durch die Bodenstation reserviert. Wenn sich das System im Idle-Zustand befindet, sendet die Bodenstation alle 32 s ein Squitterblock. Die restlichen 12 Slots werden entweder als Uplink-Slot, Downlink-Slot für spezielle Flugzeuge oder als Zugriffs-Slot für alle Flugzeuge spezifiziert

Für eine exakte Synchronisation beginnt die Bodenstation ihren Masterblock jeden Tag um 00:00:00 UTC mit einem Fehler <25 ms. Sollte der Fehler um mehr als 25 ms abweichen und einen Abgleich erfordern, wird dieses nur während eines festgelegten Frequenzwechsels oder wenn kein flugzeug mit dem System verbunden ist, durchgeführt. Ein Flag im Squitter zeigt an, ob die Zeit mit UTC synchronisiert ist.

Daten werden entweder durch den Direct Link Service (DLS) oder einen Reliable Link Service (RLS) übertragen.

Direct Link Service (DLS):

Die HFNPDU (HF Network Protocol Data Units) werden direkt in einen LPDU (Link Protocol Data Unit) eingekapselt. Das DLS-Protokoll wird nur für die Übermittlung einer kleinenn Anzahl von HFNPDU verwendet nämlich der Systemtabellendaten im Uplink, und, auf dem Downlink, Anfragen zur Systemtabelle, Durchsatzdaten und Frequenzdaten.

Reliable Link Service (RLS):

Nutzerdaten HFNPDUs können in BDUs (Basic Data Units) aufgeteilt werden, die mit einem Teilfeld oder Teilblock verbunden isnd. Jede HFNPDU ist in eine LPDU (Link Protocol Data Unit) eingekapselt. Eine oder mehrere LPDUs werden in eine MPDU (Medium Access Control [MAC] Protocol Data Unit) eingekapselt.

Dieses Protokol wird für den Austausch von Datenpaketen zwischen den Flugzeug un der Bodenstation verwendet und enthält nummerierte LPDUs, Priäritäten usw.

Jede MPDU besteht aus einem MPDU-Kopf und 0-15 LPDUs (im Downlink) oder 0-64 LPDUs (im Uplink) und wird durch eine 2 Byte-Gruppe abgeschlossen. Das Flugzeug und die Bodenstation legen in Abhängikeit von der Slot-Dauer (single oder double), die Verwürfelung fest, sowie die Datenrate in Abhängigkeit von der Größe der MPDU (von 1 - 945 octets (1890 bytes)).

Die MPDU wird als PSK-Burst gesendet. Dieser Burst besteht aus einem Vorträger (249 ms), der Präamble (295 ms) und den Daten z.B. MPDU (1.8 s oder 4.2 s). Zur Synchronisation muss jeder HFDL-Sender (Luft oder Boden) seine Aussendung beginnend mit dem Vorträger innerhalb von +/- 10 ms zum Beginn des relevanten Slots beginnen.

Durch den Vorträger werden 448 2PSK-Symbole mit einer Konstanten Phasemodulation von 180° ausgesendet. Darau folgt die Präamble bestehend aus 531 2PSK-Symbolen.

Die folgenden Tabellen zeigen die HFDL-Bodenstationen und die verwendeten Frequenzen. Frequenzen in kursiv sind zwar zugewiesen, werden aber nicht verwendet.

001	002	003	004	005	006	007
21934	21937	17985	21934	21949	21949	11384
17919	21928	15025	21931	17916	17928	10081
13276	17934	11184	17934	13351	13270	8942
11327	17919	8977	17919	11327	10066	8843
10081	13276	6712	13276	10084	8825	6532
8927	11348	5720	11315	8921	6535	5547
6559	11312	3900	8912	6535	5655	3455
5508	10081	3116	6652	5583	4687	2998
4672	8936		5523	3404	3470	
2947	8912		3428	3016		
	6559					
	5538					
	5529					
	5508					
	5463					
	3434					
	3019					
	3001					
	2947					
	2878					

008	009	013	014	015	016	017
21949	21937	21997	13321	21982	17934	21955
13321	21928	21988	10087	17967	17919	17928
8834	17934	21973	2905	13354	13339	13303
4681	17919	21946	2878	11312	13312	11348
3016	11354	17916		10075	13276	8948
	10093	13315		8885	11306	6529
	10027	11318		5544	11288	5589
	8936	8957		2986	8936	2905
	8928	6628			9827	
	6646	4660			8912	
	5544	3467			6661	
	5529	2983			6652	
	4687				6634	
	4654				6550	
	3497					
	3007					
	2992					
	2944					

Tabelle 54: Verwendete HFDL-Frequenzen sortiert nach Ihrer ID

ID	Ground station	ID	Ground station
001	San Francisco CA, USA	010	
002	Molokai, HI, HWA	011	Albrook, PNR
003	Reykjavik, ISL	012	Anchorage, ALS
004	Riverhead, NY, USA	013	Santa Cruz, BOL
005	Auckland, NZL	014	Krasnoyarsk, RUS
006	Hat Yai, THA	015	Al Muharraq, BHR
007	Shannon, IRL	016	Agana, GUM
008	Johannesburg, AFS	017	Telde, Gran Canaria, CNR
009	Barrow, AK, ALS		

Tabelle 55: HFDL-Bodenstationens und ihre ID

109. HNG-FEC

HNG-FEC ist ein Vollduplex FEC-Verfahren, das einen 15 Bit Kode benutzt. Die übliche Übertragungsgeschwindigkeit beträgt 100,5 Baud. Die ersten 5 Bit werden nach ITA-2 verwendet, wobei das erste und letzte Bit invertiert werden. Die letzten 10 Bit werden zur Fehlererkennung und -korrektur ausgewertet.

HNG-FEC hat eine Bitverschachtelung von 64 Bit, ein neues Zeichen beginnt 15 Bit nach dem vorangegangenen Zeichen.

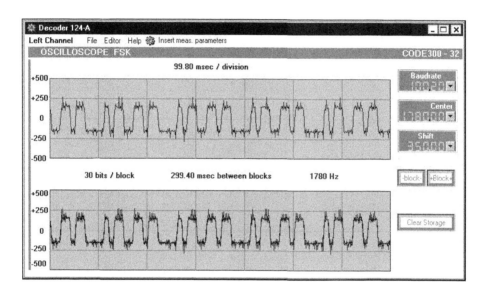

Abbildung 245: Oszilloskopdarstellung vom HNG-FEC

110. ICAO Selcal

ANNEX 10

Das ICAO Slektivrufverfahren wurde 1994 von 12 Töne auf 16 Töne erweitert. Die Zuweisung der Rufzeichenadressen unterliegt auschließlich der Aeronautical Radio, Inc. ARINC (ICAO Designator Selcal Registry).

Flugfunkbodenstationen verwenden eine H2B-Aussendung (USB mit vollem Träger). Es werden zwei Tonpaare ausgestrahlt die maximal eine Toleranz von 0,15% (2.25 Hz beim höchsten Ton). Die Trägerfrequenz der Flugfunkbodenstationen sollte eine Toleranz von maximal 10 Hz haben.

Jede Adresse besteht aus zwei Tonpaaren z.B. "AB-CD". Beide Paare haben eine Tondauer von 1000 ms. Zwischen den Tonpaaren ist eine Pause von 200 ms.In jedem Selektuvrufzeichen kann jeder Buchstabe nur einmal verwendet werden. Es gibt insgesamt 10920 verschiedene Rufzeichen. Ein und dasselbe Rufzeichen kann zu mehreren Flugzeugen zugewiesen werden. ARINC versucht allerdings, diese dann örtlich zu trennen.

Buch-stabe	Ton in Hz	Buch-stabe	Ton in Hz	Buch-stabe	Ton in Hz	Buch-stabe	Ton in Hz
A	312,6	B	346,7	C	384,6	D	424,6
E	473,2	F	524,8	G	582,1	H	645,7
J	716,1	K	794,3	L	881,0	M	977,2
P	1083,9	Q	1202,3	R	1333,5	S	1497,1

Tabelle 56: Annex 10 Tonfrequenzen

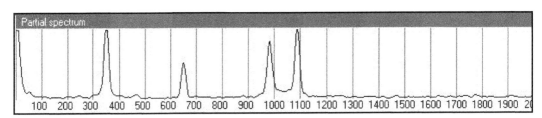

Abbildung 246: Typisches Spektrum von ANNEX 10 mit Zwei Tonpaaren

Die Selcal's sollten in AM demoduliert werden, da sie eine hohe Tongenauigkeit erfordern, die bei SSB nicht unbedingt gegeben ist.
Die folgende Abbildung zeigt einen ICAO SELCAL und sein Zeitverhalten.

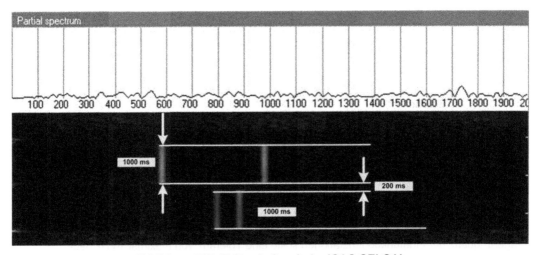

Abbildung 247: Zeitverhalten beim ICAO SELCAL

111. IRA-ARQ

BULG ASCII

Hierbei handelt es sich um ein kontinuierliches asynchrones Verfahren, das aus 1 Startbit, 5, 6 oder 7 Datenbits, 1 Stopbit und optional einem Paritätsbit besteht. Jedes Zeichen besteht also aus 8, 9 oder 10 Bit.

Das System verwendet eine Paritätsprüfung, es wird also ein Bit für eine Fehlererkennung angefügt. Die Anzahl der Einsen wird geprüft und wenn eine ungerade Anzahl gefunden wird und die Parität als ungerade definiert ist, dnn ist das Paritätsbit 1. Ansonsten ist ein Fehler bei der Übermittlung aufgetreten. Wenn die Parität als gerade definiert wurde und es wird eine gerade Anzahl von Einsen gefunden, dann ist das Paritätsbit ebenfalls 1.

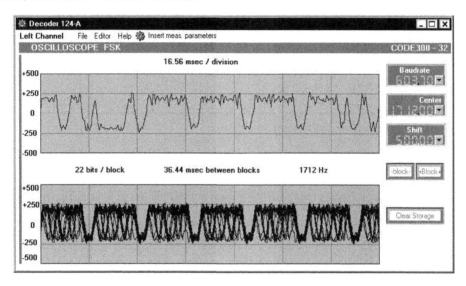

Abbildung 248: Oszilloskopeanzeige von IRA-ARQ

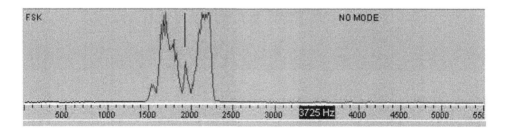

Abbildung 249: Spektrum von IRA-ARQ mit 600 Bd

112. IRN Navy 16 x 75 Bd

Dieses Modem wurde durch die Iranische Marine verwendet. Es verwendet 16 Träger, die jeweils mit 75 Bd BPSK oder QPSK moduliert sind. Der Tonabstand beträgt 125 Hz. daraus ergibt sich eine Gesamtübertragungsrate von 1200 Bd oder 2400 Bd.
Vor jeder Aussensdung wird eon Vorträger auf 1000 Hz mit einer Länge von 400 ms gesendet.

Dieses Modem wurde anscheinend durch das QPSK 207 Bd Modem ersetzt.

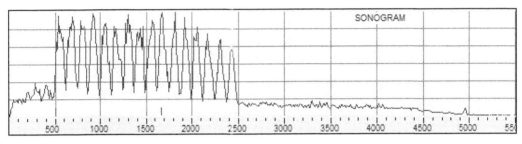

Abbildung 250: Spektrum des IRN Navy 16 x 75 Bd

Die folgenden Abbildungen zeigen eine Aussendung mit Vorträger:

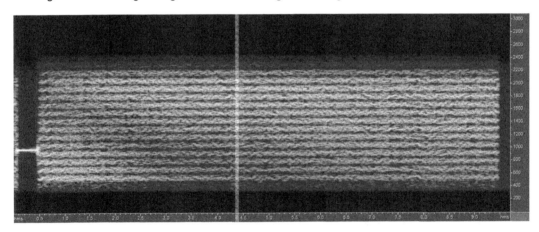

Abbildung 251: IRN N 16 x 75 Bd Modem mit Vorträger

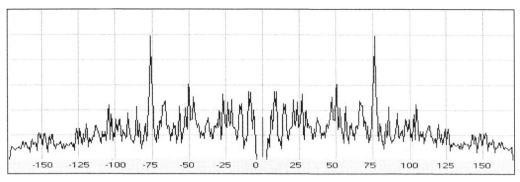

Abbildung 252: Phasenspektrum eines Kanals mit 75 Bd

113. IRN Navy QPSK 207 Bd

Dieses QPSK-Modem verwendet eine sehr typische Baudrate von 207 Bd. Die date werden blockweise übertragen. Jede Aussendung startet mit einem Vorträger von 2000 Hz. 100 ms for dem Start der Datenübertragung gibt es einen Phasenwechsel im Vortrager um 180°. Am Ende einer Aussendung werden zwei Töne mit einer Dauer von 100 ms auf einer Frequenz von 1000 Hz ausgesendet.

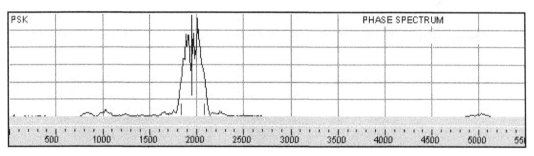

Abbildung 253: Spektrum des IRN 207 Bd Modems

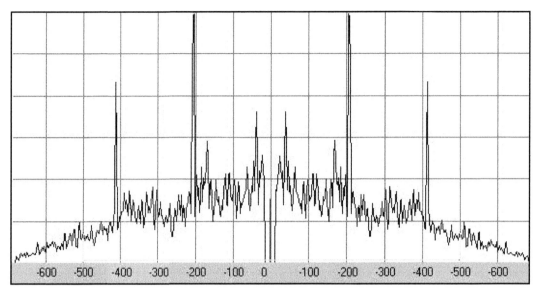

Abbildung 254: Phasenspektrum des IRN 207 Bd Signals mit Peaks bei 207 Bd

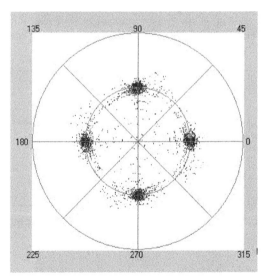

Abbildung 255: Phasendarstellung des IRN QPSK 207 Bd Modems

Die Struktur des Signals mit Vor- und Nachträger ist in dem folgenden Sonogramm zu sehen:

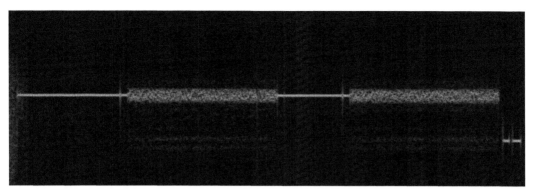

Abbildung 256: Sonogramm of IRN QPSK 207 Bd

114. IRN Navy Adaptives Modem V1

Dieses Modem ist eine Weiterentwicklung des IRN QPSK Modems mit 207 Bd. Es verwendet vier verschiedene Symbolraten von 207 Bd, 414 Bd, 828 Bd und 1656 Bd mit einer QPSK-Modulation. Jede Geschwindigkeitsstufe verwendet einen Vorträger mit einem PSK-Burst auf diesem.

Die folgenden Abbildungen zeigen die verschiedenen Spektra und die Bestimmung der Symbolrate mit dem Phasenspektrum. Der 207 Bd Modus wurde im vorherigen Absatz beschrieben.

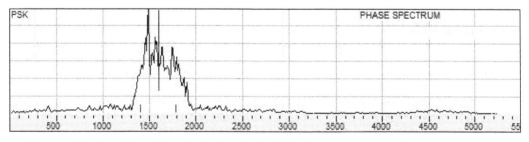

Abbildung 257: Spektrum des adaptiven IRN N QPSK Modems mit 414 Bd

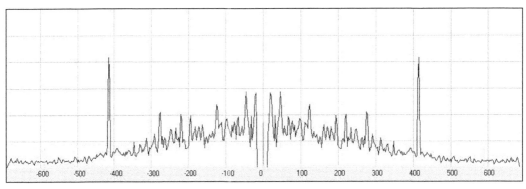

Abbildung 258: Bestimmung der Datenrate des adaptiven IRN N QPSK Modems mit 414 Bd

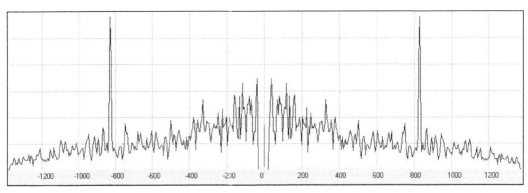

Abbildung 259: Bestimmung der Datenrate des adaptiven IRN N QPSK Modems mit 828 Bd

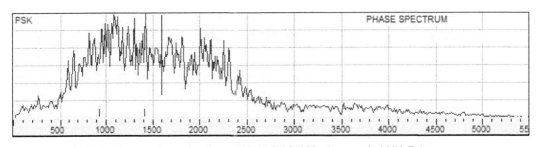

Abbildung 260: Spektrum des adaptiven IRN N QPSK Modems mit 1656 Bd

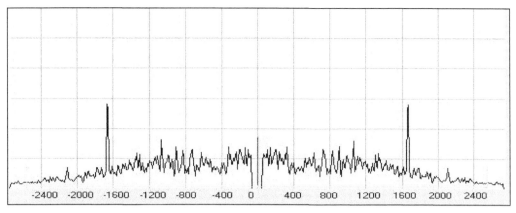

Abbildung 261: Bestimmung der Symbolrate des adaptiven IRN N QPSK Modem mit 1656 Bd

115. IRN Navy Adaptives Modem V2

Dieses Modem ersetzt das vorher erwähnte Modem und verwendet Datenraten von 468 Bd, 936 Bd und 1872 Bd.

116. ISR N Hybrid Modem

Dieses Modem wird im Rundstrahldienst der Israelischen Marine eingesetzt. Das Modem wird als Hybridmodem bezeichent, da drei unterschiedliche Modulationen verwndet:

- ein Vorträger mit 4 Tönen
- eine 18kanalige PSK
- eine 8PSK auf einer Mittenfrequenz

Dieses Modem wurde auf Frequenzen beobachtet, die durch den israelischen Marinesender 4XZ verwendet wurde. Es wurde ebenfalls eine variante beobachtet, die einen einzelnen Vorträger auf 100 Hz mit einer Länge von 233 ms sendet.

117. Italian MIL 1200 Bd FSK

Dieses Verfahren wird durch die Streitkräfte in Italien verwendet. Es verwendet eine 2FSK mit einer Übertragungsgeschwindigkeit von 1200 Bd und mit einer Shift von 1200 Hz.

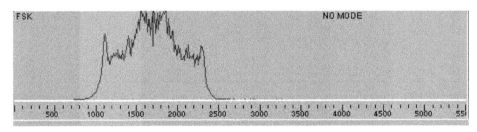

Abbildung 262: Spektrum der 1200 Bd FSK

118. Italian MIL 1200 Bd PSK

Dieses Verfahren wird von den Streitkräften in Italien verwendet. Es verwendet eine 8PSK mit 1200 Bd.

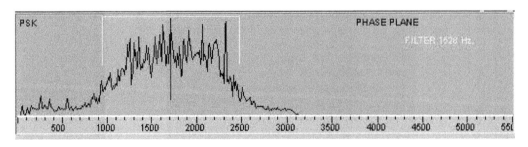

Abbildung 263: Spektrum der italienischen MIL PSK 1200 Bd

Dieses Überragungsverfahren wird in Japan verwendet. Es hat 8 Träger, die jeweils ASK-moduliert sind. Der Abstand zwischen den Tönen beträgt 300 Hz. Jeder Kanal verwendet eine Baudrate von 100 Bd. Dieses Modem wurde teilweise durch ein 1500 Bd QPSK System ersetzt.

Ton	1	2	3	4	5	6	7	8
Frequenz	450	750	1050	1350	1650	1950	2250	2550

Tabelle 57: Tonverteilung der japanischen 8-Ton ASK

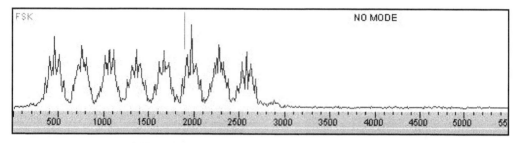

Abbildung 264: Spektrum einer Japan 8-Ton ASK

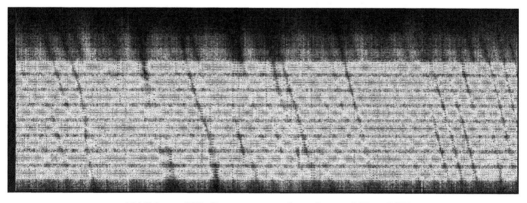

Abbildung 265: Sonogramm einer Japan 8-Ton ASK

120. Japan 16-Ton PSK

Dieses Modem verwendet 16 Töne mit einem Tonabstand von 100 Hz zwischen den Tönen. Jeder Ton ist mit einer BPSK oder QPSK moduliert Die verwendete Baudrate beträgt 100 Bd.

Es wird ein Referenzton auf 500 Hz verwendet.

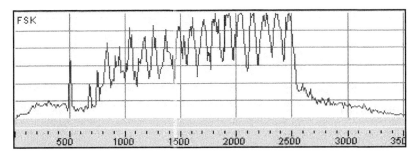

Abbildung 266: Spektrum der Japan 16-Ton PSK

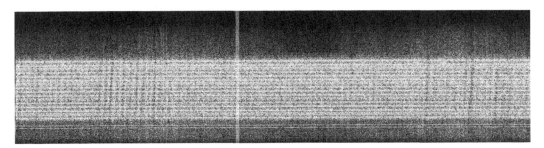

Abbildung 267: Sonogramm der Japan 16-Ton PSK

121. Japan 1500 Bd QPSK

Dieses Modem ersetzt teilweise das 8-Ton ASK Modem und verwendet eine QPSK mit 1500 Bd.

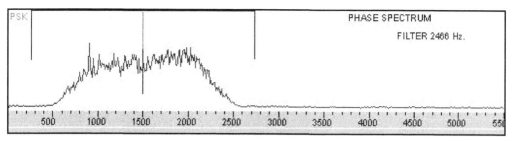

Abbildung 268: Spektrum der Japan 1500 Bd QPSK

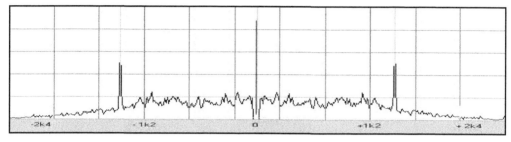

Abbildung 269: Messung der Symbolrate der Japan 1500 Bd QPSK

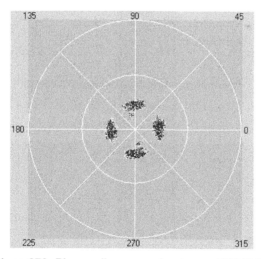

Abbildung 270: Phasendiagramm der Japan 1500 Bd QPSK

Dieses Modem verwendet 32 Töne von denen jeder mit einer QPSK moduliert ist. Die Baudrate beträgt 37,5 Bd und der Tonabstand 75 Hz. Das Modem verwendet die folgenden Töne:

Ton-nummer	Frequenz in Hz	Ton-nummer	Frequenz in Hz
1	330	17	1530
2	405	18	1605
3	480	19	1680
4	555	20	1755
5	630	21	1830
6	705	22	1905
7	780	23	1980
8	855	24	2055
9	930	25	2130
10	1005	26	2205
11	1080	27	2280
12	1155	28	2355
13	1230	29	2430
14	1305	30	2505
15	1380	31	2580
16	1455	32	2655

Tabelle 58: Tonverteilung des Japanischen 32-Ton OFDM-Modems

Das Modem verfügt über die Möglichkeit auf eine 2-Ton BPSK mit 75 Bd umzuschalten.

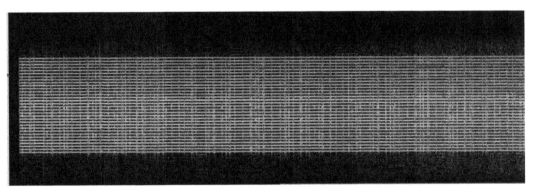

Abbildung 271: Sonogramm der Japan 32-Ton OFDM

123. JT2

JT2 verwendet eine FSK2-Modulation mit zwei Tönen zur Synchronisation und eine differentielle BPSK für die zu übertragenden Daten. Zeichen werden mit einer Geschwindigkeit von 4.375 Bd gesendet. Der Tonabstand für die 2-FSK Modulation beträgt 4.375 Hz. Es wird eine FEC zur Fehlerkorrektur verwendet.
Aussendungen erfolgen zeitgesteuert z.B. alle 60 s mit einem Block von 13 Zeichen.

Das JT2-Signal hat eine Bandbreite von 8,75 Hz.

Die folgende Abbildung zeigt das Spektrum und Sonogramm einer JT2-Aussendung:

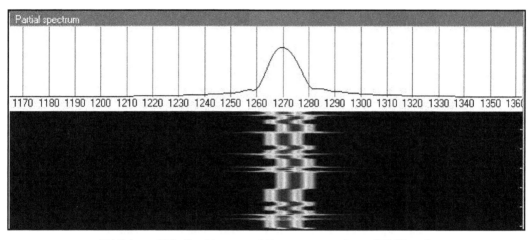

Abbildung 272: Spektrum und Sonogramm eines JT2-Signals

124. JT44

JT44 ist eine zeitsynchronisiertes MFSK-System. Es verwendet einen Ton für Frequenz- und Zeitsynchronisation und weitere 43 Töne für 43 zu übertragenden Zeichen verwendet. Der Tonabszand beträgt 5,4 Hz und die benötigte Bandbreite ist 484,5 Hz. Das Verfahren unterscheidet such von PUA43 durch die Verwendung eine 44ten Tones für die Synchronisation.Jede Frequenz ist einem Zeichen, einer Zahl oder einem Satzzeichen zugeordnet.

Die folgende Abbildung zeigt das Spektrum und Sonogramm einer JT44-Übertragung:

273

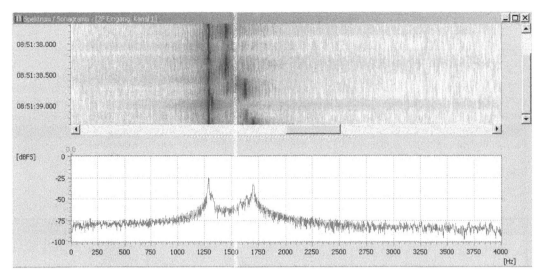

Abbildung 273: Spektrum und Sonogramm eines JT44-Signals

Jede JT44-Aussendung dauert ungefähr 25,08 Sekunden und enthält 135 Datenintervale. 69 davon enthalten lediglich den Synchronisationston und die anderen 66 die kodierten Daten. Jede Nachricht hat eine Länge von 22 Zeichen und wird dreimal wiederholt. Der Synchronisatioton ist auf der Frequenz von 1270,5 Hz. Alle anderen Töne liegen zwischen 1302,8 Hz und 1755,0 Hz.

Die Synchronisations und Datenbit werden pseudozufällig verschachtelt sodass eine Auto-correlationsfunktion ein eindeutiges Maximum bei korrekter Abstimmung hat. Dadurch können sich JT44-Stationen ohne großen Hardware-Aufwand sehr genau aufeinander abstimmen. JT44 verwendet eine Zeichenmittelung. Wenn eine Nachricht emhrmals gesendet wird, so wird die Nachricht aus allen wiederholten Nachrichten gemittelt.

Angeregt durch das PUA43-Alphabet wurde JT44 so entwickelt, dass es noch bis zu 30 dB unter dem Rauschen funktioniert. Es wird hauptsächlich für Troposcatter und EME von Funkamateuren verwendet.

125. JT6M

JT6M verwendet eine FSK mit 44 Tönen. Es wird ein Synchronisationston und weitere 43 mögliche Datentöne für jedes unterstützte Zeichen verwendet. Es werden die gleichen Alphanumerischen Tabellen wie bei FSK441 verwendet. Der Synchronisationston liegt bei 1102500/1024 = 1076,66 Hz, und die anderen 43 Töne haben einen Abstand von 11025/512 = 21,53 Hz bis 2002,59 Hz.

Die Symbole werden mit einer Datenrate von 21,53 Bd übertragen. Jedes Symbol hat eine Länge von 1/21,53 = 0,04644 Sekunden. Jeder dritte Ton ist eins Sync-Ton gefolgt von zwei Datensymbolen. Die Übertragungsrate ist daher (2/3)*21,53 = 14,4 Zeichen pro Sekunde.

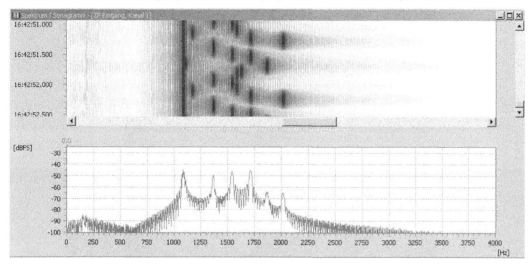

Abbildung 274: Spektrum und Sonogramm eines JT6M-Signals

126. JT65A/JT65B/JT65C

JT65 ist ein digtales Protokoll, das durch Joe Taylor (K1JT) entworfen wurde und für Übertragungen im Amateurfunkbereich mit extrem schwachen Signalen vorgesehen ist. Es wurde so optimiert, dass Erde-Mond-Erde (EME) Verbindungen im VHF-Freqeunzbereich möglich sind. Es enthält ebenfalls eine Fehlerkorrektur, sodass das Verfahren sehr robust ist. Es wird auch oft von Funkamateuren im Kurzwellenbereich verwendet.

JT65 verwendet 65 Töne. Die niedrigste Tonfrequenz ist 1270,5 Hz. Dieser Ton wird ebenfalls für die Synchronisation verwendet. Eine Aussendung beginnt zur Zeit t = 1 s nach dem Beginn einer UTC-Minute und hört bei t = 47,8 s wieder auf. Der Synchronisationton wird normalerweise in jedem Intervall mit einer 1 in der pseudozufälligen Sequenz gesendet.

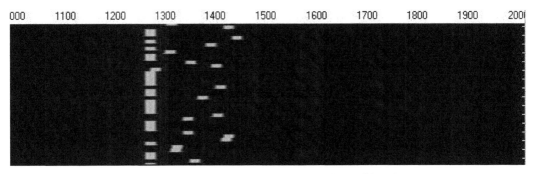

Abbildung 275: Sonogramm eines JT65A-Signals

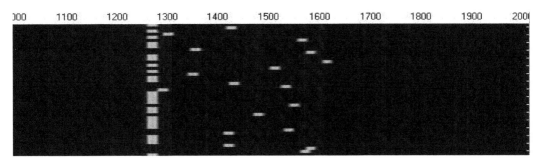

Abbildung 276: Sonogramm eines JT65B-Signals

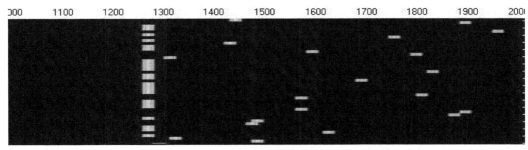

Abbildung 277: Sonogramm eines JT65C-Signals

Jedes Symbol erzeugt einen Ton auf der Frequenz 1270,5 + 2,6917 (N+2) m Hz, wobei N der integrale Symbolwert ist, $0 \leq N \leq 63$, und m die Werte 1, 2, und 4 für die JT65-Modi A, B, und C annimmt. Daraus ergibt sich der folgende Tonabstand für die verschiedenen Modi:

Modus	Tonabstand in Hz
JT65A	5.4
JT65B	10.8
JT65C	21.6

Tabelle 59: JT65 Tonabstand für die Modes A/B/C

127. LINCOMPEX

Linked Compressor and Expander

LINCOMPEX ist eine Kompressions- und Expandertechnologie (LINCOMPEX).Es werden zwei verschiedene Modulationen in einem Kanal übertragen. Es wird ein Breitbandkanal mit einer Bandbreite von 2500 Hz für die Übertragung der Sprache verwendet und eine Schmalband-FM für die Paramter der Kompression.

Die LINCOMPEX-Technologie wird für eine ganze Reihe von Feldanwendungen eingesetzt und wird auch bei der White House Communications Agency und the Department of Homeland Security/FEMA Systems verwendet. Die Technologie ist ebenfalls gefordert wfür alle Hubschrauber der Armee und Luftwaffe der USA. Sie ist in den International Telecommunications Union Standard (ITU-RF.1111) aufgenommen worden.

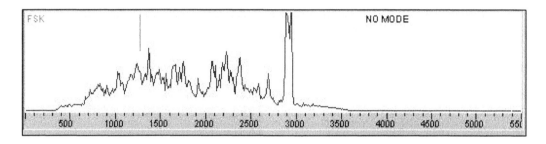

Abbildung 278: Spektrum eines LINCOMPEX-Signals mit zwei Kanälen

128. LINEA Sitor

LINEA Sitor ist eine SITOR-Variante, die eine Baudrate von 109,5 Bd und eine Shift von 400 Hz verwendet. Es sind sowohl SITIR A und SITOR B möglich

Dieses Modem wurde im Einsatz bei den Streitkräften in Ecuador beobachtet.

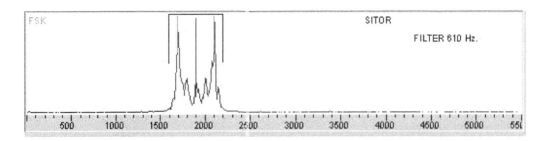

Abbildung 279: Spektrum of LINEA Sitor

129. LINK 1

LINK 1 ist eine digitale Duplexverbindung die von der NATO's Air Defence Ground Environment (NADGE) verwendet wird. Link 1 ist ein Datenlinkstandard der *ersten Generation* und wurde in den 1950er Jahren als reines *Air Surveillance Datenlinkformat* zum Radar-Trackdatenaustausch zwischen definierte geographische Gebiete (Area of Responsibility, AOR, bzw. Track Continuity Area, TCA) entwickelt, eingeführt und seither genutzt.
LINK 1 erlaubt den Austausch von Luftüberwachungsdaten zwischen Control und Reporting Centres (CRCs) und Combined Air Operation Centres (CAOCs)/Sector Operation
Centres (SOCs).
Es wird eine Datenrate von 1200/2400 Bps verwendet. Es werden zwei   Nachrichten pro rahmen übertragen, die eine Gesamtlänge von 128 Bit haben.In jeder Nachricht sind 49 Informationsbits enthalten. Link 1 ist nicht verschlüsselt und verwendet Nachrichten der S-Serie, die auf Luftraumüberwachung und Mangementdaten beschränkt sind.

Innerhalb der NATO wird LINK 1 von den NADGE-Systemen (NADGE/GEADGE/UKADGE usw.) verwendet. Die meisten mobilen CRCs sind ebenfalls mit LINK 1 ausgestattet.
Zusätzlich verfügen die meisten NATO-Nationen über Empfangseinrichtungen an den Flugplätzen als Frühwarnsystem.
Der Nachrichtenstandard ist in der STANAG 5501 festgelegt. Die Einsatzprozeduren sind in der ADatP 31 beschrieben.

130. LINK 10

LINK 10 ist ein taktisches Datensystem, das in Großbritannien entwickelt wurde. Es wird in Großbritannien, Belgien, Holland und Griechenland eingesetzt. Es ist Link11 sehr ähnlich kann aber nicht damit zusammmenarbeiten.

Das System verwendet einen Nachrichtenstandard gemäß STANAG 5510.

131. LINK 11 CLEW

TADIL A, TADIL B, MIL STD 188-203-1A, STANAG 5511, CLEW

Link 11 ist ein verschlüsseltes und vernetztes Datenübertragungsverfahren, dass im Kurzwellenbereich und im VHF/UHF-Bereich eingesetzt wird. Es überträgt Radarkontaktdaten, Zieldaten und Managementdaten.

Mit der Conventional Link Eleven Waveform (CLEW) werden Daten in zwei 30 Bitrahmen übertragen. Jeder Rahmen enthält 24 Informationsbits und 6 Bits zur Fehlerkorrektur. Der Informationsanteil ist in einem 48-Bit Wort enthalten. Ein Rahmen wird parallel auf 15 gemultiplexten DQPSK Träger aufmoduliert. Diversity ist durch eine identische Austsrahlung oder durch ISB-Betrieb möglich, sodas in beiden Seitenbändern die gleiche Information übertragen wird. Ein 16ter Ton ist für eine Doppler-Korrektur vorgesehen. Die Reichweite im Kurzwellebreich beträgt ca. 300 nm.

Link 11 verwendet 16 Töne mit einem Abstand von 110 Hz.

Tonnummer	Frequenz in Hz	Bitverteilung
Dopplerton	605	
1	935	0 und 1
2	1045	2 und 3
3	1155	4 und 5
4	1265	6 und 7
5	1375	8 und 9
6	1485	10 und 11
7	1595	12 und 13
8	1705	14 und 15
9	1815	16 und 17
10	1925	18 und 19
11	2035	20 und 21
12	2145	22 und 23
13	2255	24 und 25
14	2365	26 und 27
Synchronisation	2915	28 und 29

Tabelle 60: LINK 11 Tonfrequenzen

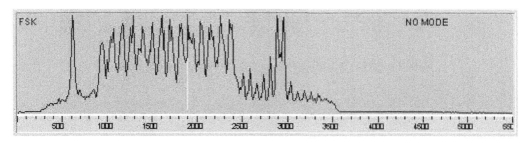

Abbildung 280: Spektrum of a LINK 11 transmission

Alle Töne werden zur gleichen Zeit abgestrahlt und ergeben damit dem typischen Klang von Link 11. Mit Ausnhame des Synchronisationstons und dem Dopplerton kann jeder Träger unabhängig von den anderen moduliert werden. Die Datenrate beträgt im langsamen Modus 1364 Bps und im schnellen Modus 2250 Bps. Die Datenpakete sind dem X25-Format sehr ähnlich, haben aber eine bessere Fehlerkorrektur und Datendurchsatz.

Link 11 kann ebenfalls im UHF-Bereich eingestzt warden, ist hier aber auf den LOS-Bereich beschränkt (ungefähr 25 nm über Wasser und ca. 150 nm zu Flugzeugen). LINK 11 kann ebenfalls über Satellit oder Fiberglasleitungen eingestzt werden.Einheiten, die Daten über Link 11 austauschen werden als Participating Units (PUs) oder Forwarding Participating Units (FPUs) bezeichnet.

LINK 11 basiert auf eine Technologie der 60er Jahre und ist relative langsam. Eine Netzkontrollstation fragt der Reihe nach alle Netzteilnehmer nach ihren Daten ab. Dieser Modus wird als Roll Call bezeichnet.

LINK 11 kann ebenfalls als Rundstrahldienst arbeiten, in dem eine oder mehrere Übertragungen von einer Station abgestrahlt werden. LINK 11 arbeitet also halbduplex, es ist verschlüsselt aber nicht widerstandsfähig gegen ECM.

DerNachrichtenaufbau für LINK 11 ist in der STANAG 5511 festgelegt, die Prozeduren in der ADatP 11.

132. LINK 11 SLEW

LESW, SLEW

Diese Einzeltonmodulation für LINK 11 hat eine bessere Effizienz im Kurzwellenbereich. Es verwendet eine 8PSK moduliert auf einen 1800 Hz-Ton. Ein adaptiver Equalizer wird für die Demodulation verwendet. Für einen erhöhten Datendurchsatz werden sehr robuste Fehlererkennungen und Fehlerkorrekturen eingesetzt.

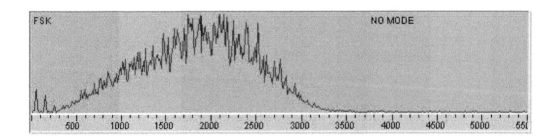

Abbildung 281: Spektrum einer LINK 11 Einzeltonmodulation

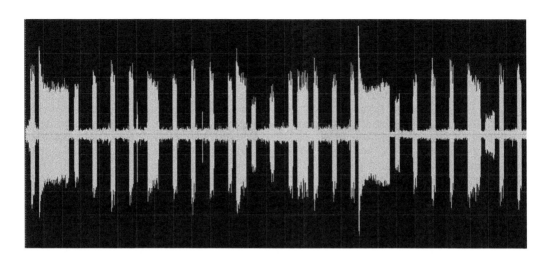

Abbildung 282: Sonogramm von LINK 11 SLEW

133. LINK 14

BEAVER, STANAG 5514

LINK 14 ist ein Rundstrahlfernschreibverfahren für Schiffe, um Überwachungsinformationen von Schiffen mit taktischer Datenverarbeitung an Schiffe zu übermitteln, die nicht über eine taktische Verarbeitung verfügen.
Dieses Verfahren ist sehr häufig mit einer Datenrate von 75 Bd und 850 Hz Shift zu hören. Die Übertragung erfolgt fast immer verschlüsselt.

Jedes Land innerhalb der NATO verwendet sein eigenes LiINK 14 Übertragungsformat, die in der ADatP-14 zusammengefasst sind. Das Nachrichtenprotokoll ist in der STANAG 5514 festgelegt.

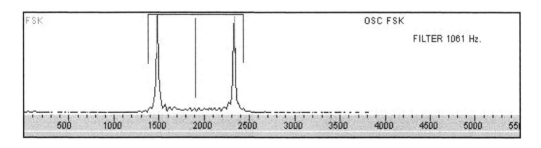

Abbildung 283: Typisches Spektrum eines LINK 14 Signals

134. LINK 22

Die NATO hat einen neuen Datenlink LINK 22 entwickelt. Dieses verwendet LINK 16 Elemente in einer TDMA-Architektur entweder auf festen Frequenzen oder für ein Frequenzsprungverfahren sowohl im UHF-Bereich (225- 400 MHz) und auf Kurzwelle (3-30 MHz). Dieses Programm wurde ursprünglich als NILE (NATO Improved Link Eleven) bezeichnet. Diese Name wurde beibehalten und die Netzteilnehmer werden daher auch als NILE-Einheiten (NILE unit NU) bezeichnet. Es ist geplant, das LINK 22 LINK 11 ersetzen soll. LINK 22 bietet eine verschlüsselte Übermittlung und ist ECM-resistent.

Die Nachrichten sind in der STANAG 5522 beschrieben und werden als F-Nachrichten bezeichnet. Diese sind ein Gemisch aus komplett neuen Nachrichten und Nachrichten, in den LINK 16 Nachrichten ohne Änderung eingefügt wurden.

ZIel ist es, vorhandene Datenverarbeitungssysteme und Funkeinrichtungen zu verwenden, die bereits vorhanden sind.

LINK 22 verwendet eine DTDMA in der jedem Nutzer ein fester Zeitschlitz für die Übertragung seiner Daten zugewiesen wird. Wenn mehr Bandbreite benötigt wird kann diese einem Nutzer durch die Zuteilung mehrere Zeitschlitze zugewiesen werden. Als Modulation wird QPSK oder 8PSK verwendet.

Im Kurzwellenbereich kann die Datenrate von LINK 22 zwischen 1493 Bps und 4053 Bps auf festen Frequenzen betragen. Im EPM-Modus kann eine Datenrate von 500 Bps bis 2200 Bps erreicht werden.

Im UHF-Bereich mit fest eingestellten Kanälen beträgt die Datenübertragungsrate 12667 Bps.

135. LINK Y

LINK Y MK 2 ist ein weite entwickeltes HF/UHF Tactical Data Link Processing System (TDLPS), das als LINK 10 für Nicht-NATO-Länder kompatibel zu LINK 11 entwickelt wurde. Es kann aber nicht mit LINK 11 zusammenarbeiten.

In einem LINK Y MK2 Netz können bis zu 31 Stationen arbeiten. Es wird ein Time Division Multiple Access (TDMA) Verfahren verwendet. Die Netzkontrollstation weist automatisch jeder Netzstation einem oder mehr Zeitschlitze zu.

Ein LINK Y MK2 Terminal kann auch in dem älteren MK1-Modus arbeiten, sodas sie auch mit Einheiten zusammenarbeiten können, die über die ältere Ausstattung verfügen. Allerdings verfügen sie nicht über eine automatische Zeitschlitzzuweisung und Verschlüsselung.

136. LINK Z

LINK 14 variant

LINK Z ist eine Variante von Link 14 für den Einsatz in Ländern, die nicht der NATO angehören.

137. Mazielka

Mazielka wird oft zusammen mit CROWD 36 gehört. Es ist ein Selektivrufverfahren, das 6 aus 13 Tönen verwendet. Es wird dazu eingesetzt, Empfangsstationen darüber zu informieren, dass eine Sendung ausserhalb eines Zeitplanes ansteht. Eine Sequenz dauert 2000 ms, jeder Ton 333 ms. Zwischen den Gruppen ist ein Abstand von 1800 ms.

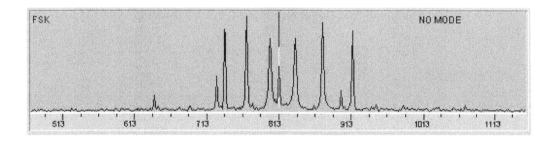

Abbildung 284: Spektrum von Mazielka

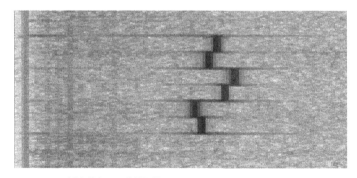

Abbildung 285: Sonogramm von Mazielka

138. MD 522 NB

MIL-M-55529A

MD 522 NB ist eine Schmalbandmodulation, das eine FSK bis 110 Bd mit einer Shift von 85 Hz auf einer Mittenfrequenz von 2804 Hz verwendet.

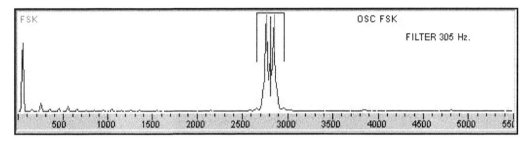

Abbildung 286: Spektrum eines MD 522 NB Modems

139. MD 522 WB

MIL-M-55529A

MD 522 WB ist eine Breitbandmodulation, das eine FSK bis zu 110 Bd mit einer Shift von 850 Hz auf einer Mittenfrequenz von 2000 Hz verwendet.

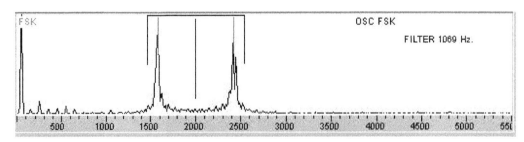

Abbildung 287: Spektrum eines MD 522 WB Modems

140. MD 522 DIV

MIL-M-55529A

MD 522 DIV ist eine Diversity-Modulation, die zwei Kanäle mit je einer FSK bis zu 110 Bd und einer Shift von 85 Hz auf den Mittenfrequenzen von 425 Hz und 2805Hz verwendet.

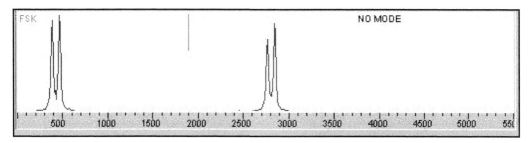

Abbildung 288: Spektrum eines MD 522 DIV Modems

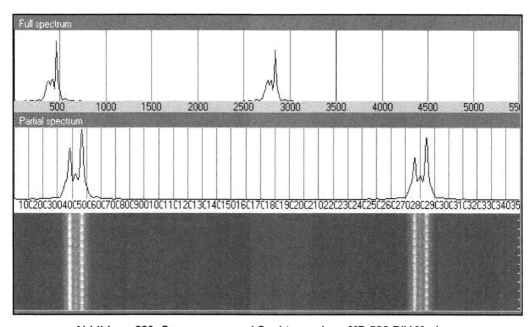

Abbildung 289: Sonogramm und Spektrum eines MD 522 DIV Modems

141. MD 1061

Magnavox MD 1061

Das MD 1061 Modem verwendet 16 Töne, von denen jeder mit einer differentiellen kohärenten 4PSK (DCPSK) moduliert ist.
Das Modem kann Datenraten von 75 Bps bis zu 2400 Bps übertragen. Es werden 16 Töne im Bereich von 935 Hz bis 2585 Hz mit einem Abstand von 110 Hz. Ein Dopplerton wird auf 605 Hz

ausgesendet. Beim Beginn einer Aussendung sendet das Modem eine Präamble, die eine Länge von 5, 10, 20 oder 40 Rahmen haben.

Die Töne sind in folgender Tabelle wiedergegeben:

Tonnummer	Frequenz in Hz	Tonnummer	Frequenz in Hz
1	605 (Dopplerton)	10	1815
2	935	11	1925
3	1045	12	2035
4	1155	13	2145
5	1265	14	2255
6	1375	15	2365
7	1485	16	2475
8	1595	17	2585
9	1705		

Tabelle 61: Tontabelle für MD 1061

Die folgende Abbildung zeigt das Spektrum des MD 1061 Modems:

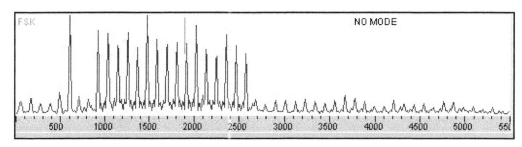

Abbildung 290: Spektrum vom MD 1061 Modem

142. MD 1142

Barry 6029C, Harris RF 3351

Das MD 1142 Modem verwendet eine 2FSK auf 7 Frequenzen und ein Zeitdiversity von 7s. Die maximale Datenrate beträgt 110 Bd. Die 7 FSK-Kanäle haben ihre Mittenfrequenz im Bereich von 850 Hz to 2890 Hz. Jeder Ton ist mit einer FSK mit einer Shift von 170 Hz moduliert.
In der folgenden Tabelle sind die Mittenfrequenzen aufgelistet:

Ton nummer	Frequenz in Hz
1	550 (Referenzton)
2	850
3	1190
4	1530
5	1870

Ton nummer	Frequenz in Hz
6	1210
7	2550
8	2890

Tabelle 62: Tontabelle für das MD 1142 Modem

Die folgende Abbildung zeigt das Spektrum eines MD 1142 Modems:

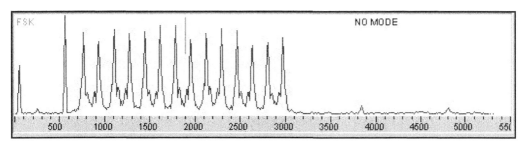

Abbildung 291: Spektrum eines MD 1142 Modems

143. MD 1280

MIL STD 188-342, Frederick MD-1280

Dieses Modem ist eine einkanalige Voice Frequency Channelized Teletype (VFCT) mit einer möglichen asynchronen Datenrate von 50 bis 300 bd. Die folgende Abbildung zeigt eine Konfiguration mit 75 Bd und 850 Hz.

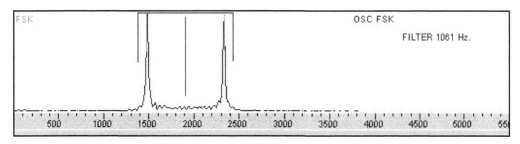

Abbildung 292: Spektrum eines MD 1280 Signals mit 75 Bd und 850 Hz Shift

144. MFSK-8

MFSK-8 verwendet 32 Töne. Jeder Ton ist mit einer Symbolrate von 15.625 Bd oder 62.5 Bps moduliert und verwendet eine Fehlerkorrektur FEC ½.
Die Töne haben einen Abstand von 7,81 Hz und brauchen eine Gesamtbandbreite von 316 Hz.

MFSK-8 und MFSK-16 verwenden den Varicode. Dieser Code wandelt häufig verwendete Zeichen in Symbole mit wenigen Bit, wenig verwendete Zeihcen haben eine größere Bitlänge. Der Datenstrom verwednet eine FEC und Zeitverschachtelung, um Fehler durch Fading zu korrigieren.

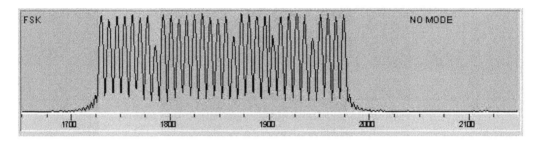

Abbildung 293: Spektrum eines MFSK-8 Signals

145. MFSK-16

MFSK-16 verwendet 16 Töne in einer Bandbreite von 316 Hz. Jeder Ton ist mit einer Symbolrate von 15,625 Bd und verwendet eine FEC ½. Der Tonabstand beträgt 15,625 Hz.
Die Aussendung basiert auf eine 16FSK (sequential single tone FSK) mit continuous phase (CPSK) Tönen.
Der niedrigste Ton repräsentiert einen Wert von 0. Die Gewichtung folgt dem Gray-Code. Diese Technik verfügt über den geringsten Hamming-Abstand zwischen benachbarten tönen.

Ton	Wert	Ton	Wert
0 (niedrigster)	0000	8	1100
1	0001	9	1101
2	0011	10	1111
3	0010	11	1110
4	0110	12	1010
5	0111	13	1011
6	0101	14	1001
7	0100	15 (höchster)	1000

Tabelle 63: Frequenzen von MFSK-16

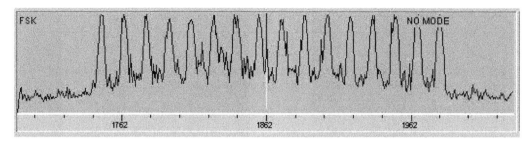

Abbildung 294: Spektrum eines MFSK 16 Signals

146. MFSK AFS Marine Modem

Saab Grintek MHF-50

Dieses MFSK-Modem wird bei der Südafrikanischen Marine eingesetzt. Es verwendet 28 Töne in 4 Blöcken. Die Töne haben einen Abstand von 64 Hz. Die Tonblöcke sind durch Tonlücken getrennt. Der Beginn einer Aussendung wird durch Umtastungen mit einer Baudarte von 54,3 Bd bei einer Shift von 390 Hz eingeleitet gefolgt von einer Präamble von 54,3 Bd FSK.

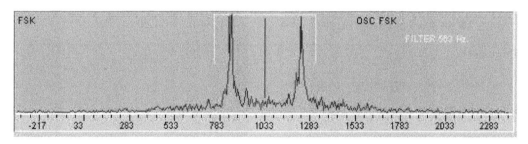

Abbildung 295: AFS Marine-Modem FSK Präamble

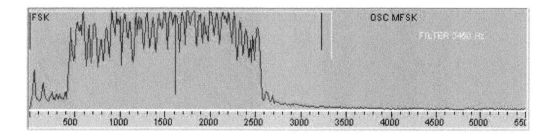

Abbildung 296: Spektrum des Südafrikaischen Marine-Modems

147. MFSK BUL 8 Ton

Dieses Modem soll beim diplomatischen Dienst in Bulgarien im Einsatz sein. Es verwendet 8 Töne mit einem Abstand von 240 Hz. Die Übertragungsgeschwindigkeit beträgt 240,18 Bd.

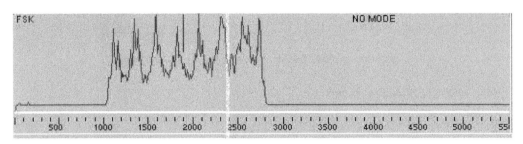

Abbildung 297: Spektrum der Bulgarischen 8 Ton MFSK

148. MFSK Modem ALCATEL 801

Coquelet 100

Dieses Modem verwendet verschiedene Modulationen:

MFSK 4-TONE ARQ System 150 bis 1200 Bd

Diese Modulation verwendet 4 Töne die mit verschiedenen Baudraten von 150 bis 1200 Bd moduliert sind. Der Tonabstand beträgt 600 Hz.

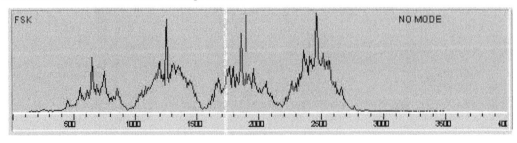

Abbildung 298: Spektrum ALCATEL 801 für 300 Bd

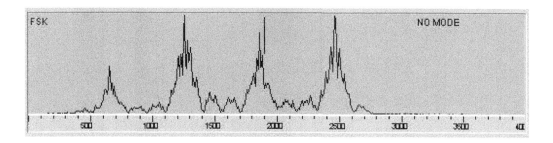

Abbildung 299: Spektrum ALCATEL 801 für 150 Bd

MFSK 8-TONE ARQ System 16,7 und 100 Bd

Diese robuste Modulation verwendet 8 Töne, die mit einer Baudrate von 16,7 und 100 Bd moduliert sind. Der Tonabstand beträgt 100 Hz.

149. MFSK TADIRAN HF Modem

Dieses Modem verwendet eine Modulation mit 4 Tönen, die einen Abstand von 300 Hz haben. Beim Start einer Aussendung wird ein Referenzton auf 1000 Hz mit einer Länge vom 50 ms verwendet. Der erste Ton liegt bei 2400 Hz. Die Übertragungsgeschwindigkeit beträgt 125 Bd.

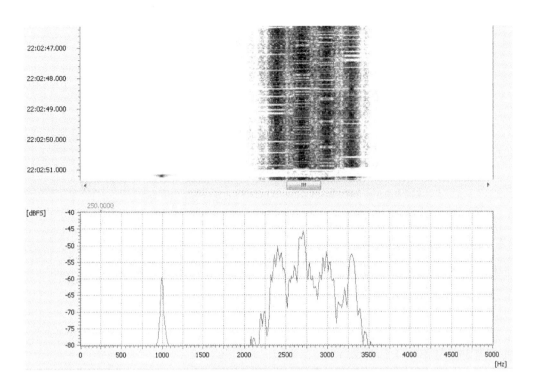

Abbildung 300: Spektrum und Sonogramm eines TADIRAN-Modems

150. MFSK TE-204/USC-11 Modem

Dieses Modem verwendet eine 2-kanalige FSK-Modulation mit 4 Tönen und einem Tonabstand von 440 Hz. Die Mittenfrequenz der zwei Signale sind 1155 Hz und 2035 Hz. Die Umtasttöne liegen auf 935 Hz, 1375 Hz, 1815 Hz und 2255 Hz. Das Modem verwendet eine Baudrate von 150 Bd.

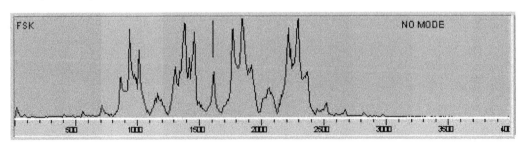

Abbildung 301: Spektrum eines TE-204 Modems

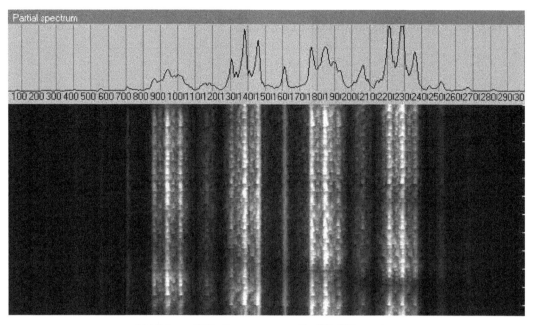

Abbildung 302: Sonogramm of a TE-204 modem

151. MFSK Thrane & Thrane TT2300-ARQ Modem

Dieses Übertragungsverfahren gemäß dem MIL 188-Standard wird von der Dänischen Firma Thrane & Thrane hergestellt.

Es ist eine vollduplex, fehlerkoorigierte (24 Bit CRC) Mehrtonmodulation, die 8 Töne mit einem Abstand von 200 Hz verwendet. Das Verfahren ist bittransparent und online codiert.
Dieses adaptive Modem wählt automatisch die beste Verbindung und Frequenz aus. Sinkt die Übertragungsrate unter einen bestimmten Wert, wird eine neue Frequenz gesucht.

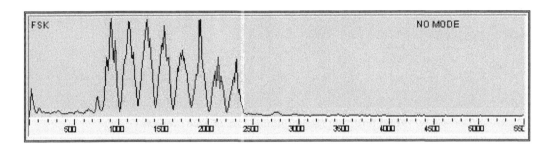

Abbildung 303: Spektrum einer TT2300-ARQ

152. MFSK YUG 20-Ton Modem

Dieses Modem verwendet 20 Töne, von denen jeder mit einer PSK moduliert ist. Die Datenrate beträgt 75 Bd. Die Töne haben einen Abstand von 110 Hz, sodass sich eine Gesamtbandbreite von 2240 Hz ergibt.

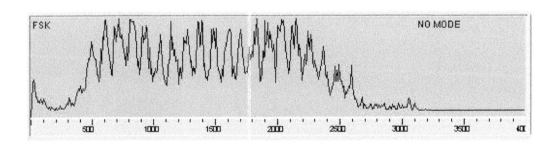

Abbildung 304: Spektrum des YUG 20 Ton Modems

153. MIL STD 188-110A SER

MIL STD 188-110A ist ein Modem für Datenübertragungen im Kurzwellenbereich über große Entfernungen. Es wird eine 8PSK-Modulation auf einem Träger von 1800Hz verwendet. Es sind verschiedene Einstellmöglichkeiten für Baudrate, Verschachtelung und FEC möglich, die Symbolrate beträgt aber immer 2400 Bd.

Folgende Einstellungen sind möglich:

Eingangs-datenrate	FEC	Verschachtelung
4800	keine	Null
2400	0,5	Kurz oder lang
1200	0,5	Kurz oder lang
600	0,5	Kurz oder lang
300	0,25	Kurz oder lang
150	0,125	Kurz oder lang
75	0,5	Kurz oder lang

Tabelle 64: MIL STD 188-110A SER Datenrate und FEC

Das Signal startet immer mit einer langen oder kurzen Präamble gefolgt von den Daten. Abhängig von der eingestellten Verschachtelung hat die Präamble eine Länge von 0,6 s für ein kurze oder keine Verschachtelung oder aber eine Länge von 4,8 s für eine lange Verschachtelung.

Da MIL STD 188-110A SER als transparentes Modem verwendet wird, kann jede Art von Übertragung erwartet werden. Es wurden bisher VT100-Ausgaben (ASCII), aber auch ITA 2 oder einfach nur binäre Daten beobachtet.

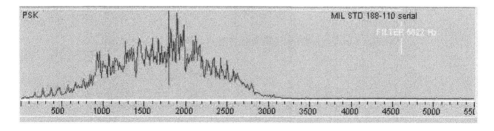

Abbildung 305: Spektrum eines MIL STD 188-110A SER Modem

Dieses Modem verwendet 16 Töne, die mit 75 Bd QPSK moduliert sind. Der Tonabstand beträgt 105 Hz, ein unmodulierter Träger kann bei 605 Hz festgestellt werden.

Ton	Frequenz in Hz	Ton	Frequenz in Hz
1	935	9	1815
2	1045	10	1925
3	1155	11	2035
4	1265	12	2145
5	1375	13	2255
6	1485	14	2365
7	1595	15	2475
8	1705	16	2585

Tabelle 65: Tonverteilung MIL 188-110A 16 Ton

Es gibt eine Variante, die keinen Pilotton verwendet, bei der der Tonabstand 112,5 Hz beträgt. Der erste Ton liegt auf 900 Hz.

Ton	Frequenz in Hz	Ton	Frequenz in Hz
1	900,0	9	1800,0
2	1012,5	10	1912,5
3	1125,0	11	2025,0
4	1237,5	12	2137,5
5	1350,0	13	2250,0
6	1462,5	14	2362,5
7	1575,0	15	2475,0
8	1687,5	16	2587,5

Tabelle 66: Tonverteilung MIL 188-110A 16 Ton Variante

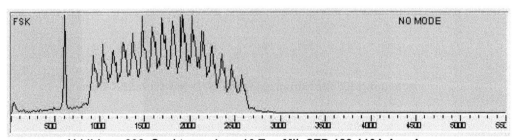

Abbildung 306: Spektrum eines 16 Ton MIL STD 188-110A App A

155. MIL STD 188-110A Appendix B 39-Tone

Dieses MIL-STD-188-110A Modem verwendet 39 Töne gemäß dem Anhang B des Standards. Das Modem unterstützt Datenraten von 75 bis 2400 bps. Die Töne haben einen Abstand von 56,25 Hz und belegen eine Bandbreite von 675 Hz bis 2812,5 Hz. Es gibt einen Dopplerton auf der Frequenz von 393,75 Hz. Es wird eine Blockverschachtelung bis zu 12 s eingesetzt. Jeder Ton ist mit einer Symbolrate von 44,44 Bd moduliert.

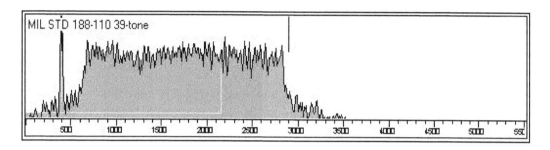

Abbildung 307: Spektrum des MIL 188-110A 39 Ton Modems

156. MIL STD 188-110B Appendix C

Der MIL 188-110B Standard beinhaltet den 110A Standard und erweitert diesen um Hochgeschwindigkeitsdatenraten gemäß dem Anhang C. Es werden verschiedene Modulationen von QPSK bis 64QAM die auf einer Trägerfrequenz von 1800 Hz eingesetzt werden, um die Übertragungsgeschwindigkeiten zu erreichen. Diese sind in der folgenden Tabelle aufgelistet:

Datenrate in Bps	Modulation	FEC
12800	64QAM	none
9600	64QAM	3/4
8000	32QAM	3/4
6400	16QAM	3/4
4800	8PSK	3/4
3200	QPSK	3/4

Tabelle 67: Modulationstypen im MIL STD 110B Appendix C

MIL 188-110B Appendix C entspricht STANAG 4539 und beschreibt die High Datarate Link HDL Modulation BW2 und die Low Datarate Link LDL Modulation BW3 mit niedriger Latenzzeit.
Um seine Fehlerfreiheit zu erreichen verwendet der Standard eine Fehlerkorrektur FEC und eine Verschachtelung der Daten.

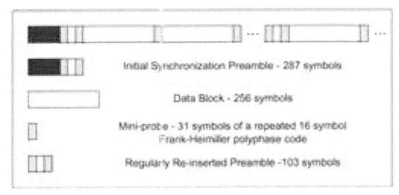

Abbildung 308: Data block structure used for MIL STD 188-110B

Der in der Abbildung gezeigt Datenblock enthält die verschachtelteten Daten mit FEC. Die wiederholten Austrahlungen von bekannten Datenblöcken ermöglicht dem Modem, die Übertragungsbedingungen im Kanal zu bestimmen. Das Wiederholen der Präamble erlaubt eine Datenübertragung auch dann, wenn der Verbindungsaufbau gestört wurde.

Es wird eine lineare Verschachtelung verwendet, die in einem Bereich von 0,12 s bis 8.64 s liegen, sodass es bei der Übertragung eine Verzögerung in der Datenausgabe gibt.

Jede Nachricht beginnt mit einer Präamble von 287 8PSK-Symbolen zur Synchronisation. In der Präamble werden ebenfalls die Modemeinstellungen wie Datenrate oder Verschachtelung übertragen. Nach der Präamble werden die Nutzdaten in Blöcken zu 256 Symbolen übertragen, gefolgt von einem Block von 31 Symbolen zur Überprüfung der Kanaleigenschaft. Nachdem 72fachen Aussendungen der Kombination von Nutzerdaten/Überprüfungsblock wird eine Mini-Präamble von 103 Symbolen eingefügt.

Die Anzahl der Datenblöcke, die übertragen werden können ist im Prinzip nicht beschränkt. Am Ende einer Aussendung wird eine eindeutige Bitkombination (in hexadezimal 4B65A5B2, MSB zuerst) ausgesendet, um das Ende mit (EOM) anzuzeigen. Auf die EOM-Sequenz folgen die Flushbits, um den FEC-Coder und die Reste der Verschachtelungsdatenblöcke zu leeren.

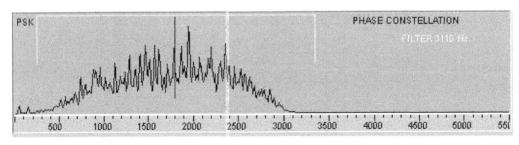

Abbildung 309: Spektrum eines MIL STD 188-110 Appendix C im HDL-Modus

157. MIL STD 188-110B Appendix F

MIL STD 188-110B Appendix F beschreibt eine Hochgeschwindigkeitsmodulation mit Datenraten von 9600, 12800, 16000 bps und 19200 Bps in zwei Seitenbändern.

158. MIL STD 188-110C Appendix D

Dieser MIL Standard verwendet acht verschiedene Modulationsarten in Bandbreiten von 3 kHz bis 24 kHz, wobei die Bandbreite eines Kanals 3 kHz beträgt. Da in einem 3 kHz Kanal bis zu 16000 Bps übertragen werden, ergibt sich für eine Gesamtbandbreite von 24 kHz eine Gesamtübertragungsrate von 8 x 16 kBps = 120 Kbps. Es werden Verschachtelungen von 0,12 s, 0,48 s, 1,92 s, and 7,68 s verwendet. Die Baudrate kann automatisch über alle Geschwindigkeitsstufen eingestellt werden.

Datenrate	Modulation	FEC	Daten-symbole pro Rahmen	Bekannte Symbole pro Rahmen
75	Walsh	1/2	N/A	N/A
150	BPSK	1/8	48	48
300	BPSK	1/4	48	48
600	BPSK	1/3	96	32
1200	BPSK	2/3	96	32
1600	BPSK	3/4	256	32
2400	QPSK	9/16	256	32
3200	QPSK	3/4	256	32
4800	8PSK	3/4	256	32
6400	16QAM	3/4	256	32
8000	32QAM	3/4	256	32
9600	64QAM	3/4	256	32
12000	64QAM	8/9	360	24
16000	256QAM	8/9	360	24

Tabelle 68: Tabelle der Baudraten für MIL 188-110C App D

159. MIL STD 188-141A

ALE (Automatic Link Establishment), 2G ALE

Automatic Link Establishment (ALE) ist ein Übertragungsverfahren, mit dem Stationen automatisch ohne einen Bediener den besten Übertragungskanal auswählen und eine Verbindung aufbauen. Das ALE-System misst alle Kanaleigenschaften und speichert diese, um die beste Frequenz auszuwählen. Wenn die Verbindung nicht gebraucht wird, scant der Empfänger über die ihm zugeweiesenen Frequenzen und waretet auf eine an ihn bestimmten Anruf. Nachdem die Verbindung aufgebaut wurde, wird üblichereise manuell oder automatisch auf eine FSK/PSK-Modem oder Sprachübertragung umgeschaltet.

Die Modulation ist so gewählt, dass sie in einen SSB-Kanal ausgesendet werden kann. Sie besteht acht Tönen auf den Frequenzen 750 - 1000 - 1250 – 1500 - 1750 - 2000 - 2250 - 2500 Hz. Jeder Ton hat eine Dauer von 8 ms. Das ergibt einen Datendurchsatz von 125 Symbolen pro Sekunde. ALE erlaubt 3 Datenbit pro Symbol, sodass sich eine Datenrate von 375 Bps ergibt.
Die folgende Tabelle zeigt den binären Wert, der jedem Ton zugewiesen ist (least significant Bit (LSB) ist rechts):

Ton Nummer	1	2	3	4	5	6	7	8
Frequenz in Hz	750	1000	1250	1500	1750	2000	2250	2500
Binärwert	000	001	011	010	110	111	101	100

Tabelle 69: Tabelle der ALE Tonfrequenzen

Der Datenbitstrom von MIL 188-141A ist in 24 Bit-Rahmen strukturiert. Diese enthalten eine Präambel bestehend aus 3 Bit für den Rahmentyp und 3 ASCII Zeichen mit 7 Bit oder 21 unformatierten Bits. Der Gesamtrahmen ist nach Golay codiert und verschachtelt. Daraus ergibt sich für einen Rahmen 49 Bit (einschließlich einen Stuffbits). Jeder 49 Bit-Rahmen wird dreimal gesendet.

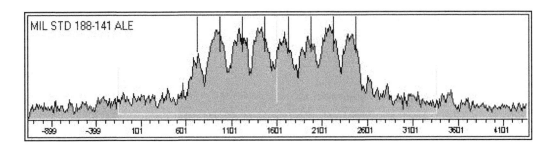

Abbildung 310: Spektrum einer MIL STD 188-141A

Linking Protection

MIL STD 188-141A kann mit einer Linking Protection LP verwendet werden. Das Linking Protection Control Module (LPCM) ermöglicht alle Kontrolfunktionen und ist mit dem ALE-Controller verbunden. Ein Scrambler ermöglicht, kontolliert durch das LPCM, alle Verschlüsselungsarten. Die Verbindungsverschlüsselung hat keinen Einfluss auf die Zeit für einen Verbindungsaufbau.

Das Konzept für die Verbindungsverschlüsselung bei MIL-STD-188-141 ist in der folgenden Abbildung gezeigt:

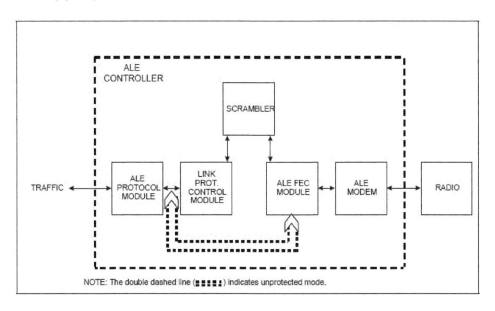

Abbildung 311: Linking Protection in MIL STD 188-141A

Die folgenden Schutzeinstellungen sind möglich:

> **AL-0**

Bei AL-0 wird kein Schutz für ALE verwendet.

> **AL-1**

Der AL-1 Scrambler verwednet den Lattice Verschlüsselungalgorithmus. Das AL-1 Protection Interval (PI) beträgt 60 Sekunden. Der dadurch erreichte Schutz ist etwas geringer als die anderen Schutzmassnahmen, erlaubt aber schwächere Synchronisationsanforderungen.

> **AL-2**

The AL-2 verwendet den gleichen Scrambler wie bei AL-1. Die AL-2 PI ist 2 Sekunden.

> **AL-3**

AL-4 verwendet einen Hardwarescrambler und einen von der NSA entwickelten Algorithmus und das dazugehörende Interface Control Document ICD. Die AL-3 PI beträgt maximal 2 Sekunden.

AL-4 (classified application level)

AL-4 verwendet einen Hardwarescrambler und einen von der NSA entwickelten Algorithmus und den dazugehörenden ICD. Die AL-4 PI beträgt maximal 1 Sekunde.

160. MIL STD 188-141B Appendix A

Alternate Quick Call (AQC) ALE, ALE AQC

MIL-STD-188-141B Appendix A oder auch Alternate Quick Call (AQC) ALE ist eine Variante vom 2G ALE, die dafür entwickelt wurde, die Sounding und Verbindungsaufbauzeiten zu reduzieren.
Es ist ein asynchrones Verfahren, be idem die Addressevon 15 auf 6 Zeichen reduziert wurde.
Es kann aber weiterhin mit Funkegeräten, die 2G-ALE verwenden nach einer Softwareänderung verwendet werden.
ALE AQC verwendet die BW2 PSK Modulation für den Burst-Betrieb. Hierbei handelt es sich um eine 8PSK-Modulation eines 1800 Hz Trägers mit einer Symbolrate von 2400 Bd.

161. MIL STD 188-141B Appendix C

ALE 3G

Die ALE 3G Modulation gehört zu einer Familie von Burst-Modulationsarten (Burst Waveform BW), die alle Anwendungen vom Verbindungsaufbau bis zur Aufrechterhaltung der Verbindung unterstützen. Alle Modulationsarten verwenden eine 8PSK-Modulation eines 1800 Hz Trägers mit einer Symbolrate von 2400 Bd. Die BW0-Modulation, die von 3G ALE verwendet wird, kann Nutzdaten von 26 Bit bei einer Coderate von 1/96 übertragen und dauert (inklusive der Synchronisationspräambel) 613 ms. Andere Modulationen der BWn Familie werden für Übertragungsmanagement oder Aufrechterhaltung der Verbindung verwendet.

ALE 3G wurde in folgenden Punkten verbessert:

- Schneller Verbindungsaufbau
- Verbindungsaufbau auch bei geringem SNR
- Verbesserte Kanalausnutzung
- ALE und Datenübertragung verwenden die gleiche Modulation
- Höherer Datendurchsatz für kurze und lange Nachrichten
- Unterstützung für das IP-Protokol und deren Anwendungen

Die folgende Tabelle zeigt die verschiedenen Burst-Modulationen, die bei ALE 3G verwednet werden:

Modulation	Verwendet für	Nutzdaten	Effektive Coderate
BW0	ALE 3G Protocol Data Units PDUs	26 Bits	1/96
BW1	Traffic Management PDUs; High-rate Data Link (HDL) protocol acknowledgement PDUs	48 Bits	1/144
BW2	HDL traffic data PDUs	n*1881 Bits	Variable: 1/1 to 1/4
BW3	Low-rate Data Link (LDL) protocol traffic data PDUs	8*n + 25 Bits	Variable:1/12 to 1/24
BW4	LDL acknowledgement PDUs	2 Bits	1/1920

Tabelle 70: Burst-Modulation vom ALE 3G

ALE 3G verwendet für den Verbindungsaufbau das Robust Link Setup (RLSU) Protokoll. Dieses ist ebenfalls im STANAG 4538 enthalten.

162. MIL STD 188-203-1A

TADIL A, LINK 11, STANAG 5511

Siehe LINK 11 für eine Beschreibung

163. MIL STD 188-203-3

TADIL C

Siehe LINK 4 für eine Beschreibung

164. MIL STD 188-212

TADIL B

Siehe LINK 11 für eine Beschreibung

165. MIL STD 188-342

VFCT

MIL-STD-188-342 beschreibt ein Fernschreibverfahren zur Übertragung im Sprachkanal VFCT FSK. Dieses Verfahren kann bis zu 8 Kanäle im Multiplex-Verfahren enthalten. Die Baudrate kann bis zu 110 Bd in jedem Kanal betragen. Jeder Übertragungskanal hat eine Shift von 85 Hz.

Die folgende Tabelle zeigt eine mögliche Verteilung der Töne:

Tonnummer	Frequenz in Hz
1	595
2	765
3	935
4	1105
5	1275
6	1445
7	1615
8	1785

Tabelle 71: Tonverteilung MIL STD 188-342

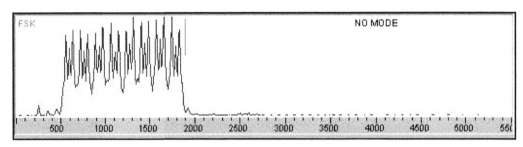

Abbildung 312: Spektrum des MIL STD 188-342

166. MLA Navy Baudot

Dieses Baudot-Signal wird von der Marine in Malysia verwendet. Es handelt sich um ein normales Baudot-Verfahren mit 50 Bd und 850 Hz Shift. Aber es hat eine besondere Eigenschaft, die nicht unerwähnt bleiben sollte: In jedem zweiten Buchstaben wird ein zweites Stopbit oder 6. Bit gesendet. Dieses resultiert in der Helldarstellung in verschobene Muster.

Die folgende Abbildung zeigt das Spektrum des Signals:

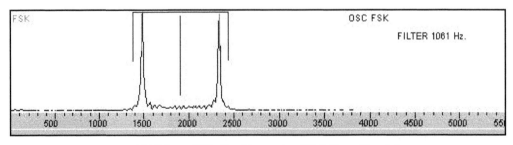

Abbildung 313: Spektrum des MLA Navy Baudot

Die verschobenen Muster sind in folgender Abbildung dargestellt:

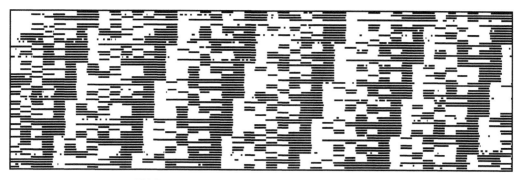

Abbildung 314: Bit-Muster des MLA Navy Baudot

167. MT 63

MT63 ist für Gespräche zwischen einer oder mehreren Amateurfunkstationen entwickelt worden. Es soll selbst unter schlechten Bedingungen eine Unterhaltung ermöglichen und verwendet daher keine ARQ sonderen eine FEC zur Fehlerkorrektur.

Das MT63 Modem basiert auf einen DSP Prozessor entweder in einer Speziellen Hardware oder verwendet die PC-Soundkarte. MT 63 verwendet 64 Töne mit einem Abstand von 15,625 Hz innerhalb einer Bandbreite von 1 kHz von 500 Hz bis 1500 Hz. Jeder Ton ist DBPSK mit einer Symbolrate von 10 Bd moduliert. Der Walsh FEC-Code hat eine Länge von 64 Bit, daher ist die Baudrate gleich der Symbolrate. Der Datendurchsatz mit FEC beträgt 10 7-Bit ASCII Zeichen/s.

Es können zwei weitere Bandbreiten von 500 Hz und 2 kHz verwendet werden, bei denen die Baudrate und der Tonabstand halbiert oder verdoppelt sind. Zusätzlich kann die Verschachtelungsperiode verdoppelt warden, allerdings mit dem Nachteil, dasei der Ausgabe ein Zeitverzögerung ensteht. Die niedrigste Tonfrequenz bleibt bei allen Varianten immer 500 Hz.

Bandbreite	Bereich	Symbolrate	Zeichenrate	Verschachtelung/Zeichen
500 Hz	500 - 1000 Hz	5 Bd	5 Zeichen/s	6,4 oder 12,8 s
1000 Hz	500 - 1500 Hz	10 Bd	10 Zeichen/s	3,2 oder 6,4 s
2000 Hz	500 - 2500 Hz	20 Bd	20 Zeichen/s	1,6 oder 3,2 s

Tabelle 72: MT 63 Übertragungsmodi

Die Daten von der Tastatur oder einer Datei (7-Bit ASCII) werden mit Hilfe der Walsh-Funktion auf 64 Bit umgesetzt und ermöhlichen damit eine sehr robuste Fehlerkorrektur FEC. Durch die Walsh-Funktion können bis zu 16 Bit der 64 Bit fehlerbehaftet sein. Die Ausgabe ist trotzdem korrekt. Um dafür zu sorgen, dass Störungen im Zeitbereich minimiert werden, wird jedes Zeichen über 32 sequentielle Zeichen verteilt (3,2 s). Um Fading oder Störungen durch andere Träger zu minimieren, werden die Zeichen über alle 64 Töne (6,4 s) verteilt. Diese Methoden führen zu einer hohen Datenssicherheit, ergeben aber eine verzögerte Ausgabe der Zeichen beim Empfänger.

Abbildung 315: Spektrum von MT63

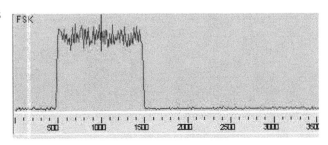

168. Nokia Adaptive Burst Modem

Dieses adaptive Übertragungsverfahren verwendet eine 2FSK mit verschiedenen Baudraten von 150,6 Bd, 301,7 Bd und 602,14 Bd bei einer Shift von 760 Hz.

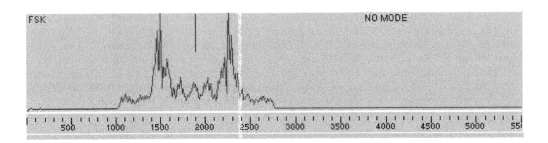

Abbildung 316: Spektrum des Nokia-Systems mit 150,6 Bd

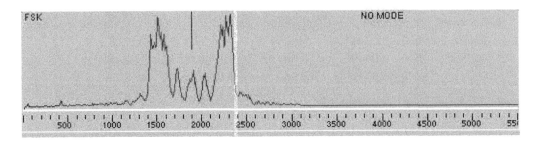

Abbildung 317: Spektrum des Nokia-Systems mit 301,7 Bd

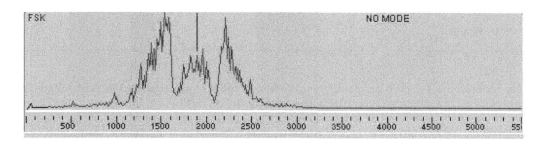

Abbildung 318: Spektrum des Nokia-Systems mit 602,14 Bd

169. NUM 13

SP-14

NUM 13 ist ein MFSK-Übertragungsverfahren, das 13 Töne aus 14 möglichen Tönen verwendet. Es wird für die Übertragung von Zahlen verwendet, bei der jeder Ton einer Zahl oder einem Kontrolsignal entspricht. Die Übertragungsdatenrate ist 7,5 Bd mit einer Tondauer von 133 ms. Der Tonabstand beträgt 16 Hz. Die Mittenfrequenz liegt auf 402 Hz und die Bandbreite beträgt ca. 210 Hz.
Es wird eine AM-Modulation verwendet.

Jeder Ton kann einer Zahl zugewiesen sein, z.B.:

- 10 Töne sind den Zahler 0..9 zugewiesen
- 1 Ton wird als Start-Kontrolzeichen verwendet
- 1 Ton wird als Stop-Kontrolzeichen verwendet
- 1 Ton wird als Space-Kontrollzeichen verwendet
- 1 Ton wird als Wiederholungsanfrage verwendet

Eine Aussendung wird durch eine bestimmte Startsequenz initialisiert, die den verwendeten Modus durch ein bestimmtes Zeichen anzeigt. Diese Sequenz wird mit einer Datenrate von 1 Bd ausgestrahlt, sodass es selbst unter schwierigsten Bedingungen übertragen wird. Auf die Startsequenz folgt die Nachricht in Gruppen zu 5 Zahlen. DasEnde der Sendung wird durch mehrfaches Aussenden der Stopsequenz angezeigt.

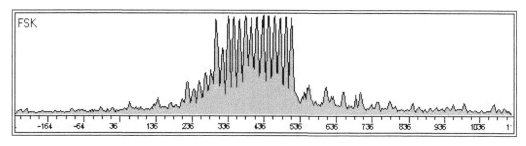

Abbildung 319: Spektrum von NUM 13

Olivia MFSK ist ein Protokoll aus dem Amateurfunk, das selbst unter schwierigsten Bedingungen auf Kurzwelle eine Übertragung bis zu 10 dB unter dem Rauschen zuläßt.

Olivia ist ein Fernschreibprotokoll und sendet Daten als 7-Bit ASCII-Zeichen. Diese werden in Blöcken zu 5 Zeichen zusammengefasst. Es dauert 2,5 s, um jeden Blockz zu übertragen. Daraus ergibt sich eine Datenrate von 2,5 Bd oder 150 Zeichen/Minute. Die Bandbreite beträgt 1000 Hz und die Baudrate is 31,25 MFSK Töne/Sekunde. Um das Verfahren an verschiedene Ausbreitungsbedingungen anzupassen oder für experiementelle Zwecke können Datenrate und Bandbreite geändert werden. Über 40 verschiedene Modi sind möglich.

Die folgende Tabelle zeigt die am häufigsten verwendeten Olivia-Modi:

Modus	Anzahl der Töne	Bandbreite in Hz	Baudrate in Bd	NiedrigstesS/N in dB
8-250	8	250	31,25	-14
16-500	16	500	31,25	-13
32-1K	32	1000	31,25	-12
8-500	8	500	62,5	-11
16-1K	16	1000	62,5	-10
4-500	4	500	125	-10
4-250	4	250	62,5	-12
8-1K	8	1000	125	-7

Tabelle 73: Häufigsten Modi von Olivia

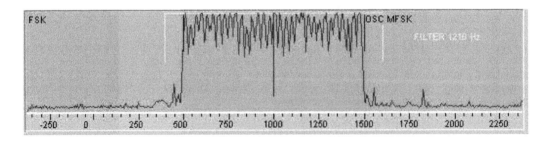

Abbildung 320: Spektrum eines Olivia Signals

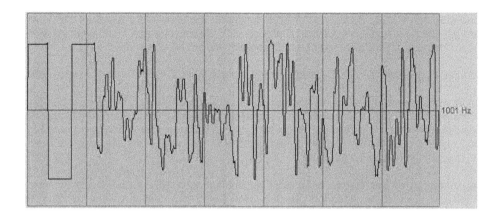

1001 Hz

Abbildung 321: Oliva in der MFSK-Oszilloskopdarstellung

Die Olivia-Aussendung ist in zwei Schichten gegliedert: die untere Schicht ist die Modulation, eine typische MFSK, und in der darüberliegenden Schicht die Fehlerkorrektur, die auf die Walsh-Funktion aufbaut.

Beide Schichten arbeiten vom Prinzip her ähnlich: sie bilden einen "1-aus-N" Forward Error-Correcting Code. Für die erste Schicht sind die orthogonalen Funktionen (Co)sinusfunktionen mit 32 verschiedenen Frequenzen. Zu einem bestimmten Zeitpunkt wird einer aus 32 Tönen gesendet. Der Demodulator misst die Amplitude aller 32 möglichen Töne (FFT) und geht davon aus, dass nur ein Ton gesendet wird. Er übernimmt dann den Ton mit der höchsten Amplitude.

Zweite FEC-Schicht: jedes ASCII-Zeichen wird als eine von 64 möglichen Walsh-Funktionen (oder Vektoren in einer Hadamard-Matrix) kodiert. Der Demodulator überprüft die Amplituden aller 64 Vektoren (hier wird die Hadamard Transformation verwendet) und wählt die größte. Für das beste Ergebnis arbeiten die Demodulatoren mit einer Softwareentscheidung, eine abschliessende Hardwareentscheidung wird nur in der zweiten Schicht verwendet, um ein Zeichen zu dekodieren.

Der Demodulator in der ersten Schicht produziert Softwareentscheidungen für jedes der 5 Bits, die zu einem MFSK- anstatt nur einfach den höchsten Ton für eine Hardwareentscheidung herauszupicken.

Um einfache Musteraussednungen zu vermeiden (wie z.B einen einzelnen Ton) oder um einen falsches Einrasten des Synchronisierers zu vermeiden werden die Zeichen verwürfelt und verschachteltet.

Olivia MFSK Layer

Der Standardmodus sendet 32 Töne innerhalb einer Bandbreite von 1000 Hz. Die Töne haben einen Abstand von 1000 Hz/32 = 31,25 Hz. Die Töne sind geformt um Oberwellen ausserhalb der verwendeten Bandbreite zu vermeiden. Die Formel dafür ist:

$+1.0000000000 +1.1913785723*\cos(x) -0.0793018558*\cos(2x) -0.2171442026*\cos(3x) - 0.0014526076*\cos(4x)$

Wobei x von $-\pi$ bis π als Wert annehmen kann.

309

Die Töne werden mit 31,25 Bd oder alle 32 ms gesendet. Die Phase wird zwischen den Tönen nicht constant gehalten: es wird eine zufällige Shift von ±90° angewendet um nicht einen einzelnen Ton zu senden, wenn gleichen Zeichen mehrfach gesendet werden

Der Modulator verwednet den Gray-Code, um die 5 Bit Symbole in Tonnummern zu konvertieren.

Der Modulationsgenerator basiert auf eine Samplingrate von 8000 Hz. Die Töne haben zeitmäßig einen Abstand von 256 Samples und das Fenster, das diese formt hat eine Länge von 512 Samples.Der Demodulator verwendet eine FFT mit 512 Punkten. Der Tonabstand wird berechnet mit 8000 Hz/256 = 31,25 Hz und die Demodulator-FFT hat eine Auflösung von 8000 Hz/512 = 15.625 Hz, also den halben Tonabstand.

Um das Verfahren an verschiedene Ausbreitungsbedingungen anzupassen, kann die Anzahl der Töne und die Bandbreite geändert warden. Die Zeit- und Frequenzwerte werden lediglich proportional angepasst. Die Anzahl der Töne kann 2, 4, 8, 16, 32, 64, 128 oder 256 betragen. Daraus ergibt sich dann eine Bandbreite von 125, 250, 500, 1000 oder 2000 Hz.

Olivia Walsh-Funktion FEC layer

Die Modulations-Schicht von Olivia sendet immer einen Ton aus 32 möglichen Tönen. Jeder Ton entspricht 5 Informationsbits. Für die FEC werden aus 64 Symbolen ein Block geformt, von jedem Synbol innerhalb des Blocks wird ein Bit genommen und bildet einen 64 –Bit-Vektor, der mit der Walsh-Funktion kodiert wird. Jeder 64 Bit-Vektor repräsentiert ein 7 Bit ASCII-Zeichen, jeder Bloch also 5 ASCII-Zeichen. Wenn in einem Symbol ein Fehler auftritt, ist also nur 1 Bit in jedem 64 Bit-Vektor betroffen, der Fehler wird über alle Zeichen innerhalb enes Blocks verteilt.

Die beiden Schichten (MFSK und Walsh-Funktion) des FEC kann als zweidimensionaler Kode betrachtet warden: die errste Dimension wird antlang der Frequenzachse durch die MFSK geformt, die zweite Dimension wird entlang der Zeitachse durch die Walsh-Funktion gebildet.

Die Verwürfelung und die einfache 1 Bit-Verschachtelung wird eingesetzt, um die generierten Symbolmuster mehr zufällig erscheinen zu lassen.

Bit-Verschachtelung: Die Walsh-Funktion für das erste Zeichen in einem Block wird durch das erste Bit im ersten Symbol gebildet, das zweite Bit vom zweiten Symbol usw. Die zweite Walsh-Funktion wird vom zweiten Bit des ersten Symbols, vom dritten Bit des zweiten Symbols usw. gebildet-

Verwürfelung: die Wals-Funktionen werden mit einer Zufallssequenz von 0xE257E6D0291574EC verwürfelt. Die Walsh-Funktion für das erste Zeichen in einem Block wird mit der Zufallssequenz verwürfelt, die zweite Walsh-Funktion wird mit der Sequenz um 13 Stellen nach rechts verschoben verwürfelt, die dritte mit einer Verschiebung um 26 Bit usw.

171. PACTOR I

PACTOR ist ein synchrones Halbduplexverfahren, das eine Kombination aus SITOR und PR ist. Es benutzt die Übertragungsgeschwindigkeiten von 100 und 200 Baud. Das System verwendet 12 Bit Kontrollsignale und eine 16 Bit CRC. Die Daten werden nach Huffmann kodiert.

Alle ausgesendeten Pakete haben die gleiche Struktur: ein Header für Synchronisation, 192 Datenbit bei einer Geschwindigkeit von 200 Bd und 80 Datenbit bei 100 Bd, 8 Kontrollbit mit einer Blocknummer, Unterbrechungs- und QRT-Anforderung, Sendemode usw. und 16 Bit für Fehlerkorrektur.

PACTOR verwendet vier Kontrollsignale CS 1 bis CS 4 mit einer Länge von 12 Bit. CS 1/CS 2 haben normale Bestätigungsfunktion, CS 3 für Unterbrechungsfunktion und Wechsel der Übertragungsrichtung und CS 4 für Wechsel der Übertragungsgeschwindigkeit.

Dieses Verfahren wird insbesondere von Funkamateuren und in variierter Form vom Internationalen Roten Kreuz benutzt. Zur Zeit sind 7 verschiedene Varianten, die sich durch den verwendeten CRC unterscheiden, bekannt. Diese werden folgendermaßen angewendet:

Variante	Nutzer
Mode 1	Funkamateure
Mode 2	Internationales Rotes Kreuz
Mode 3	UNHCR
Mode 4	Fanzösisches Rotes Kreuz
Mode 5	UNO
Mode 6	unbekannt
Mode 7	unbekannt

Tabelle 74: Verschiedene PACTOR I Varianten

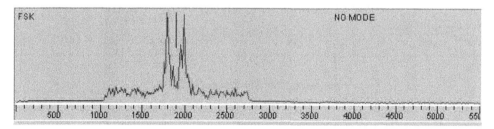

Abbildung 322: Spektrum von PACTOR I

Pactor II basiert auf einen DSP und ist bis zu sibenfach scneller als PACTOR I. Ein PACTOR I Signal verwednet 2 Töne mit einer Shift von 200 Hz und einer Datenrate von 100 oder 200 BD, die in einen 500 Hz Kanal passt. Pactor II ist ein halbduplexes sychrones ARQ-Verfahren und so entwickelt, dass es zu dem älteren PACTOR I Verfahren rückwärtskompatible ist.

Das Verfahren kann 8 Bit Daten uns ASCII nach der HUFFMAN oder MARKOV Methode verarbeiten. Abhängig von den Ausbreitungbedingungen kann die Modulation automatisch geändert werden. Der maximale Datendurchsatz beträgt 800 Bps.

Format	Beschreibung	Bitrate in Bps	Coderate	Durch-satz in Bps
DBPSK	Differentielle BPSK	200	1/2	100
DQPSK	Differentielle QPSK	400	1/2	200
8-DPSK	16 Phasen differentielle PSK	600	2/3	400
16-DPSK	16 Phasen differentielle PSK	800	7/8	700

Tabelle 75: PACTOR II Modulationsarten

Mit einer Online-Kompression kann der Datendurchsatz bis zu 1200 Bps erreichen.

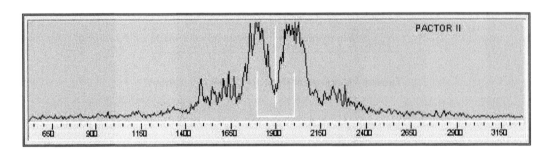

Abbildung 323: Spektrum PACTOR II

173. PACTOR II-FEC

PACTOR II-FEC ist eine Weiterentwicklung von PACTOR II und verwendet den gleichen Kompressionsalgorithmus und CRC-Maske. PACTOR II-FEC verwendet eine DQPSK mit 100 Bd und langen Blöcken in einer Bandbreite von 500Hz.

Für einen komplette Verbindung werden zwei Kanäle mit jeweils 100 Bd verwendet.

Im Vergleich zum Standard-PACTOR II gibt es keine Bestätigung (ARQ) der IRS, wenn ein Block von der ISS gesendet wurde. Dafür wird eine Fehlerkorrektur (FEC) mit Viterbi-Kodierung und einer FEC-Koderate von ½ angewendet. Die Fehlerkorrektur erfolgt ausschließlich auf Seiten der Empfangsstation. Um die Daten bei Fading und Störungen zu schützen, werden sie verschachtelt.

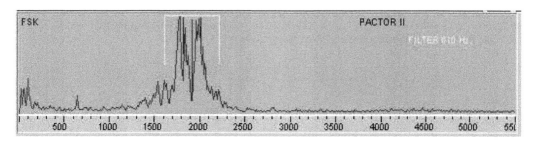

Abbildung 324: Spektrum von PACTOR II-FEC

174. PACTOR III

Ähnlich wie PACTOR-I und -II, ist PACTOR-III ebenfalls ein halbduplex synchrones ARQ-Verfahren. Der Verbindungsaufbau erfolgt über ein FSK (PACTOR-I) Protokoll, um zu den älteren Verfahren kompatible zu bleiben.
PACTOR-I und -II Bandbreite von 500 Hz entwickelt. PACTOR III dagegen wurde für den kommerziellen Markt für größere Datenraten entwickelt, die einen Standard-SSB Kanal verwenden. Bei sehr guten Ausbreitungsbedingungnen werdn 18 Töne mit einem Abstand von 120 Hz gesendet. Damit erreicht man i n der physikalischen Schicht eine Datenrate von 3600 Bps, was einer Nutzdatenrate von 2722,1 Bps ohne Kompression entspricht. Mit Hilfe einer Kompression sind Nutzdatenraten von über 5000 Bps möglich.

PACTOR-III Protokollspezifikation:

SLV = Geschwindigkeitsstufe - adaptiv
NTO = Anzahl der verwendeten Töne
PDR = Physikalische Übertragungsdatenrate in Bps
NDR = Netto Nutzdatenrate (ohne Kompression) in Bps

SLV	NTO	PDR	NDR
1	2	200	76.8
2	6	600	247.5
3	14	1400	588.8
4	14	2800	1186.1
5	16	3200	2039.5
6	18	3600	2722.1

Tabelle 76: PACTOR III speed levels

Abhöngig von den Ausbreitungsbedigungnen kann PACTOR-III verschiedene Geschwindigkeitsstufen (SLV) einstellen. Hierbei handelt es sich um einzelne Protokolle mit eigener Modulation und Kanalkodierung. Es können bis zu 18 Töe mit einem Abstand von 120 Hz eingestellt werden. Die maximale Bandbreite beträgt 2.2 kHz (von 400 bis 2600 Hz). Die Mitenfrequenz für das gesamte signal ist 1500 Hz. der Ton für den niedrigsten Frequenzkanal liegt auf 480 Hz, der höchste Ton auf 2520 Hz. Da für die niederigen Geschwindigkeitsstufen ausgelassen werden, entsprechen die Lücken zwischen den Tönen N mal 120 Hz. Die folgende Tabelle zeigt Anzahl und Positionen der Töne bei den verschiedenen Geschwindigkeitsstufen:

CN \ SL	0	1	2	3	4	5	6	7	8	9	10	11	12	12	14	15	16	17
1						X							X					
2				X		X		X			X		X		X			
3			X	X	X	X	X	X	X	X	X	X	X	X	X	X		
4			X	X	X	X	X	X	X	X	X	X	X	X	X	X		
5		X	X	X	X	X	X	X	X	X	X	X	X	X	X	X	X	
6	X	X	X	X	X	X	X	X	X	X	X	X	X	X	X	X	X	X
TF	480	600	720	840	960	1080	1200	1320	1440	1560	1680	1800	1920	2040	2160	2280	2400	2520

SL = speed level, CN = channel number, TF = tone frequency [Hz], an "x" indicates that the tone is used in the respective SL

Tabelle 77: PACTOR III Bezug zwischen Übertragungsgeschwindigkeit und Anzahl der Töne

Verbindungsaufbau:

Das rufende Modem verwendet den PACTOR-I FSK Verbindungsblock. um zur niedrigsten PACTOR-Stufe kompatible zu sein. Das angerufene Modem antwortet und es wird die höchste mögliche Geschwindgkeitsstufe zwischen den Modems ausgehandelt. Wenn ein Modemnur den Pactor-II Modus kann, dann wird dieser Modus für die Übertragung verwendet.

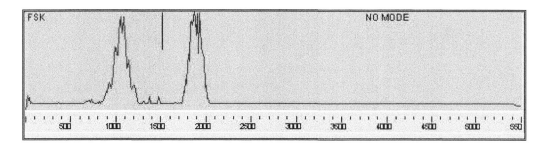

Abbildung 325: Spektrum PACTOR III Geschwindigkeitsstufe 1

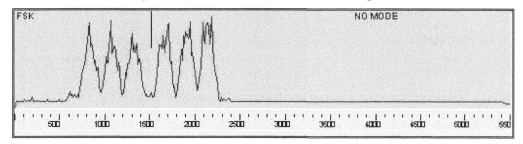

Abbildung 326: Spektrum PACTOR III Geschwindigkeitsstufe 2

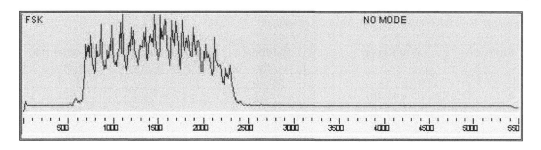

Abbildung 327: Spektrum PACTOR III Geschwindigkeitsstufe 3

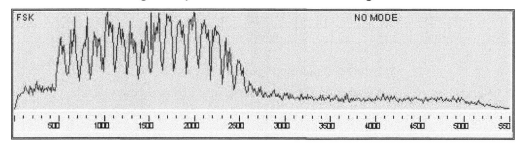

Abbildung 328: Spektrum PACTOR III Geschwindigkeitsstufe 5

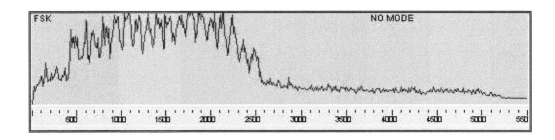

Abbildung 329: Spektrum PACTOR III Geschwindigkeitsstufe 6

175. PACTOR IV

PACTOR IV is die neuste Entwicklung von SCS. Dieses Modem kann maximal 5512 bps ohne und ca. 10500 bps mit Kompression übertragen. Das synchrone Modem arbeitet ähnlich wie PACTOR-3, verwendet jedoch 10 statt 6 Geschwindigkeitsstufen. Die maximale Bandbreite beträgt dabei 2400 Hz..
Es wird ein etwas höherer Signal/Rauschabstand als bei PACTOR III benötigt. In den oberen Geschwindigkeitsstufen verwendet PACTOR IV nur noch einen modulierten Träger mit adaptiver Kanalentzerrung. Das Modem ist abwärtskompatible zu PACTOR I, II, III.
Folgende Geschwindigkeisstufen werden unterstützt:

Stufe	Modulation	Symbol-rate	Bruttodatenrate in BPS	Nettodatenrate in BPS
1	2-Ton Chirp	56,25	113	46,9
2	DQPSK, Spread-16	112,5	225	85,32
3	DQPSK, Spread-16	112,5	225	147,2
4	DQPSK, Spread-16	225	450	300,8
5	BPSK	1800	1800	433,1
6	BPSK	1800	1800	1096,5
7	QPSK	1800	3600	2199,5
8	8PSK	1800	5400	3304,5
9	16QAM	1800	7200	4407,5
10	32QAM	1800	9000	5512.5

Tabelle 78: Geschwindigkeitsstufen PACTOR VI

Als Datenkompresssion wird wie bei PACTOR III eine Huffman-Kodierung verwendet.

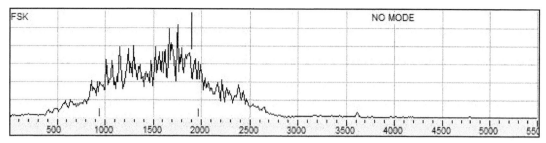

Abbildung 330: Spektrum PACTOR IV auf 1800 Hz

PACTOR VI 2-Ton-Chirp

PACTOR IV verwendet in der niedrigsten Gecshwindigkeitsstufe einen 2-Ton-Chirp. Dieser entspricht der DBPSK bei PACTOR II und PACTOR III in der Geschwindigkeitsstufe 1. Die Modulation erfolgt aber nicht auf festen Tönen, sondern diese änddern sich in einem bestimmten Frequenzbereich. Die Startfrequenz für Ton 1 ist 530 Hz und die für Ton 2 1530 Hz. Die Frequenzänderung findet während der Aussendung eines Blocks statt. Dieser hat eine Länge von 3,28 s. Daraus ergibt sich eine
Frequenzänderung von 965 Hz. Der Ton 1 ändert sich also von 530 Hz bis auf 1515 Hz und Ton 2 von 1530 Hz auf 2495 Hz.
Dieses Chirp-Verfahren ist sehr robust gegen selektives Fading im Übertragungskanal.

PACTOR IV Gespreizte Modulation

In den niedrigen Geschwindigkeitsstufen ist die Bandbreite auf Grund der geringen Datenrate sehr klein. Da PACTOR IV aber einen 2400 Hz-Kanal verwendet, wird das modulierte Signal von 150 Hz 16-fach gespreizt und füllt damit den Kanal von 2400 Hz aus. dadurch können schmalbandige Störungen eliminiert werden.

176. Packet Radio

AX 25

Packet Radio ist eine sehr komplexes Datenübertragungsverfahren, das auf das X25 Protokoll basiert, aber ein erweitertes Adressfeld hat. Die Fehlerrate wurde auf 1 : 1000000000 reduziert und ermöglicht die Übertragung von binären Daten. Packet Radio arbeitet mit Datenübertragungsraten von 300 Bd (Kurzwelle), 1200 Bd (VHF/UHF und 10 m Amateurfunkbereich) und 9600 Bd (VHF/UHF). Im Kurzwellenbereich ist bei einer Datenrate von 300 Bd eine Shift von 200 Hz üblich.

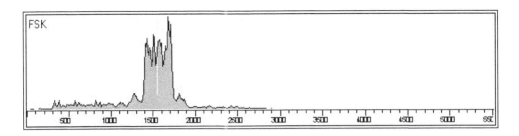

Abbildung 331: Spektrum eines Packet Radio Signals

177. Panther-H FH Modem

Dieses Modem von RACAL-Thales verwendet eine Sprungrate von 5 oder 10 Frequenzsprüngen pro Sekunde und kann in eine Bandbreite von 64, 128 oder 256 kHz springen. Das Modem kann bis zu eine Sprungbandbreite von 2 MHz programmiert werden.

Das Modem startet mit 8 Bursts auf einer Frequenz. Diese Bursts haben eine Länge von 40 ms und einen Abstand von 12 ms. Bei Duplexbetrieb findet dieses auf zwei Frequenzen gleichzeitig statt.

Die Sprungsequenz basiert auf einen nichtlinearen Schlüsselgenerator, der einen Sprungschlüssel mit 90 Bit erzeugt. Das ergibt 1027 mögliche Sprungsequenzen. Eine Synchronisation findet automatisch statt, es ist kein Bediener dafür notwendig. Es muss keine Tageszeit eingegeben werden, der Eintritt in ein bestehendes Funknetz ist jederzeit möglich. Synchronisationsdaten werden während der Frequenzsprünge in die Daten eingefügt, ohne das die Übertragungsqualität darunter leidet.

Initiale Synchronisationsdaten werden mit 20 Sprüngen/Sekunde gesendet, um den Durchsatz zu erhöhen. Das Modem kann mit bis zu 10 Netzen gleichzeitig synchronisiert werden. Der Bediener kann zwischen den Netzen durch eine Kanalumschaltung wählen. Dadurch kann das PANTHER-H Modem an Tag/Nachtbetrieb leicht angepasst werden. Das Modem behält sein Synchronisation auch bei Funkstille über 24 Stunden.

Die folgende Abbildung zeigt die Synchronisations-Bursts gefolgt von den Frequenzsprüngen innerhalb einer Bandbreite von 190 kHz.

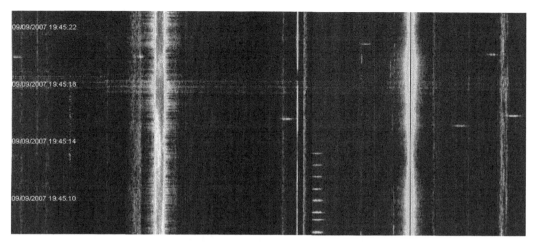

Abbildung 332: PANTHER-H Synchronisation und Frequenzsprüunge

Die folgenden Abbildungen zeigen die Synchronisation mit acht Bursts und eine genauere Ansicht von einem Burst:

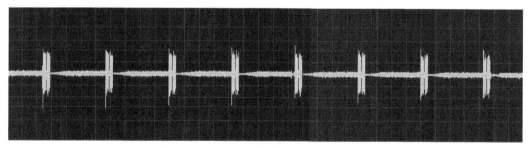

Abbildung 333: PANTHER-H Synchronisation Bursts

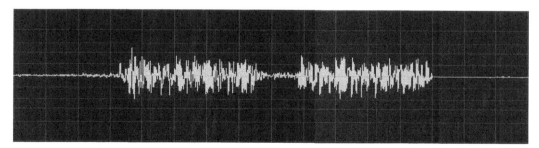

Abbildung 334: PANTHER-H Darstellung eines Burst

PAX /PAX 2 sind robuste MFSK-Verfahren, die von Olivia abgeleitet wurden. Das kleinste Signal-to-Noise Ratio SNR kann - 10 dB bei PAX und -7 dBm bei PAX 2 betragen. Es wird ein Protokoll ähnlich dem X.25-Protokoll verwendet, sodass ein Datenaustausch auch im nicht verbundenen Zustand (Unproto) möglich ist. APRS-Daten (Automatic Position Reporting System) können ebenfalls übertragen werden. PAX verwendet eine Datenübertragungsrate von 62.5 Bd, PAX 2 125 Bd.

Die Modulation ist eine FSK mit 8 Tönen wobe 3 Bits im Gray-Format angeordnet sind. Der Tonabstand für PAX beträgt 62,5 Hz. Das ergibt eine gesamtbandbreite von 500 Hz. Bei PAX 2 ist er 125 Hz und ergibt eine Gesamtbandbreite von 1 kHz.

Jeder gesendete Block besteht aus 32 Symbolen mit jeweils 3 Bits (es wird eine Matrix von 32 Spalten (der Zeit folgend) auf 3 Zeilen verwendet). Jede der 3 Blockzeilen eines Blocks entspricht einem Zeichen, das mit der Walsh-Funktion in einen 32 Bits Vektor transformiert wurde. Dadurch wird eine hohe Redundanz erreicht. Die verwendete Matrix ist 64 x 32 groß, die ersten 32 Zeilen sind die orthogonalen 32 Standardkombinationen der Hadamard-Matrix. Die nächsten 32 Zeilen sind ihre Inverse. Jedes Linienpaar ist also entweder orthogonal (scalars Produkt=0) oder biorthogonal (scalares Produkt<0). Der ASCII-Zeichensatz mit 6 Bit erlaubt 64 verschiedene Zeichen. PAX/PAX 2 verwendet keinerlei Fehlerkorrektur oder convolutional Kodierung. Eine Verschachtelung streut 3 Bit vertikal auf den Block. Für eine Verwürfelung wird eine Sequenz mit 32 Bits für jede Zeile im Block mit einer Verschiebung um 13 Bits zwischen zwei Zeilen angewendet.

Eine PAX/PAX 2 Aussendung beginnt auf dem niedrigsten Ton für den Zeitraum der bei TXDELAY angegeben ist und abhängig vom Rahmentyp (Minimum 0,5 second).

PAX/PAX2 Protokoll im nicht verbundenen Modus ("Unproto"):

Jeder Datenaustausch erfolgt über Rahmen Im nicht verbundenen Modus gibt es nur eine Sorte von Rahmen die als UI bezeichnet werden. Diese ermöglichen das Übertragen von Nachrichten oder APRS-Blöcken.

Jeder Rahmen besteht aus:

- Mindestens 3 Flags ("Flag": spezielles und eindeutiges Zeichen),
- Einem PID-Feld (protocol identifier) plus der Version des Protokolls,
- Eine Kontrollbyte für den Rahmentyp (hier UI),
- Ein Adressfeld: erst Ziel, dann der Absender und zwei mögliche Repeater,
- Ein Längenbyte mit der Anzahl der Informationszeichen,
- Ein Informationsfeld für die Daten,
- ein FCS-Feld bestehend aus 2 Bytes wo sich der CRC befindet ("Cyclic Redundancy Check Sum") für alle Rahmendaten bis zu diesem Feld (Except Flags). Ein Unterschied zwischen berechnetem und empfangenem CRC macht den Rahmen ungültig.

Hinweis: Die PAX/PAX2 "Bytes" haben nur eine Länge von 6 Bits (anstatt 8 Bits).

PAX/PAX2 Protokoll im verbundenen Modus:

Der verbundene PAX/PAX2-Modus ist ein ARQ-Modus (ARQ für "Automatic Repetition reQuest" durch eine Bestätigung ACK oder Nicht-Bestätigung NACK) ähnlich dem AX25-Protokoll.
Jeder gesendete I-Rahmen wird bestätigt oder nicht bestätigt durch einen RR oder I-Rahmen.

179. PICCOLO Mark VI

Piccolo MK VI ist ein britisches Verfahren, das immer 2 Audiotöne aus einer Auswahl von 6 Tönen bei ITA-2 und 12 Töne für ITA-5 für jedes zu übertragende Zeichen sendet. Im Leerlauf wird zwischen den Tönen 5 und 6 umgetastet. Mit Hilfe dieser beiden Töne ist es einfach, im Leerlauf die richtige Frequenz einer Station einzustellen. Zwei verschiedene Baudraten können übertragen werden: 50 und 75 Baud, aber das System verhält sich immer so, als wenn die Eingangsbaudrate 75 Baud beträgt. Dazu werden bei einer Eingangsbaudrate von 50 Baud Leerschritte eingefügt, wenn der Sendespeicher leer ist.
Die Töne 3 bis 8 werden mit einem Frequenzabstand von 20 Hz für ITA-2 Baudot genutzt (üblich), die Töne 0 bis 11 ebenfalls mit einem Abstand von 20 Hz für ITA-5 ASCII (selten).
Die Töne entsprechen den Frequenzen 400 bis 620 Hz für ITA-3 und 460 bis 560 Hz für ITA-2.
Leerlaufumtastung erfolgt zwischen 500 Hz und 520 Hz.

Piccolo mit 12 Tönen ITA-5		Piccolo mit 6 Tönen ITA-2
Ton- nummer	Frequenz in Hz	Ton- nummer
0	400	
1	420	
2	440	
3	460	0
4	480	1
5	500	2
6	520	3
7	540	4
8	560	5
9	580	
10	600	
11	620	

Tabelle 79: Tonfrequenzen für Piccolo 6/12

Aus der folgenden Tabelle ergibt sich für die Übermittlung bei der Verwendung von PICCOLO 6 folgende Tonkombination für die jeweiligen Bitkombinationen (in der Bit- Reihenfolge 12345) und das dazugehörende Zeichen:

Ton 1/2	Bitkombination 12345	Zeichen
0/0	11101	Q
0/1	10101	Y
0/2	11001	W
0/3	11011	fs
0/4	10111	X
0/5	11111	ls
1/0	01101	P
1/1	00101	H
1/2	01001	L
1/3	01011	G
1/4	00111	M
1/5	01111	V
2/0	10001	Z
2/1	00001	T
2/2	Nicht verwendet	
2/3	Nicht verwendet	Leerlauf
2/4	00011	O
2/5	10011	B
3/0	10000	E
3/1	00000	null
3/2	Nicht verwendet	
3/3	Nicht verwendet	
3/4	00010	cr
3/5	10010	D
4/0	01100	I
4/1	00100	sp
4/2	01000	lf
4/3	01010	R
4/4	00110	N
4/5	01110	C
5/0	11100	U
5/1	10100	S
5/2	11000	A
5/3	11010	J
5/4	10110	F
5/5	11110	K

Tabelle 80: Zeichen/Ton-Kombination

Die nächste Tabelle zeigt die Ton-/Zeichenkombinationen für PICCOLO 6 für den normalen und invertierten Empfang, sowie jeweils mit eingeschalteter Buchstaben- oder Zeichenumschaltung.

Töne	Normal Letter Shift	Normal Number Shift	Invertiert Letter Shift	Invertiert Number Shift	Töne:	Normal Letter Shift	Normal Number Shift	Invertiert Letter Shift	Invertiert Number Shift
00	Q	1	K	(	30	E	3	B	?
01	Y	6	F	!	31	null	null	O	9
02	W	2	J	bell	32				idle
03	fs	fs	A	-	33				
04	X	/	S	'	34	cr	cr	T	5
05	ls	ls	U	7	35	D	$	Z	+
10	P	0	C	:	40	I	8	V	:
11	H	#	N	,	41	sp	sp	M	.
12	L	)	R	4	42	lf	lf	G	&
13	G	&	lf	lf	43	R	4	L	)
14	M	.	sp	sp	44	N	,	H	#
15	V	=	l	8	45	C	:	P	0
20	Z	+	D	$	50	U	7	ls	ls
21	T	5	cr	cr	51	S	'	X	/
22					52	A	-	A	-
23	Standby	Standby			53	J	bell	W	2
24	O	9	null	null	54	F	!	Y	6
25	B	?	E	3	55	K	)	Q	1

Tabelle 81: Zeichen/Ton-Kombination für den invertierten Modus

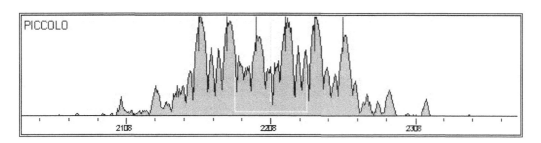

Abbildung 335: Spektrum of PICCOLO MK VI

Multi-Kanal PICCOLO verwenden die Frequenzen 510 Hz, 910 Hz, 1310 HZ und 1710 Hz, der Leerlaufkanal ist auf 510 Hz zu finden. Dieser ist ebenfalls der Dienstkanal, auf dem oft Unterhaltungen ohne Verschlüsselungen zu finden sind.

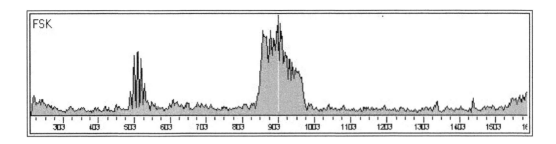

Abbildung 336: Multi-Kanal Piccolo

180. PICCOLO 12

Piccolo ITA-5 ist ein 12 Ton MFSK-Verfahren das auf 7 Bit ITA-5 Zeichen basiert.

Der Leerlaufzustand ist an der Umtastung zwischen Ton 5 und 6 zu erkennen. Es handelt sich um die beiden mittleren Töne, sodass dadurch eine Abstimmung erleichtert wird.
Die Datenübertragungsrate kann 50 Bd und 75 Bd betragen. Die Übertragungsgeschwindigkeit ist durch das Einfügen von Leerlaufzeichen bei 50 Bd konstant 75 Bd.

Die nachfolgenden Tabellen zeigen analog zu oben die Bit- und Zeichenkombination für PICCOLO 12. Die fett gedruckten Abschnitte zeigen, dass PICCOLO 6 ein Sonderfall des PICCOLO 12 ist, bei dem die drei obersten und niedrigsten Töne nicht verwendet werden. Zusätzlich sind in Klammern die entsprechende Tonkombination und das dazugehörende Zeichen abgebildet.

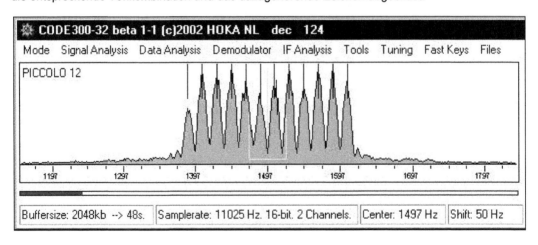

Abbildung 337: Spektrum von PICCOLO 12

Ton 1/2	Bitkombination	Symbol
0/0	Nicht verwendet	
0/1	0000100	idle
0/2	1000100	dc4
0/3	1000110	4
0/4	0000110	0
0/5	Nicht verwendet	
0/6	Nicht verwendet	
0/7	0001110	8
0/8	1001110	<
0/9	1001100	fs
0/10	0001100	can
0/11	Nicht verwendet	
1/0	0100100	dc2
1/1	0010100	dc1
1/2	0110100	dc3
1/3	0110110	3
1/4	0010110	1
1/5	0100100	2
1/6	0101110	:
1/7	0011110	9
1/8	0111110	;
1/9	0111100	Esc
1/10	0011100	Em
1/11	0101100	Sub
2/0	1100100	syn
2/1	1010100	nak
2/2	1110100	etb
2/3	1110110	7
2/4	1010110	5
2/5	1100110	6
2/6	1101110	>
2/7	1011110	=
2/8	1111110	?
2/9	1111100	us
2/10	1011100	gs
2/11	1101100	rs
3/0	1100101	V
3/1	1010101	U
3/2	1110101	W
3/3 (0/0)	**1110111**	w (Q)
3/4 (0/1)	**1010111**	u (Y)
3/5 (0/2)	**1100111**	v (W)
3/6 (0/3)	**1101111**	~ (fs)
3/7 (0/4)	**1011111**	} (X)
3/8 (0/5)	**1111111**	del (ls)
3/9	1111101	_
3/10	1011101	]
3/11	1101101	^
4/0	0100101	R
4/1	0010101	Q
4/2	0110101	S
4/3 (1/0)	**0110111**	s (P)

Ton 1/2	Bitkombination	Symbol
4/4 (1/1)	**0010111**	q (H)
4/5 (1/2)	**0100111**	r (L)
4/6 (1/3)	**0101111**	z (G)
4/7 (1/4)	**0011111**	Y(M)
4/8 (1/5)	**0111111**	{ (V)
4/9	0111101	[
4/10	0011101	Y
4/11	0101101	Z
5/0	Nicht verwendet	
5/1	0000101	P
5/2	1000101	T
5/3 (2/0)	**1000111**	t (Z)
5/4 (2/1)	**0000111**	p (T)
5/5 (2/2)	Nicht verwendet	
5/6 (2/3)	**idle**	idle
5/7 (2/4)	**0001111**	x (O)
5/8 (2/5)	**1001111**		(B)
5/9	1001101	\
5/10	0001101	X
5/11	Nicht verwendet	
6/0	Nicht verwendet	
6/1	0000001	@
6/2	1000001	D
6/3 (3/0)	**1000011**	d (E)
6/4 (3/2)	**0000011**	` (null)
6/5 (3/2)	Nicht verwendet	
6/6 (3/3)	Nicht verwendet	
6/7 (3/4)	**0001011**	l (D)
6/8 (3/5)	**1001011**	h (cr)
6/9	1001001	L
6/10	0001001	H
6/11	Nicht verwendet	
7/0	0100001	B
7/1	0010001	A
7/2	0110001	C
7/3 (4/0)	**0110011**	c (I)
7/4 (4/1)	**0010011**	a (sp)
7/5 (4/2)	**0100011**	b (lf)
7/6 (4/3)	**0101011**	j (R)
7/7 (4/4)	**0011011**	i (N)
7/8 (4/5)	**0111011**	k (C)
7/9	0111001	K
7/10	0011001	I
7/11	0101001	J
8/0	1100001	F
8/1	1010001	E
8/2	1110001	G
8/3 (5/0)	**1110011**	g (U)
8/4 (5/1)	**1010011**	e (S)
8/5 (5/2)	**1100011**	f (A)
8/6 (5/3)	**1101011**	n (J)

Ton 1/2	Bitkombination	Symbol
8/7 (5/4)	**1011**011	m (F)
8/8 (5/5)	**1111**011	o (K)
8/9	1111001	O
8/10	1011001	M
8/11	1101001	N
9/0	1100000	acq
9/1	1010000	enq
9/2	1110000	bell
9/3	1110010	'
9/4	1010010	%
9/5	1100010	&
9/6	1101010	.
9/7	1011010	-
9/8	1111010	/
9/9	1111000	si
9/10	1011000	cr
9/11	1101000	so
10/0	0100000	stx
10/1	0010000	soh
10/2	0110000	etx
10/3	0110010	#
10/4	0010010	!
10/5	0100010	„
10/6	0101010	*
10/7	0011010	)
10/8	0111010	+
10/9	0111000	vt
10/10	0011000	tab
10/11	0101000	lf
11/0	Nicht verwendet	
11/1	0000000	null
11/2	1000000	eot
11/3	1000010	$
11/4	0000010	space
11/5	Nicht verwendet	
11/6	Nicht verwendet	
11/7	0001010	(
11/8	1001010	,
11/9	1001000	ff
11/10	0001000	bs
11/11	Nicht verwendet	

Tabelle 82: Zeichen/Ton-Kombination für PICOOLO 12

181. POL-ARQ

POL-ARQ ist ein synchrones Duplex ARQ-Verfahren, welches ein 7 Bit fehlerkorrigierendes CCIR 476 Alphabet nutzt. Es arbeiten zwei Stationen auf verschiedenen Frequenzen als ISS und IRS. Ein kompletter Wiederholungsrahmen hat 4, 5 oder 6 Zeichen. POL-ARQ ist eigentlich ein Standard-SITOR B-Verfahren, in dem es keine Wiederholungszeichen gibt. Auf Anforderung hin können die vier zuletzt gesendeten Zeichen wiederholt werden.

Dieses Verfahren wurde zwischen dem Außenministerium in Polen und den Botschaften in anderen Ländern verwendet.

182. PSK 10

PSK-10 ist ein schmalbandiges und verlässliches Verfahren, das von Funkamateuren entwickelt wurde. Es verwendet eine Übertragungsrate von 10 Bd mit einer DBPSK Modulation. Die Bandbreite beträgt ca. 40 Hz.
Der PSK10 Zeichensatz wurde anPSK31 von Peter Martinez (Varicode) übernommen mit dem Trennungscode "011" ("1" für "Statusänderung" und "0" für "keine Änderung").
"011" ist ebenfalls das Leerlaufzeichen.

PSK10 verwendet den folgenden Zeichensatz:

Zeichen	Code
Idle character (>)	
Space	1
E	0
T	1 1
A	0 1
I	1 0
S	0 0
N	1 1 1
R	1 0 1
O	1 1 0
<CR>+<CL>	0 0 1
C	0 1 0
D	1 0 0
L	1 1 1 1
P	1 1 0 1
M	1 1 1 0
H	0 1 0 1
U	1 0 0 1

Zeichen	Code
F	1 0 1 0
B	1 1 0 0
G	0 0 1 0
0	1 1 1 1 1
9	1 1 1 0 1
5	1 1 1 1 0
1	1 0 1 0 1
2	1 1 0 0 1
3	1 1 0 1 0
4	1 1 1 0 0
6	0 1 0 0 1
7	0 1 0 1 0
8	1 0 0 1 0
.	1 1 1 1 1 1
Y	1 1 1 1 0 1
W	1 1 1 1 1 0
V	1 1 0 1 0 1
,	1 1 1 0 0 1
"	1 1 1 0 1 0
X	1 1 1 1 0 0
K	0 1 0 1 0 1
Error reset key (<)	1 0 0 1 0 1
:	1 0 1 0 0 1
-	1 0 1 0 1 0
=	1 1 0 0 1 0
+	0 0 1 0 0 1
?	0 0 1 0 1 0
Q	0 1 0 0 1 0
$	1 1 1 1 1 1 1
'	1 1 1 1 1 0 1
Z	1 1 1 1 1 1 0
J	1 1 1 0 1 0 1
(	1 1 1 1 0 0 1
)	1 1 1 1 0 1 0
!	1 1 1 1 1 0 0
/	1 0 1 0 1 0 1
@	1 1 0 0 1 0 1
&	1 1 0 1 0 0 1
#	1 1 0 1 0 1 0
*	1 1 1 0 0 1 0

Tabelle 83: PSK10 Zeichensatz

PSK-31 ist ein schmalbandiges und verlässliches Verfahren, das von Funkamateuren entwickelt wurde. Es verwendet eine Datenübertragungsrate von 31,25 Bd.

Als Modulation wird eine DPSK eingesetzt. Es können zwei Demodulatoren verwendet werden: ein Zweiphasen-Demodulator für DBPSK und einen Vierphasen-Demodulator für DQPSK. Die Baudrate beträgt 31,25 Bd.

Mit der DQPSK-Modulation wird einr FEC von ½ und Viterbi-Kodierung verwendet.

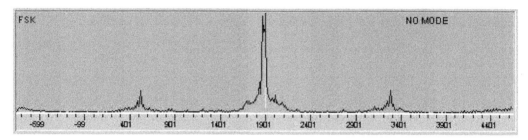

Abbildung 338: Spektrum eines PSK31 Signals

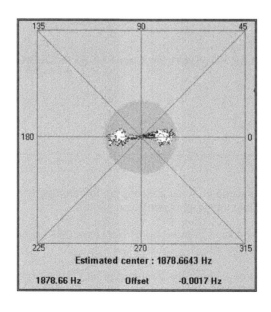

Abbildung 339: Phasendarstellung eines BPSK PSK31 Signals

184. PSK 63 FEC

PSK-63F ist ein schmalbandiges und verlässliches Verfahren, das von Funkamateuren entwickelt wurde. Es verwendet eine Datenübertragungsrate von 62,5 Bd.

Das robuste Verhalten gegenüber Störungen wird duch eine DBPSK oder DQPSK Modulation mit einer Fehlerkorrektur (FEC) erreicht.

Im Vergleich zu PSK31 wurde dieses Übertragungsverfahren in Bezug auf die Bitfehlerate (BER) verbessert um Effekte durch Mehrwegeausbreitung, Fading und Doppler zu verringern.

Es wird eine FEC von ½ und eine Viterbi-Kodierung verwendet.

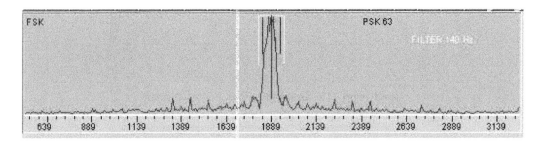

Abbildung 340: Spektrum einer PSK 63 im QPSK Modus

185. PSK 125 FEC

PSK-125F ist ein schmalbandiges und verlässliches Verfahren, das von Funkamateuren entwickelt wurde. Es verwendet eine Datenübertragungsrate von 125 Bd.

Ds robuste Verhalten gegenüber Störungen wird duch eine DBPSK oder DQPSK Modulation mit einer Fehlerkorrektur (FEC) erreicht.

Im Vergleich zu PSK31 wurde dieses Übertragungsverfahren in Bezug auf die Bitfehlerate (BER) verbessert um Effekte durch Mehrwegeausbreitung, Fading und Doppler zu verringern.

Es wird eine FEC von ½ und eine Viterbi-Kodierung verwendet.

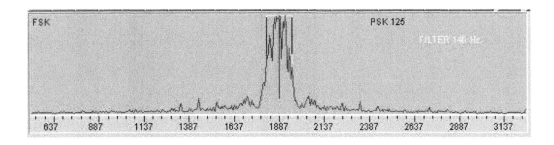

Abbildung 341: Spektrum einer PSK 125 im QPSK Modus

186. PSK 220 FEC

PSK-220F ist ein schmalbandiges und verlässliches Verfahren, das von Funkamateuren entwickelt wurde. Es verwendet eine Datenübertragungsrate von 220,5 Bd.

Ds robuste Verhalten gegenüber Störungen wird duch eine DBPSK oder DQPSK Modulation mit einer Fehlerkorrektur (FEC) erreicht.

Im Vergleich zu PSK31 wurde dieses Übertragungsverfahren in Bezug auf die Bitfehlerrate (BER) verbessert um Effekte durch Mehrwegeausbreitung, Fading und Doppler zu verringern.

Es wird eine FEC von ½ und eine Viterbi-Kodierung verwendet.

187. PSKAM 10/31/50

PSKAM 10/31/50 sind andere Varianten von PSK 31 Verfahren. Sie verwenden einen festen Zeichensatz mit 56 Zeichen. Es wird eine Fehlerkorrektur FEC verwendet, indem jedes zeicehn 5 Positionen später wiederholt wird.

Als Modulation wird eine differentielle BPSK (DBPSK) eingesetzt. Die Übertragungsrate beträgt 10 Bd, 31,25 Bd oder 50 Bd.

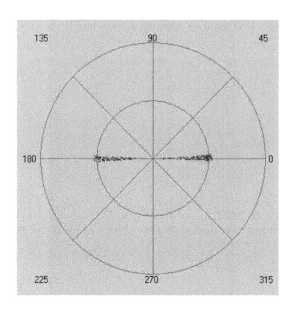

Abbildung 342: Phasendarstellung von PSKAM 10/31/50

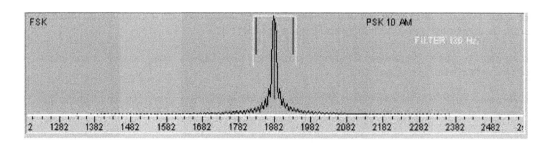

Abbildung 343: Spektrum von PSKAM 10

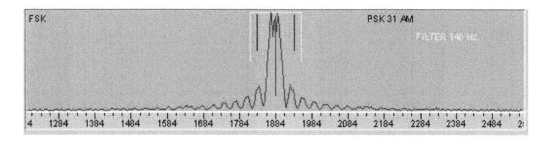

Abbildung 344: Spektrum of PSKAM 31

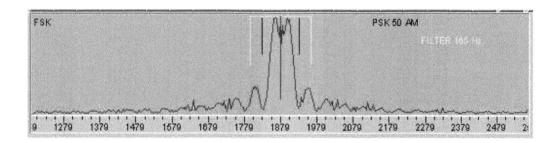

Abbildung 345: Spektrum of PSKAM 50

Die Bandbreite für PSKAM10 beträgt ca. 50 Hz, für PSKAM 31 ca. 80 Hz und PSKAM 50 ca. 260 Hz.

Jedes Zeichen wird 5 Positionen später wiederholt (also 0,8 s in PSKAM 50, 1,28 s in PSKAM31 oder 4 s in PSKAM10) zwischen 2 Aussendungen des gleichen Zeichens (Beispiel: A X B Y C A D B...). Dieses Zeitdiversity erlaubt die Korrektur von einem falschen Zeichen.

Seine Festellung ist einfach duch die Bitkombination für ein Zeichen (5 x Space und 3 x Mark).

188. Q15x25

Q15X25 ist eine DSP-basierte Modulation, die wie bei einem TNC arbeitet. Es arbeitet in einem ARQ-Modus wie bei AX.25 und TCP/IP auf Kurzwelle. Die Geschwindigkeit und Verläßlichkeit ist größer als bei traditionellen HF ARQ-Modems (wie z.B. 300 Bd Packet Radio).

Es werden 15 Träger DQPSK moduliert, die einen Abstand von 125 Hz haben. Jeder hat eine Symbolrate von 83,333 Bd. Q15X25 verwendet eine FEC (Forward Error Correction) und eine Zeit- und Frequenzverschachtelung, um die meisten Fehler während der Übertragung zu minimieren. Die Datenübertragungsrate beträgt 2500 Bps.

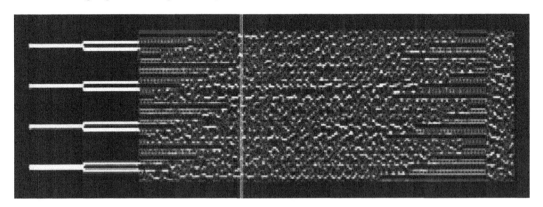

Abbildung 346: Sonogramm von Q15x25

189. RAC-ARQ

MEROD (Message Entry und Read Out Device)

RAC-ARQ (RACAL ARQ Fernschreibsystem) ist ein synchrones System mit einer Übertragungsgeschwindigkeit von 150 Bd oder 266 Bd und einem fehlerkorrigierenden BCH Code, der bis zu 7 Fehler in 127 Bit korrigieren kann.

Selektive Adressierung sowie Gruppenadressierung mit bis zu 4 verschiedenen Adressaten pro Nachricht ist möglich.

Die Nachricht besteht aus Zufallsdaten für den Start einer Übertragung, 64 Bit Pseudopreambel für eine Synchronisation, 90 Bit Messagelänge mit Fehlererkennung und 127 * 1000 Bit für die eigentliche Information mit Adresse, Schlüssel, Absender und Paritätsbit für eine Fehlerkorrektur.

Die Informationsbit sind verschlüsselt und miteinander verschachtelt.

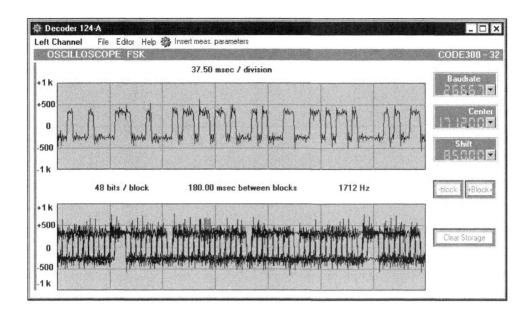

Abbildung 347: Oszilloskopdarstellung von RAC-ARQ

190. RFSM 2400/8000

Radio Frequency Software Modem

RFSM-2400 Modem

Dieses Modem wurde durch Funkamateure in der RFSM-IDE-Gruppe basierend auf eine Standard-Soundkarte entwickelt.
In allen Modi wird ein Startton auf 1500 Hz für den 2000 Bd Modus oder 1800 Hz für den 2400 Bd Standardmodus gemäß MIL STD 188-110A ser mit einer Dauer von 300 ms und einer 8PSK-Präamble von 1500 ms Dauer gesendet. Die nachfolgenden Daten werden ebenfalls mit einer 8PSK übertragen.

Die maximale Übertragungsrate ist 3200 Bps im Standardmodus und 2666 Bps im Nicht-Standardmodus mit einem punktierten Code 2/3.

Es wird eine adaptive Fehlerkorrektur und SSE2-Optimierung verwendet. Datei-Übertragung wird mit Hilfe eines ARQ-Verfahren durchgeführt.

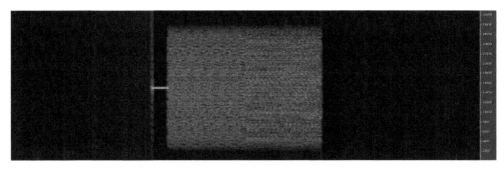

Abbildung 348: Spectrogram des RFSM-2400 Modems

RFSM-8000 Modem

Der Startton von 1800 Hz hat eine Dauer von 300ms. Darauf folgt eine 8PSK-Präamble ähnlich wie bei RFSM-2400 von 1500 ms. Die Symbolrate beträgt immer 2400 Bd. Das Modem arbeitet nach den Standards MIL-STD 188-110A / MIL-STD 188-110B App C, (ebenfalls unter einer modifizierten Version).

Für eine Datenrate von 6400 Bps wird QAM16 verwendet mit 12PSK im äußeren und 4PSK im inneren Bereich, für 8000 Bps ist die Modulation eine QAM32.

Die maximale Datenrate beträgt 8000 Bps (Standardmodus) und 6666 Bps (kein Standardmodus) in einer Bandbreite von: 0.3-3.3 kHz (Standardmodus) und 0.3-2.7 kHz (kein Standardmodus).
Es wird eine adaptive Fehlerkorrektur und SSE2-Optimierung verwendet. Datei-Übertragung wird mit Hilfe eines ARQ-Verfahren durchgeführt.

RFSM-8000 ist rückwärtskompatible mit RFSM-2400.

191. Robust Packet Radio RPR

RPR ist eine neue Entwicklung von SCS, die für ihre PACTOR-Modems bekannt sind. RPR verwendet eine pulsgeformte OFDM (wie in Pactor III) mit einer Pulsdauer von 20 ms. RPR ist adaptive für Datenraten von 200 Bps oder 600 bps in einer Bandbreite von 500 Hz. Als Modulation wird eine 8 Ton PSK mit voller Blockverschachtelung und einer Coding-Rate von 1/2 oder ¾ eingesetzt. Die Töne haben einen Abstand von 60 Hz.

RPR kann Frequenzabweichungen bis zu 250 Hz korrigieren. Es verwendet das Standard AX.25 Protokoll.

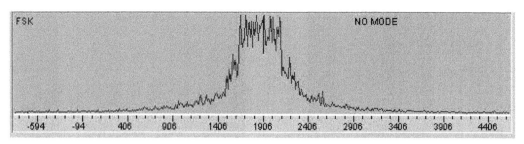

Abbildung 349: Spektrum von Robust Packet Radio

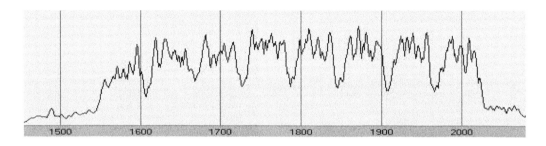

Abbildung 350: Erweitertes Spektrum von Robust Packet Radio

192. ROS

ROS ist eine MFSK-Modulation, die von Funkamateuren verwendet wird und von Jose Alberto Nieto Ros entwickelt wurde. Die Gesamtbandbreite beträgt 2250 Hz. Es werden zwei Symbolraten von 1 Bd und 16 Bd mit 144 Tönen und einem Frequenzabstand von 15,625 Hz übertragen. Es werden 128 Töne mit einm 7 Bit GRAY Code für die Zeichen und 16 töne zur Synchronisation verwendet.

ROS ist ein halbduplex-Modeus ohne ARQ aber einer Forward Error Correction FEC mit Verschachtelung. Die FEC ist sequentiell R=1/2, K=7. Die ROS-Übertragungist in Tonblöcke unterteilt. Jeder Block wird aus 144 Tönen gebildet. Als Alphabet kommt ein erweiterter ASCII-Zeichensatz zum Einsatz sowie Super ASCII-Kontrollzeichen, die von IZ8BLY als ein Varicode mit 6 Bit entwickelt wurden.

Vor der datenübertragung wird eine bestimmte Sequenz von 20 Symbolsen ausgesendet, damit dem Empfänger die genaue Zeit für die Dekodierung bekannt ist. Eine dekodierung findet nur statt, wenn mindesten 12 der 20 Symbole korrekt empfangen wurden.
Nach Abschluss der Übertragung wird eine Sequenz von 16 Symbolen gesendet, damit der Empfänger die genau Zeit für das Ende der Dekodierung kennt.

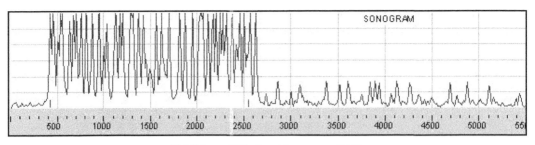

Abbildung 351: Spektrum von ROS

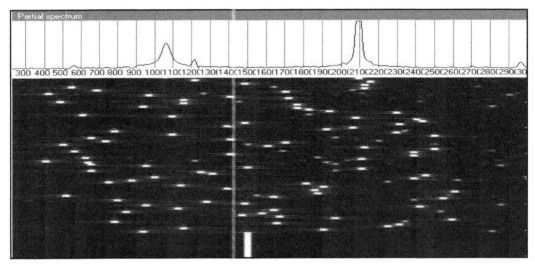

Abbildung 352: Sonogramm von ROS mit Vorträger

193. ROU-FEC

RUM-FEC, Saud-FEC

ROU-FEC ist ein romänisches Duplex FEC-Verfahren mit einer Baudrate von 164,5 Bd und in seltenen Fällen mit einer Baudrate von 218,3 Bd.
Dieses Verfahren wurde lange Zeit als "SAUD-FEC" bezeichnet.
Eine Verschachtelung erfolgt nach128 Bit, jedes neue Zeichen hat seinen Anfang 16 Bit nach dem vorhergehenden Zeichen. Dieses Verfahren wurde vom MFA in Bukarest eingesetzt. Hierbei verwendete das MFA grundsätzlich 164,5 Bd und die Botschaften 218,3 Bd.

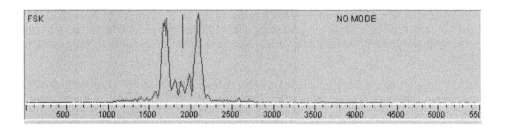

Abbildung 353: Spektrum einer ROU-FEC

194. RS-ARQ

ALIS

RS-ARQ (Rhode & Schwarz) ist ein synchronen Simplex ARQ Verfahren, das das CCIR 476 Alphabet nutzt. Darüber hinaus erlaubt dieses Verfahren die Übertragung von 7 Bit ASCII und den erweiterten 8 Bit IBM G2 Zeichensatz. Die Datenübertragungsrate ist 228,5 Bd und entspricht einem Terminalinput von 720 Bd. Dieses ergibt 92,6, 88,2 oder 84,9 Bd wenn ein 5 Bit, 7 Bit oder 8 Bit Format benutzt wird.

Die Fehlererkennung wird durch einen redundanten Kode sichergestellt. Die Blocklänge beträgt 48 Bit mit einem linear zyklischen Block. Die 48 Bit teilen sich in 32 Datenbit und 16 Bit für Fehlererkennung. Diese Verfahren bietet gegenüber SITOR eine erheblich höhere Ubertragungssicherheit.

Wenn durch erschwerte Ausbreitungsbedingungen oder Störungen die Fehlerrate einen bestimmten Wert übersteigt, führt das System automatisch einen Frequenzwechsel durch. Wird die Verbindung völlig unterbrochen, wird ein Wiedereinphasvorgang gestartet.
Das System hat die Möglichkeit einer passiven Kanalanalyse und kann die maximal zu verwendende Frequenz bestimmen.
Die Verbindung wird durch eine rufende Station aufgebaut, indem diese eine bestimmte Anzahl von Blöcken auf verschiedenen Frequenzen aussendet. Die Empfangsstation berechnet eine gewichtete Bitaddition und scannt alle vorprogrammierten Frequenzen bis es mindestens drei Blöcke auf einer Frequenz zur Synchronisation empfangen hat.
Nach dem Empfang dieser Blöcke sendet die Empfangsstation eine Synchronisationsbestätigung und Informationen über die Güte des Empfangssignals.
Diese Quittungsblöcke werden mehrmals wiederholt, so daß die sendende Station die Laufzeit des Linkes bestimmen kann. Wird der Ruf nicht beantwortet oder ist die Fehlerrate zu hoch, wird der Vorgang in einem anderen Frequenzpool wiederholt. Ist die Verbindung hergestellt, wird ein Startsignal für die Beendigung der Phase des Verbindungsaufbaus ausgesendet. Die Anzahl der Blöcke ist nicht festgelegt. Sie wird ungefähr aus der Anzahl der Poolfrequenzen durch Verdreifachung bestimmt.

Ein Block besteht aus 24 Bit Korrelationscode um den Blockanfang zu finden, 15 Bit Adreßkodierung mit einem Paritybit, 22 Bit Statusinformation der Masterstation und 7 Bit Blockzähler, der von der Anzahl der Poolfrequenzen abhängig ist. Wenn das Adreßfeld gleich 0 ist, befindet sich das System im Rundstrahlmodus. Ein richtig empfangener Block wird mit 24 Bit Synchronisationsblock und 4 Bit Güte des empfangenen Signals bestätigt. Das Startsignal, welches das Ende des Verbindungsaufbau markiert, besteht aus 14 Bit Synchronisationsblock und 15 Bit Adreßcode der Masterstation.

Modems, die dieses Verfahren generieren sind unter anderem das GM 857 und GM 2000. RS-ARQ ist eigentlich nur der Übertragungsmodus. Das gesamte System zur Übertragung jeglicher Daten sowie die Kontrolle des Netzwerks wird als MERLIN bezeichnet. Das Frequenzmanagementsystem und der Verbindungsaufbau sind unter dem Begriff ALIS (Automatic Link Processing) zusammengefaßt.

RS-ARQ wurde bei den Außenministerien von Deutschland, Italien und der Türkei sowie wahrscheinlich in Libyen verwendet. Modems, die zur Zeit in der Lage sind, dieses Signal zu erzeugen, sind unter den Bezeichnungen GM857 und GM2000 bekannt.

195. RS-ARQ II

RS-ARQ 240, GM857, GM2000

RS-ARQ II ist ein Burst 8 Ton MFSK ARQ System hergestellt von Rohde & Schwarz mit einer Übertragungsgeschwindigkeit von 240 Bd (entspricht 720 Bit/s). Der Tonabstand beträgt 240 Hz und die Tondauer ist 4,15254 ms.

Es wird eine Präamble mit einem Identifizierungskode von 21 Bits Länge ausgestrahlt. Ein Sendeblock besteht aus 55 Tri-Bits und ergeben 165 Bits pro Block.Zur Fehlerkorrektur wird ein CRC von 16 Bit angewendet.

Das System kann entweder 5 Bits ITA2 oder 8 Bits ASCII ITA5 aussenden.

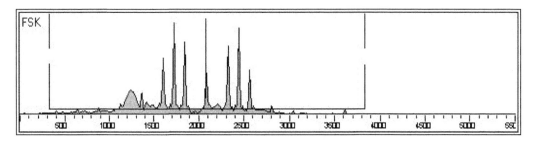

Abbildung 354: Spektrum von RS-ARQ II

Rohde & Schwarz Advanced Waveforms

Das R&S Modulationsverfahren für die GM2xxx-Serie wurde für Datenraten zwischen 900 und 5400 Bps entwickelt. In de folgenden Abbildung ist die Rahmenstruktur aufgezeigt. Wenn ein GM2xxx-Modem mit dem ALIS-Prozessor eingesetzt wird, wird die Datenübertragungsrate automatisch an die Übertragungsqualität angepasst. Während der Verbindungsaufnahme berechnet der ALSI-Prozessor die maximal mögliche Datenrate.

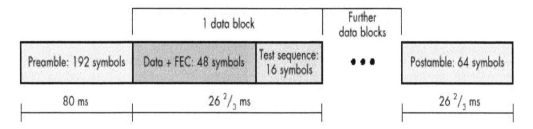

© Rhode&Schwarz, Munich

Abbildung 355: Rahmenstruktur des HF Modem GM2100

Das Modem verwendet eine Phasenmodulation von 2PSK, 4PSK und 8PSK. 2PSK wird für eine datenrate von 900 Bps und 4PSK für 1800 Bps eingestzt. 2PSK und 4PSK erhöhen die Verläßlickeit der Übertagung bei schlechten Bedingungen. 8PSK wird für sehr gute Ausbreitungsbedingungen oder Bodenwelle eingesetzt.

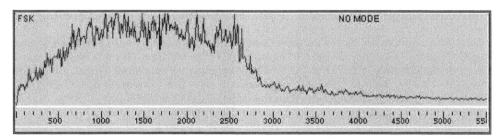

Abbildung 356: Spektrum des HF Modems GM2100

Um die Datenrate weiter zu erhöhen, kann die FEC eines Sendeblocks so angepasst werden, dass eine Datenrate bis zu 5400 Bps erreicht wird.

Modulation	Info-Bits	Redundanz-Bits	Coderate	FEC [%]	Datenrate [bps]
8PSK	144	0	Keine FEC	0	5400
8PSK	120	24	5/6	17	4500
8PSK	96	48	2/3	33	3600
8PSK	72	72	1/2	50	2700
4PSK	36	36	1/2	50	1800
2PSK	18	18	1/2	50	900

Tabelle 84: GM2100 Übertragungsmode

Ein Vorteil der Übertragungsmethode des GM2100 ist die automatische Erkennung der empfangenen Datenrate durch einen bestimmten Code am Anfang der Übertragung. Das empfangsmodem braucht vom Sendemodem keine Information über die Datenrate. Der ALIS-Prozessor sendet Daten im RSX.25 Protokoll mit einer niedrigen Datenrate. Auch wen die Anzahl dieser Daten im Vergleich zu den Nutzerdaten sehr gering ist, so sind sie sehr wichtig für das Übertragungsprotokoll.

Die hohe Übertragungsrate zusammen mit dem RSX.25 Protokoll ergibt eine synchrone Datenrate von 3600 Bps am Interface zum Datenterminal für sehr gute Verbindungen. Das entspricht in etwa einer asynchronen koninuierlichen Datenrate von 4480 Bps für eine Schnittstelleneinstellung von 8 Datenbit, einem Stopbit und keinem Überprüfungs.

197. RS GN2130 Modem

Das GN 2130 ist ein Sprachvocodermodule mit integriertem Verschlüsselungsprozessor für das XK 2000 HF System. Es kann zusamen mit dem XK 2100 150 W Transceiver, dem GX 2900 Exciter, den EK 2000 Empfängern oder dem oder GP 2000 Fernsteuerprozessor verwendet werden

Das GN 2130-Modem wurde für die Vorgaben des Federal Standard FS 1016 entwickelt und basiert auf ein Orthogonal Frequency Division Multiplexing (OFDM) mit einer Gesamtdatenrate von 2400 Bps in einer Bandbreite von 2,7 kHz. Die OFDM-Modulation verwendet 48 Träger, die jeweils mit einer 4QAM, 16QAM, 32QAM oder 64QAM moduliertb sind. Die Symbolrate beträgt 24,5 Bd. Die FFT Zeitauflösung beträgt 56,25 ms und das Guardinterval hat eine Länge von 4,73 ms.

Der verwendete Voice Lock Predict (VLP) Coder basiert auf einen hochqualitativen Sprachverarbeitungsalgorithmus mit niedriger Bitrate. Die Datenrate für Sprache beträgt 2400 Bps.

Abhängig vom Bitverhältnis wird jedem Ton bei der Modeminitialisierung eine bestimmmte Modulation z.B. 4QAM, 16QAM, 32QAM oder 64QAM zugewiesen.

Der COMSEC-Anteil vom GN 2130 basiert auf einen strengen Verschlüsselungsalgorithmus mit Schlüssellängen von bis zu 256 Bits (ca. 10^{77} Varianten). Geht man von einer durchgehenden Aussendung aus, wird eine Bitsequenz erst nach 2×10^9 Jahren wiederholt. Mit Hilfe dieser Methode kann jeder Nutzer seinen eigenen Schlüsselsatz erhalten. Die Schlüssel wird innerhalb des Moduls gspeichert, kann aber auch mit Hilfe einer speziellen Hardware verteilt warden. Ein gespeicherter Schlüsselsatz enthält 4096 unabhängige Schlüssel.

Das GN 2130-Modem erlaubt den Empfang von analoger Sprache auf dem gerade verwendeten Kanal mit einem Transceiver für digitale Anwendungen. Dadurch werden analoge sprachübertragungen auch im digitalen Modus möglich. Der Operator muss für die Benatowrutng eines analogen Sprachanrufes nur vorübergehend auf den SSB-Modus umschqalten.

198. RTTYM

RTTYM ist direkt von Olivia abgeleitet worden, verwendet aber einen anderen Kompromiss zwischen Übertragungsgeschwindigkeitbut und Robustheit. RTTYM verwendet eine Blockgrösse von 16 Bit und eine pseudozufällige Sequenz von 0xEDB88320 für die Verwürfelung. Es sind 40 verschiedene Modi möglich. Die folgende Tabelle zeigt die am meisten verwendeten Modi:

Modus	Anzahl der Töne	Bandbreite in Hz	Baudrate in Bd	WPM	Niedrigste S/N in dB
8-250	8	250	31,25	58,4	-12
16-500	16	500	31,25	78,2	-10,5
32-1K	32	1000	31,25	31,25	-10
8-500	8	500	62,5	117,8	-9
16-1K	16	1000	62,5	156,4	-7,5
4-500	4	500	125	156,4	-6
4-250	4	250	62,5	78,2	-8,5
8-1K	8	1000	125	235,6	-3

Tabelle 85: Oft verwendete Modi von RTTYM

199. RUS Mil Sprachverwürfler

Yakhta, T-219

Dieser russiche Verwürfler für Sprachübertragungen verwendet ein eingebettetes FSK-Signal für die Verwürfelung. Das FSK-Signal hat eine Datenrate von 100 Bd und 150 Hz Shift. Die Sprache wird in beiden Seitenbändern oberhalb und unterhalb der FSK verwürfelt. Dieses System wurde durch das CIS12 oder MS5-Modem ersetzt. Es wird nur noch sehr selten gehört.

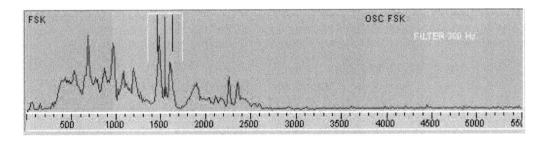

Abbildung 357: Spektrum des RUS MIL Sprachscrambler

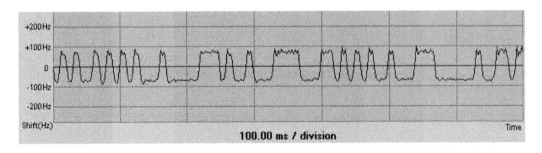

Abbildung 358: FSK-Demodulation des RUS MIL Sprachscrambler

200. Selenia Parallel Ton Modem

Marconi 25-Ton Modem

Dieses Verfahren verwendet zwei Tongruppen, eine Gruppe mit 13 und die zweite Gruppe mit 12 Tönen. Diese Gruppen sind durch einen Pilotton auf 1500 Hz getrennt.
Das Modem unterstützt verschiedene Modi z.B. den NON ECM und ECCM Modus.

Im ECCM-Modus wird eine FSK-Präamble ausgesendet und es gibt keinen Pilotton.
Die Präamble hat eine Datenrate von 48 Bd und 480 Hz Shift.

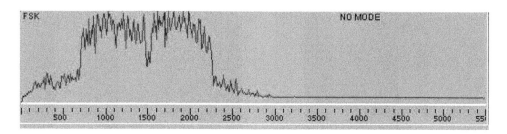

Abbildung 359: Spektrum des Marconi 25 Ton Signals

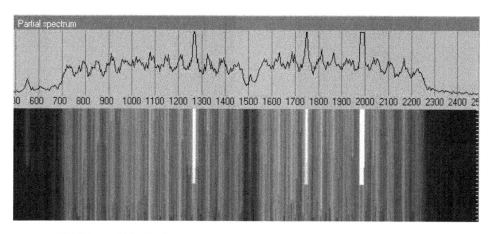

Abbildung 360: Spektrum und Sonogramm des Marconi 25 Ton Signals

201. Siemens CHX-200 FSK Modem

Dieses ARQ-Modem verwendet eine Datenrate von 250 Bd und eine Shift von 170 Hz. Es verfügt über ALE- und ECM-Möglichkeiten. Das Modem CHX-200 F1 ist ein teil des Siemens RX/TX Systems CHX-200.

Es wird ein Kommunikationsprozessor CHP-200 eingesetzt, der ebenfalls die Verschlüsselung und das Frequenzsprungverfahren steuert. Das System kann sowohl simplex als auch im ARQ-Modus arbeiten. Der Kommunikationsprozessor ist für den Verbindungsaufbau, die automatische Kanalwahl und die Datenübertragung zuständig. Für die Übertragung werden Stationsadressen als auch der Inhalt durch den Verschlüsselungsprozessor verschlüsselt. Daten werden mit dem ITA-2 oder ITA-5 Alphabet übertragen.

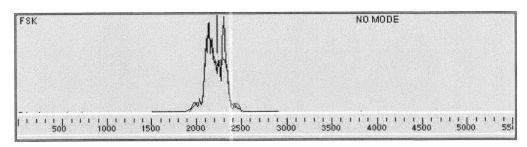

Abbildung 361: Spektrum des Siemens CHX-200 Modem

202. SITOR A/B

CCIR 476 Mode A oder B

ARQ mode A

SITOR A ist ein synchrones Simplex ARQ-Verfahren, das das CCIR 476 Alphabet mit 7 Bit verwendet. Zwei oder mehr Stationen arbeiten auf der gleichen Frequenz, eine Station als ISS (Information Sending Station) und die andere als IRS (Information Receiving Station).

Blockübertragung mit 450 ms : 3 Zeichen mit 70 ms = 210 ms Sendezeit, 240 ms Pause.

Die Übertragungsgeschwindigkeit ist 100 Bd mit einer üblichen Shift von 170 Hz.

FEC mode B

SITOR B ist ein Simplex ARQ-Verfahren, das das CCIR 476 Alphabet mit 7 Bit verwendet. Zwei oder mehr Stationen arbeiten auf der gleichen Frequenz im FEC-Mode.

Dieses Verfahren ist zeichenverschachtelt und wiederholt jedes Zeichen nach 350 ms.

Idle: SBRS (selective) Beta in DX und RX Position
Idle: CBRS (collective) Alpha in RX und RQ in DX Position.

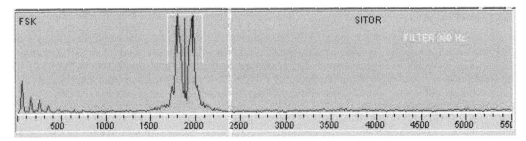

Abbildung 362: Spektrum von SITOR A

346

Die folgende Abbildung zeigt das Zeitverhalten von SITOR A. Es ist das Datenpaket mit 210ms und das Antwortpaket mit 70ms zu erkennen.

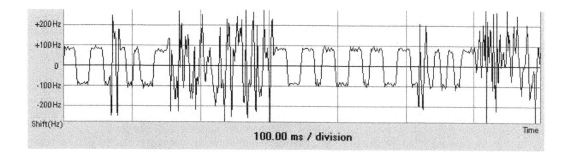

Abbildung 363: Zeitverhalten von SITOR A in der Oszilloskopdarstellung

203. SKYFAX

HF Fax/Data Modem

SKYFAX ist ein Modem zur fehlerfreien Übertragung von Daten, Fax und Bilddateien über Kurzwelle. Es ist ein adaptives Modem mit einer Höchstadtenrate von 3600 Bps. Diese kann unter schwierigsten Bedingungen bis auf 53 Bps reduziert werden.
Das Medium Speed Modem (MSM) verwendet 10 parallele FSK-Kanäle, die jeder mit einer Symbolrate von 125 Bps moduliert sind. daraus ergibt sich eine Gesamtdatenrate von 1250 Bps
Es wird eine DSP-Technik verwendet, um die Töne zu modulieren und zu demodulieren. Um Ausbreitungseffekten wie selektives fading im Übertragungskanal entgegenzuwirken, werden die daten in Pakete und Sub-Pakete. Leder Kanal überträgt ein Sub-Paket. Jedes Daten und Sub-Daten-Paket wird auf Fehler überprüft. Wenn ein Fehler festgestellt wird, wird eine Wiederholung der Aussendung (ARQ) angefordert.

Das optionale High Speed Modem (HSM) ermöglicht eine Hochgeschwindigkeitsübertragung mit 3600, 2400 oder 1200 Bps. dadurch wird die Übertragungszeit bei guten Ausbreitungsbedingungen erheblich verkürzt.

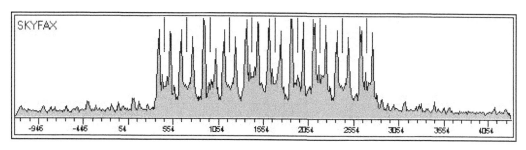

Abbildung 364: Spektrum vom SKYFAX Modem

347

Robuster Modus

SkyFax verwendet einen robusten Modus mit niedriger Geschwindigkeit für schwierige Ausbreitungsbedingungen. Es können dann immer noch einzelne Fax-Seiten oder kleinere Dateien mit einer niedrigen Datenübertragungsrate von 187 Bps oder 53 Bps mit dem Low Speed Modem (LSM) übertragen werden.

Automatischer "Fall-Back"

Skyfax verfügt über eine automatische Umschaltung auf kleinere datenübertragungsraten, wenn nach mehreren Versuchen daten nicht korrekt übertragen wurden. Das Modem schaltet dann auf eine kleine Datenrate und versucht noch einmal, die fehlenden Daten zu übertragen.
Wenn das Modem im HSM-Modus alle Geschwindigkeiten versucht hat, dann wird in der nächsten Stufe auf den MSM-Modus, und wenn dieses nicht zum Erfolg führt, auf den LSM-Modus umgeschaltet. Die Umschaltung erfolgt ohne das ein Bediener eingeifen muss.

Fehlererkennung und -korrektur

Das Datentransportprotokoll für eine Fehlersicherung ist ein proprietäres Verfahren mit Hilfe einer Automatic Repeat Request (ARQ), Forward Error Correction (FEC) und Cyclic Redundancy Checks (CRC) speziell für schwierig Ausbreitungsbedingungen entwickelt.

	Hohe Daten-übertragungsrate	Mittlere Daten-übertragungsrate	Robustes Modem
Datenrate	1200, 2400, 3600 Bps	1250 Bps	53,57 Bps oder 187,5 Bps
Modulation	1800 Hz Träger 2, 4 oder 8-DPSK 2400, 4800, 7200 bps. STANAG 4285	10 parallel FSK tones FSK ±62.5 Hz	8FSK
Symbolrate	2400 Bd	125 Bd	125 Bd
Töne		437,5 bis 2687,5 in 250 Hz Schritten	750, 1000, 1250, 1500, 1750, 2000, 2250, 2500 Hz
Datendurchsatz	Bis zu 750, 1500, 2250 Bits	Bis zu 600 Bps	Bis zu 187,5 Bps
Bemerkung	Half duplex adaptive ARQ mit CRC error	Half duplex adaptive ARQ mit CRC error	Half duplex adaptive ARQ mit CRC error Mode detection, Forward Error Correction (FEC) und Interleaving

Tabelle 86: Übertragungsmodi vom Skyfax-Modem

204. SSTV

SSTV wurde von Funkamateure entwickelt und wird hauptsächlich von ihnen angewendet. Mit SSTV ist es möglich, Bilder in einem Sprachkanal mit SSB zu übertragen. SSTV ist ein Fernsehstandard, bei dem Bilder Zeile für Zeile gescannt werden und dann relative langsam gesendet werden. Es gibt mittlerweile viele verschiedene Modi. Die Bildauflösung variiert von 120 x 120 Punkten und einer Sendezeit von 8 Sekunden bis zu 640 x 480 Punkten mit einer Sendezeit von sieben Minuten. Aussendungen finden in schwarz und weiß statt, die Mehrzahl aber in Farbe nach dem R-G-B oder Y-U-V Farbformat. der gebräuchlichste Modus ist der Martin-Modus.

SSTV verwendet für die Übertragung folgende Tonstandards:

Synchronisationston	1200 Hz
Ton für schwarz	1500 Hz
Ton für weiß	2300 Hz

Tabelle 87: SSTV Tonstandard

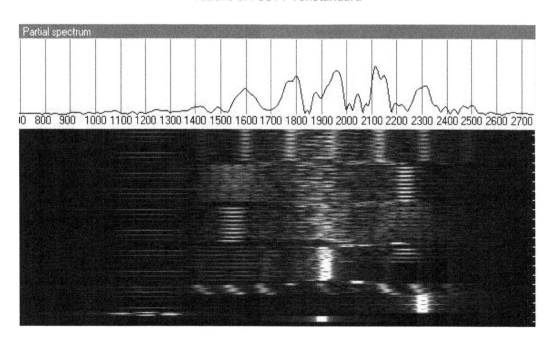

Abbildung 365: Spektrum einer SSTV-Aussendung

Es gibt mittlerweile viele verschiedene SSTV Modi. In der folgenden Tabelle sind die gebräuchlichsten Modi dargestellt, die von Funkamateuren verwendet werden:

349

Modus	VIS	Anzahl von Linien	LPM	Typ	Sendezeit
AVT 24	64,65,66,67	120	960.000	Colour RGB	24 s
AVT 90	68,69,70,71	240	480.000	Colour RGB	90 s
AVT 94	68,69,70,71	200	384.000	Colour RGB	94 s
AVT 125	68,69,70,71	400	192.000	B/W	125 s
AVT 188	68,69,70,71	400	384.000	Colour RGB	188 s
Wraase SC-1 24	16	120	930.520	Colour RGB	24 s
Wraase SC-1 48	20	128	489.102	Colour RGB	48 s
Wraase SC-1 96	28	256	500.000	Colour RGB	96 s
Wraase SC-2 30	60	128	249.595	Colour RGB	30 s
Wraase SC-2 60	59	256	249.600	Colour RGB	60 s
Wraase SC-2 120	63	256	126.175	Colour RGB	120 s
Wraase SC-2 180	55	256	84.383	Colour RGB	180 s
Scottie S1	60	256	140.115	Colour RGB	110 s
Scottie S2	56	256	216.067	Colour RGB	71 s
Scottie S3	52	128	140.115	Colour RGB	55 s
Scottie S4	48	128	216.067	Colour RGB	36 s
Scottie DX	76	256	57.127	Colour RGB	269 s
Scottie DX2	80	256	112.905	Colour RGB	136 s
Martin Mode 1	44	240	134.395	Colour RGB	114 s
Martin Mode 2	40	240	264.553	Colour RGB	58 s
Martin Mode 3	36	120	134.395	Colour RGB	57 s
Martin Mode 4	32	120	264.553	Colour RGB	29 s
Martin Mode HQ1	41	240	85.055	Colour YC	90 s
Martin Mode HQ2	41	240	68.680	Colour YC	112 s
Robot 8	1,2,3	120	900.000	B/W	8 s
Robot 12	5,6,7	120	600.000	B/W	12 s
Robot 24	9,10,11	240	300.000	B/W	24 s
Robot 36	13,14,15	240	200.000	B/W	36 s
Robot 12	0	160	600.000	Colour RGB	12 s
Robot 24	4	120	300.000	Colour RGB	24 s
Robot 36	8	240	400.000	Colour RGB	36 s
Robot 72	12	240	200.000	Colour RGB	72 s
Pasokon TV P3	113	16 + 480	146.565	Colour RGB	203 s
Pasokon TV P5	114	16 + 480	97.710	Colour RGB	305 s
Pasokon TV P7	115	16 + 480	73.282	Colour RGB	406 s
Pasokon TV PD 290	94	616	128.030	Colour YC	289 s
Pasokon TV PD 240	97	496	120.000	Colour YC	248 s
Pasokon TV PD 180	96	496	159.101	Colour YC	187 s
Pasokon TV PD 160	98	400	149.177	Colour YC	161 s
Pasokon TV PD 120	95	496	235.997	Colour YC	126 s

Modus	VIS	Anzahl von Linien	LPM	Typ	Sendezeit
Pasokon TV PD 90	99	256	170.687	Colour YC	90 s
Pasokon TV PD 50	93	256	309.151	Colour YC	50 s
ProSkan J120	100	240	120.046	Colour RGB	120 s
FAX 480	85	480	224.497	B/W	138 s
FastFM	90	480	1118.881	Colour YC	13 s

Tabelle 88: Verschiedene SSTV-Verfahren

Die Bezeichnung ist oft vom Namen des Entwicklers abgeleitet:

Martin   Martin Emmerson, United Kingdom
Wraase   Volker Wraase, Germany
Scottie   Eddy T.J. Murphy, United Kingdom
AVT   AMIGA Video Transceiver, USA
Robot   Robot Research Corporation, USA

SSTV wird nicht nur von Funkamateuren verwendet, sondern auch militärisch genutzt.

SSTV VIS-Code

Um den Start einer Aussendung zu erkennen, wird die vertikale Synchronisation verwendet. Sobald der Empfänger den vertikalen Sync empfängt, kann er mit der Wiedergabe des Bildes beginnen.
Die Robot Research Company hat eine neue Form der Synchronisation entwickelt. Diese wird als Vertical Interval Signaling –VIS bezeichnet.
Alle modernen SSTV-Übertragungsverfahren habe VIS implementiert und verwenden diese längeren Syncs und digitalen Informationen für eine automatische Erkennung des Modus.
VIS enthält einen digitalen Kode. Das erste und letzte Bit sind Start- und Stopbits auf einer Frequenz von 1200 Hz. Die übrigen 8 Bits enthalten 7 Bits für den Modus und ein Paritätsbit.
das Paritätsbit wird zur Fehlererkennung verwendet. SSTV verwendet eine gerade Parität.
Das bedeutet, dass die Anzahl der logischen Einsen im 7 Bit-Wort gerade sein muss. Ist die Anzahl gerade, wird das Paritätsbit auf 1 gesetzt andernfalls auf 0.
VIS wird als FSK-Signal gesendet. Die Baudrate beträgt 33.3 Bd. Jedes Bit hat also eine Länge von 30 ms. Die Shift ist 200 Hz, Mark ist auf 1100 Hz und Space auf 1300 Hz. Für eine Startsynchronisation werden zwei Töne mit einer Länge von 300 ms auf 1900 Hz mit einer pause von 10 ms gesendet.
Die erste Hälfte des Codes (Least Significant Bits, LSB) geben den Farbtyp und die Auflösung wider. (BW/Farbe, Auflösung).
Die zweite Hälfte (Most Significant Bits, MSB) enthalten Informatione über den Modus (Martin, Scottie usw.). Das letzte Bit enthält die Parität.

Da die SSTV-Modi sehr viele geworden sind, wird heutzutage VIS nur noch für den Modus gemäß obiger Tabelle verwendet.

Die folgenden Bilder zeigen die Struktur und ein typisches Sonogramm für den VIS-Code:

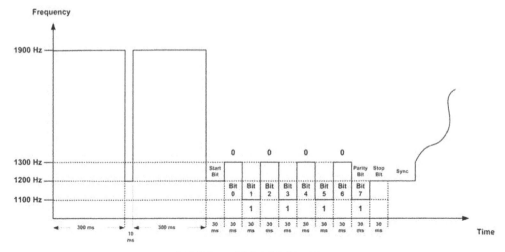

Abbildung 366: VIS Struktur

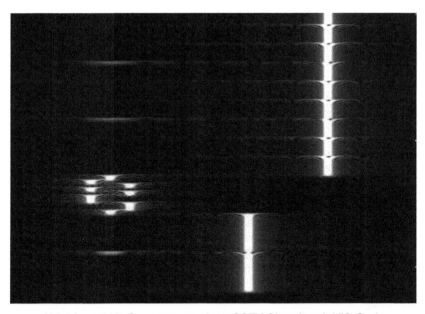

Abbildung 367: Sonogramm eines SSTV-Signals mit VIS-Code

205. STANAG 4197

STANAG 4197 beschreibt die Modulation und Kodierung für ein 2400 bps LPC-Signal (Linear Predictive Coding) zur Anwendung auf Kurzwelle. Es wird ein Paralleltonmodem auf einer Mittenfrequenz von 1800 Hz verwendet.

Dopplerkorrektur, Rahmensynchronisation und Bitsynchronisation werden durch eine spezielle Präamble erreicht. Um Kanalfehler und gegen selektives Fading unterliegen die Präamble und die LPC-Daten einer Fehlerkorrektur (FEC). Bei gesicherten Sprachübertragungen wird eine kruze Verschachtelung gewählt. Es gibt keinen Pilotton.

STANAG 4197 verwendet die folgende Struktur:

- 4 Vorträger
- 3 Töne moduliert mit 75 Bd BPSK Umtastungen
- 16 Töne Präamble mit 75 Bd QPSK pro Träger
- 39 Töne Daten mit 44,44 Bd QPSK pro Träger.

Jeder unmioduliert Vorträger hat eine Dauer von 320 ms. Dieses entspricht 24 Symbolen. Die Shift zwischen den Tönen beträgt 675 Hz. Die diskreten Tonfrequenzen sind 787,5 Hz, 1462,5 Hz, 2137,5 Hz und 2812,5 Hz.

Auf die Vorträger folgen 3 Töne mit BPSK-Umtastungen bei einer Datenrate von 75 Bd und einer Dauer von 106,6 ms. Dieses entspricht einer Länge von 8 Symbolen. Die BPSK-Umtastungen sind auf die Träger von 1125 Hz, 1800 Hz und 2574 Hz moduliert.

Die Präamble von 16 Tönen hat eine Länge von ca 1060 ms. The Kanäle haben einen Frequenzabstand von 112,5 Hz.

Folgende Töne werden verwendet:

Ton Nummer	Frequenz	Ton Nummer	Frequenz
1	900,0	9	1800,0
2	1012,5	10	1912,5
3	1125,0	11	2025,0
4	1237,5	12	2137,5
5	1350,0	13	2250,0
6	1462,5	14	2362,5
7	1575,0	15	2475,0
8	1687,5	16	2587,5

Tabelle 89: Tonverteilung für STANAG 4197 16 Ton

Ton Nummer	Frequenz	Ton Nummer	Frequenz	Ton Nummer	Frequenz
1	675,00	14	1406,25	27	2137,50
2	731,25	15	1462,50	28	2193,75
3	787,50	16	1518,75	29	2250.00
4	843,75	17	1575,00	30	2306,25
5	900,00	18	1631,25	31	2362,50
6	956,25	19	1687,50	32	2418,75
7	1012,50	20	1743,75	33	2475,00
8	1068,75	21	1800,00	34	2531,25

Ton Nummer	Frequenz	Ton Nummer	Frequenz	Ton Nummer	Frequenz
9	1125,00	22	1856,25	35	2587,50
10	1181,25	23	1912,50	36	2643,75
11	1237,50	24	1968,75	37	2700,00
12	1293,75	25	2025,00	38	2756,25
13	1350,00	26	2081,25	39	2812,50

Tabelle 90: Tonverteilung STANAG 4197 39 Ton

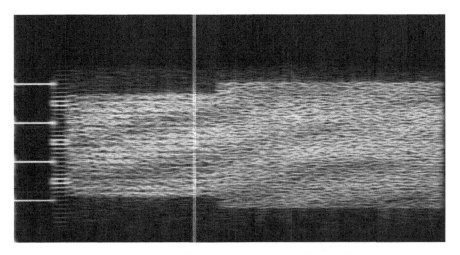

Abbildung 368: Sonogramm von STANAG 4197

206. STANAG 4198

FS-1015

STANAG 4198 beschreibt die Eigenschaften einer Sprachkodierung, die Kodiertabellen und das Bitformat für digitale Sprache mit Hilfe der Linear Predictive Coding (LPC) Technik für eine Datenrate von 2400 Bps. Linear Predictive Coding (LPC) ist ein in der Audio-Signalverarbeitung und Sprachverarbeitung unter anderem für die Audiodatenkompression und Sprachanalyse verwendetes Verfahren, das mittels Audiosynthese arbeitet. Dabei wird der Stimmtrakt modellhaft vereinfacht durch eine Software nachgebildet.

Dieser Standard wird für viele strategische und taktische Systeme verwendet. Dazu gehören unter anderem Narrow Band Secure Voice System (NBSVS), Tactical NBSVS, Secure Terminal Unit 2 (STU-2), Advanced Narrow Band Digital Voice Terminal (ANDVT) und HF (High Frequency) Funkgeräte vieler NATO-Länder

Die verwendete Abtastrate von 8 kHz mit 180 Abtastwerten/Block ergibt 44,44 Blöcke/s. Die Reihenfolge der 10 LP Analysen ist wie folgt:

- Die ersten zwei Koeffizienten werden mit 5 Bit quantisiert

- die letzten 8 also Reflektionskoeffzient
- Anzahl der Bits wird pro Koeffizient bis auf 2 verringert

Für LP werden 7 Bits für Pitch und Sprachentscheidung verwendet, 5 Bit für die Lautstärker. Jeder Block hat 54 Bit bei einer Datenrate von 2400 Bps. Für STANAG 4198 ist ein "look ahead" von 90 ms notwendig.

207. STANAG 4202

STANAG 4202 wurde für Bodenwellenausbreitung mit Datenraten von 150 Bps, 300 Bps, 600 Bps oder 1200 Bps entwickelt. Für Raumwellenausbreitung sollte 75 Bps verwendet werden. STANAG 4202 verwendet eine Shift von 850 Hz. Die Mark-Frequenz oder 1 ist 1575 Hz und die Space-Frequenz oder 0 beträgt 2425 Hz.

Die folgende Abbildung zeigt das Spektrum eines STANAG 4202 Signals:

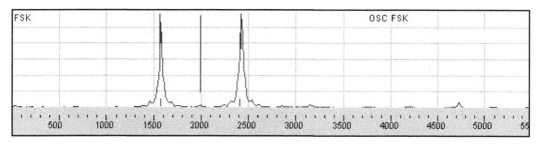

Abbildung 369: Spektrum of a STANAG 4202

Die Aussendung beginnt mit einer Präamble von 96 Bit bestehend aus 33 Bits Bit Synchronisation mit 1-0-Umtastungen mit einer 1 am Ende und einer Zeichensynchronisation von 63 Bits Pseudozufallssequenz, die durch ein (6,1) Schieberegister mit den Werten 1 auf allen Stellen gebildet wird. Zwischen beiden Sequenzen gibt es keine Lücke oder Unterbrechung.

Für eine gute Fehlerkorrektur werden drei verschiedene Element eingesetzt: Fehlererkennung und -korrektur, Zeitverschachtelung und zyklische Blockprüfung CRC.
Ein (12,7) Hammingkode wird für die Erkennung und Korrketur von einzelnen Bitfehlern inerhalb eines 7 Bit-Blocks eingesetzt. Doppelte Bitfehler werden zwar erkannt, aber nicht korrigiert.
Es werden zu 7 Bit immer 5 Bit für eine Fehlererkennung und -korrektur angefügt, um den 12 Bit Hammingkode aufzubauen.
Die Gesamnachricht wird dann CRC kodiert und ein EOT-Zeichen gemäß STANAG 5036 angefügt. EOT wird auch als Füllzeichen verwendet, da die Zeitverschachtelung immer Blöcke mit 16 Zeichen benötigt.

Das Rahmenformat ist in der folgenden Abbildung dargestellt:

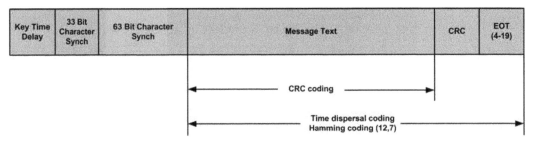

| Key Time Delay | 33 Bit Character Synch | 63 Bit Character Synch | Message Text | CRC | EOT (4-19) |

Abbildung 370: Rahmenformat vom STANAG 4202

208. STANAG 4285

Das STANAG 4285 Modem unterstützt Datenraten von 75, 150, 300, 600, 1200, (Serieller Ton) 2400 kodiert und 1200, 2400, 3600 Bps unkodiert. Dieser Standard ist dem MIL STD 188-110A ähnlich, aber unterstützt keine adaptive Anpassung der Übertragungsgeschwindigkeit. Als Modulation sind BPSK, QPSK und 8PSK möglich. Die Symbolrate ist immer 2400 Bd auf einer Mittenfrequenz von 1800 Hz. Die Coderate kann von 1/16 bis 2/3 betragen. Es wird eine Faltungscode-Verschachtelung von 0,852 s oder 10,24 s verwendet.

Die folgende Tabelle zeigt die Abhängigkeit zwischen FEC, Modulation und Nutzdatenrate:

Nutzdatenrate in Bps	FEC	Modulation	Verschachtelung
3600	Keine	8PSK	Keine
2400	Keine	QPSK	Keine
1200	Keine	BPSK	Keine
2400	2/3	8PSK	Kurz/Lang
1200	1/2	QPSK	Kurz/Lang
600	1/2	BPSK	Kurz/Lang
300	1/4	BPSK	Kurz/Lang
150	1/8	BPSK	Kurz/Lang
75	1/16	BPSK	v

Tabelle 91: STANAG 4285 Modulationsmodi

Daten werden in kontinuierlichen Blöcken gesendet. Jeder Block beginnt mit einer Präamble von 33.33 ms und enthält 80 Zeichen, gefolgt von 4 Datensegmenten mit 32 Zeichen, die voneinander durch ein 16 Bitwort getrennt sind. Diese 176 Zeichen haben eine Dauer von 106.66 ms.

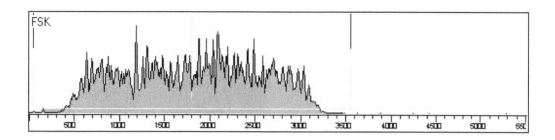

Abbildung 371: Spektrum eines STANAG 4285 Signals

Die folgende Abbildung zeigt den typischen Rahmenaufbau eines STANAG 4285 Signals:

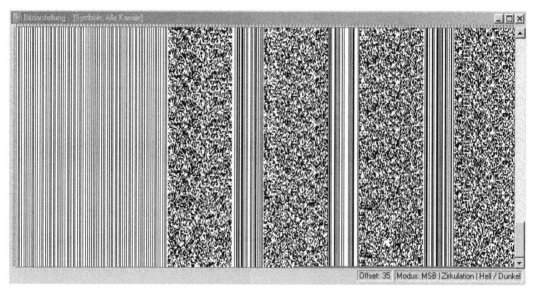

Abbildung 372: Aufbau eines STANAG 4285 Signals

209. STANAG 4415

Der STANAG 4415 beschreibt ein sehr robustes Datenmodem ohne Frequenzsprungverfahren gemäß dem MIL STD 188-110A Standard mit 75 bps. Die Coderate ist ½ und ein es wird eine kurze Verschachtelung von 0,6 s bzw. eine lange Verschachtelung von 4,8 s verwendet. Als Modulation wird eine 8PSK mit einer Symbolrate von 2400 Bd eingesetzt.

STANAG 4415 zeigt das folgende Spektrum:

357

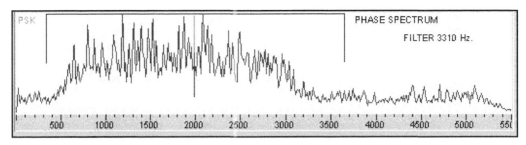

Abbildung 373: Spektrum eines STANAG 4415 Signals

Diese Modulation ist sehr robust und kann bis zu 10 db unter dem Rauschen empfangen werden..

Eine Aussendung untereilt sich in 4 Phasen:

Präamblephase
Diese Phase dauert 0,6 s für eine kurze und 4,8 s für eine lange Verschachtelung.

Datenphase
In dieser Phase kann eine unbegrenzte Anzahl von Verschachtelungsblöcken übertragen werden. Die Daten werde zuerst mit einer FEC kodiert und danach verschachtelt. Die Verschachtelung hat eine Länge von 10*9 = 90-Bit Größe für eine kurze oder 20*36 = 720-Bit Größe für eine lange Verschachtelung.
Die Codingrate für die FEC ist 1/2, nach der Kodierung beträgt die Datenrate 150 Bps. Zwei Bits werden auf eine 32 Bit Walsh-Sequen z abgebildet was eine Symbolrate von 75*32 = 2400 Bd ergibt.

Nachrichtenende (EOM Phase)
Am Ende der Aussendung wird eine bestimmtes Bitmuster (in hexadezimal, 4B65A5B2, MSB zuerst) gesendet.

Löschphase
In dieser Phase wird der FEC-Coder zurückgesetzt und aus der Speicher für die Verschachtelung gelöscht.

210. STANAG 4444

STANAG 4444 beschreibt ein Protokoll für Frequenzsprungverfahren auf Kurzwelle für zukünftige Verbindungsabläufe mit erweitertem Schutz gegen elektronische Aufklärung und Stören. Die Hauptmerkmale sind:

- Automatische Kanalwahl
- Automatischer Verbindungsaufbau im Frequenzsprungverfahren
- Komzept mit mehreren Modulationen
- Nutzdatenrate von 75 Bps bis 2400 Bps

- Punkt-zu-Punkt Verbindungen, Gruppenanrufe, Konferenzen und Rundstrahldienst
- Interne oder externe INFOSEC (COMSEC, TRANSEC, NETSEC).

211. STANAG 4479

STANAG 4479 bescheibt einen Standard für einen 800 Bps Vocoder und Kanalcodierung in HF-ECCM Systemen.

Dieser Standard wurde von Thomson-CSF Communications (TCC) entwickelt und von der NATO als STANAG 4479 eingeführt. Die wesentliche Verbesserung gegenüber LPC10 ist eine Reduktion der Übertragungsbitrate um den Faktor 3 durch eine Verknüpfung von drei aufeinanderfolgenden Blöcken und einen angepassten Quantisierungsprozess. Die erreichte Qualität ist annähernd gleich wie beim LPC-Standard, aber mit nur einem Drittel der übertragenen Bits.

Die Hauptunterschiede der beiden Vocoder sind in der folgenden Tabelle aufgezeigt:

	LPC 10 2400 Bps	STANAG 4479 800 Bps
Blocklänge	22.5 ms	22.5 ms
Superblocklänge	Keine	67.5 ms
Energie	5 Bits	10 Bits
Pitch / Voicing	7 Bits	9 Bits
Filterkodewahl		3 Bits
Filterkodekodierung	41 Bits	32 Bits
Synchronisation	1 bit	none
Gesamt	54 Bits	54 Bits

Tabelle 92: LPC10 2400 Bps und STANAG 4479 800 Bps Parameter

Der NATO 800 Bps Standard ist bisher derjenige mit der kleinsten Bitrate. STANAG 4479 bescheibt nur den Sprachcodec mit den dazugehörenden Fehlerkorrekturalgorithmen. Die Modulation und Abläufe für einen Verbindungsaufbau werden im STANAG 4444, der mit einer Symbolrate von 2400 Bps QPSK arbeitet, beschrieben.

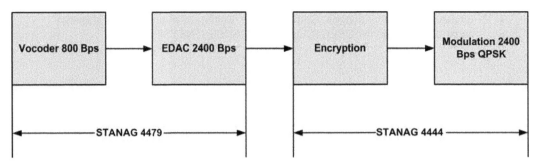

Abbildung 374: STANAG 4479 mit STANAG 4444

212. STANAG 4481 FSK

STANAG 4481 FSK beschreibt die technischen Mindestanforderungen für Rundstrahldienste der Marine. Im STANAG 4481 wird eine Einzelkanal-FSK mit 75 Bps bis zu 600 Bps und eine Mehrkanal-FSK mit 75 Bps bis zu 1200 Bps in 75 Bps-Stufen verwendet. Im VFT-Modus sind 8 oder 16 Kanäle möglich.

Diese Modulation wird oft als synchrone FSK mit 75 Bd und einer Shift von 850 Hz gehört. Als verschlüsselungsgerät wird das KG-84 eingesetzt. Das folgende Bild zeigt das typische Spectrum einer STANAG 4481 FSK.

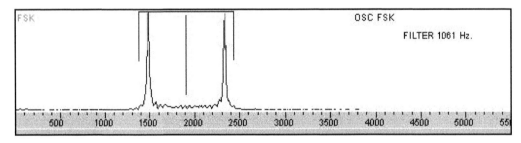

Abbildung 375: Spektrum einer STANAG 4481 FSK

213. STANAG 4481 PSK

STANAG 4481 PSK beschreibt eine Einkanal-BPSK mit 300 Bps. Die Symbolrate beträgt 2400 Bd mit FEC 1/4 und langer Verschachtelung.

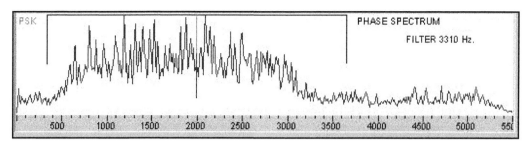

Abbildung 376: Spektrum eines STANAG 4481 Signals

214. STANAG 4529

STANAG 4529 ist ein Übertragungsverfahren für Nutzdatenraten von bis zu 1800 Bps (75, 150, 300, 600, 1200, 1800 Bps). Die Bandbreite ist auf 1240 Hz beschränkt. Als Modulation wird eine BPSK, QPSK und 8PSK eingeestzt. Die Symbolrate beträgt immer 1200 Bd.
Die Verschachtelung liegt zwischen 1,706 s und 20,48s.
STANAG 4529 verwendet für eine Fehlerkorrektur eine begrenzte Länge von 7 Convolutional Code mit dem Generatorppolynom (133,171) und eine FEC-Rate von 1/2, 1/8, 1/4 und 2/3.

Die folgende Tabelle zeigt die Abhängigkeiten von FEC und Nutzdatenrate:

Nutzdatenrate in Bps	FEC	Modulation	Verschachtelung
1800	Uncodiert	8PSK	Keine
1200	Uncodiert	QPSK	Keine
600	uncodiert	BPSK	Keine
1200	2/3	8PSK	Kurz/lang
600	1/2	QPSK	Kurz/lang
300	1/2	BPSK	Kurz/lang
150	1/4	BPSK	Kurz/lang
75	1/8	BPSK	Kurz/lang

Tabelle 93: STANAG 4529 Übertragungsmodi

STANAG 4529 unterstützt keine automatische Baudratenanpassung und ist daher nicht für Turbo Equalization geeignet.

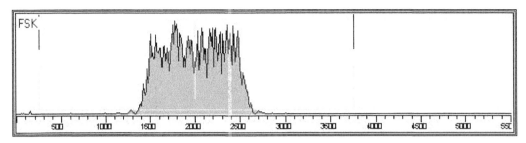

Abbildung 377: Typisches Spektrum eines STANAG 4529 Signals

STANAG 4529 entspricht dem STANAG 4528 und wurde speziell für eine geringere Bandbreite entwickelt.

215. STANAG 4538

Die STANAG 4538 Modulation gehört zu einer Familie von Burst-Modulationsarten (Burst Waveform BW), die alle Anwendungen vom Verbindungsaufbau bis zur Aufrechterhaltung der Verbindung unterstützen. Alle Modulationsarten verwenden eine 8PSK-Modulation eines 1800 Hz Trägers mit einer Symbolrate von 2400 Bd. Die BW0-Modulation, die von STANAG 4538 verwendet wird, kann Nutzdaten von 26 Bit bei einer Coderate von 1/96 übertragen und dauert (inklusive der Synchronisationspräambel) 613 ms. Andere Modulationen der BWn Familie werden für Übertragungsmanagement oder Aufrechterhaltung der Verbindung verwendet.

STANAG 4538 wurde in folgenden Punkten verbessert:

- Schneller Verbindungsaufbau
- Verbindungsaufbau auch bei geringem SNR
- Verbesserte Kanalausnutzung
- ALE und Datenübertragung verwenden die gleiche Modulation
- Höherer Datendurchsatz für kurze und lange Nachrichten
- Unterstützung für das IP-Protokol und deren Anwendungen

Die folgende Tabelle zeigt die verschiedenen Burst-Modulationen, die bei STANAG 4538 verwednet werden:

Modulation	Verwendet für	Nutzdaten	Effektive Coderate
BW0	Protocol Data Units PDUs	26 Bits	1/96
BW1	Traffic Management PDUs; High-rate Data Link (HDL) protocol acknowledgement PDUs	48 Bits	1/144
BW2	HDL traffic data PDUs	n*1881 Bits	Variable: 1/1 to 1/4
BW3	Low-rate Data Link (LDL) protocol traffic data PDUs	8*n + 25 Bits	Variable:1/12 to 1/24
BW4	LDL acknowledgement PDUs	2 Bits	1/1920

Tabelle 94: Burst-Modulation vom STANAG 4538

STANAG 4538 verwendet für den Verbindungsaufbau das Robust Link Setup (RLSU) Protokoll. Dieses ist ebenfalls im ALE 3G enthalten.

Ausserdem wird das Fast Link Setup (FLSU) Protokoll für kleine Netz unterstützt. FLSU ist nicht kompatible zu RLSU.

216. STANAG 4539

MIL STD 188-110A Appendix C

STANAG 4539 ist ein Hochgeschwindigkeitsmodus ähnlich zum MIL STD 188-110B. Es werden Datenraten von 3200 Bps bis 9600 Bps unterstützt. Die FEC Coderate ist fest auf ¾ eingestellt. Eine Verschachtelung kann zwischen 0,12 und 8,64s betragen. Als Modulation sind QPSK, 8PSK, 16QAM, 32QAM und 64QAM möglich.

STANAG 4539 verwendet eine Mittenfrequenz von 1800 Hz und eine Symbolrate von 2400 Bps. STANAG 4539 ermöglicht Turbo Equalization.

217. STANAG 4591

STANAG 4591 beschreibt die Parameter für ein Sprachübertragungsm mit hoher Qualität in rauer Umgebung. Es wird ein Algorithmus beschreibt, der eine Sprachübertragung mit Datenraten von 600 Bps, 1200 Bps und 2400 Bps ermöglichen. Es wird eine Enhanced Mixed Excitation Linear Prediction (MELPe) verwendet. Dieser basiert auf den bekannten Linear Prediction Coder (LPC). Es wird eine Samplingrate von 8000 Samples verwendet, was einer Blocklänge von 22,5 ms entspricht. Die Bandbreite beträgt 3700 Hz von 100 Hz bis 3800 Hz.

Die Standardübertragungsrate beträgt 2400 Bps. Jeder Block von 22,5 ms enthält 54 Bits.

218. STANAG 5031

STANAG 5031 beschreibt einen Standard für ein Rundstrahldienst der Marine im HF, MF, und LF Bereich. Dafür werden FSK-Modems mit einer Datenrate von 75 Bps eingesetzt. Es sind allerdings auch Datenraten von 50, 100, 150, 300 und 600 Bps möglich. Die Shift kann 42,5 Hz oder 425 Hz betragen.

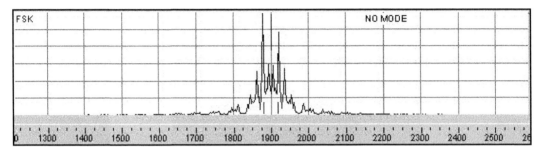

Abbildung 378: Spektrum eines STANAG 5031 Signals mit 75 Bps und 42,5 Hz Shift

219. STANAG 5035

STANAG 5035 enthält ein weiter entwickeltes System für maritime Flugfunkkommunikation auf HF, LF und UHF.

220. STANAG 5065

MSK

STANAG 5065 beschreibt eine Minimum Shift Keying MSK, die auf Langwelle mit einer Datenrate von 50, 75, 100 oder 150 Bd und einer Shift von 85 oder 170 Hz eingesetzt wird.

221. Systeme 3000 HF Modem

TRC 3600 Modem mit SKYMASTER Software

Das Thales SYSTÈME 3000 verwendet ein Modem, das in die HF-Transceiver TRC-3600 integriert ist. Das modem unterstützt verschlüsselt Sprache und Datenübertragung.

Das Moedm verfügt über einen hohen EPM-Schutz durch eine automatische Bandwahl für das intelligente Frequenzsprungverfahren. Das Frequnzsprungverfahren kann eine Bandbreite von 2 MHz verwenden. Digitale Sprache wird gemäß dem Standard STANAG 4479 mit 800 Bps mit Verschachtelung oder 2400 Bps gemäß STANAG 4198 ohne Verschachtelung übertragen.

Das Modem kann für niedrige Dateraten eine robuste 8FSK-Modulation mit 375 Bps uncodiert und einer Nutzdatenrate von 100 Bps verwenden. Für höhere Datenraten wird eine 2, 4 oder 8 PSK eingesetzt, die mit FEC eine Übertragung von 5400 Bps uncodiert erlauben, im ARQ-Modus ist noch eine Nutzdatenrate von 4875 Bps möglich.

Am Ende einer Aussendung wird eine Art ALE-Signal gesendet. Dieses MFSK verwendet 8 Töne mit einem Abstand von 250 Hz.

Das Modem ist interoperable mit STANAG 4481 und 4285, STANAG 5000, DCS100 (KG84C), KY99 und MIL STD 188-141A.

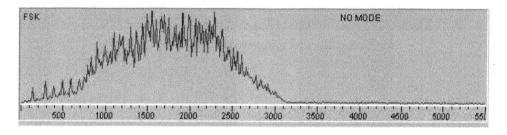

Abbildung 379: Spektrum vom Systeme 3000 FEC-Mode

222. Tadiran AutoCall

TADIRAN-Modems (HF 6000, HF 2000 oder PRC 2200) können ein proprietäres System für den automatischen Verbindungsaufbau verwenden.

Diese ALE besteht aus einer 4-FSK sowie einer Baudrate von 125 Bd. Es können bis zu 180 Frequenzgruppen mit jeweils 10 Frequenzen programmiert werden.

Der AutoCall verwendet die Töne 2400 Hz, 2700 Hz, 3000 Hz und 3300 Hz. Für eine Synchronisation wird ein Ton auf 1000 Hz als Referenzton ausgestrahlt.

Die AutoCall-Aussendung startet mit einer Umtastung auf den beiden niedrigen Frequenzen 2400 Hz und 2700 Hz und schaltet dann auf die 4-FSK um.

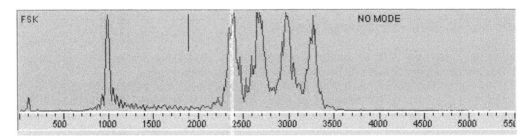

Abbildung 380: Spektrum des TADIRAN AutoCall

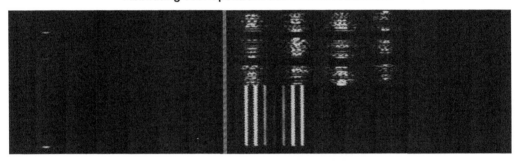

Abbildung 381: Sonogramm des TADIRAN AutoCall

223. Tadiran Data Mode

Das TADIRAN-Modem verwendet eine 4-FSK mit 125 Bd. Die Tonfrequenzen sind 2400 Hz, 2700 Hz, 3000 Hz und 3300 Hz. Diese MFSK wird bei dem TADIRAN HF-2000/HF-6000 Funksystem für Datenübertragung eingesetzt.

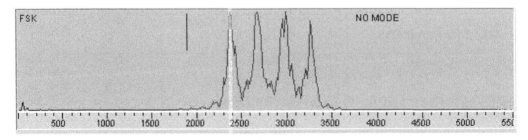

Abbildung 382: Spektrum eines Tadiran-Signals

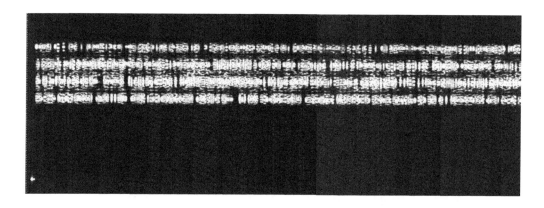

Abbildung 383: Sonogramm eines Tadiran-Signals

224. Thales Sprachverwürfler

Dieser Sprachverwürfler verwendet eine Verwürfelung im Frequenzbereich. Jede Aussendung startet mit einer PSK-Preamble von 150 ms und endet mit einem 100 ms PSK-Burst. Im Spektrum ist eine chrakteristische Lücke bei 1700 Hz zu erkennen.

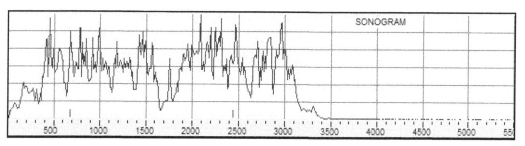

Abbildung 384: Spektrum des Thales Sprachverwürfle

Das Sonogramm einer Aussendung ist in der folgenden Abbildung dargestellt.

367

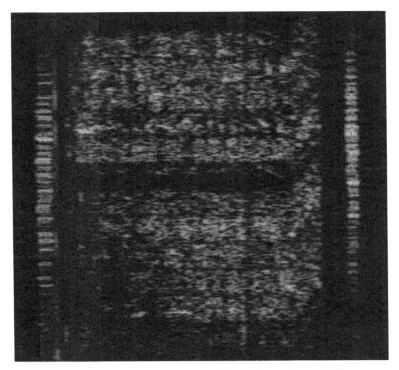

Abbildung 385: Sonogramn des Thales Sprachverwürflers

225. TFM3/5

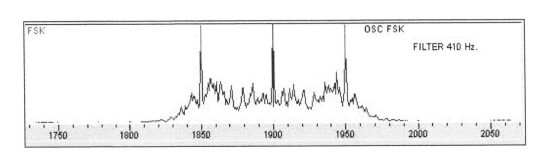

Abbildung 386: Spektrum eines TFM3-Signals

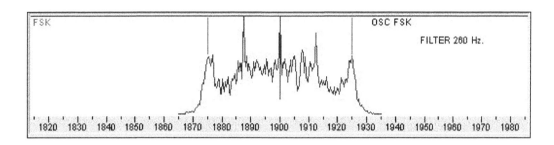

Abbildung 387: Spektrum eines TFM5-Signals

226. Throb

Throb ist eine experiementelles Verfahren der Funkamateure, das für die PC-Audiokarte entwickelt wurde. Dieses Übertragungsverfahren verwendet Töne mit einem Abstand von 8 Hz oder 16 Hz. Es wird keine Fehlerkorrektur benutzt. Die Datenrate beträgt 1, 2, oder 4 Bd.
Es werden Paare oder einzelne Töne von 9 möglichen Tönen innerhalb einer Bandbreite von 72 oder 144 Hz gesendet.

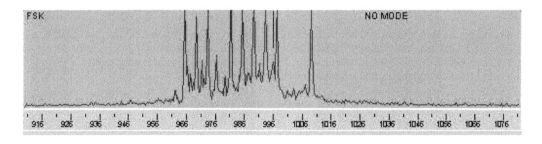

Abbildung 388: Typisches Spektrum von Thorb

227. TMS-430 Modem

Dieses Verfahren wird in der Schweiz verwendet. Es hat eine Baudrate von 220 Bd mit einer Shift von 330 Hz. Dieses Modem wird als Telematik-Set TmS-430 bezeichnet und verwendet eine Verschlüsselung mit dem TC 535.

369

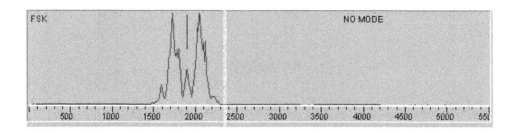

Abbildung 389: Spektrum eines TMS-430 Modems

228. TWINPLEX

F7B

TWINPLEX ist ein FDM-Verfahren (4 Frequency Domain Multiplex) mit zwei synchronen Simplex ARQ-Kanälen, das das CCIR 476 Alphabet nutzt. Die beiden Kanäle werden mit 3 Zeichen zu je 7 Bit gesendet.

Blockwiederholung : 450 ms, 6 Zeichen 210 ms Sendezeit, 240 ms Pause

Die Aussendung kann wort-, zeichen-, bit- oder unverschachtelt sein. Diese Verschachtelung wird folgendermaßen durchgeführt:

(in der folgenden Beschreibung sind die Buchstaben das zu übertragende Zeichen, bei SITOR wäre es ABC DEF GHI JKL und Nummern das jeweilige Bit des zu übertragenden Zeichen, für den ersten Buchstaben würde im SITOR -Verfahren also A1 ... A7 Bit für Bit gesendet werden).
Groß- und Kleinbuchstaben unterscheiden zwischen den Kanälen:

Wortverschachtelt	: ABC abc DEF def EFG efg GHI ghi .....
Bitverschachtelt	: A1 a1 A2 a2 A3 a3 A4 a4 A5 a5 A6 a6 A7 a7
Zeichenverschachtelt	: A a B b C c D d E e F f G g H h I i ....
Unverschachtelt	: ABC DEF GHI JKL MNO PQR STU .....

Die vier Frequenzen F1 bis F4 können in verschiedenen Kombinationen gesendet werden. Dieses ergibt die verschiedenen TWINPLEX Modi:

Modus	Kanal 1	Kanal 2
F7B-1	BBYY	BYBY
F7B-2	BBYY	BYYB
F7B-3	BYBY	BBYY
F7B-4	BYBY	BYYB
F7B-5	BYYB	BBYY
F7B-6	BYYB	BYBY

Tabelle 95: Tabelle der verschiedenen TWINPLEX-Modi

Die sendende Station kann aus verschiedenen Möglichkeiten wählen, welche Audiotöne sie für die vier Frequenzen nutzt. Die folgenden Kombinationen werden zur Zeit im Kurzwellenbereich genutzt:

Shift 1	Shift 2	Shift 3
85	85	85
115	170	115
200	400	200
100	170	100
170	170	170
200	200	200
300	300	300
300	600	300
170	340	170
115	400	515

Tabelle 96 Tabelle verschiedener Shiften bei TWINPLEX:

Das Spektrum des Verfahren TWINPLEX ist in folgendem Bild wiedergegeben :
different modes of TWINPLEX:

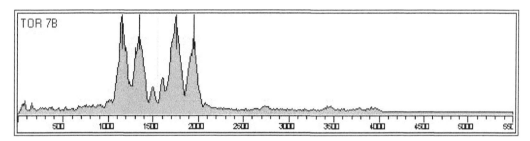

Abbildung 390: Spektrum eines typischen Twinplex-Signals

371

229. VFT

Voice Frequency Telegraphy

In Kurzwellenverbindungen ist es manchmal notwendig, mehrere Kanäle über einen Kanal zu übertragen. Dieses gilt besonders für militärische Anwendungen in Kommunikationszentralen. Dies Anwendung wird durch das Aufteilen eines SprachKanäle von 0,3 bis 3 kHz in verschiedene, sehr schmale Datenkanäle bewerkstelligt. Dieses Verfahren wird auch als Frequency Division Multiplex (FDM) genannt. Jeder Kanal ist unabhängig von den anderen und kann verschiedene Nachrichten mit verschiedenen Verfahren übertragen. Die Übertragungsrate ist dabei nur durch die Kanalbreite begrenzt. Nachrichten können auch im Time Division Multiplex Verfahren (TDM) übertragen werden. Dadurch würde sich ein Nachrichtenkanal mit einem Vielfachen der eigentlichen Übertragungsrate ergeben. Oft werden von den möglichen Kanälen nur einige genutzt.

Welche Übertragungsgeschwindigkeiten mit welchem Kanalabstand bzw. Kanalbreite üblich sind, kann aus folgender Tabelle entnommen werden:

Maximale Datenrate	Frequenz-shift	Kanalabstand
50 Bd	60 / 70 Hz	120 Hz
100 Bd	80 / 85 Hz	170 Hz
100 Bd	120 Hz	240 Hz
200 Bd	170 Hz	360 Hz
200 Bd	220 Hz	480 Hz

Tabelle 97: Typische Parameters für VFT

Gemäß den CCITT Bestimmungen sind folgende Kanäle für verschiedene Systeme festgelegt worden:

CCITT No.	R.31 FM 120	R. 36 FM 120	R.37 FM 240	R.38A FM 480	R.38B FM 360	R.38B FM 360	R.39-1 FM 170	R.39-2 FM 120	FM 960
Kanal									
1	420	420	480	600	540	510	425	420	600
2	540	540	720	1080	900	850	595	540	1560
3	660	660	960	1560	1260	1190	765	660	2520
4	780	780	1200	2040	1620	1530	935	780	
5	900	900	1440	2520	1980	1870	1105	900	
6	1020	1020	1680	3000	2340	2210	1275	1020	
7	1140	1140	1920		2700	2550	1445	1140	
8	1260	1260	2160		3060	2890	1615	1260	
9	1380	a1 1560	2400				1785	1380	
10	1500	a2 2040	2640				1955	1500	
11	1620	17 2340	2880				2125	1620	
12	1740	18 2460	3120				2295	1740	
13	1860	b1 2640					2465	1860	

CCITT No.	R.31 FM 120	R. 36 FM 120	R.37 FM 240	R.38A FM 480	R.38B FM 360	R.38B FM 360	R.39-1 FM 170	R.39-2 FM 120	FM 960
14	1980	b2 2880					2635	1980	
15	2100	b3 3120					2805	2100	
16	2220							2220	
17	2340							2340	
18	2460							2460	
19	2580							2580	
20	2700							2700	
21	2820								
22	2940								
23	3060								
24	3180								

Tabelle 98: Mittenfrequenzen verschiedener VFT Systeme

Viele Stationen benutzen nicht alle Kanäle für ihre Aussendung. Auch ist die Verwendung von Pilotfrequenzen oder das Senden nur der Space-Frequenz möglich.

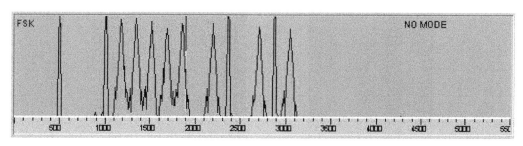

Abbildung 391: Typisches Spektrum eines VFT Signals

230. VISEL

FEC12, YUG-MIL

Dieses synchrone System arbeitet mit 12 Bit-Rahmen und einer Datenrate von 120,96 oder 81,3 Bd. Die Shift beträgt 300 Hz und es wird das ITA-2 Alphabet verwendet. Alle Bits sind verschachtelt.

Eine Synchronisation wird beim Beginn einer Aussendung duch 32 Rahmen mit jeweils 12 Bit erreicht.

Der Beginn einer Aussendung ist offen, die Daten dagegen werden alle verschlüsselt übertragen. Dieses Modem wurde im früheren Jugoslawien verwendet.

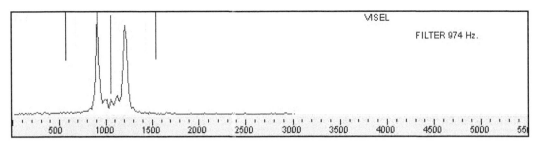

Abbildung 392: Spektrum von VISEL

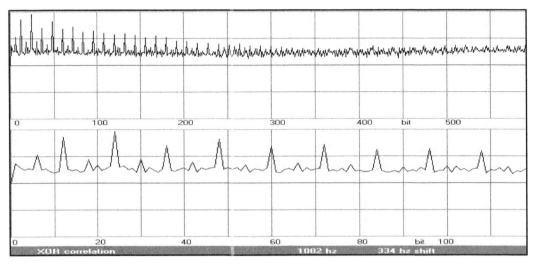

Abbildung 393: VISEL Autokorrelationsfunktion ACF

231. WINMOR

WINlink Message Over Radio

WINMOR ist ein Übertragungsverfahren für Funkamateure, das von Rick Muething KN6KB und Victor Poor W5SMM entworfen wurde. Es wird für die fehlerfreie Übertragung von Daten und Nachrichten auf Kurzwelle verwendet. Die Modulation wird abhängig von den Ausbreitungsbedingungen gewählt und kann eine 4FSK, 8FSK oder eine PSK mit TCM 4PSK, 8PSK oder 16PSK sein.

Es gibt zwei mögliche Bandbreiten von 500 Hz und 1600 Hz. Die Baudrate kann hierbei entweder 46,875 Bd oder 93,75 Bd sein. Abhängig von der Bandbreite werden folgende Träger gesendet:

Bandbreite 500 Hz:

PSK: Zwei Träger auf 1406,25 Hz und 1593,75 Hz jeder mit einer 4PSK TCM, 8PSK TCM oder 16PSK TCM moduliert

oder

4FSK: Zwei Gruppen von Trägern mit Gruppe 1: 1312,5 Hz, 1358,375 Hz, 1406,25 Hz und 1453,125 Hz und
Gruppe 2: 1546,875 Hz, 1593,75 Hz, 1640,625 Hz und 1687,5 Hz
Es sind immer zwei Träger zur gleichen Zeit von jeder Gruppe aktiv.

Die folgenden Abbildungen zeigen das Spektrum und Sonogramm von WINMOR im 4FSK-Mode.

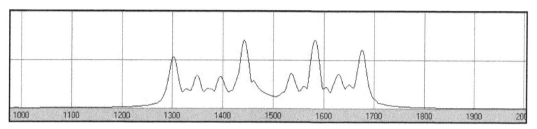

Abbildung 394: Spektrum von WINMOR 4FSK

Bandbreite 1600 Hz:

PSK: Acht Träger auf 843,75 Hz, 103,.25, 1218,75 Hz, 1406,25 Hz, 1593,75 Hz, 1781,25 Hz, 1968,75 Hz und 2156,25 Hz jeder mit einer 4PSK TCM, 8PSK TCM oder 16PSK TCM moduliert

oder

4FSK: Acht Trägergruppen mit je 4 Frequenzen für die 4FSK mit
Gruppe 1: 750,0, 796,875, 843,75 und 890.625 Hz
Gruppe 2: 937,5, 984,375, 1031,25 und 1078,125 Hz
Gruppe 3: 1125,0, 1171,875, 1218,75 und 1265,625 Hz
Gruppe 4: 1312,5, 1358,375, 1406,25 und 1453,125 Hz
Gruppe 5: 1546,875, 1593,75, 1640,625 und 1687,5 Hz
Gruppe 6: 1734,375, 1781,25, 1828,125 und 1875,0 Hz
Gruppe 7: 1921,875, 1968,75, 2015,625 und 2062,5 Hz
Gruppe 8: 2109,775, 2156,25, 2203,125 und 2250,0 Hz

oder

PSK: Zwei Träger auf 1406,25 Hz und 1593,75 Hz jeder mit einer 4PSK TCM moduliert

oder

4FSK: Zwei Gruppen mit je 4 Trägern in Gruppe 1: 1312,5, 1358,375, 1406,25 und 1453,125 Hz und
Gruppe 2: 1546,875, 1593,75, 1640,625 und 1687,5 Hz
Es sind immer zwei Träger zur gleichen Zeit von jeder Gruppe aktiv.

Das folgende Sonogramm zeigt den Verbindungsaufbau mit einem Vorträger, der Baudrate von 93,75 Bd und 93,75 Hz Shift, gefolgt von den zwei Trägergruppen, die jeder 4FSK moduliert sind. Zum Abschluss folgt eine optionalle CW-Kennung.

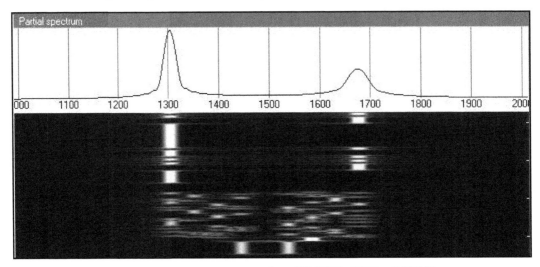

Abbildung 395: Sonogramm einer WINMOR 4FSK mit CW ID

7. Weitere Syteme auf Kurzwelle

232. AMSS

AMSS ist ein Amplitudenmodulation Signallisierungssystem, um Daten mit kleinen Übertragungsraten über eine Träger einer Rundfunkstation zu übertragen. Diese Verfahren wurde im März 2006 durch ETSI als eine Erweiterung des Digital Radio Mondiale (DRM) System standardisiert.
Es wird in Deustchland, Frankreich und Großbritannien eingesetzt.
Die Daten werden als eine BPSK-Modulation mit 46,875 Bps auf einem AM-Träger gesendet. Die Datenrate von 46,875 Bps ergibt sich als Bitanzahl von 256 Abtastungen einer 12 Khz-Abtastung. Die Struktur der Basisbandkodierung von AMSS basiert auf das deutsche AMDS (AM Datensystem) System, das zwei Blöcke zu je 47 Bit verwendet. Jeder Block hat eine Nutzdatenmenge von 36 Bits. die Nutzdaten werden durch eine zyklische Blockprüfung von 11 Bit gegen Übertragungsfehler geschützt. Synchronisation und Blockerkennung werden durch Bitmuster, die dem CRC hinzugefügt werden, bevor eine Aussendung der Daten erfolgt.

Das folgende Bild zeigt den gefilterten AM-Träger:

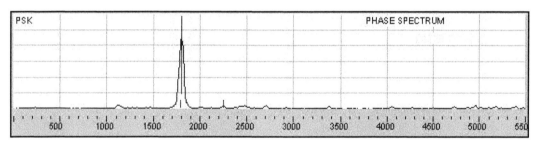

Abbildung 396: Spektrum eines AMSS Trägers

Due Baudrate kann über das Phasenspektrum gemessen werden.

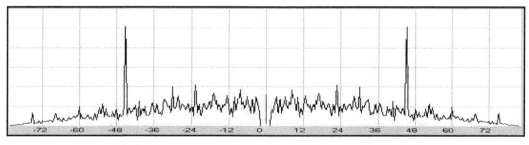

Abbildung 397: AMSS Messung der Baudrate

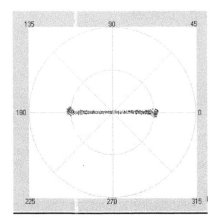

Abbildung 398: Phasendiagramm eines AMSS Signals

233. Advanced Narrowband Digital Voice Terminal (ANDVT) Familie

ANDVT

Die Familie der Advanced Narrowband Digital Voice Terminals (ANDVT) umfasst das AN/USC-43 Tactical Terminal (TACTERM), das KY-99A Miniaturized Terminal (MINTERM), und das KY-100 Airborne Terminal (AIRTERM). Diese Terminals warden als nicht eingestuft behandelt, wenn kein Schlüssel vorhanden ist. Ist dieser im Terminal eingebracht, dann entspricht die Klassifikation der Einstufung des Schlüssels. Die Familie der ANDVT-Terminals sorgt für eine Zusammenarbeit zwischen den Streitkräften der USA und den Partnern der NATO.

TACTERM

Die Standard.Konfiguration des TACTERM besteht aus der Basic Terminal Unit (BTU) (CV-3591) und einem Schlüsselmodul (KYV-5), das eine sichere Halbduplexkommunikation von Sprache oder Daten im Punkt-zu-Punkt-Betrieb oder im Netzbetrieb ermöglicht.

TACTERM uinterstützt die folgenden Datenraten:

- Schmalband (3 kHz) 300 Bps, 600 Bps, 1200 Bbps und 2400 Bps im HF-Bereich
- 2400 Bps digitale verschlüsselte Sprache im HF-Bereich
- 2400 Bps digitale Sprache und daten im LOS_Modus

MINTERM

Die Funktionen vom MINTERM sind denen des TACTERM ähnlich. Allerdings ist es modularer und leichter/kleiner aufgebaut. Das MINTERM ist kostengünstig,hat eine niedrige Ausgangsleistung, unterstützt Einzelkanal, ist halbduplex und ermöglicht eine sichere Sprach- und Datenübertragung mit Schlüsselverteilung für Schmal- und Breitbandbetrieb. MINTERM kann bis stzreng geheim eingesetzt warden.

is certified to secure traffic up to TOP SECRET.

MINTERM unterstützt die folgenden Datenraten:

- Schmalband (3 kHz) 300, 600, 1200, 2400 bps im HF-Bereich oder BLACK Digitalmodus (BDM)
- 2400 bps im LOS-Modus
- Breitband (25 kHz) 12 und 16 kBps im VHF/UHF/SATCOM Modus

AIRTERM

AIRTERM wurde für den Bereich der Luftwaffe entwickelt. Wird aber auch im Bereich der Marine eingesetzt. AIRTERM verfügt über die Einsatzmöglichkeiten von MINTERM und VINSON. Es ist ein Breitbandterminal, das mit TACTERM, MINTERM, VINSON und Einzelkanalgeräten entsprechend SINCGARS zusammenarbeiten kann.

AIRTERM unterstützt die folgenden Datenraten:

- Schmalband (3 kHz) 300, 600, 1200, 2400 Bps im HF-Bereich oder BDM
- 2400 Bps im LOS-Modus
- 2400 Bps digitale sichere Daten im LOS-Modus
- Breitband (25 kHz) 12 und 16 kBps Sprache oder Daten im Basisband/Diphase (BB/DP) Modus

234. Baken

Im Kurzwellenbereich ist eine große Anzahl von Baken aktiv. Sie sind für verschiedene Bereiche eingesetzt:

Ungerichtete Funkfeuer (NDB)

Im Flugfunkbereich werden ungerichtete Funkfeuer (NDB) eingesetzt. Diese sind meistens ein Langwellensender, der ein Dauersignal in alle Richtungen gleich gut abstrahlt. Seine ursprüngliche Aufgabe war, Piloten eine Richtungpeilung zu Flugplätzen zu ermöglichen, weshalb der Sender zur Identifikation mit einer Morsekennung moduliert wird.
NDB's senden Kennungen von 1 bis 4 Buchstaben im Morsekode. Diese werden in AM ausgestrahlt und die Morsekennung mit einem bestimmten Abstand zum Hauptträger in den beiden Seitenbändern aufmoduliert. Im Flugzeug wird diese Kennung mit einem speziellem Empfänger empfangen und die Richtung ausgewertet.

Amateurfunkbaken

Funkamateure haben weltweit eine große Anzahl von Baken aufgebaut. Diese werden hauptsächlich zur Überprüfung der Ausbreitungsbedingungen verwendet. Die meisten Baken sind besonders auf den hohen Frequenzen im 28 MHz-Bereich zu ifnden.

Sehr interessant ist das bakensystem der NCDXF oder das IARU International Beacon Project, das in verschiedenen Amateurfunkbändern arbeitet. Diese Baken arbeiten von allen Kontinenten mit einer festgelegten Sendeleistung zu bestimmten Zeiten.

Während der Aussendung wird die Sendeleitung in Schritten von 100 W auf 10 W auf 1 W auf 100 mW gesenkt. Damit können die gerade herrschenden Ausbreitungsbedingungen sehr genau beobachtet werden. Die folgende Tabelle zeigt diese Baken und deren Standorte:

Slot	Land	Rufzeichen	Standort	Breite	Länge
1	United Nations	4U1UN	New York City	40° 45' N	73° 58' W
2	Canada	VE8AT	Eureka, Nunavut	79° 59' N	85° 57' W
3	United States	W6WX	Mt. Umunhum	37° 09' N	121° 54' W
4	Hawaii	KH6WO	Laie	21° 38' N	157° 55' W
5	New Zealand	ZL6B	Masterton	41° 03' S	175° 36' E
6	Australia	VK6RBP	Rolystone	32° 06' S	116° 03' E
7	Japan	JA2IGY	Mt. Asama	34° 27' N	136° 47' E
8	Russia	RR9O	Novosibirsk	54° 59' N	82° 54' E
9	Hong Kong	VR2B	Hong Kong	22° 16' N	114° 09' E
10	Sri Lanka	4S7B	Colombo	6° 54' N	79° 52' E
11	South Africa	ZS6DN	Pretoria	25° 54' S	28° 16' E
12	Kenya	5Z4B	Kiambu	1° 01' S	37° 03' E
13	Israel	4X6TU	Tel Aviv	32° 03' N	34° 46' E

Slot	Land	Rufzeichen	Standort	Breite	Länge
14	Finland	OH2B	Karkkila	60° 32' N	24° 06' E
15	Madeira	CS3B	Santo da Serra	32° 43' N	16° 48' W
16	Argentina	LU4AA	Buenos Aires	34° 37' S	58° 21' W
17	Peru	OA4B	Lima	12° 04' S	76° 57' W
18	Venezuela	YV5B	Caracas	10° 25' N	66° 51' W

Tabelle 99: Standorte des Bakensystems der Funkamateure

Die Baken senden gemäß dem folgenden Zeitplan:

Rufzeichen	Standort	14.100	18.110	21.150	24.930	28.200
4U1UN	United Nations	00:00	00:10	00:20	00:30	00:40
VE8AT	Canada	00:10	00:20	00:30	00:40	00:50
W6WX	United States	00:20	00:30	00:40	00:50	01:00
KH6WO	Hawaii	00:30	00:40	00:50	01:00	01:10
ZL6B	New Zealand	00:40	00:50	01:00	01:10	01:20
VK6RBP	Australia	00:50	01:00	01:10	01:20	01:30
JA2IGY	Japan	01:00	01:10	01:20	01:30	01:40
RR9O	Russia	01:10	01:20	01:30	01:40	01:50
VR2B	Hong Kong	01:20	01:30	01:40	01:50	02:00
4S7B	Sri Lanka	01:30	01:40	01:50	02:00	02:10
ZS6DN	South Africa	01:40	01:50	02:00	02:10	02:20
5Z4B	Kenya	01:50	02:00	02:10	02:10	02:30
4X6TU	Israel	02:00	02:10	02:20	02:30	02:40
OH2B	Finland	02:10	02:20	02:30	02:40	02:50
CS3B	Madeira	02:20	02:30	02:40	02:50	00:00
LU4AA	Argentina	02:30	02:40	02:50	00:00	00:10
OA4B	Peru	02:40	02:50	00:00	00:10	00:20
YV5B	Venezuela	02:50	00:00	00:10	00:20	00:30

Tabelle 100: Zeitplan des Bakensystems der Funkamateure

Single Letter Beacons (SLB)

(Russian Single-Letter Channel Markers)

Auf verschiedenen Frequenzen können diese sogenannten SLB'S gehört warden. Als Morsekennung wird nur ein Buchstabe ausgesendet. Auf einigen Frequenzen können auch difitale Aussendungen gehört werden.

Diese Baken sind in Gruppen, sogenannten Clustern, mit anderen Baken zu hören und haben Frequenzabstände die nur wenige 0,1 Hz voneinander abweichen.

Das folgende Bild zeigt das Sonogramm von drei SLB's D, S und C:

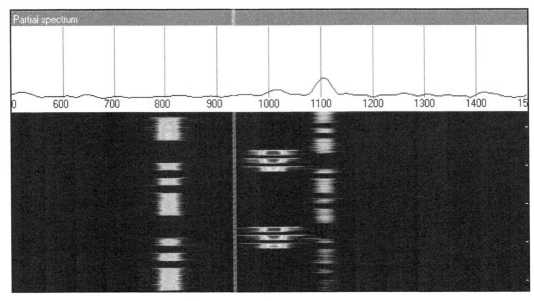

Abbildung 399: Sonogramm SLB's

Es wird angenommen, dass diese Baken von der Russischen Marine betrieben werden. Folgende Standorte sind bekannt:

Buchstabe	Standort	Land
A	?	
C	Moscow	RUS
D	Odessa	UKR
F	Vladivostok	RUS
K	Khabarovsk	RUS
L	St. Petersburg	RUS
M	Magadan	RUS
O	Moscow	RUS
P	Kaliningrad	RUS
R	Ustinov	RUS
S	Arkhangelsk	RUS
U	Murmansk	RUS
V	Khiva	UZB
YU	Kholmsk	RUS
Z	Mulachewo	RUS

Tabelle 101: Russische Single Letter Beacons SLB

Ein Cluster wird folgendermassen gebildet:

Frequenz	Buchstabe	Standort
8494.7	D	Odessa
8494.8	P	Kaliningrad
8494.9	S	Arkhangelsk
8494.0	C	Moscow
8494.1	A	
8494.2	F	Vladivostok
8494.3	K	Khabarovsk
8494.4	M	Magadan

Tabelle 102: Typische Cluster der Single Letter Beacons SLB

Bekannte Cluster-Frequenzen sind: 4558, 5154, 7039, 8495, 10872, 13528, 16332 und 20048 kHz. Es kommt vor, dass auf diesen Frequenzen verstümmelte oder andere Rufzeichen wie z.B. "O", "CH" gehört werden.

235. Analoger Sprachverwürfler Sailor CRY-2001

Das CRY-2001 ist ein analoger Sprachverwürfler, der von SAILOR hergestellt wird und besonders auf kleinen Booten in der Fischerei eingesetzt wird. Die Aussendung beginnt mit einer 100 Bd FSK auf 1525 Hz und einer Shift von 170 Hz.

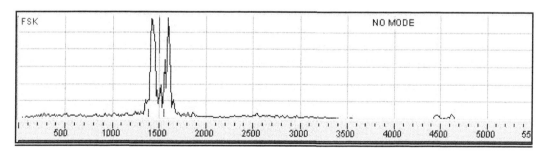

Abbildung 400: Spektrum der CRY-2001 FSK

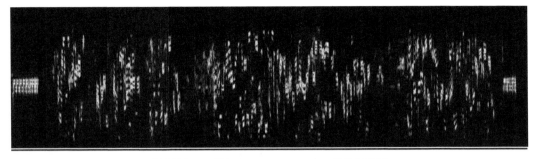

Abbildung 401: Sonogramm des CRY-2001

236. Bojen/Buoys

Bojen oder (englisch) Buoys sind kleine Sender, die einen Träger mit Morsekennung oder Daten übermitteln können.
Die Daten können z.B. Position, Temperaturen usw. enthalten. Sie werden in verschiedenen Frequenzbereichen wie HF, VHF/UHF oder SHF eingesetzt.

Folgende Typen sind in Benutzung:

Driftbojen

Treibbojen werden ohne Befestigung am Grund in den Meeren oder manchmal auch Binnengewässern ausgesetzt. Sie dienen zur Erforschung der Meere und sollen Messdaten, wie beispielsweise Strömungsverhältnisse, Wassertemperaturen oder Wetterdaten sammeln. Die Daten warden meistens per Satellit an eine Bodenstation übermittelt.Die Bake wartet zum Beispiel auf einen Überflug eines Niedrigfliegenden Satelliten und überträgt die Daten, wenn dieser geanu über ihr ist. Es gibt aber auch Bojen, die diese Daten per FSK im Kurzwellenbereich übertragen (siehe Datawell-Boje). Die Bojen werden vom Schiff oder per Flugzeug ausgebracht.
Die datenformat sind unterschiedlich.
Einige Information werden nach dem WMO International Code FM18-XI BUOY kodiert. Dieser Kode enthält Elemente, die dem Synoptic Code entsprechen.

Fischnetzbojen

Dieser Bojentype markiert die beiden Enden eines Treibnetzes. Um das Netz im Meer wiederzufinden, werden kleine Peiler verwendet, mit denen die Boje anhand ihrer Kennung angepeilt und dadurch das Netz wiedergefunden wird.
Sie arbeiten im Frequenzbereich um 1700 kHz und 27,5 MHZ bis 28 MHz.

Sel-Call Bojen

Diese Bojen können durch einen Selektivruf "aufgeweckt" werden. Sie arbeiten im Frequenzbereich 1605 – 4000 kHz oder zwischen 27500 und 28000 kHz. Der Selektivruf besteht oft aus eine 4-Tonfolge, auf die die Boje mit einer Kennung antwortet. Auf Kurzwelle ist der angewandte Bereich bis zu 220km für Mitelwelle und bis zu 50km im oberen Kurzwellenbereich.

237. Boje Directional Waverider DWR-MkIII

Die DWR-MkIII ist eine Standard HF-Boje für eine Entfernung von bis zu 50 km über das Wasser, die von der Firma datawell hergestellt wird. Für größere Entfernungen kann die Boje über Satellit wie z.B.Iridium, Argos oder Orbcomm abgefragt werden. Für den Einsatz in der Nähe der Küste ist ebenfalls eine GSM-Verbindung möglic. Die MKIII hat eine Sendeleistung von 75 mW im

Frequenzbereich von 27 bis 40 MHz. Die Boje verwendet eine Frequenzumtastung (FSK) mit einer Baudrate von 81.92 Bd und einer Shift von 160 Hz. Es wird eine Fehlerkorrektur mit (63,51) verwendet.

Die Abbildung zeigr das Spektrum einer MKIII:

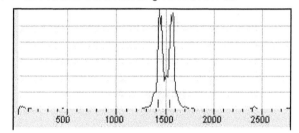

Abbildung 402: Spektrum einer MK III Boje

Im folgenden Bild sind die demoduöierten Daten zu sehen

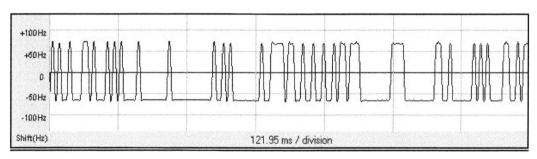

Abbildung 403: Oszilloskopdarstellung einer MK III

Die Blöcke von 63 Bit auf Grund der Fehlerkorrektur können in der ACF mit einem Peak bei 63 Bit erkannt werden.

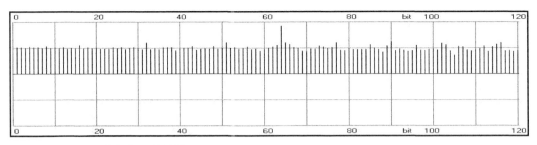

Abbildung 404: ACF einer MK III

238. Chirpsounder

Beim Beobachten des Kurzwellenbereiches mit Hilfe einer breitbandigen Spektrumsdarstellung kann man sehr oft das Durchlaufen von Trägern feststellen. Diese Träger scannen den gesamten Kurzwellenbereich von 2 bis 26 MHz bzw. 30 MHz und darüber hinaus. Sie haben feste Intervalle und eine konstante Geschwindigkeit. Dies Träger gehören zu einem taktischen Frequenz-managment System und werden Chirpsounder genannt.

Mit Hilfe eines Chirpsoundersystems wird fortlaufend die Qualität und Verfügbarkeit von HF-Netzen im Kurzwellenbereich gemessen und ausgewertet. Es bietet die Möglichkeit, jederzeit die besten Frequenzen für Verbindungsaufbau und Kommunikation zu wählen, wenn sich die Ausbreitungsbedingungen ändern.

Das System besteht aus drei Komponenten:

- Spektrum Monitor
- Chirpsounder Sender
- Chirpsounder Empfänger

Der Spektrum Monitor besteht aus einem HF-Empfänger, Rechner- und Anzeigesystem, das jederzeit die Belegung des gesamten Kurzwellenbereichs darstellt. Das HF-Spektrum wird in festen Intervallen von 5 bis 30 Minuten gescannt und fortlaufend in Histogrammdarstellung angezeigt.

Das Chirpsoundersystem wurde für die Feststellung von freien Kanälen in einem großen Frequenzbereich geschaffen. Der jeweilige Bereich kann mit verschiedenen Geschwindigkeiten oder aber kanalweise abgesucht und die jeweilige Frequenz kann mit einem Lautsprecher oder mit Kopfhörer in den Betriebsarten USB, LSB, AM oder FM beobachtet werden.

Mögliche technische Parameter sind:

Frequenzbereiche :

2 - 13 MHz
2 - 16 MHz
2 - 26 MHz
2 - 30 MHz

Zu analysierende Kanäle:	9333
Kanalbreite:	3 kHz
Analysebandbreite:	6 kHz (- 3 dB)
Scangeschwindigkeit:	50 kHz/s oder 100 kHz/s

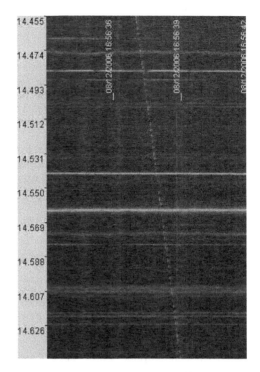

Der Chirpsoundersender kann simultan mit einem Kommunikationssender an einer Antenne arbeiten (Diplexversion).
Gemessen werden Ausbreitungsverluste und Mehrwegeausbreitung unter Berücksichtigung der Antennendiagramme.

Es wird die FM/CW Technik genutzt, wobei der Sender synchron zu einem Chirpsounderempfänger arbeitet.
Interferenzen mit anderen Systemen werden durch niedrige Ausgangsleistung gewährleistet. Hohe Unterdrückung von Oberwellen- und Nebenwellen sowie die Herausnahme von bestimmten Kanälen tragen ebenso dazu bei. Das System arbeitet, mit Ausnahme der Zeitsynchronisation, unbeaufsichtigt.

Der Chirpsounderempfänger mißt synchron zum Sender in Echtzeit-Darstellung das empfangene Signal und zeigt es an. Mit Hilfe der Anzeige kann der Operator die Signalamplitude sowie Mehrwegeausbreitung über der Frequenz ablesen. Es können Daten von mehreren Chirpsoundersendern angezeigt und gespeichert werden.
.

Chirpcomm

Chirpcomm ist eine zusätzliche Einrichtung, um über das Chirpsoundersystem kurze Nachrichten mit einer Länge bis zu 38 Zeichen zu übertragen. Außerdem können damit verschiedene Chirpsoundersender in einem System erkannt werden. Dazu wird die Nachricht mit einer bestimmten Anzahl während eines Durchganges gesendet. Hiermit wird eine hohe Übertragungssicherheit selbst unter schwierigen Ausbreitungsbedingungen gewährleistet.

239. CODAR

CODAR wird verwendet, um die Oberflächenströmungen im Küstenbereich zu messen. Ein Sender strahlt ein Signal ab, das von den Wellen reflektiert und von einer Empfangsantenne empfangen wird. Mit Hilfe der Dopplerverschiebung kann ein CODAR-System die Wellengeschwindigkeit und Richtung der Strömung messen. Ein CODAR sendet einen Träger aus, der einen bestimmten Frequenzbereich durchläuft.

Das typische Spektrum ist im folgenden Bild dargestellt :

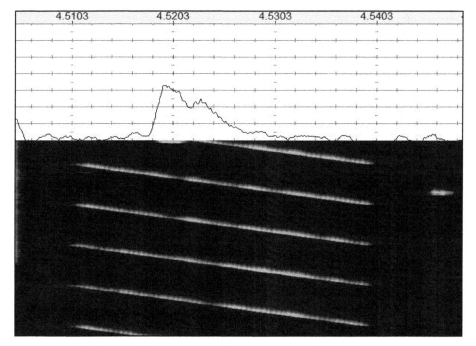

Abbildung 406: Typisches Spektrum eines CODAR-Signals

Die folgende Abbildung zeigt ein CODAR-Signal in der Ozilloskopdarstellung. Die Auflösung beträgt 50 ms/Div. Dieses Radar verwendet 2 Pulses pro Sekunde (pps)

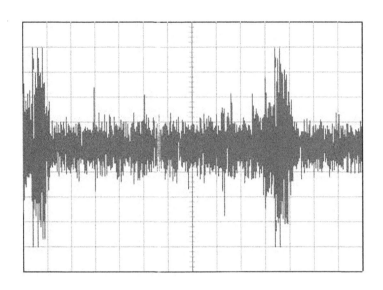

Abbildung 407: Oszilloskopdarstellung eines CODAR-Signals

240. Datatrak

Datatrak soll die Ortsfeststellungen von Fahrzeugen über Längstwelle ermöglichen. Dazu werden auf zwei Frequenzen zwischen 130 kHz und 170 kHz phasengekoppelte Signale sequentiell im TDNA-Verfahren ausgestrahlt. Jede Kette synchronisiert seine Frequenz F2 auf das F1 Signal. Es wird eine FSK mit 80 Hz Shift verwendet.
Zeitdaten werden von der Master-Station zur Synchronisation der Slave-Stationen ausgestrahlt. Stations Almanach und Status werden mit 2,38 Bd, Daten für Fahrzeuge mit 4,76 Bd gesendet.

Das Sytem auf dem Fahrzeug empfängt jeden LF-Sender und berechnet die Koordinate. Position und Staus werden in voreingestellten Intervallen zwischen 13 Sekunden und 28 Minuten gesendet. Es gibt ebenfalls passive Systeme, die dann aktiviert werden, wenn etwas unvorgesehens festgestellt wird. Diese senden dann alle 17 Sekunden.

Ein Netzwerk von UHF Basisstationen mit Abständen von 40 bis 50 km ermöglichen eine Mobilfunkabdeckung über das gleiche Gebiet wie das Datatrack-System. Es besteht die Möglichkeit Nachrichten mit 1950 Bits zu übermitteln. Datatrack kann ebenfalls mit GPS gekoppelt werden. Dadurch kann das System auch ausserhalb des Abdeckungsbereiches von Datatrack eingesetzt werden.

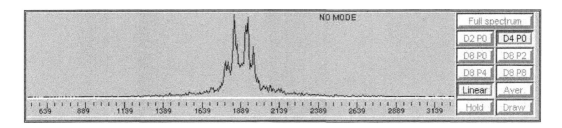

Abbildung 408: Spektrum eines Datatrak-Signals

Die folgenden Datatrak Systeme werden zur Zeit noch betrieben:

Land	Frequenz F1 in kHz	Frequenz F2 in kHz
Argentina	146.4550	133.2275
Malta	146.1780	132.9199
Mexico	146.1550	132.9275
South Africa	160.6500	143.4740
United Kingdom	146.4550	133.2275

Tabelle 103: Bekannte Datatrak-Systeme und ihre Frequenzen

241. Digisonde 4D

Die Digisonde 4D wird von Lowell Digisonde International hergestellt. Sie strahlt Funkwellen senkrecht in die Atmosphäre ab und misst die reflektierten Wellen. damit kann die lokale "cut-off" Frequenz festgestellt werden. Hierbei handelt es sich um die Frequenz, bei der Funkwellen nicht mehr reflektiert werden. Aus diesen Information wird dann ein Ionogramm-Bild generiert, das Auskunft über die Ausbreitungsbedingungen gibt.

Die Digisonde 4D arbeitet im Frequenzbereich von 0,5 - 30 MHz. Die Bandbreite des Signals ist 34 kHz. Als Pulswiederholzeit kann 100 pps oder 200 pps eingestellt werden. Ein Puls dauert 533 uss und besteht aus 16 Chips zu je 33 us. Hierbei handelt es sich um eine Spektrumspreizmodulation. Als Ausgangssignal dient ein Träger mit eine BPSK-Umtastung. Dieser Träger wird vor der Aussendung mit einem linearen Spreizkode (Chipping Sequence) multipliziert, um das eigentliche Sendesignal zu erzeugen. Bei dieser Modulation bzw. Spreizung spricht man von Chips, da eine große Anzahl von Chips notwendig sind, um ein Bit zu bilden. Um diesen Umstand korrekt auszudrücken, wurde der Begriff Chip eingeführt.
Die Digisonde springt in 50 kHz Schritten durch den gesamten Frequenzbereich. Dieses Verhalten ist in folgender Abbildung dargestellt:

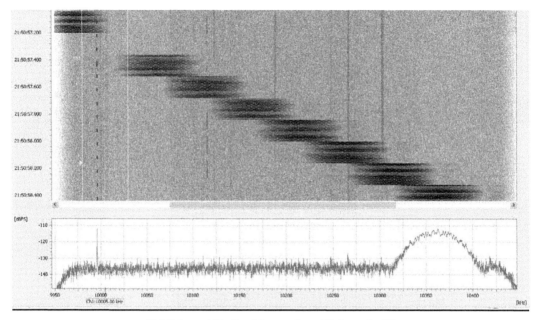

Abbildung 409: Spektrum einer Digisonde 4D

Auf jeder Sprungfrequenz werden 16 gespreizte Impulse ausgesendet.

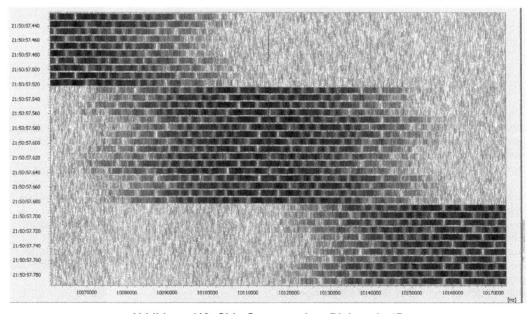

Abbildung 410: Chip-Sequenz einer Digisonde 4D

Europäische Funk-Rundsteuerung

EFR ist ein Rundsteuerservice der "EFR Europäische Funk-Rundsteuerung GmbH" in Deutschland. Für diesen Service werden drei Sender in Mainflingen (DCF 49, 129.1 kHz, 100 Kw), Burg bei Magdeburg (DCF 39, 139 kHz, 50 Kw) und Lakihegy (HGA22, 135.6 KHz, HNG) eingesetzt. Sie garantieren eine Feldstärke von mindestens 1mV/m in alle Teilen von Deutschland.

Die Daten werden im ASCII-Format (8 Datenbit und gerade Parität) mit 200 Bd und einer Shift von 340 Hz ausgestrahlt.

Die Nachrichten bestehen aus 7 Startbytes, einem Byte für den Nutzer, eine Datenfeld für Nutzerdaten mit 16 Bytes und 2 Folgebytes:

Byte	Beschreibung
1	Startzeichen 68h
2	Länge: Anzahl von Bytes 0..5
3	Länge wiederholt
4	Wiederholung von Byte 1 68h
5	Bit 0..3 reserviert, Bit 4..7 Telegrammnummer
6	Adressbyte A1
7	Adressbyte A2
8 ..N	Nutzerdaten bis zu 16 Bytes
N+1	Checksumme LSB der Summe von Byte 5..N
N+2	Stopzeichen 16h

Tabelle 104: Format des EFR-Signals

Die oberen vier Bits von Byte 5 werden für jedes Telegramm an eine Adresse hochgezählt. Die Bytes 6 und 7 sind eindeutig für jeden Kunden. Einige Adressen haben eine vorgegebene Bedeutung. Z.B. A1 = A2 = FFh entspricht der Rundstrahladresse.

Wenn keine Nutzerdaten übermittelt werden, erfolgt die Austrahlung von Zeitsynchronisationsdaten mit A1 = A2 = 0. Ein Zeitstempel wird alle 12-15 Sekunden ausgestrahlt und besteht aus 7 Datenbytes.

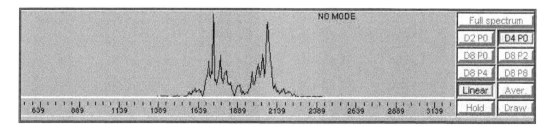

Abbildung 411: Spektrum eines EFR Signals

Eurofix erweitert Loran-C und Chayka-Stationen um einen Datenkanal, über den GPS-Korrektursignale, UTC-Zeitsignale, und andere Daten bis in eine Entfernung von ca. 1000 Km übertragen werden. In der "Eurofix Feasibility Phase" stehen derzeit die Stationen Lessay, Sylt, Værlandet und Bø Eurofix zur Verfügung. Die Entwicklung von Eurofix wird seit 1989 von der Delft University of Technology vorangetrieben.Zusammen mit den Korrekturdaten (DGNSS) wird die Genauigkeit bei 95 Prozent der Angaben besser als 5 Meter sein. Drei Kanäle sind für zukünftige Anwendeungen reserviert.

Loran-C verwendet gepulste Signale. Diese werden in Gruppen zu 8 Pulsen ausgestrahlt. Diese Gruppen werden als Burst bezeichnet. Jede Loran-Kette hat ein bestimmtes Gruppenwiederholinterval (GRI). Die letzten 6 Pulse von jedem Burst werden moduliert.

Die Navigation mit Hilfe von Loran-C wird über die Messung der Ankunftszeiten von Pulsen realisiert. Die Idee von Eurofix sieht eine geringe Zeitverschiebung diese Pulse vor, die das System Loran aber nicht beeinflussen. Eine geringe Zeitverschiebung eines Pulses in eine Richtung und des nächsten Pulses in die entgegengesetzte Richtung, sodas die mittlere Verschiebung null ist, hat keinen Einfluss. Dieses wird als ausgewogene Modulation bezeichnet.

Eine Zeitverschiebung von einer Mikrosekunde stellt die digitalen Bits dar. In vorherigen Konzepten von Eurofix gab es nur voreilende (-) und verzögerte Pulse für die Modulation. Im neusten Konzept gibt es einen Puls, der nicht verschoben ist. Insgesamt gibt es also drei verschiedene Zustände, wie die Pulse moduliert werden können.

Eine Kombination von 6 modulierten Pulsen repräsentieren 7 Datenbits (auc 7 Bit Symbol genannt). Daraus lassen sich folgende Anzahl bon modulierten ausgewogene Muster berechnen:

Gesamtanzahl von ausgewogenen Modulationsmustern				
Kombination von Modulationsmustern			Beispiel	Anzahl der Kombinationen
6 x null (0)	0 x plus (+)	0 x minus (-)	0 0 0 0 0 0	1
4 x null	1 x plus	1 x minus	0 0 + 0 - 0	30
2 x null	2 x plus	2 x minus	0 + - + 0 -	90
0 x null	3 x plus	3 x minus	+ + - - - +	20
			Gesamt =	141

Tabelle 105: EUROFIX Kombination von Modulationsmustern

Zum Beispiel wird das 7 Bit Symbol "1 0 0 1 0 1 1" in das Pulsmuster "0 + 0 - 0 0" umgewandelt. 13 Muster werden nicht verwendet.

Die Demodulation der Dateninformationen erfolgt folgendermassen:

1. Die einlaufenden Loran-C Impulse werden demoduliert. Das Ziel ist es herauszufinden, ob der eingehende Impuls eine Verzögerung von einer Mikrosekunde oder eine Mikrosekunde voraus ist. Wenn der Puls stark gestört ist, wird durch den Demodulator eine Löschung vorgenommen, weil die Chance, eine falsche Entscheidung zu treffen (Wahl einer der drei oben genannten Optionen) zu hoch ist. Es ist besser, eine Löschung zu erklären, als falschen Wert zu verarbeiten. Der Impuls hat keinen Einfluss auf die weitere Decodierung der Nachricht. Im dritten Schritt können Löschungen wieder zurückgewonnen werden kann.
2. Die Gruppe von 6 Pulsen wird auf Gültigkeit geprüft. Wenn die Anzahl der verzögerten und vorausgehenden Impulse gleich ist, kann das 7 Bit-Symbol dekodiert werden.Wenn die Gruppe von 6 Pulses nicht ausgeglichen ist, dann wird sie gelöscht.
3. Die Symbole und Löschungen werden durch einen Decodieralgorithmus bearbeitet. Die Nachricht wird durch die gültigen 7 Bit-Symbole und Symbollöschungen wieder hergestellt. Durch FEC kann eine bestimmte Anzahl von Fehlern korrigiert werden.
4. Zuletzt wird die CRC-Information der dekodierten Nachricht ausgewertet. Stimmt dieser nicht überein, wird die Nachricht gelöscht.

Eurofix verwendet eine Forward Error Correction (FEC). Da Loran-C Impulse über grosse Entfernungen empfangen werden, sind Fehler möglich. Durch die FEC können einzelen Bits aber auch ganze Gruppen wieder hergestellt warden.

EUROFIX verwendet den RTCM Nachtichtentyp 9. Daher werden Nachrichten in Gruppen zu 56 Bits aufgeteilt. Das entspricht achtmal 7 Bits (diese passen in eine GRI). Danach werden 14 CRC-Bits der Nachricht hinzugefügt. Diese 70 Bits werden Reed-Solomon kodiert. Zuletzt werden die durch den Reed-Soloman Endoder berechnet FEC-Bits an die Nachricht angehängt. Die Anzahl der FEC-Bits ist erheblich größer als die gesamte Nachricht. Tests wurden mit 70 und 140 FEC-Bits durchgeführt. Je gößer die Anzahl von FEC-Bits ist, desto mehr Fehler können korrigiert werde. Dadurch wird ein großer Überhang erzeugt, aber es ist notwednig, um eine akzeptable Integrität der Daten zu erhalten.

244. Long Range Ocean Radar

LROR

Das Long-Range Ocean Radar (LROR) wurde in Japan entwickelt. Diese Radar berücksichtigt, dass die Ausbreitungssdämpfung bei 9,2 MHz ca. 30 dB bei einer Entfernung von 200 km geringer ist verglichen mit 24.5 MHz. Mit dem LROR wurden Messungen bis zu einer Entfernung von 200 km durchgeführt. Dazu wurde auf 9,2 MHz mit einer Leistung von 1 KW gesendet.
In Japan ist es unmöglich, einen weiten Frequenzbereich für bestimmte Anwendungen vorzusehen. Daher verwendet das LROR ein frequenzmoduliertes unterbrochenes CW-Sginal (FMICW), sodas es in der Lage ist, die Frequenzbereiche effektiver zu nutzen.

Die Abtastbandbreite beträgt 22 kHz. Das entspricht einer Entfernungsauflösung von 7 km. Die mögliche Geschwindigkeitsauflösung mit Hilfe einer Integration beträgt 2.5 cm/s.

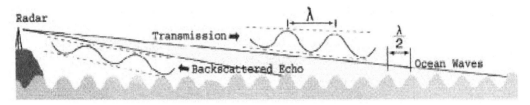

Abbildung 412: Funktion des LROR

245. LORAN-C

Long range Navigation

LORAN ist ein Navigationssystem das von Schiffen und Flugzeugen zur genauen Positions-bestimmung genutzt wird. Es arbeitet nach den Hyberbelverfahren mit drei bis fünf verschiedenen Sendern. Diese Sender sind über einige 100 km auf Land aufgebaut.
LORAN sendet auf einer Mittenfrequenz von 100 kHz. Das Lorannetz hat eine Masterstation und mehrere Slavestationen, die mit W, X, Y und Z bezeichnet werden.
Die Aussendung der Slavestationen ist auf die Masterstation synchronisiert. Für die Navigation wird der Laufzeitunterschied zwischen der Masterstation und mindestens zwei Slavestationen gemessen. Daraus ergibt sich zu jeder Slavestation eine Positionslinie, deren Schnittpunkt den momentanen Standort ergeben.
Jede LORAN-C-Kette sendet eine für sie typische Impulsgruppe. Jede Masterstation hat 10 ms und jede Slavestation 8 ms für diese Impulsgruppe zur Verfügung.
Die minimale Länge von Gruppenintervallen wird durch die Gesamtanzahl der Stationen im Netz bestimmt.

Die Masterstation sendet 8 Impulse mit einer Pause von 1000 us, dazu einen neunten Impuls, der nach 2000 us hinter dem achten Impuls folgt.

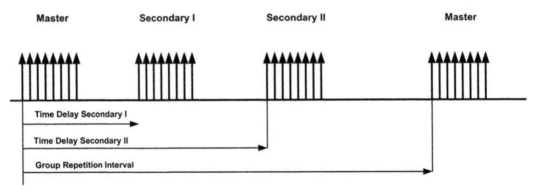

Abbildung 413: Impulsendung von LORAN-C

Die Slavestation sendet 8 Impulse mit einer Pause von 1000 us. Durch den neunten Impuls wird nur jeweils die Masterstation erkannt. Dieser Impuls wird ebenfalls für die Übermittlung interner Informationen benutzt.

Die Impulsgruppenwiederholungsrate durch den Faktor 10 geteilt identifiziert die jeweilige LORAN-Kette. Die folgende Tabelle zeigt einige LORAN-Ketten in den verschiedenen Gebieten:

GRI Nummer	Bereich der LORAN - C Kette
9990	North Pacific
9970	North West Pacific
9960	USA North East Coast
9940	USA West Coast
8970	Great Lakes
7990	Mediterranean Sea
7980	USA South East Coast
7970	Norway Sea
7960	Gulf of Alaska
7930	North Atlantic
5990	Canadian Pacific Coast
5930	Canadian Atlantic Coast
4990	Central Pacific
9980	Iceland
8000	Russia West
8990	Saudi Arabia North
7170	Saudi Arabia South
8290	USA North
9610	USA South
7950	Russia East
5970	Asia East
6930	China
	India Bombay
	India Calcutta

Tabelle 106: LORAN-Ketten und ihre Identifikationsnummern

LORAN Datenkommunication (LDC)

Während des operationellen Betriebes des LORAN-Systems kamm der wunsch auf, den Signalen eine Kommunkationsfunktion zu ermöglichen. Diese sollten enthalten:

- Aussendung der absoluten Zeit,
- Differential-LORAN Korrekturen für maritime Nutzer und Nutzer des Zeitverhaltens,
- Warnungen zu außergewöhliche Aubreitungbedingungen
- LDC Systeminformation für hochintegrierte Anwendungenr.

Neunter Puls Modulation

Diese Modulationsart wurde auf Grund seines geringen Einfluss auf das operationelle LORAN-C Signal ausgewählt. Es wird ein neunter Puls nach dem achten Puls der LORAN-Pulsgruppe eingefügt. Es wird eine Puls Postion Modulation mit 32 Möglichkeiten verwendet, um die Zeitverzögerung dieses Pulses vom 0-Offset-Symbol zu ändern. Damit würde man eine Datenübertragungsrate von fünf Bits pro Gruppenwiederholungsinterval (GRI) erreichen.

Der Phasenkode des neunten Pulses ist der gleiche wie der zuletzt gesendete Puls. Das Null-Symbol beginnt 1000 ms nach dem achten Navigationspuls. Die übrigen 31 Symbole sind in bestimmten Mikrosekunden-Abständen nach dem Null-Symbol zeitlich positioniert.

Nachrichten

Alle Nachrichten haben eine Länge von 120 Bits und bestehen aus 3 Komponenten: ein 4 Bit Wort für den Typ, 41 Bit Daten und 75 Bit Parität. Dieses ist in der nächsten Tabelle dargestellt. Diese Nachrichten werden in Abschnitten von 5 Bit pro GRI ausgesendet. Eine Nachricht ist also auf 24 GRI verteilt und dauert somit 2,4 Sekunden.

Abschnitt	Typ	Daten	Parität
Länge (Bits)	4	41	75
Bitzuordnung	0...3	4...44	45...119

Tabelle 107: LORAN Format Datenkanal

246. MF-RADAR

MF-Radare werden zu Beobachtungen auf Frequenzen zwischen 2 und 3 MHz eingesetzt und ermöglichen die kontinuierliche Beobachtung der Mesosphäre in Höhen von etwa 50 km bis 95 km während des gesamten Jahres. Die Radargeräte können zum Studium der Dynamik der Mesosphäre, der Turbulenz, interne Schwerewellen, Gezeiten und planetare Wellen, eingesetzt werden.

In Juliusruh wird ein MF-Radar auf der Frequenz 3,18 MHz betrieben. Hierbei handelt es sich um ein Impulsradar, das mit einem modularen Sende- und Empfangssystem mit verteilter Leistung und einer sogenannten Mills-Cross-Antenne arbeitet. Mit dieser Antenne wird ein Beam mit einer Strahlbreite von 18° erzeugt, der aus der Vertikalen in alle Himmelsrichtungen um definierte Zenitablagewinkel geschwenkt werden kann und damit DBS (Doppler-Beam-Swinging-Mode) Messungen gestattet. Die Impulsspitzenleistung beträgt 128 kW bei einer Impulsbreite von 27 us. Die Höhenauflösung beträgt 4 km und die Abtastauflösung 1 km.

Das Spektrum des Radars ist in folgender Abbildung dargestellt:

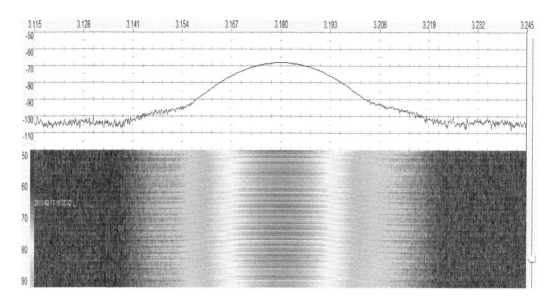

Abbildung 414: Spektrum des MF-Radars in Juliusruh

Der Impulsabstand beträgt 12,5 ms und ist in folgender Abbildung zu sehen.

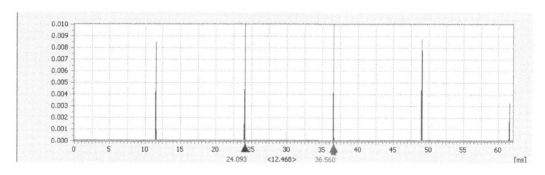

Abbildung 415: Pulswiederholung MF-Radar in Juliusruh

247. NAVTEX

Die Stationen im NAVTEX-System senden Navigations- und Wetterwarnungen und andere Warnnachrichten aus. Sie sind Teil des Maritime Safety Information (MSI) Netzes, das wiederum zum Global Maritime Distress und Safety System (GMDSS) gehört.
Die Weltmeere sind in 16 Navareas (international festgelegte Seewarngebiete) eingeteilt. Es ist eine Erweiterung um fünf weitere Navareas vorgesehen, die die arktischen Gewässer abdecken sollen.

Die Sendezeiten der Navtex-Stationen in den Navareas sind aufeinander abgestimmt. So werden Störungen vermieden, die durch gleichzeitiges Senden von mehreren Stationen entstehen können.
Die Informationen werden auf 490 kHz, 518 kHz und 4209,5 kHz von bestimmten Küstenstationen in SITOR B abgestrahlt. Die Datenübertragungsrate beträgt 100 Bd mit einer Shift von 170 Hz.
Dieser Zeitmultiplexservice ist für eine Entfernung von 400 Seemeilen um die Küstenstation ausgelegt.

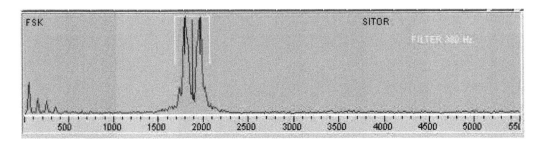

Abbildung 416: Spektrum eines NAVTEX-Signals

Zur Unterscheidung werden die folgenden Kenungen verwendet:

A   : Navigationswarnungen
B   : Wetterwarnungen
C   : Eisberichte
D   : SAR-Informationen
E   : Wettervorhersagen
F   : Lotseninformationen
G   : Information über DECCA
H   : Information über LORAN - C
I   : Information über OMEGA
J   : Information über SATNAV
K   : Information über andere Navigationssysteme
L   : Navigationswarnung
V-Y   : Spezielle Deinste
Z   : QRU

Tabelle 108: NAVTEX Erkennungsbuchstaben

NAVTEX-Aussendungen haben folgenden Aufbau:

1. ZCZC gefolgt von der ID der Sendestation gefolgt von der Nachrichtennummer
2. Identifikation für den Nachrichtentyp
3. Datums/Zeit-Gruppe
4. Nachricht
5. Abschluss mit NNNN

Tabelle 109: Aufbau von NAVTEX-Aussendungen

248. NBTV

Die folgenden Information über NBTV wurden von Murray Greenman von seiner Webseite www.qsl.net/Zl1bpu/NBTV zur Verfügung gestellt.

NBTV (Narrow Band Television) ist eine Technik, die Ähnlichkeiten mit SSTV und konventionellem FSTV (Fast Scan TV) hat. Wie SSTV wird nur eine geringe Bandbreite für die Übertragung von Bildern benötigt. dadurch kann diese Technik in einem SSB-Kanal auf Kurzwelle eingestzt werden. NBTV wurde so entwickelt, dass es mehere Bilder eines nach dem anderen übertragen kann. Allerdings ist die Bildrate sehr klein.

Es kommen drei unterschiedliche Übertragungsverfahren zum Einsatz, die von Con Wassilieff ZL2AFP, entwickelt wurden:

- Orthogonal Frequency Division Multiplex Analog OFDM NBTV
- Einzelton 2000 Bd PSK Modem Digital NBTV
- Hybrid FM NBTV mit PN-Sequenzsynchronisation

249. OFDM NBTV

OFDM NBTV ist eine analoge Technik, genaugenommen sogar ein Fuzzy-Design. Sie ist völlig anders als "normales" Fernsehen. Es werden alle Zeilen gleichzeitig auf einer geringfügig anderen Frequenz gesendet. Da der Seder und Empfänger mit exakt der gleichen Gschwindigkeit, bestimmt durch die Soundkarte, arbeiten, ist keinerlei Synchronisation notwendig.

Die folgende Abbildung zeigt das typische Spektrum eines OFDM NBTV Signals:

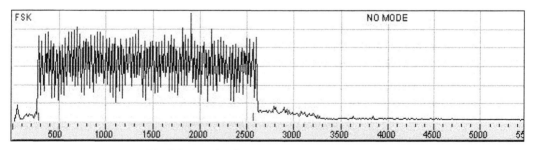

Abbildung 417: Spektrum einer OFDM NBTV

Jeder der Träger ist mit einer Schmalband-FM (einige wenige Hertz) moduliert. Die Gesamtbandbreite beträgt nur 2 kHz, so dass ein SSB-Sender und Empfänger verwendet werden können.

Hierbei handelt es sich um einen Fuzzy Modus. Auch wenn der Computer die Bilder für eine Aussendung und den Empfang abtastet, handelt es sich doch um analoge Signale, die beim Empfänger ohne eine Dekoderentscheidung dargestellt werden.

Das bedeutet ebenfalls, dass diese Signale sehr unempfindlich gegen Störungen und Ausbreitungseffekte sind.

Einschränkungen

Auf Grund der geringen Bandbreite ist es nicht möglich, Bilder in Echtzeit zu übertragen. Jedes Bild braucht 1 bis 9 Sekunden, um übertragen zu werden. Das Empfangssignal könnte aufgezeichnet und später als Film abgespielt werden. Sie können auch für eine Rauschreduktion und weichere Übergänge zwischen den einzelnen Bilder nachbearbeitet werden.

Auf den niedrigen Frequenzen, besonders unter NVIS-Bedingungen (starkes fading und Mehrwegeausbreitung), gibt es erhebliche Einbußen, die besonders den 96 x 72 Pixelmodus betreffen. Dieses ist auf den höheren Frequenzen oder VHF nicht der Fall.

OFDM NBTV Modi

Es gibt fünf unterschiedliche Modi, zwei in Schwarz & weis und drei in Farbe. Gesendet werden zwei unterschiedliche Auflösungen von 48 x 48 Pixel und 96 x 72 Pixel. Die letztere ist langsamer, überträgt aber detailreichere Bilder.

Es gibt noch einen speziellen Modus mit 96 x 72 Pixel in Farbe, dessen Bildrate doppelt so hoch wie der Standard 96 x 72 Farbmodus ist. Dieser Modus ist nut für die hohen HF-Frequenzen und VHF geeignet.

- 48 x 48 Niedrige Auflösung B&W und RGB Farbe für NVIS-Bedingungen
- 96 x 72 Mittlere Auflösung B&W und RGB Farbe für Kurzwelle
- 96 x 72 Mittlere Auflösung komprimiert RGGB Farbe für VHF

Die folgende Tabelle zeigt eine Übersicht der technischen Parameter:

Modus	Bildeinstellung	Pixelrate	Bildzeit	Bandbreite
BW 48	48 x 48 Schwarz & Weiß	50 Hz	1.0 s	2100 Hz
CO 48	48 x 48 RGB	50 Hz	3.0 s	2100 Hz
BW 96	96 x 72 Scharz & Weiß	33 Hz	3.0 s	2100 Hz
CO 96	96 x 72 RGB	33 Hz	9.0 s	2100 Hz
RGGB	96 x 72 RGGB	33 Hz	6.0 s	2100 Hz

Tabelle 110: OFDM NBTV Modi

48 x 48 Modus

In diesem Modus werden 48 Träger mit einem Abstand von 42 Hz gesendet, für jede Zeile ein Träger. Die Gesamtbandbreite beträgt 2 kHz. In der Mitte wird ein Pilotton gesendet, der mit einem langsamen Sinus moduliert ist. Dieser wird für eine Feinabstimmung benutzt.
Im Schwarz & Weiß-Modus wird nur ein Feld pro Einzelbild gesendet. Bei 48 Pixel pro Zeile dauert jeder Punkt 20 ms und die Modulationsbandbreite des Trägers beträgt ca. 40Hz. Am Ende jeder Zeile wird eine vertikal punktierte Linie gesendet, sodass das Ende des Bildes erkannt werden kann.
Im Farbmodus werden drei einzelne Felder für Rot, Grün und Blau wie oben beschrieben gesendet. Am Ende der dritten Zeile (Blau) wird ebenfalls eine vertikal punktierte Linie eingefügt. Durch sie kann auch die korrekte Farbreihenfolge eingestellt werden.

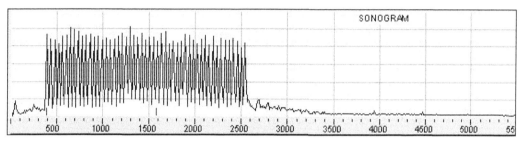

Abbildung 418: Spektrum einer 48 x 48 OFDM NBTV

96 x 72 Modus

Diese Modus verwendet 72 Träger mit einem Abstand von 32 Hz. Auch hier wird für jede Zeile ein Träger gesendet. Ansonsten gelten die gleichen Bedingungen wie im 48 x 48 Modus beschrieben. Die Modulationsrate ist geringer, dadurch können die Abstände zwischen den Trägern kleiner sein. Pro Zeile gibt es 96 Pixels, jedes Pixel hat eine Dauer von 30ms.

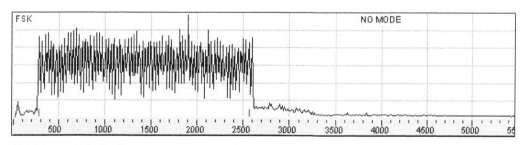

Abbildung 419: Spektrum eines 96 x 72 OFDM NBTV

250. Digitales NBTV

403

OFDM Signale erfordern von den Sendern und Empfängern eine hohe Stabilität. Ausserdem ist es sehr schwierig, OFDM-Signale korrekt abzustimmen. Dieses führte zu der Entwicklung digitalem NBTV.

Digital NBTV verwendet einzelne Programmodule und als Austauschmedium zwischen diesen Modulen TCP/IP. Das Modem ist ähnlich dem NATO Standard STANAG 4285. Um Fehler durch Mehrwegeausbreitung zu beseitigen, wird ein Equalizer eingestzt.

An equalizer system is included to compensate for ionospheric path variation

Die Übertragung besteht aus seriellen Datenpaketen, von denen jedes eine kleine Anzahl von Bildlinien enthält. Die Paketgröße ist mit 256 Symbolen plus 80 Symbolen PN-Sequenz konstant.

Modulation

Digital NBTV verwendet eine Modulation, die von vielen Modems im HF-Bereich eingesetzt wird. Es wird eine Mittenfrequenz von 1500 Hz phasenmoduliert, um Daten und Synchronisations-informationen zu übertragen. Jedes Paket startet mit einer pseudozufälligen (PN) Sequenz, die BPSK moduliert ist. Diese Sequenz ermöglich die genaue Erkennung und Synchronisation des Punktes, an dem die Daten beginnen.

Das Audiospektrum ist in folgender Abbildung dargestellt:

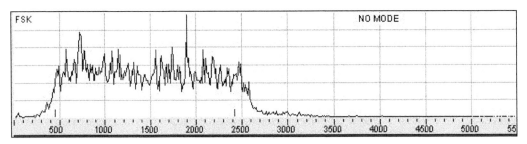

Abbildung 420: Spektrum eines digitalen NBTV-Signals

Im Empfänger wird ein Kreuzkorrelator verwendet, um den Punkt in der Nachricht zu ifnden, an dem die PN-Sequenz mit der lokalen Kopie übereinstimmt.

Die Technik einer PN-Sequenz Erkennung mit Hilfe eines Kreuzkorrelators ermöglicht das Demodulieren und Dekodieren von Hochgeschwindigkeitsdaten und die Gewinnung von Zeitinformtionen, um Fehler durch die Ionosphäre zu reduzieren. Dafür wird unter anderem ein Equalizer eingesetzt. Der Equalizer korrigiert ebenfalls Dopplerfehler, die besonders einen Einfluss auf die Phase haben, sodaß sogar eine 8PSK verwendet werden kann.

Das Phasendiagramm ist in der nächsten Abbildung dargestellt:

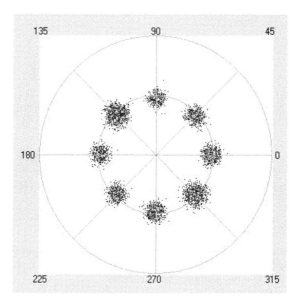

Abbildung 421: Phasendiagramm eines digitalen NBTV Signals

Die beiden Punkte auf 135° und 315° sind etwas größer. Diese wird durch die PN-Sequenz zur Synchronisation hervorgerufen.

Digital NBTV verwendet eine 31-Bit PN-Sequenz, die vom STANAG 4285 "geliehen" wurde. Diese wird in 80 Symbolen 2,5 Mal gesendet. der gesamte Block hat eine Länge von 336 Symbolen. 256 Symbole werden für Bilddaten und FEC Information verwendet. Da für die Daten eine 4PSK eingesetzt wird, kann jeder Block 512 Bits der Bilddaten transportieren oder 3047 Bps Rohdatenrate. Die Daten werden in ein 8PSK-Muster verwürfelt, um gegen sleektives Fading resistent zu sein.

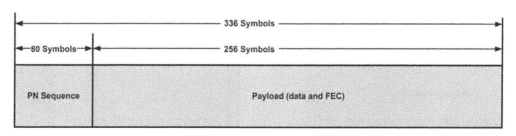

Abbildung 422: Blockaufbau von digitalem NBTV

Wie bei STANAG 4285 kann Digital NBTV auch mit einer Symbolrate von 2400 Bd auf einer Mittenfrequenz von 1800 Hz arbeiten. Die daraus resultierende Bandbreite (knapp 3 kHz) ist für die meisten Kurzwellengeräte im Amateurfunkbereich zu groß. Daher wurde eine Symbolrate von 2000 Bd auf der ittenfrequenz von 1500 Hz gewählt.

Die folgende Abbildung zeigt die Baudratenmessung von 2000 Bd mit Hilfe des Phasenspektrums:

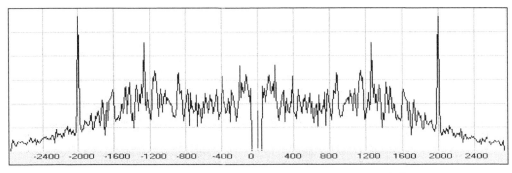

Abbildung 423: Baudratenmessung bei digitalem NBTV

Codec

Da eine digitale Modulation im Vergleich zur analogen Modulation weniger Bandbreiteneffizient ist, war es notwendig, die Datenrate zu reduzieren. Zwei Strategien wurden hier angewendet: eine Pixelinterpolationstechnik und eine Kompressionstechnik.

Digitales NBTV arbeitet verschiedene Bildgrößen:

- 48 x 48 Punkte vergrößert
- 64 x 64 Punkte
- 96 x 96 Punkte vergrößert
- 128 x 128 Punkte
- 256 x 256 Punkte

Die 48 x 48 und 96 x 96 Bilder sind vergrößerte Verrsionen der nächsten Größe.

Interpolation

Alle gesendeten Bilder sind quadratisch (1:1), werden aber aus Bildern mit einem Seitenverhältnis von 4:3 erstellt. Auf der Empanfgseite werden diese ebenfaöös im 4:3 Format dargestellt. Dieses ergibt eine Kompression von 3/4 der Originaldaten.

Kompression

Standard Bildkompressionen wie JPEG, JP2 und MPEG wurden für wesentlich gößere Bildauflösungen konzipiert und arbeiten daher mit so kleinen Bilder nicht sehr gut. Daher wurde eine spezielle Serie von 'Wavelet' Kompressionsalgorithmen entwickelt, die besonders für kleine Bilder geeignet sind.
Drei Transformationen werden verwendet:

- Haar
- Daubechies D4
- Cohen-Daubechies-Feaveau 9/7 CDF97 (Standard)

Die letzte der drei Möglichleiten wird standardmäßig verwendet und ergibt die besten Bilder. Haar hat seine Stärker für Bilder mit großem Kontrast wie z.B Texte.

Die CDF97 Kompression wird in JPEG2000-Biödern verwendet, wurde aber für diese Anwendung angepasst. Wavelet Kompression, wie bei jedem Bildkompressionssystem reduziert kaum die Anzahl von Bits pro Pixel und erfordert daher ein zuätzliches "Verpacken", um höhere Kompressionsraten zu erreichen. Es werden arithmetrische Kodieung für die Datenkompression eingesetzt.

Fehlerkorrektur

Ein digitales System, besonders eines mit Kompression, kann ein Bild nicht wiedergeben, wenn es nicht korrekt empfangen wurde. Daher wird eine Reed-Solomon (RS) Technik verwendet, die besonders für paketorientierte Daten geeignet ist. Sie hat ebenfalls den Vorteil, das die Stärke der Fehlerkorrektur von der Anzahl der Bits zur Fehlerkorrektur bestimmt wird.

Der FEC Dekoder wiird alle Bilder löschen, die nicht komplett empfangen werden. Daher sind die Bilder, die empfangen werden, immer fehlerfrei. Es werden zwei Ebenenvon Reed Solomon Kodierung verwendet::

Eine Nur-Fehlerrate von 2/3 RS auf den Daten in jedem paket und eine variable RS zur Fehlereknnung und -löschung der Daten (die verschachtelt ausgesendet und daher über mehrere Blöcke verteilt sind, um Burstfehler zu reduzieren).

Übertragungsgeschwindigkeit

Die Zeit für die Übermittlung eines Bildes hängt von der Komplexitätdes Bildes , der verwendeten Kompression und der Anzahl der FEC-Bits ab. Schon die Bildkomplexität sorgt für große Variationen. DIe folgende Tabelle zeigt typische Werte mit Standardeinstellungen für Kompression und FEC.

Modus	Aussendung	Bildgröße	Punkte/Block	Blockrate
48	48 x 48	48 x 64	2304	Ca. 9 s
64	64 x 64	64 x 85	3072	Ca. 10 s
96	96 x 96	96 x 128	9216	Ca. 13 s
128	128 x 128	128 x 171	16384	Ca. 15 s
256	256 x 256	256 x 341	65536	Ca. 25 s

Tabele 111: Modi vom digitalen NBTV

251. Hybrid FM NBTV

Hybrid NBTV verwendet eine Bildmodulation, die bei SSTV angewendet wird. und entspricht im wesentlichen dem ROBOT24 Modus mit einer Farbdifferenzmodulation.

Problematisch ist die Veränderung im Zeitverhalten bei Mehrwegeausbreitung. Daher wurde bei jedem Start eines Datenblocks eine PN-Sequenz eingefügt. Dadurch erhält der Empfänger eine sehr empfindliche Synchronisation, sondern kann auch das Bild wieder korrekt abstimmen.

Synchronisation PN Sequenz

Das Hybrid NBTV Verfahren sendet Daten in Paketen wie ein digitales System. Aber es sind keine reinen Datenpakete. Es handelt sich um hybride Pakete mit einem digitalen Kopf und einer analogen Bildinformation. Jedes Datenpaket enthält einen Synchronisationspuls (PN-Sequenz), der BPSK moduliert ist. Darauf folgt die analoge Bildinformation, die frequenzmoduliert ist.
Jedes Paket enthält die Helligkeitsinformation für drei Linien, dazu die Durchschnitts-Farbdifferenzinformation für drei Linien. Ein Bild von 128 x 96 Punkten kann in 24 Paketen gesendet werden. Jedes Bild hat eine Übermittlungszeit von 10 s. Die Synchronisation efolgt durch die Identifizierung der PN-Sequenz mit Hilfe eines Kreuzkorrelators wie bei digitalem SSTV.
Der daraus entstehende Zeitpeak gibt an, wann das Bild startet. Dadurch wird das Bild selbst bei Mehrwegeausbreitung perfekt angepasst. Die Zeit zwischen einer PN-Sequenz und der darauf folgenden PN-Sequenz wird ebenfalls für die Frequenzmessung des Unterträgers herangezogen, um den Empfänger korrekt abzustimmen. dadurch wird ebenfalls der Equalizer abgeglichen, der die Abtastung des demodulierten Bildes kontrolliert.

Betriebsmodi

Zur Zeit gibt es nur einen Modus für Bilder der Größe von 128 x 96 Punkten. Sie werden ohne Bildkompression gesendet.
Es gibt die Möglichkeit der positiven Bildmodulation (Standard ist negativ), womit manchmal die Qualität verbessert wird. Die Option muss von Hand auf der Sende- und Empfängerseite eingestellt werden.

Modulation

Hybrid NBTV verwendet einen Träger auf der Mittenfrequenz von 1500 Hz, der mit einer BPSK moduliert ist. Am Anfang von jedem Paket wird die PN-sequenz eingefügt.
Das Bild selbst wird ebenfalls auf den 1500 Hz Träger frequenzmoduliert, wobei die Helligkeit und Farbdifferenzinformation wie bei SSTV gesendet werden.

Das Spektrum sieht wie folgt aus:

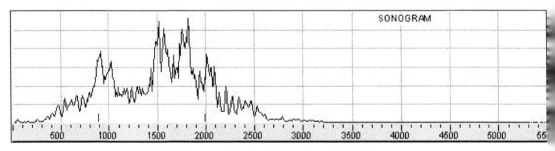

Abbildung 424: Spektrum Hybrid NBTV

Das folgende Sonagram zeigt den Start und die folgende analoge Information:

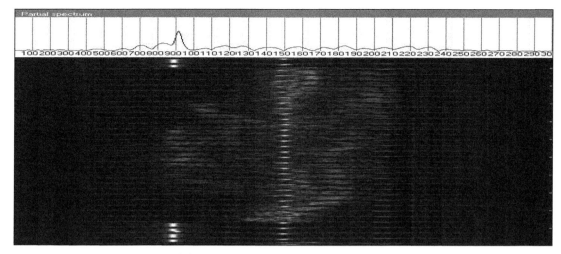

Abbildung 425: Sonagram Hybrid NDTV

252. NDS200 DGPS

HF Data Link, BCPSK, QCPSK

HF Data Links sind differentielle Global Positioning Systeme (DGPS), die DGPS-Daten mit einer Binary Coherent Phase Shift Keying (BCPSK) oder Quaterny Coherent Phase Shift Keying (QCPSK) aussenden. Sie verwenden eine Datenrate von 100 Bd von einer Referenzstation oder Relaisantennen an bekannten Position.
Diese Systeme liefern Korrekturdaten, die eine Navigation mit hoher Genauigkeit bin in den Zentimeterbereich ermöglichen.

HF Data Link arbeitet im Kurzwellenbereich zwischen 1.6 MHz und 3.5 MHz. In erster Linie für LADGPS Marineanwendungen entwickelt, ist HF Data Link für eine Metergenaue Anwendung konzipiert. Durch die Verwendugn einer BCPSK-Modulation, fortgeschrittene Datenkompression und hochperformante GPS Signalkorrekturalgorithmen bietet das Signal eine hervorragende Genauigkeit für Amrineanwendungen. Der Arbeitsbereich reicht von 100 bis 800 Kilometern.

Folgende Frequenzen sind bekannt:

Frequenz	Baudrate	Modulation	Standort
3232 kHz	100	BCPSK	Sardinia, I
3398 kHz	100	BCPSK	Spain
3572 kHz	100	BCPSK	Holland

Tabelle 112: Frequenzen für das NDS200 DGPS-System

Das Spektrum wird in der folgenden Abbildung gezeigt:

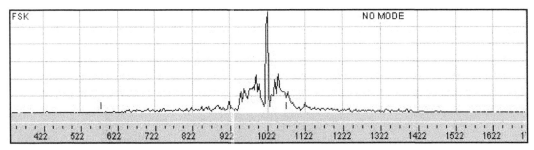

Abbildung 426: Spektrum eines BCPSK Signals vom NDS200 DGPS

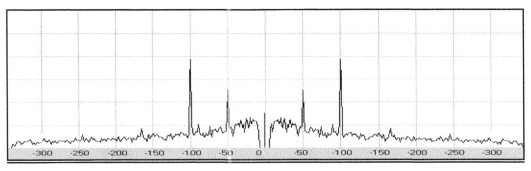

Abbildung 427: Phasenspektrum vom NDS200 DGPS Signal mit 100 Bd Peaks

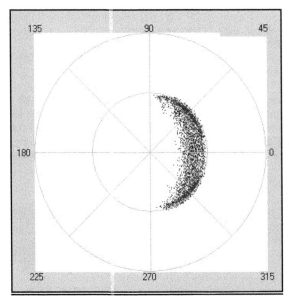

Abbildung 428: Phasendarstellung eines NDS200 DGPS-Signals

OTHR

Over-the-horizon (OTH) Radargeräte wurden entwickelt, um militärische Ziele weit hinter dem optischen Horizont zu entdecken. Sie verwenden den Kurzwellenbereich von 5 MHz - 30 MHz durch die Reflektion an der Ionosphäre und erreichen dadurch 3500 km in einem "Sprung."

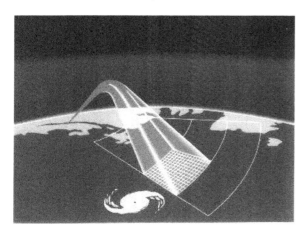

Ein Radargerät mit seiner Antenne auf einem 10 m hohen Mast hat eine Reichweite zum Horizont von ca. 13000 m, wenn man eine atmosphärische Beugung berücksichtigt. Wenn das Ziel höher über Grund ist, z.B. 10 m, erhöht sich diese Reichweite auf 26000 m.

.

Abbildung 429: Over the horizon radar (OTHR)

Die Unbeständifkeit und Veränderungen in der Ionosphäre machen die Auffassung eines Zieles sehr schwer. Daher verwenden OTHR's eine Echtzeitbeobachtung der Ionosphäre, um die Sendefrequenz laufend anzupassen.

Die Auflösung eines Radargerätes basiert auf die Strahlbreite der Antenne und der Entfernung zum Ziel. Eine Radargerät mit einer Strahlbreite von 0,5° zeigt ein Ziel in einer Entfernung von 120 km 1 km breit an. Daher wird bei einem OTHR die Auflösung typischerweise im 10 km-Bereich angegeben. Auf Grund der großen Entfernungen ist für eine exakte Zielerfassung so ein System unbrauchbar. Aber es reicht für eine Frühwarnung vollkommen aus. Um eine Strahlbreite von 0,5° zu erreichen werden HF-Antennen von einigen Kilometern Breite benötigt. Da die Bodenbeschaffenheit (See oder Festland) ebenfalls diese Signale eines OTHR's reflektiert, müssen bestimmte Erkennungssysteme verwendet werden, um Ziele vom Hintergrundrauschen zu unterscheiden. Die einfachste Art ist die Auswertung des Doppler-Effekts. Ein bewegtes Ziel wird die Frequenz um einen bestimmten Betrag verschieben. Durch ein Ausfiltern aller Signale in der Nähe der Sendefrequenz werden so die Ziele sichtbar. Diese Vorgehensweise wird in fast allen Radargeräten verwendet, aber im Fall eines OTHR's wird es sehr komplex, da sich die Ionosphäre auch noch bewegt und daher ähnliche Effekte hervorruft..

Verschiedene OTHR-Typen

In den letzten Jahren wurden viele verschiedene Typen von OTHR's im Kurzwellenbereich beobachtet. Die folgende Auswahl zeigt einige von ihnen mit deren typischen Parametern:

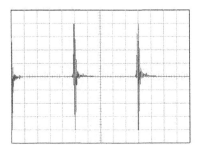

Abbildung 430: Französisches OTHR mit 25ms Pulsen oder 40 Pulse pro Sekunde (PPS)

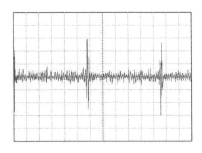

Abbildung 433: Iranisches OTHR mit 30ms Pulsen oder 33 PPS

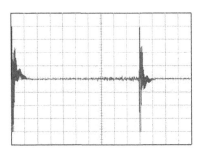

Abbildung 431: CIS OTHR ABM-2 mit 100ms Pulsen oder 10 PPS

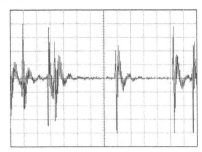

Abbildung 434: OTHR SuperDARN mit 25ms oder 40 PPS

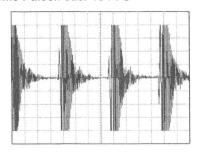

Abbildung 432: OTHR von Zypern mit 20ms Pulsen oder 50 PPS

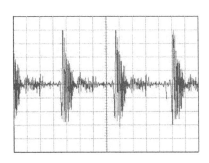

Abbildung 435: Chirp OTHR mit 20ms oder 50 PPS

Radio Frequency Identification

Das Verfahren Radio Frequency IDentification (RFID) wurde für die kontaktloses Übertragung von Daten entwickelt. Es gibt verschiedene Arten von RFID-Transponders: es gibt Transponder, die keine batterie benötigen. Sie erhalten ihre Spannung durch die Induktion eines magnetischen Feldes und senden dann die geforderte Information. Andere habe ihre eigene Spannungsversorgung und senden elektronische Inforamtionen über eine bestimmte Entfernung.

Auch wenn die Transponder im Bereich von 120 kHz bis 150 kHz und 13,56 MHz nur für Entfernungen von 10 cm bis 100 cm mit niedrigen Datenraten ausgelegt sind, können sie doch über größere Entfernungen empfangen werden.

Das folgende Bild zeigt eine Anzahl von Transpondern, die über eine Entfernung von mindestens 50m empfangen wurden:

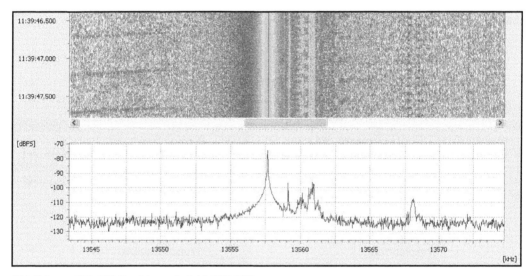

Abbildung 436: HF-Spektrum bei 13,560 MHz

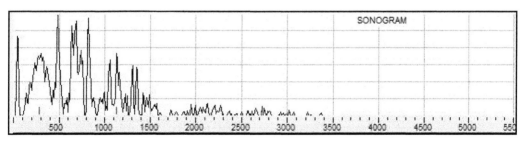

Abbildung 437: Audiospektrum von RFID-Transpondern

Die meisten Transponder arbeiten unterschiedlich und sind nicht kompatible zueinander. Es gibt keinerlei Regeln, wie diese Transponder funktionieren.

Im folgenden Bild kann man die gepulsten Signale der Transponder erkennen:

413

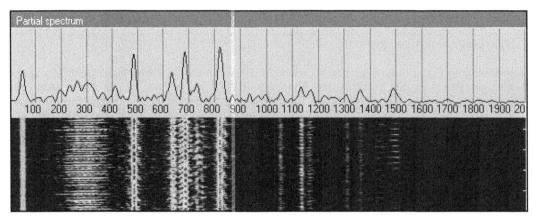

Abbildung 438: Pulsverhalten von RFID-Transpondern

255. Russisches ALPHA und LORAN-C System

RSDN 20

In der ehemaligen UDSSR wurde parallel zum OMEGA und LORAN-C System ein ähnliches System für die hyperbolische Navigation entwickelt. Das ALPHA-System arbeitet mit 5 Sendern auf 5 Frequenzen (siehe Tabelle unten). Diese Frequenzen sind Vielfache einer Basisfrequenz von 744.047 Hz. Es gibt zusätzliche Frequenzen, die in dem System verwendet werden. Diese sind in der folgenden Tabelle zusammen gefasst:

Frequenz Bezeichnung	HF Frequenz	Ableitung aus der Grundfrequenz
F_{Ref}	744,047619 Hz	
F_1	11904,7619 Hz	16 * F_{Ref}
F_2	12648,80952 Hz	17 * F_{Ref}
F_3	14880,95238 Hz	20 * F_{Ref}
F_{3p}	14881,09127 Hz	20 * F_{Ref} + 0,138888
F_4	12090,77381 Hz	16,25 * F_{Ref}
F_5	12044,27083 Hz	16,1875 * F_{Ref}

Tabelle 113: Frequenzen des RSDN 20-Systems

Das System verwendet fünf aktive Sender, die in der Gegend von Novosibirsk, Krasnodar, Khabarovsk, Reyda und Seyda betrieben werden. Jeder Sender sendet einen CW-Träger von 400 ms mit einer Pause von 200 ms. Ger Grundzyklus hat eine Länge von 3.6 s mit einer Phasensynchronisation nach 25.2 s.

Das russische LORAN-C arbeitet ebenfalls auf Frequenzen von 100 kHz. Zur Zeit sind zwei Systeme aktiv. Sie gleichen dem amerikanischen System, sodass einige Hersteller bereits Navigationsgeräte entwickelt haben, die beide Verfahren empfangen und verarbeiten können.

256. Russisches BRAS-3 und RS-10 System

BRAS-3 und RS-10 sind hyperbolische Navigationssysteme, die im Frequenzbereich von 1650 kHz bis 2120 kHz arbeiten. Sie sind ebenso wie LORAN-C in Ketten organisiert.

Heutzutage scheinen nur noch die RS-10 Kette in Betrieb zu sein.

Die exakten Frequenzen hängen von der Grundfrequenz eines Referenzoszillators ab und liegen im Bereich von 25.80 kHz bis 26.40 kHz. Diese Grundfrequenzen ermöglichen das Arbeiten von verschiedenen Ketten auf der gleichen Frequenz.
Das BRAS-System arbeitet mit einer Master-Station und zwei Slave-Stationen. RS-10 kann dagegen mit einer Master-Station und bis zu sechs Slave-Stationen arbeiten.

Das Spektrum und Sonogramm ist der folgenden Abbildung zu entnehmen.

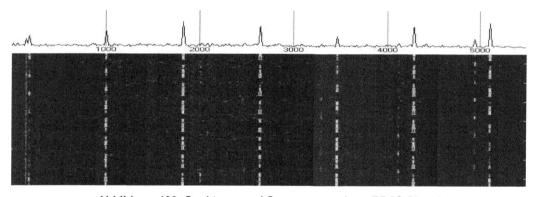

Abbildung 439: Spektrum und Sonogramm eines BRAS Signal

Die ausgesendeten Frequenzen sind Vielfache der Grundfrequenz im Bereich von 26 kHz. Jede master-Station erzeugt 6 Frequenzen von dieser Grundfrequenz. Dieses sind die HF-Frequenzen F. Diese Frequenzen sind: F_1, F_2, F_3, F_4, F_{ks} und F_{sync}. F_{sync} wird für die Synchronisation des Referenzoszillators der Master-Station auf den Referenzoszillator der Slave-Station zu benötigt.
Es ist gleichzeitig die Kommando- und Kontrollfrequenz für die jeweilige Kette.

Frequenz-bezeichnung	HF Frequenz	Berechnung basierend auf die Grundfrequenz
F_{Ref}	26,264881 kHz	
F_{sync}	1770,833336 kHz	56 * F_{Ref} + 300 kHz
F_{ks}	1812,276789 kHz	69 * F_{Ref}
F_1	1680,952384 kHz	64 * F_{Ref}
F_2	2101,19048 kHz	80 * F_{Ref}
F_3	1786,011908 kHz	68 * F_{Ref}
F_4	1707,217265 kHz	65 * F_{Ref}

Tabelle 114: Frequenzverteilung im BRAS System für eine Kette („Semba")

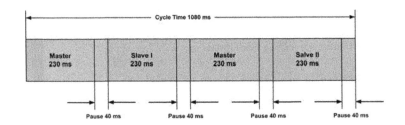

Abbildung 440: Zeitsteuerung im BRAS System

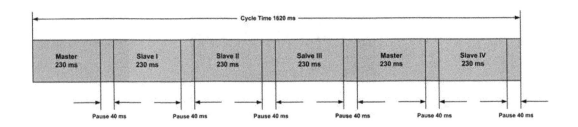

Abbildung 441: Zeitsteuerung im RS-10 System

Die Zeit vom Start der ersten Master-Aussendung bis zum nächsten Start der Master-Aussendung wird als Group Repetion Interval (GRI) bezeichnet.

Jede Aussendung von 230 ms wird in 180 Pulse von 1.2 ms unterteilt. Jeder Puls besteht aus 150 us Impulsen auf verschiedenen Frequenzen. Die F_{sync}, und F_{ks} haben eine Länge 300 us. Die Master-Station sendet die Sequenz : $F_1, F_3, F_{sync}, F_4, F_2, F_{ks}$. Dieses ist in der folgenden Abbildung dargestellt:

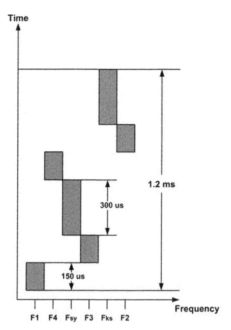

Abbildung 442: BRAS-3/RS-10 Burst Sequenz Master

Die Slave-Station sendet in der Sequenz : F_1, F_3, F_{ks}, F_4 , F_2, F_{ks}. Die nächste Abbildung zeigt den Zeitverlauf:

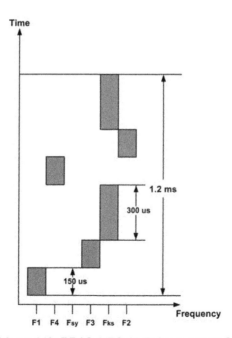

Abbildung 443: BRAS-3/RS-10 Pulsesequenz Slave

417

257. Super Dual Auroral Radar Network

SuperDARN

Das Super Dual Auroral Radar Netz (SuperDARN) ist ein Netzwerk von internationalen HF-Radarstationen, die die ionosphärischen Plasmaströmungen über der nördlichen und südlichen Polarregion beobachten. SuperDARN besteht zur Zeit aus 9 Radarstationen in der nördlichen Hemispäre und 5 Radarstationen in der südlichen Hemisphäre.

Die Arbeitsfrequenzen vom SuperDARN Radarnetzwerk liegen zwischen 8 und 20 MHz.

Die Stationen und Richtungen der Radarstationen können der folgenden Tabelle entnommen werden:

Radarname	Land	Radar Code	Breitengrad	Längengrad	Richtung
Hankasalmi	FIN	f	62.32°N	26.61°E	-12.0°
Stokkseyri East	ISL	e	63.77°N	20.54°W	30.0°
Stokkseyri West	ISL	w	63.86°N	22.02°W	-59.0°
Goose Bay	CAN	g	53.32°N	60.46°W	5.0°
Kapuskasing	CAN	k	49.39°N	82.32°W	-12.0°
Saskatoon	CAN	t	52.16°N	106.53°W	23.1°
Prince George	CAN	b	53.98°N	122.59°W	-5.0°
Kodiak	USA	a	57.6°N	152.2°W	30.0°
King Salmon	USA	c	57.0°N	157.0°W	-20.0°
Rankin	CAN	rkn	62.83°N	93.11°W	5.71°
Wallops Island	USA	wal	37.93°N	75.47°W	
Halley		h	75.52°S	26.63°W	165.0°
Sanae		d	71.68°S	2.85°W	173.0°
Syowa South		j	69.0°S	39.58°E	165.0°
Syowa East		n	69.0°S	39.61°E	106.5°
Kerguelen	KER	p	49.35°S	70.26°E	168.0°
TIGER	AUS	r	43.38°S	147.23°E	180.0°
TIGER Unwin	NZL	unw	46.51°S	168.38°E	

Tabelle 115: Standorte verschiedener SuperDARN Sender

Das Radarnetz überstreicht insgesamt 18 Stunden an Zeitzonen und reicht vom Äquator bus zu den Polkappen. Dadurch werden viele Regionen der Ionosphäre abgedeckt. Jedes Radargerät überstreicht ungefähr eine Fläche von 4 Millionen Quadratkilomter. Jeder Radarscan dauert im Standardmodus 2 Minuten. Das ergibt genug Daten mit einer ausreichenden Zeitauflösung, um die Dynamik der Magnetosphäre und Ionospäre zu verstehen.

Das Radargerät verwendet normalerweise die 16 Beams einer nach dem anderen für eine vollständigen 52° Azimutscan. In diesem Standard arbeitet jedes SuperDARN-Paar zeitsynchron, um alle 2 Minuten einen Scan mit einer Pausenzeit von 7 Sekunden pro Beam auszuführen. Im shcnelölen Standrad-Modus wird diese Zeit auf 1 Minute mit einer Pausenzeit von 3 Sekunden verkürtzt. Die Beams haben einen Abstand von 3,2°. Es gibt 75 Entfernungsbereiche, von denen jeder eine Länge von 45 km hat. Der erste Bereich hat eine Länge von 180 km. Jeder Beam wird durch eine Anordnung von 16 logarithmisch-periodischen Antennen gebildet. Ein elektronisch gesteuerter Phasenschieber steuert jdenen beam in seine korrekte Ricjtung.

Es sind viele Sendemodi mit dem SuperDARN möglich. Zusätzlich zu dem Standrad-Modus und dem schnellen Standard-Modus, die zusammen etwa 50% der Betriebszeit ausmachen, gibt es Zeiten für spezielle Aussendungen, Tests und Reparaturen. Es gibt zum Beispiel einen Modus, in dem alle 16 Beams der Reihe nach eingeschaltet werden und dazwischen zu einer bestimmten Beamposition zurückgekehrt wird (z.B. 0,8,1,8,2,8,3,8,...,8,15). Dieser Modus ergibt eine bessere Zeitausflösung entlang dieser Beams, was für bestimmte Studien gebraucht wird.

Jedes Radargerät hat, etwa 100 m entfernt von der Hauptantennengruppe und parallel dazu ausgerichtet, eine Interferometerpeiler mit vier Antennen, um die Einfallsrichtung der reflektierten Wellen zu messen. Durch das Messen der Phasendifferenz zwischen den Antennen kann der Erhebungswinkel der ankommenden Welle bestimmt werden. Dieses dient zur Beurteilung der Ausbreitungsbedingungen.

Es werden drei Parameter durch das Radar bestimmt: Geschwindigkeit der Plasmadrift entlang des strahls, die reflektierte Leistung und die spektrale Breite des Signals. Mit Hilfe der komplexen Autokorrelationsfunktion (ACF) des empfangenen Signals errechnen sich diese drei Parameter für jeden Entfernungsbereich des SuperDARN. Dieses wird durch das Aussenden einer Mehrfachimpulssequenz erreicht.
In dem zur Zeit verwendeten Modus sendet das Radargerät eine Folge von 7 Pulsen. Jeder Puls hat eine Länge von 300 µs. Das Radar sendet seine 7-Pulsmuster (0,9,12,20,22,26,27) innerhalb eines Sendefensters von 100 ms. Nach jedem Puls schaltet das Radar auf Empfang und verarbeitet das Signal mit Hilfe der ACF. Innerhalb einer Zeit von 7 s wird die Impulsfolge 70 mal an jeder Strahlposition wiederholt. Die 70 Ergebnis-ACFs werden zusammengefast und bilden einen Mittelwert, um das Signal-Rauschverhältnis zu verbessern.

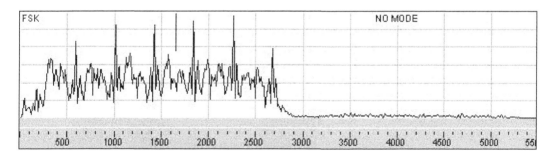

Abbildung 444: Spektrum eines SuperDARN-Signals

419

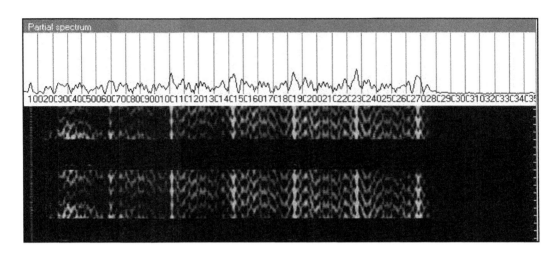

Abbildung 445: Sonogramm eines Zyklus von 7s vom SuperDARN

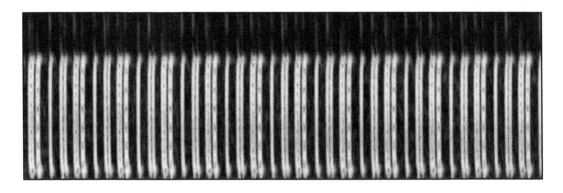

Abbildung 446: Pulssequenz vom SuperDARN

258. Zeitzeichensender

Auf vielen Frequenzen auf Kurzwelle und bis in den Langwellenbereich kann man Zeitsignale empfangen. Diese Signale werden in vielen Bereichen verarbeitet: z.B. für Funkuhren, als Backup für den Empfang von GPS usw. Die Aussendungen unterscheiden sich erheblich voneinander.

Einige Stationen senden BCD NRZ-Codes, die den Monat, Stunde und Minute enthalten wie z.B. MSF vom National Physical Laboratory in Großbritannien. Die folgende Liste gibt einige aktive Zeitzeichensender wieder:

Rufzeichen	Standort	Frequenzen
Beta	Russland	25 kHz
BPC	China	68,5 kHz
BPL	China	100 kHz
BPM	China, Lintong (Xi'an)	2,5 MHz, 5 MHz, 10 MHz, 15 MHz
CHU	Kanada, Ottawa	3,330 MHz, 7,850 MHz, 14,670 MHz
DCF77	Deutschland, Mainflingen	77,5 kHz 1973
JJY	Japan, Berg Hagane	60 kHz
MSF	Großbritannien, Anthorn	60 kHz 1950
RBU	Russland, Moskau	66,66 kHz
RTZ	Russland, Irkutsk	50 kHz
RWM	Russland, Moskau	4,996 MHz, 9,996 MHz, 14,996 MHz
TDF	Frankreich, Allouis	162 kHz 1977
WWV	USA, Fort Collins	2,5 MHz, 5 MHz, 10 MHz, 15 MHz, 20 MHz
WWVB	USA, Fort Collins	60 kHz
WWVH	USA, Hawaii, Kekaha	2,5 MHz, 5 MHz, 10 MHz, 15 MHz
YVTO	Venezuela, Caracas	5 MHz

Tabelle 116: Aktive Zeitzeichensender

Die klassischen Zeitzeichensender verwenden hochgenaue Atomuhren, die durch spezielle Verfahren laufend mit jenen der anderen Zeitdienste verglichen werden. Zeitkorrekturen zu UTC werden in Schritten von 1 Sekunde durchgeführt. Diese werden durch das Bureau International des Poids et Measure koordiniert. Diese Anpassungen stellen sicher, dass UTC von UT 1 (korrigiert um Einflüsse der Polschwankungen (Perioden über 7 Tage)) niemals länger als 0,7 s abweicht. Dafür wird, wenn nötig, auch eine Schaltsekunde eingefügt. Dieses wird normalerweise am Ende eines Monats oder z.B. zum 30. Juni durchgeführt.
Die korrigierte Minute kann dann auch 59 oder 61 Sekunden enthalten.
Wenn eine noch genauere Zeit erforderlich ist kann eine Differenz zwischen UT 1 und UTC durch den Empfang eines DUT1 Codes erreicht werden.
Stationen die dieses Format ausstrahlen, senden in den 1. bis 15. Sekundenpulse doppelt oder sie senden geringfügig längere oder kürzere Pulse.
Wenn z.B. die Pulse zwischen der 1. und 7. Sekunde doppelt gesendet werden, dann ist der DUT 1-Wert positiv, wenn die Pulse zwischen der 8. und 15. Sekunde verdoppelt werden, dann ist es ein negativer Wert.

259. WERA

WEllen RAdar (wave radar)

WERA ist ein HF-Radar zur Meeresvermessung, das gleichzeitig Oberflächenströmungen, Wellenhöhen und Windparameter über große Entfernungen messen kann.

Das System wird für folgende Aufgaben verwendet:
- Preventive Vorhersagen bei Verschmutzungen durch Tanker-Unfälle
- Überwachung von Hafeneinfahrten zur Sicherstellung des Schiffsverkehr
- Untersuchungen vom Strömungsverhalten bei Flussmündungen
- Kontinuierliche Beobachtung von Strömungen im Küstenbereich
- Optimierung der Position von grßer Abflusskanälen und Überwachung der Schmutzwasseranteile
- Unterstützung der Such- und Rettungskräfte auf See durch genaue Kenntnis der Oberflächenströmungen und Windbedingungen

Es werden unterschiedliche Empfangsantennen (4 bis 16 Antennen) in Kombination mit Peilungen und Beamforming verwendet. Als Modulation wird eine kontinuierlicher Frequenzchirp (FMCW) eingesetzt, um einen blinden Bereich vor dem Radar zu vermeiden. Dadurch beginnt der Radarbereich schon bei ca 300m und reduziert den Einfluss von Störungen.
Dieses System wurde zusammen mit dem Institut für Ozeanographie der Universität Hamburg entwickelt. Das erste System bestand seinen feldtest an der Spanishcen Westküste in der Nähe von Gijon im Oktober 2000; mittlerweile wurden über 10 Systems in den USA, Großbritannien, Frankreich und Italien installiert.

Die typischen Werte für das WERA System sind folgendermassen:

Parameter	Wert
Mittenfrequenz	29.85 MHz, 27.65 MHz, 16.045 MHz, 12.50 MHz
Bandbreite @ 3.0 km Auflösung	50 kHz (±25.0 kHz)
Bandbreite @ 1.2 km Auflösung	125 kHz (±62.5 kHz)
Bandbreite@ 0.3 km Auflösung	500 kHz (±250 kHz)
Sendeleistung	30 W Dauerstrich
Sendeantenne	4 Elemente, ausgerichtet auf See
Modulation	FMCW, linearer Frequenzchirp
Dauer eines Chirps	0.26 s

Tabelle 117: Parameter des WERA-Systems

Das folgende Bild zeigt den typischen Frequenzverlauf eines FMCW-Signals:

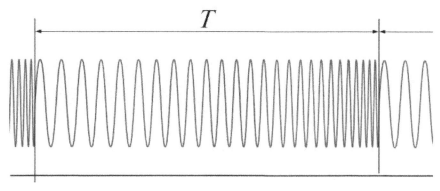

Abbildung 447: Frequenzverlauf eines FMCW-Signals

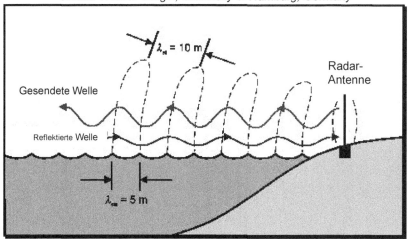

Abbildung 448: Funktionsweise eines Wellenradars

Ein frequenzmoduliertes (FMCW) Signal wird in Richtung Meer gesendet. Ein kleiner Teil dieser Energie wird von den Meereswellen reflektiert. Diese Reflektionen werden mit Hilfe von Antennen an der Küste empfangen und ausgewertet. Daraus lassen sich Wellenhöhen, Richtungen und Geschwindigkeit bestimmen.

8. Tabellen für das Radio Monitoring

8.1 Zuweisung von internationalen Rufzeichen

Rufzeichen-serie	Zuweisung
AAA - ALZ	United States of America
AMA - AOZ	Spain
APA - ASZ	Pakistan
ATA - AWZ	India
AXA - AXZ	Australia
AYA - AZZ	Argentinia
A2A - A2Z	Botswana
A3A - A3Z	Tonga
A4A - A4Z	Oman
A5A - A5Z	Bhutan
A6A - A6Z	United Arab Emirates
A7A - A7Z	Qatar
A8A - A8Z	Liberia
A9A - A9Z	Bahrain
BAA - BZZ	China
CAA - CEZ	Chile
CFA - CKZ	Canada
CLA - CMZ	Cuba
CNA - CNZ	Morocco
COA - COZ	Cuba
CPA - CPZ	Bolivia
CQA - CUZ	Portugal
CVA - CXZ	Uruguay
CYA - CZZ	Canada
C2A - C2Z	Nauru
C3A - C3Z	Andorra
C4A - C4Z	Cyprus
C5A - C5Z	Gambia
C6A - C6Z	Bahamas
C7A - C7Z	World Meteorological Organization
C8A - C9Z	Mocambique
DAA - DRZ	Germany
DSA - DTZ	Republic of Korea
DUA - DZZ	Philippines
D2A - D3Z	Angola
D4A - D4Z	Cape Verde
D5A - D5Z	Liberia
D6A - D6Z	Comoros
D7A - D9Z	Republic of Korea

Rufzeichen-serie	Zuweisung
EAA - EHZ	Spain
EIA - EJZ	Ireland
EKA - EKZ	Armenia
ELA - ELZ	Liberia
EMA - EOZ	Ukraine
EPA - EQZ	Iran
ERA - ESZ	Moldova
ETA - ETZ	Ethopia
EUA - EWZ	Byelorussian Soviet Socialist Republic
EXA - EXZ	Kyrgyz Republic
EYA - EYZ	Tajikistan
EZA - EZZ	Turkmenistan
E2A - E2Z	Thailand
E3A - E3Z	Eritrea
FAA - FZZ	France
GAA - GZZ	Great Britain und Northern Ireland
HAA - HAZ	Hungary
HBA - HBZ	Switzerland
HCA - HDZ	Ecuador
HEA - HEZ	Switzerland
HFA - HFZ	Poland
HGA - HGZ	Hungary
HHA - HHZ	Haiti
HIA - HIZ	Dominican Republic
HJA - HKZ	Columbia
HLA - HLZ	Republic of Korea
HMA - HMZ	Democratic People's Republic of Korea
HNA - HNZ	Iraq
HOA - HPZ	Panama
HQA - HRZ	Honduras
HSA - HSZ	Thailand
HTA - HTZ	El Salvador
HVA - HVZ	Vatican City
HWA - HYZ	France
HZA - HZZ	Saudi Arabia
H2A - H2Z	Cyprus
H3A - H3Z	Panama

Rufzeichen-serie	Zuweisung
H4A - H4Z	Solomon Island
H6A - H7Z	Nicaragua
H8A - H9Z	Panama
IAA - IZZ	Italy
JAA - JSZ	Japan
JTA - JVZ	Mongolian People's Republic
JWA - JXZ	Norway
JYA - JYZ	Jordan
JZA - JZZ	Indonesia
J2A - J2Z	Djibouti
J3A - J3Z	Grenada
J4A - J4Z	Greece
J5A - J5Z	Guinea - Bissau
J6A - J6Z	Saint Lucia
J7A - J7Z	Dominica
J8A - J8Z	St. Vincent und the Grenadines
KAA - KZZ	United States of America
LAA - LNZ	Norway
LOA - LWZ	Argentina
LXA - LXZ	Luxembourg
LYA - LYZ	Union of Soviet Socialist Republics
LZA - LZZ	Bulgaria
L2A - L9Z	Argentina
MAA - MZZ	Great Britain und Northern Ireland
NAA - NZZ	United States of America
OAA - OAZ	Peru
ODA - ODZ	Lebanon
OEA - OEZ	Austria
OFA - OJZ	Finland
OKA - OLZ	Czech Republic
OMA - OMZ	Slovak Republic
ONA - OTZ	Belgium
OUA - OZZ	Denmark
PAA - PIZ	Netherland
PJA - PJZ	Netherland Antilles
PKA - POZ	Indonesia
PPA - PYZ	Brazil
PZA - PZZ	Suriname
P2A - P2Z	Papua New Guinea
P3A - P3Z	Cyprus
P4A - P4Z	Aruba
P5A - P9Z	Democratic People's Republic of Korea

Rufzeichen-serie	Zuweisung
QAA - QZZ	Service abbreviations
RAA - RZZ	Union of Soviet Socialist Republics
SAA - SMZ	Sweden
SNA - SRZ	Poland
SSA - SSZ	Egypt
SVA - SZZ	Greece
S2A - S3Z	Bangladesh
S6A - S6Z	Singapore
S7A - S7Z	Seychelles
S9A - S9Z	Sao Tome und Principe
TAA - TCZ	Turkey
TDA - TDZ	Guatemala
TEA - TEZ	Costa Rica
TFA - TFZ	Iceland
TGA - TGZ	Guatemala
THA - THZ	France
TIA - TIZ	Costa Rica
TJA - TJZ	Cameroon
TKA - TKZ	France
TLA - TLZ	Central African Republic
TMA - TMZ	France
TNA - TNZ	Congo
TOA -TQZ	France
TRA - TRZ	Gabon
TSA - TSZ	Tunisia
TTA - TTZ	Chad
TUA - TUZ	Ivory Coast
TVA - TVZ	France
TYA - TYZ	Benin
TZA - TZZ	Mali
T2A - T2Z	Tuvula
T3A - T3Z	Kiribati
T4A - T4Z	Cuba
T5A - T5Z	Somalia
T6A - T6Z	Afghanistan
T7A - T7Z	San Marino
T9A - T9Z	Bosnia und Herzegovina
UAA - UIZ	Union of Soviet Socialist Republics
UJA - UMZ	Uzbekistan
UNA - UQZ	Kazakhstan
UUA - UZZ	Ukraine
URA - UTZ	Ukrainian Soviet Socialist Republics

Rufzeichen-serie	Zuweisung	Rufzeichen-serie	Zuweisung
UUA - UZZ	Union of Soviet Socialist Republics	ZBA - ZJZ	Great Britain und Northern Ireland
VAA - VGZ	Canada	ZKA - ZMZ	New Zealand
VHA - VNZ	Australia	ZNA - ZOZ	Great Britain und Northern Ireland
VOA - VOZ	Canada	ZPA - ZPZ	Paraguay
VPA - VSZ	Great Britain und Northern Ireland	ZQA - ZQZ	Great Britain und Northern Ireland
VTA - VWZ	India	ZRA - ZUZ	South Africa
VXA - VYZ	Canada	ZVA - ZZZ	Brazil
VZA - VZZ	Australia	Z2A - Z2Z	Zimbabwe
V2A - V2Z	Antigua und Barbuda	Z3A - Z3Z	Macedonia
V3A - V3Z	Belize	2AA - 2ZZ	Great Britain und Northern Ireland
V4A - V4Z	St. Christopher und Nevis	3AA - 3AZ	Monaco
V5A - V5Z	Namibia	3BA - 3BZ	Mauritius
V6A - V6Z	Micronesia	3CA - 3CZ	Equatorial Guinea
V7A - V7Z	Marshall Islands	3DA - 3DM	Swaziland
V8A - V8Z	Brunei	3DN - 3DZ	Fiji
WAA - WZZ	United States of America	3EA - 3FZ	Panama
XAA - XIZ	Mexico	3GA - 3GZ	Chile
XJA - XOZ	Canada	3HA - 3UZ	China
XPA - XPZ	Denmark	3VA - 3VZ	Tunisia
XQA - XRZ	Chile	3WA - 3WZ	Viet Nam
XSA - XSZ	China	3XA - 3XZ	Guinea
XTA - XTZ	Burkina Faso	3YA - 3YZ	Norway
XUA - XUZ	Kampuchea	3ZA - 3ZZ	Poland
XVA - XVZ	Viet Nam	4AA - 4CA	Mexico
XWA - XWZ	Laos	4DA - 4IZ	Philippines
XXA - XXZ	Portugal	4JA - 4JZ	Union of Soviet Socialist Republics
XYA - XZZ	Myanmar	4LA - 4LZ	Georgia
YAA - YAZ	Afghanistan	4MA - 4MZ	Venezuela
YBA - YHZ	Indonesia	4NA - 4OZ	Yugoslavia
YIA - YIZ	Iraq	4PA - 4SZ	Sri Lanka
YJA - YJZ	New Hebrides	4TA - 4TZ	Peru
YKA - YKZ	Syria	4UA - 4UZ	United Nations Organization
YLA - YLZ	Union of Soviet Socialist Republics	4VA - 4VZ	Haiti
YMA - YMZ	Turkey	4WA - 4WZ	Yemen
YNA - YNZ	Nicaragua	4XA - 4XZ	Israel
YOA - YRZ	Romania	4YA - 4YZ	International Civil Aviation Org.
YSA - YSZ	El Salvador	4ZA - 4ZZ	Israel
YTA - YUZ	Yugoslavia	5AA - 5AZ	Libya
YVA - YYZ	Venezuela	5BA - 5BZ	Cyprus
YZA - YZZ	Yugoslavia	5CA - 5GZ	Morocco
Y2A - Y9Z	Germany	5HA - 5IZ	Tanzania
ZAA - ZAZ	Albania		

Rufzeichen-serie	Zuweisung	Rufzeichen-serie	Zuweisung
5JA - 5KZ	Colombia	7SA - 7SZ	Sweden
5LA - 5MZ	Liberia	7TA - 7YZ	Algeria
5NA - 5OZ	Nigeria	7ZA - 7ZZ	Saudi Arabia
5PA - 5QZ	Denmark	8AA - 8IZ	Indonesia
5RA - 5SZ	Madagascar	8JA - 8NZ	Japan
5TA - 5TZ	Mauretania	8OA - 8OZ	Botswana
5UA - 5UZ	Niger	8PA - 8PZ	Barbados
5VA - 5VZ	Togo	8QA - 8QZ	Maldives
5WA - 5WZ	Western Samoa	8RA - 8RZ	Guyana
5XA - 5XZ	Uganda	8SA - 8SZ	Sweden
5YA - 5YZ	Kenya	8TA - 8YZ	India
6AA - 6BZ	Egypt	8ZA - 8ZZ	Saudi Arabia
6CA - 6CZ	Syria	9BA - 9DZ	Iran
6DA - 6JZ	Mexico	9EA - 9FZ	Ethiopia
6KA - 6NZ	Republic of Korea	9GA - 9GZ	Ghana
6OA - 6OZ	Somalia	9HA - 9HZ	Malta
6PA - 6SZ	Pakistan	9IA - 9JZ	Zambia
6TA - 6UZ	Sudan	9KA - 9KZ	Kuwait
6VA - 6WZ	Senegal	9LA - 9LZ	Sierra Leone
6XA - 6XZ	Madagascar	9MA - 9MZ	Malaysia
6YA - 6YZ	Jamaica	9NA - 9NZ	Nepal
6ZA - 6ZZ	Liberia	9OA -9TZ	Zaire
7AA - 7IZ	Indonesia	9UA - 9UZ	Burundi
7JA - 7NZ	Japan	9VA - 9VZ	Rwanda
7OA - 7OZ	Yemen	9YA - 9ZZ	Trinidad und Tobago
7PA - 7PZ	Lesotho		
7QA - 7QZ	Malawi		
7RA - 7RZ	Algeria		

Tabelle 118: Internationale Rufzeichenzuweisung

8.2 Alphabetische Liste der Länderabkürzungen

ABK	Land
ADM	Andaman und Nicobar Island
AFG	Afghanistan
AFS	South Africa
AGL	Angola
AIA	Anguilla
ALB	Albania
ALG	Algeria
ALS	Alaska
AMS	Amsterdam und Saint Paul
AND	Andorra
ANG	Anguilla
ANO	Annoban
ANT	Antarctica
ARG	Argentina
ARM	Armenia
ARS	Saudi Arabia
ARU	Aruba
ASC	Ascension Island
ATG	Antigua
ATN	Neth. Antilles
ATW	St. Maarten
AUS	Australia
AUT	Austria
AVE	Aves Island
AZE	Azerbaidzhan
AZR	Azores
B	Brazil
BAH	Bahamas
BAL	Balleny Island
BAN	Banaba
BDI	Burundi
BEL	Belgium
BEN	Benin
BER	Bermuda
BFA	Burkina Faso
BGD	Bangladesh
BHG	Bosnia / Herzegovina
BHR	Bahrain
BHU	Bhutan
BIO	British Indian Ocean Territory
BLR	Belarus
BLZ	Belize
BOL	Bolivia
BOT	Botswana
BOV	Bouvet Island

ABK	Land
BRB	Barbados
BRM	Myanmar (Burma)
BRU	Brunei
BTN	Bhutan
BUL	Bulgaria
CAB	Cabinda
CAE	Canton und Enderbury Island
CAF	Central African Republic
CAN	Canada
CAR	Caroline Island (Palau)
CBG	Cambodia
CEU	Ceuta
CHL	Chile
CHN	China
CHR	Christmas Island
CKH	Cook Island
CKN	Manihiki Island
CLM	Columbia
CLN	Sri Lanka
CLP	Clipperton
CME	Cameroon
CNR	Canary Island
COG	Congo
COM	Comoro
CPV	Cape Verde
CRO	Crozet Archipelago
CTI	Ivory Coast
CTR	Costa Rica
CUB	Cuba
CVA	Vatican City
CYM	Cayman Island
CYP	Cyprus
CZR	Czech Rep.
D	Germany
DAI	Daito Island
DES	Desventurados Island
DGA	Diego Garcia
DJI	Djibouti
DMA	Dominica
DNK	Denmark
DOM	Dominican Republic
E	Spain
EGY	Egypt
EQA	Ecuador
ERT	Eritrea

ABK	Land
EST	Estonia
ETH	Ethiopia
F	France
FJI	Fiji
FLK	Falkland Island
FNL	Finland
FRI	Faroe Island
FSM	Micronesia
G	United Kingdom
GAB	Gabon
GDL	Guadeloupe
GEO	Georgia
GHA	Ghana
GIB	Gibraltar
GMB	Gambia
GNB	Guinea Bissau
GNE	Equatorial Guinea
GPG	Galapagos Island
GRC	Greece
GRD	Grenada
GRL	Greenland
GTM	Guatemala
GUF	French Guinea
GUF	Guiana
GUI	Guinea
GUM	Guam
GUY	Guyana
HKG	Hong Kong
HMD	Heard und McDonald Island
HND	Honduras
HNG	Hungary
HRV	Croatia
HTI	Haiti
HWA	Hawaii
HWL	Howland Island
I	Italy
ICO	Cocos Island
IND	India
INS	Indonesia
IRL	Ireland
IRN	Iran
IRQ	Iraq
ISL	Iceland
ISR	Israel
ISZ	Neutral Zone IRQ - ARS
IWA	Bonin und Volcano Island
J	Japan

ABK	Land
JAR	Jarvis Island
JMC	Jamaica
JMY	Jan Mayen Island
JON	Johnston Island
JOR	Jordan
JUF	Juan Fernandez Island
KAL	Kaliningrad
KAZ	Kazakhstan
KEN	Kenya
KER	Kerguelen Island
KGZ	Kyrgyzstan
KIR	Kiribati
KOR	Korea Republic
KRE	Korea PDR
KWT	Kuwait
LAO	Laos
LBN	Lebanon
LBR	Liberia
LBY	Libya
LCA	St.Lucia
LIE	Lichtenstein
LSO	Lesotho
LTU	Lithuania
LUX	Luxembourg
LVA	Latvia (Lettland)
MAC	Macau
MAU	Mauritius
MCO	Monaco
MCS	Marcus Island
MDA	Moldova
MDG	Madagascar
MDN	Macedonia
MDR	Madeira
MDW	Midway Island
MEL	Melilla
MEX	Mexico
MLA	Malaysia
MLD	Maldives
MLE	Sabah, Sarawak (Malaysia)
MLI	Mali
MLT	Malta
MNG	Mongolia
MOZ	Mozambique
MRA	Marianas (Northern)
MRC	Morocco
MRL	Marshall Islands
MRN	Marion Island

ABK	Land
MRQ	Marquesas Island
MRT	Martinique
MSR	Montserrat
MTN	Mauretania
MWI	Malawi
MYT	Mayotte
NAK	Nachitschewan
NAV	Navassa Island
NCG	Nicaragua
NCL	New Caledonia
NGR	Niger
NIG	Nigeria
NIU	Niue Island
NLD	Netherlands
NMB	Namibia
NOK	Norfolk Island
NOR	Norway
NPL	Nepal
NRU	Nauru
NZL	New Zealand
OCE	French Polynesia
OMA	Oman
PAK	Pakistan
PAQ	Easter Island
PEI	Prince Edward Island
PHL	Philippines
PHX	Phoenix Islands
PLM	Palmyra Island
PLW	Palau
PNG	Papua New Guinea
PNR	Panama
PNZ	Panama Canal Zone
POL	Poland
POR	Portugal
PRG	Paraguay
PRU	Peru
PRV	Paresce Vela Island
PTC	Pitcairn Island
PTI	Peter 1st Island
PTR	Puerto Rico
QAT	Qatar
REU	Reunion
ROU	Romania
RRW	Rwanda
RUS	Russia
S	Sweden
SAP	San Andres und Providencia Isl.

ABK	Land
SCN	St.Kitts & Nevis
SCO	Scott Island
SDN	Sudan
SEN	Senegal
SER	Serbia
SEY	Seychelles
SGA	St. Georgia Island
SHN	St. Helena
SLM	Solomon Island
SLO	Slovakia
SLV	El Salvador
SMA	American Samoa
SMO	Western Samoa
SMR	San Marino
SNG	Singapore
SOK	S. Orkney Island
SOM	Somalia
SPM	St. Pierre & Miquelon
SPR	Sprathly Island
SRL	Sierra Leone
SSI	S. Sandwich Island
STB	St. Barthelemy Island
STP	Sao Tome und Principe Island
SUI	Switzerland
SUR	Surinam
SVN	Slovenia
SWN	Swan Islands
SWZ	Swaziland
SYR	Syria
TCA	Turks & Caicos
TCD	Chad
TCH	Czech & Slovak Rep.
TGO	Togo
THA	Thailand
TJK	Tadzhikistan
TKL	Tokelau Islands
TKM	Turkmenistan
TOB	Toubouai Island
TON	Tonga
TRC	Tristan da Cunha
TRD	Trinidad und Tobago
TRI	Trinidada & Martim Vaz Island
TUN	Tunisia
TUR	Turkey
TUV	Tuvalu
TWN	Taiwan
TZA	Tanzania

ABK	Land
UAE	United Arab Emirates
UGA	Uganda
UKR	Ukraine
URG	Uruguay
USA	USA
UZB	Uzbekistan
VCT	St. Vincent & Grenadines
VEN	Venezuela
VIR	Virgin Island (USA)
VRG	Virgin Island (Br.)
VTN	Viet Nam
VUT	Vanuatu
WAB	Walvis Bay
WAK	Wake Island
WAL	Wallis & Futuna
YEM	Yemen
YUG	Yugoslavia
ZAI	Zaire
ZMB	Zambia
ZWE	Zimbabwe

Tabelle 119: Länderabkürzungen

8.3   Selektivruf im Seefunkdienst

SITOR ist ein synchrones Verfahren, das Information in kurzen Datenblöcke von einer Information Sendenden Station (ISS) an eine Information empfangene Station (IRS) schickt.
Dieses Verfahren wird besonders im Seefunkdienst, aber auch von festen Funkdiensten und Funkamateuren benutzt.

Für den Verbindungsaufbau ist es möglich, besonders bei automatischem Betrieb, einen Selektivruf zu benutzen. Dieses trifft vor allen für den Verkehr mit Mailboxen zu, wie sie im Amateurfunk und Seefunkdienst genutzt werden.

Dieser Selektivruf wird von der gerufenen Station aufgenommen, ausgewertet und wenn erforderlich, sofort geantwortet.
Das Selektivrufzeichen ist kennzeichnend für jede Station und kann zur Bestimmung von unbekannten Sendern genutzt werden.
Im festen Funkdienst wird das Selektivrufzeichen aus den 26 Buchstaben des Alphabetes gebildet.
Im Amateurfunkdienst wird das 4stellige Rufzeichen vom ersten und den letzten drei Buchstaben des eigentlichen Rufzeichen zusammengesetzt, zum Beispiel:
DL0KF =DLKF, WA6TZG = WTZG or I3IY = IIIY.

Im Seefunkdienst wird das Selektivrufzeichen für den Aufbau und Wiederaufbau von unterbrochenen Verbindungen eingesetzt.
Das Selektivrufzeichen wird aus der Stationsidentifikationsnummer durch Übersetzung in eine 4stellige Gruppe nach folgender Übersetzungstabelle gemäß den Bestimmungen der
" Radio Regulations " gebildet :

Nummer	1	2	3	4	5	6	7	8	9	0
Buchstabe	X	Q	K	M	P	C	Y	F	S	V

Tabelle 120: Umsetzung 4stelliger Identifikationsnummern für Küstenfunkstellen

Im Fall von Schiffen ist eine größere Anzahl von Identifikationsnummern notwendig. Für eine Umsetzung der fünfstelligen Nummern in vierstellige Nummern kann die folgende Tabelle verwendet werden:

Erste Stelle		1	2	3	4	5	6	7	8	9	0
Zweite Stelle	1	X	X	X	B	B	B	X	X	X	B
	2	Q	Q	Q	U	U	U	Q	Q	Q	U
	3	K	K	K	E	E	E	K	K	K	E
	4	M	M	M	O	O	O	M	M	M	O
	5	P	P	P	I	I	I	P	P	P	I
	6	C	C	C	R	R	R	C	C	C	R
	7	Y	Y	Y	Z	Z	Z	Y	Y	Y	Z
	8	F	F	F	D	D	D	F	F	F	D
	9	S	S	S	A	A	A	S	S	S	A
	0	V	V	V	T	T	T	V	V	V	T
Dritte Stelle	1	B	X	X	B	X	X	B	B	X	X
	2	U	Q	Q	U	Q	Q	U	U	Q	Q
	3	E	K	K	E	K	K	E	E	K	K
	4	O	M	M	O	M	M	O	O	M	M
	5	I	P	P	I	P	P	I	I	P	P
	6	R	C	C	R	C	C	R	R	C	C
	7	Z	Y	Y	Z	Y	Y	Z	Z	Y	Y
	8	D	F	F	D	F	F	D	D	F	F
	9	A	S	S	A	S	S	A	A	S	S
	0	T	V	V	T	T	V	V	T	T	V
Vierte Stelle	1	X	B	X	X	B	X	B	X	B	X
	2	Q	U	Q	Q	U	Q	U	Q	U	Q
	3	K	E	K	K	E	K	E	K	E	K
	4	M	O	M	M	O	M	O	M	O	M
	5	P	I	P	P	I	P	I	P	I	P
	6	C	R	C	C	R	C	R	C	R	C
	7	Y	Z	Y	Y	Z	Y	Z	Y	Z	Y
	8	F	D	F	F	D	F	D	F	D	F
	9	S	A	S	S	A	S	A	S	A	S
	0	V	T	V	V	T	V	T	V	T	V
Fünfte Stelle	1	X	X	B	X	X	B	X	B	B	X
	2	Q	Q	U	Q	Q	U	Q	U	U	Q
	3	K	K	E	K	K	E	K	E	E	K
	4	M	M	O	M	M	O	M	O	O	M
	5	P	P	I	P	P	I	P	I	I	P
	6	C	C	R	C	C	R	C	R	R	C
	7	Y	Y	Z	Y	Y	Z	Y	Z	Z	Y
	8	F	F	D	F	F	D	F	D	D	F
	9	S	S	A	S	S	A	S	A	A	S
	0	V	V	T	V	V	T	V	T	T	V

Tabelle 121: Übersetzung der fünfstelligen SELCALL-Nummer

Die folgende Tabelle gibt eine Übersicht der den einzelnen Ländern zugeordneten Nummernblöcke:

Nummernblock	Land	Nummernblock	Land
0060 - 0069	Ethiopia	2930 - 2949	Poland
0100 - 0119	Argentina	2950 - 2959	Sweden
0120 - 0129	Peru	3170 - 3179	Maldives
0140 - 0149	Bolivia	3200 - 3259	United Kingdom
0150 - 0159	Tanzania	3450 - 3459	Israel
0180 - 0189	Cyprus	3500 - 3509	Switzerland
0210 - 0219	Bangladesh	3560 - 3579	Portugal
0220 - 0229	Cape Verde	3620 - 3639	Azerbaijani Republic
0270 - 0279	Algeria	3640 - 3649	Georgia
0330 - 0339	Australia	3650 - 3699	Ukraine
0480 - 0489	Belgium	3700 - 3769	Russian Fed.
0570 - 0579	Romania	3800 - 3819	Malaysia
0580 - 0589	Canada	3830 - 3839	Thailand
0690 - 0699	Czech Republic	3850 - 3859	Serbia
0700 - 0719	Brazil	3870 - 3879	Uruguay
0770 - 0779	Colombia	3910 - 3919	Venezuela
0810 - 0819	Bulgaria	3950 - 3959	Sudan
0830 - 0899	Denmark	4010 - 4029	New Zealand
0990 - 1089	Spain	4050 - 4069	Pakistan
1090 - 1139	USA	4150 - 4159	Philippines
1590 - 1609	Finland	4330 - 4349	South Africa
1630 - 1669	France	4360 - 4369	Turkey
1780 - 1789	Greece	4400 - 4499	Russian Fed.
1820 - 1889	Chile	4500 - 4509	Kazakhstan
1920 - 1929	Ghana	4510 - 4519	Turkmenistan
1950 - 1959	Ethiopia	4520 - 4529	Belarus
1980 - 1989	Ireland	4600 - 4619	Germany
2010 - 2039	China	4620 - 4629	Singapore
2070 - 2109	Italy	4630 - 4639	United Kingdom
2130 - 2149	Iraq	4640 - 4649	Sierra Leone
2180 - 2189	Kuwait	4650 - 4659	Bahrain
2200 - 2209	Indonesia	4660 - 4669	Seychelles
2280 - 2289	Libya	4670 - 4679	Slovak Republic
2300 - 2339	India	4680 - 4689	Djibouti
2360 - 2409	Japan	5690 - 4699	Qatar
2450 - 2459	Morocco	4710 - 4719	United Arab Emirates
2480 - 2489	Malta	4750 - 4759	Ecuador

Nummernblock	Land	Nummernblock	Land
2500 - 2509	Monaco	4800 - 4809	Zaire
2510 - 2519	Cuba	4810 - 4819	Yemen
2520 - 2529	Mauretania	4820 - 4829	Egypt
2550 - 2599	Norway	4830 - 4839	Saudi Arabia
2740 - 2749	Iceland	4860 - 4869	Surinam
2770 - 2779	Netherlands	4900 - 4939	Mexico
2790 - 2799	Kenya	4980 - 4999	Syria
2830 - 2849	Germany	5010 - 5019	Oman
2890 - 2899	Panama	5100 - 5109	Senegal
		5250 - 5259	Venezuela
		5300 - 5309	Iran
		6200 - 6209	Jordan

Tabelle 122: Nummernblöcke für die Erkennung des Landes von Seefunkstellen

8.4 Zuweisung Seefunkkennzahlen (MID Maritime Identification Digits)

Die folgende Tabelle zeigt die Zuweisung von Seefunkkenzahlen zu den verschiedenen Ländern:

MID	Zuweisung
201	Albania (Republic of)
202	Andorra (Principality of)
203	Austria
204	Azores
205	Belgium
206	Belarus (Republic of)
207	Bulgaria (Republic of)
208	Vatican City State
209, 210	Cyprus (Republic of)
211	Germany (Federal Republic of)
212	Cyprus (Republic of)
213	Georgia
214	Moldova (Republic of)
215	Malta
218	Germany (Federal Republic of)
219, 220	Denmark
224, 225	Spain
226, 227, 228	France
230	Finland
231	Faroe Islands
232, 233, 234, 235	United Kingdom of Great Britain und Northern Ireland
236	Gibraltar
237	Greece
238	Croatia (Republic of)
239, 240	Greece
242	Morocco (Kingdom of)
243	Hungary (Republic of)
244, 245, 246	Netherlands (Kingdom of the)
247	Italy
248, 249	Malta
250	Ireland
251	Iceland
252	Liechtenstein (Principality of)
253	Luxembourg
254	Monaco (Principality of)
255	Madeira
256	Malta
257, 258, 259	Norway
261	Poland (Republic of)
263	Portugal
264	Romania
265, 266	Sweden
267	Slovak Republic
268	San Marino (Republic of)
269	Switzerland (Confederation of)
270	Czech Republic
271	Turkey

MID	Zuweisung
272	Ukraine
273	Russian Federation
274	The Former Yugoslav Republic of Macedonia
275	Latvia (Republic of)
276	Estonia (Republic of)
277	Lithuania (Republic of)
278	Slovenia (Republic of)
279	Serbia und Montenegro
301	Anguilla
303	Alaska (State of)
304	Antigua und Barbuda
306	Netherlands Antilles
307	Aruba
308, 309	Bahamas (Commonwealth of the)
310	Bermuda
311	Bahamas (Commonwealth of the)
312	Belize
314	Barbados
316	Canada
319	Cayman Islands
321	Costa Rica
323	Cuba
325	Dominica (Commonwealth of)
327	Dominican Republic
329	Guadeloupe (French Department of)
330	Grenada
331	Greenland
332	Guatemala (Republic of)
334	Honduras (Republic of)
336	Haiti (Republic of)
338	United States of America
339	Jamaica
341	Saint Kitts und Nevis
343	Saint Lucia
345	Mexico
347	Martinique (French Department of)
348	Montserrat
350	Nicaragua
351, 352, 353, 354	Panama (Republic of)
355, 356, 357	-
358	Puerto Rico
359	El Salvador (Republic of)
361	Saint Pierre und Miquelon (Territorial Collectivity of)
362	Trinidad und Tobago
364	Turks und Caicos Islands
366, 367, 368, 369	United States of America
375, 376, 377	Saint Vincent und the Grenadines
378	British Virgin Islands
379	United States Virgin Islands
401	Afghanistan
403	Saudi Arabia (Kingdom of)

MID	Zuweisung
405	Bangladesh (People's Republic of)
408	Bahrain (Kingdom of)
410	Bhutan (Kingdom of)
412, 413	China (People's Republic of)
416	Taiwan (Province of China)
417	Sri Lanka (Democratic Socialist Republic of)
419	India (Republic of)
422	Iran (Islamic Republic of)
423	Azerbaijani Republic
425	Iraq (Republic of)
428	Israel (State of)
431, 432	Japan
434	Turkmenistan
436	Kazakhstan (Republic of)
437	Uzbekistan (Republic of)
438	Jordan (Hashemite Kingdom of)
440, 441	Korea (Republic of)
443	Palestinian Authority (based on Resolution 99 of PP-98)
445	Democratic People's Republic of Korea
447	Kuwait (State of)
450	Lebanon
455	Maldives (Republic of)
457	Mongolia
459	Nepal
461	Oman (Sultanate of)
463	Pakistan (Islamic Republic of)
466	Qatar (State of)
468	Syrian Arab Republic
470	United Arab Emirates
473, 475	Yemen (Republic of)
477	Hong Kong (Special Administrative Region of China)
501	Adelie Land
503	Australia
506	Myanmar (Union of)
508	Brunei Darussalam
510	Micronesia (Federated States of)
511	Palau (Republic of)
512	New Zealand
514, 515	Cambodia (Kingdom of)
516	Christmas Island (Indian Ocean)
518	Cook Islands
520	Fiji (Republic of)
523	Cocos (Keeling) Islands
525	Indonesia (Republic of)
529	Kiribati (Republic of)
531	Lao People's Democratic Republic
533	Malaysia
536	Northern Mariana Islands (Commonwealth of the)
538	Marshall Islands (Republic of the)
540	New Caledonia
542	Niue

MID	Zuweisung
544	Nauru (Republic of)
546	French Polynesia
548	Philippines (Republic of the)
553	Papua New Guinea
555	Pitcairn Island
557	Solomon Islands
559	American Samoa
561	Samoa (Independent State of)
563, 564	Singapore (Republic of)
567	Thailand
570	Tonga (Kingdom of)
572	Tuvalu
574	Viet Nam (Socialist Republic of)
576	Vanuatu (Republic of)
578	Wallis und Futuna Islands
601	South Africa (Republic of)
603	Angola (Republic of)
605	Algeria (People's Democratic Republic of)
607	Saint Paul und Amsterdam Islands
608	Ascension Island
609	Burundi (Republic of)
610	Benin (Republic of)
611	Botswana (Republic of)
612	Central African Republic
613	Cameroon (Republic of)
615	Congo (Republic of the)
616	Comoros (Union of the)
617	Cape Verde (Republic of)
618	Crozet Archipelago
619	Côte d'Ivoire (Republic of)
621	Djibouti (Republic of)
622	Egypt (Arab Republic of)
624	Ethiopia (Federal Democratic Republic of)
625	Eritrea
626	Gabonese Republic
627	Ghana
629	Gambia (Republic of the)
630	Guinea-Bissau (Republic of)
631	Equatorial Guinea (Republic of)
632	Guinea (Republic of)
633	Burkina Faso
634	Kenya (Republic of)
635	Kerguelen Islands
636, 637	Liberia (Republic of)
642	Socialist People's Libyan Arab Jamahiriya
644	Lesotho (Kingdom of)
645	Mauritius (Republic of)
647	Madagascar (Republic of)
649	Mali (Republic of)
650	Mozambique (Republic of)
654	Mauritania (Islamic Republic of)

MID	Zuweisung
655	Malawi
656	Niger (Republic of the)
657	Nigeria (Federal Republic of)
659	Namibia (Republic of)
660	Reunion (French Department of)
661	Rwandese Republic
662	Sudan (Republic of the)
663	Senegal (Republic of)
664	Seychelles (Republic of)
665	Saint Helena
666	Somali Democratic Republic
667	Sierra Leone
668	Sao Tome und Principe (Democratic Republic of)
669	Swaziland (Kingdom of)
670	Chad (Republic of)
671	Togolese Republic
672	Tunisia
674	Tanzania (United Republic of)
675	Uganda (Republic of)
676	Democratic Republic of the Congo
677	Tanzania (United Republic of)
678	Zambia (Republic of)
679	Zimbabwe (Republic of)
701	Argentine Republic
710	Brazil (Federative Republic of)
720	Bolivia (Republic of)
725	Chile
730	Colombia (Republic of)
735	Ecuador
740	Falkland Islands (Malvinas)
745	Guiana (French Department of)
750	Guyana
755	Paraguay (Republic of)
760	Peru
765	Suriname (Republic of)
770	Uruguay (Eastern Republic of)
775	Venezuela (Bolivarian Republic of)

Tabelle 123: Seefunkkenzahlen (MID)

8.5 NATO Routing Indicators (RI)

Eine Vielzahl von Stationen verwenden keine Rufzeichen gemäß den Empfehlungen der ITU. Besonders militärische Stationen der NATO verwenden sogenannte Routing Indicators (RI). Diese RI bestehen aus 4 oder mehr Buchstaben. Die ersten 4 Buchstaben können einen Hinweis auf den Standort der sendenden und angesprochenen Einheit geben.

Der Standort kann über die folgende Tabelle bestimmt werden:

Erster Buchstabe	Zweiter Buchstabe Land		Dritter Buchstabe Gebiet	Vierter Buchstabe Service
A	Australia	AUS	East Asia	A
B	British Commonwealth			A
C	Canada	CAN	Central North America	A
D	Denmark	DNK	United Kingdom, Iceland	A
E	Spain	E	Eastern North America	A
F	France	F	Europe	A
G	Germany	G		A
H	USA	USA	Central South Pacific	A
I	Italy	I		N
J	Argentina	ARG		N
K	Greece	GRC	Alaska, Aleutian	N
L	Luxembourg	LUX	South America, Caribbean	N
M	ASEAN		South East Asia	N
N	Netherland	NLD		N
O				N
P	Portugal	POR		AF
Q	Belgium	BEL	Middle East	AF
R				AF
S	South Africa	AFS	Western Asia	AF
T	Turkey	TUR	North West Africa, Iberia	AF
U	USA	USA		AF
V			South Africa	AF
W			Western North America	
X				
Y	Norway	NOR	Australia	
Z	New Zealand	NZL		

Der erste Buchstabe U wird auch für taktische, R für strategische und Q für Reserve strategische Identifikation verwendet.

Tabelle 124: NATO Routing Indicators (RI)

Neben diesen RI gibt es noch spezielle Identifikationsbezeichner für bestimmte Kommunikationsverbindungen. Dieser Bezeichner erlaubt Rückschlüsse auf die Standorte der Sende- und Empfangsstelle einer Nachricht nicht aber auf die Sendestation, die diese Nachricht abstrahlt
.

Die folgende Tabelle zeigt eine Kanal-Identifikationen und zu welchem Nutzer sie gehören:

Ident für Linie	RI Ersteller	Nutzer	Land	RI Empfänger	Nutzer	LAND
	RFTJ	F F Dakar	SEN	RFTJF	F F Port Bouet	CTI
	RFFZEVM	F F Montargis	F	RFFZEVL		
ABC	RFFXHOY	F F Zagreb	HRV	RFFXMOY		
AFL	RFTJFA	F F Praia	CPV	RFFA	MOD Paris	F
AFL	RFTJF	F F Port Bouet	CTI	RFFA	MOD Paris	F
AFL	RFTJ	F F Dakar	SEN	RFFA	MOD Paris	F
ALI	RFLI	F F Fort de France	MRT	RFFA	MOD Paris	F
ATQA	RPTTA	P AF Ponta Delgada	AZR			
BFL	RFLI	F F Fort de France	MRT	RFFA	MOD Paris	F
BSL	RFLI	F F Fort de France	MRT	RFFA	MOD Paris	F
BSS	RPFNS	POR N Sagres	POR	RPFNC		
CBA	RFFMHOY	F F Bihac	BHE	RFFXHOY	F F Zagreb	HRV
DAD	RFTJDA	F F Libreville	GAB	RFTJD	F F Douala	CME
DET	RFFVAE	F F Dhahran	ARS	RFFA	MOD Paris	F
DJI	RFQP	F F Djibouti	DJI	RFVI	F F Le Port	REU
DKX	RETDKX	S F Valencia	E	RETDKY		E
DNI	RFVI	F F Le Port	REU	RFFA	MOD Paris	F
EHO	RFFE	F F Bordeaux	F	RFFX	F F Versailles	F
EHQ	RFFHCA	F F Ajaccio	F			
FDA	RFFB	MOD Paris	F			
FDI	RFLI	F F Fort de France	MRT	RFFA	MOD Paris	F
FDX	RFFA	MOD Paris	F	RFFVAT	F F Incirlik	TUR
FDXA	RFFP	MOD Paris	F	RFFVAY	F F Sarajewo	BHE
FDXB	RFFP	MOD Paris	F	RFFVAY	F F Sarajewo	BHE
FDXA	*RFFA*	*MOD Paris*	*F*	*RFQP*	*F F Djibouti*	*DJI*
FDZ 2	RFPTC	F F N´djamena	TCD	RFFA	MOD Paris	F
FDZA	RFFA	MOD Paris	F	RFFVA		
FDZB	RFFA	MOD Paris	F	RFFVA		
FDZA	*RFPTC*	*F F N´djamena*	*TCD*			
FKN	RFVI	F F Le Port	REU	RFQP	F F Djibouti	DJI
FKO	RFQP	F F Djibouti	DJI	RFVI	F F Le Port	REU
FKO	RFQP	F F Djibouti	DJI	RFTJ	F F Dakar	SEN
FKWA	RFFVAY	F F Sarajewo	BHE	RFFP	MOD Paris	F
FKWB	RFFVAY	F F Sarajewo	BHE	RFFP	MOD Paris	F
FKW 4	RFFVAT	F F Incirlik	TUR	RFFVH		
FTI	RFTJD	F F Libreville	GAB	RFFA	MOD Paris	F
FTI	*RFTJD*	*F F Douala*	*CME*	*RFFA*	*MOD Paris*	*F*

Ident für Linie	RI Ersteller	Nutzer	Land	RI Empfänger	Nutzer	LAND
HII	RFHI	F F Noumea	NCL			
HJL	RFHJ	F F Papeete	OCE			
IAA	RFFC	F F Lille	F			
IBA	RFFS	F F Metz	F	RFFC	F F Lille	F
IBA	RFFE	F F Bordeaux	F	RFFC	F F Lille	F
IFD	RFGW	MFA Paris	F			
IGA	RFFH	F F Marseilles	F	RFFGX		
IGA	RFLIG	F F Cayenne	GUF	RFLIA		
IGU	RFFA	MOD Paris	F			
IKD	RFFA	MOD Paris	F	RFFH	F F Marseilles	F
IKG	RFFDC	F F Rennes	F			
IKG	RFFA	MOD Paris	F	RFFF	F F Lyon	F
ILD	RFFH	F F Marseilles	FF	RFFX	F F Versailles	F
ILG	RFFF	F F Lyon	F	RFFDC	F F Rennes	F
IMA	RFVI	F F Le Port	REU	RFVIMA	F F Phnom Penh	CBG
IQJ	RFFA	MOD Paris	F			
IRE	RFFA	MOD Paris	F	RFVI	F F Le Port	REU
IRT	RFLI	F F Fort de France	MRT			
ISG	RFFA	MOD Paris	F	RFTJ	F F Dakar	SEN
ITF	RFFA	MOD Paris	F	RFTJD	F F Douala	CME
ITF	RFTJD	F F Douala	CME	RFTJF	F F Port Bouet	CTI
IVW	RFFG	F F Straßburg	F			
IWV	FIT 75	MOI Paris	F	RFFG	F F Straßburg	F
IWV	RFFF	F F Lyon	F	RFFG	F F Straßburg	F
IXV	RFFG	F F Straßburg	F	RFFA	MOD Paris	F
IXV	RFFQ	F F Nice	F	RFFD		
IXV	RFFA	MOD Paris	F	RFFD		
JBL	RFFX	MOD Paris	F	RFFXL	F F Beirut	LBN
JDA	RFTJD	F F Douala	CME	RFFA	MOD Paris	F
JDF	RFTJDA	F F Libreville	GAB			
JDJ	RFTJD	F F Douala	CME	RFTJ	F F Dakar	SEN
JFD	RFTJF	F F Port Bouet	CTI	RFTJD	F F Douala	CME
JFJ	RFTJF	F F Port Bouet	CTI	RFTJ	F F Dakar	SEN
KQI	RFFK	F F Brest	F			
LFA	RFFA	MOD Paris	F	RFTJ	F F Dakar	SEN
LFB	RFFA	MOD Paris	F	RFLI	F F Fort de France	MRT
LIH	RFLI	F F Fort de France	MRT	RFHJ		
LIJ	RFLI	F F Fort de France	MRT	RFTJ	F F Dakar	SEN
LSB	RFFA	MOD Paris	F	RFLI	F F Fort de France	
MAI	RFVIMA	F F Phnom Penh	CBG	RFVI	F F Le Port	REU
MEB	RFFBBWM	F F Avant	F			
PQB	RFFA	MOD Paris	F	RFQP	F F Djibouti	DJI
PVX	RFFP	MOD Paris	F	RFFVAY	F F Sarajevo	BHE
QPA	RFQP	F F Djibouti	DJI	RFFA	MOD Paris	F
QPB	RFQP	F F Djibouti	DJI	RFFA	MOD Paris	F
QPC	RFQP	F F Djibouti	DJI	RFFA	MOD Paris	F

Ident für Linie	RI Ersteller	Nutzer	Land	RI Empfänger	Nutzer	LAND
QPE	RFQP	F F Djibouti	DJI	RFFA	MOD Paris	F
QPF	RFQP	F F Djibouti	DJI	RFFA	MOD Paris	F
QPS	RFQP	F F Djibouti	DJI			
QRG	RFQP	F F Djibouti	DJI	RFFA	MOD Paris	F
QVA	RFFA	MOD Paris	F	RFQP	F F Djibouti	DJI
QVA	*RFFUAJ*	*F F Villacoublay*	*F*			
REI	RFVI	F F Le Port	REU	RFFA	MOD Paris	F
REU	RFVI	F F Le Port	REU			
REX	RFGW	MFA Paris	F		to all embassies	
RQF	RFQP	F F Djibouti	DJI			
RQG	RFFA	MOD Paris	F			
RTC	RFFE	F F Bordeaux	F	RFFZ		
RTI	RFLIG	F F Cayenne	GUF			
RUN	RFVI	F F Le Port	REU	RFQP	F F Djibouti	DJI
RVA	RFFP	MOD Paris	F	RFFVAY	F F Sarajevo	BHE
SGI	RFTJ	F F Dakar	SEN	RFFA	MOD Paris	F
TJA	RFTJ	F F Dakar	SEN			
TJD	RFTJ	F F Dakar	SEN	RFTJD	F F Douala	CME
TJF	RFTJ	F F Dakar	SEN	RFTJF	F F Port Bouet	CTI
TJI	RFTJ	F F Dakar	SEN	RFLI	F F Fort de France	MRT
TJI	RFTJ	F F Dakar	SEN	RFFA	MOD Paris	F
UAQ	RFFX	MOD Paris	F	RFFXQA		
UAB	RFFL	F F Toulon	F			
UBD	RFFDC	F F Rennes	F			
UBM	RFFB	MOD Paris	F	RFFX	F F Versailles	F
UBZ	RFFH	F F Marseilles	F	RFFXL	F F Beirut	LBN
UGF	RFFE	F F Bordeaux	F			
UGI	RFLIG	F F Cayenne	GUF	RFFA	MOD Paris	F
UQA	RFFXQA	F F Sarajevo	BHE	RFFX	F F Versailles	F
UQA	*RFFX*	*F F Versailles*	*F*	*RFFW*		
VII	RFVI	F F Le Port	REU			
XXI	RFFXI	F F Bangui	CAF	RFFX	F F Versailles	
XXI	RFFX	F F Versailles	F	RFFXI	F F Bangui	CAF
XXI	RFFA	MOD Paris	F	RFFXI	F F Bangui	CAF
XXL	RFFX	F F Versailles	F	RFFXL	F F Beirut	LBN
XXL	RFFXL	F F Beirut	LBN	RFFX	F F Versailles	F
XXS	RFFX	MOD Paris	F	RFFXS	F F Mogadishu	SOM
XXX	RFLI	F F Fort de France	MRT	RFLIG	F F Cayenne	GUF
XZI	RFFXI	F F Bangui	CAF	RFFX	F F Versailles	F
XZL	RFFXL	F F Beirut	LBN	RFFX	F F Versailles	F
XZS	RFFXS	F F Mogadishu	SOM	RFFX	F F Versailles	F

Tabelle 125: Liste von Funklinien und deren Routing Indicator

Beispiel :

1.   ZCZCRUN567

2.   OO RFVI

3.   DE RFFAXD 0740806

4.   ZNR UUUU

5.   TEXT....

6.   NNNN

1.   ZCZC   = Startsignal
       RUN   = Kanalbezeichnung für die Verbindung RFVI und RFQP
       567   = Nachrichtennummer

2.   OO   = Vorrangseinstufung für Dienstnachrichten

3.   RFVI   = NATO Routing Indicator für den Empfänger

3.   DE RFFAXD   = Ersteller der Nachricht (muss nicht die Sendestation sein)
       0740806= Datum / Zeit-Gruppe 74. Tag um 0806 UTC

4.   ZNR UUUU   = Einstufung hier nicht eingestuft

5.   TEXT

6.   NNNN   = Endesignal

8.6 Aeronautical Fixed Telecommunication Network (AFTN)

Zwischen Flughäfen speziell im afrikanischen und asiatischen Raum sind feste Fernschreibverbindungen zu anderen Flughäfen in der Region oder zu denjenigen, die vom jeweiligen Flughafen angeflogen werden, eingerichtet. Diese Linien dienen hauptsächlich für standardisierte Fernschreibmeldungen, die von Fernmeldezentren im festen Flugfernmeldedienst übermittelt werden. Es werden aber auch Passagierlisten, Sitzverteilungen und andere wichtige Informationen gesendet.

Die ASECNA (Agence pour la Securite de la Navigation Aerienne en Afrique et a Madagascar) ist zum Beispiel eine Organisation, die für den afrikanischen Raum verantwortlich ist.

Diese Linien benutzen bestimmte Kanalbezeichnungen, welche es dem Zuhörer ermöglichen den Absender und Adressaten einer Message zu erkennen.

In der folgenden Tabelle sind ein Großteil der bekannten Kanäle zwischen Flughäfen und die dazu gehörenden Nutzer aufgelistet. Es ist zu beachten, daß eine Kanalbezeichnung aus dem asiatischen Raum auch im afrikanischen Bereich benutzt werden kann.

Kanal	Rufzeichen Absender	Nutzer Absender	Land	Rufzeichen Empfänger	Nutzer Empfänger	Land
KFA	TJK 28	Douala Air	CME	TNL 25	Brazzaville Air	COG
	4RM	Colombo Air	CLN	8Q9	Male Air	MLD
	5TX	Nouadhibou Air	MTN	6VU	Dakar Air	SEN
	6VU 38	Dakar Air	SEN	5TX	Nouadhibou Air	MTN
	NKW	USN Diego Garcia	DGA	3BZ	Mauritius Air, Plaisance	MAU
KNA	5NK	Kano Air	NIG	5UA	Niamey Air	NGR
	5HD	Dar es Salaam Air	TZA			RRW
	9JZ 6	Lusaka Air	ZMB	7QZ	Lilongwe Air	MWI
	AVO 2	Port Blair Air	ADM	AWC	Calcutta Air	IND
	S7Z	Seychelles Air, Mahe	SEY	3BZ	Mauritius Air, Plaisance	MAU
	9NK	Kathmandu Air	NPL	AWC	Calcutta Air	IND
BDA	HSD 87	Bangkok Air	THA	S2D	Dhaka Air	BGD
BDA	9UA	Bujumbara Air	BDI	5HD	Dar es Salaam Air	TZA
BNA	TNL 48	Brazzaville Air	COG	5UA	Niamey Air	NGR
CGA	TYE	Cotonou Air	BEN	9GC	Accra Air	GHA
CMA	D4B	Sal Air	CPV	CSY	Santa Maria Air	AZR
CVA	9JZ 8	Lusaka Air	ZMB	FLLI		
DBA	6VU 45	Dakar Air	SEN	TZH	Bamako Air	MLI
DBA	S2D	Dhaka Air	BGD	HSD	Bankgog Air	THA
DBA	5HD	Dar es Salaam Air	TZA	9UA	Bujumbara Air	BDI
ESA	SUC 60	Cairo Air	EGY	STK	Khartoum Air	SDN
ESB	SUC	Cairo Air	EGY	STK	Khartoum Air	SDN
FGA	TNL	Brazzaville Air	COG	TRK	Libreville Air	GAB
FHA	TNL	Brazzavile Air	COG			
FKA	TNL 25	Brazzaville Air	COG	TJK	Douala Air	CME
FLA	TNL	Brazzavile Air	COG	TTL	N`djamena Air	TCD

Kanal	Rufzeichen Absender	Nutzer Absender	Land	Rufzeichen Empfänger	Nutzer Empfänger	Land
FOA	TNL	Brazzavile Air	COG			
LFA	TTL	N`djamena Air	TCD	TNL	Brazzavile Air	COG
GCA	9GC6	Accra Air	GHA	TYE	Cotonou Air	BEN
GFA	TRK	Libreville Air	GAB	TNL	Brazzavile Air	COG
GIA	9GC	Accra Air	GHA	TUH	Abidjan Air	CTI
HVA	DJR	Djibouti Air	DJI	ETD 3	Addis Abeba Air	ETH
IBA	TUH	Abidjan Air	CTI	TZH	Bamako Air	MLI
IGA	TUH 55	Abidjan Air	CTI	9GC	Accra Air	GHA
IKA	AWD	New Delhi Air	IND	9NK	Kathmandu Air	NPL
ILA	TUH	Abidjan Air	CTI	ELRB	Monrovia Air	LBR
INA	TUH	Abidjan Air	CTI	5UA	Niamey Air	NGR
ISA	CAI7E	Mataveri Air	PAQ	CAK	Santiago Air	CHL
JVA	HZJ	Jeddah Air	ARS	ETD 3	Addis Abeba Air	ETH
KLA	TJK	Douala Air	CME	TLO	Bangui Air	CAF
KMA	5YD	Nairobi Air	KEN	6OM	Mogadishu Air	SOM
KSA	5YD 7	Nairobi Air	KEN	STK	Khartoum Air	SDN
KTA	YAV	Kabul Air	AFG	EPD	Teheran Air	IRN
KVA	5YD 9	Nairobi Air	KEN	ETD 3	Addis Abeba Air	ETH
LMA	5AF	Tripoli Air	LBY	9HA	Luqa Air	MLT
LOA	ELRB	Monrovia Air	LBR	6VU	Dakar Air	SEN
LSA	5AF	Tripoli Air	LBY	STK	Khartoum Air	SDN
LZA	9JZ 9	Lusaka Air	ZMB	9PL	Kinshasa Air	ZMB
MCA	8Q9	Male Air	MLD	4RM	Colombo Air	CLN
MCA	CSY 65	Santa Maria Air	AZR	D4B	Sal Air	CPV
MCA	CSY 66	Santa Maria Air	AZR	D4B	Sal Air	CPV
MLA	9HA	Luqa Air	MLT	5AF	Tripoli Air	LBY
MSA	CSY 40	Santa Maria Air	AZR	EIP	Shannon Air	IRL
NKA	5UA 41	Niamey Air	NGR	5NK	Kano Air	NIG
NOA	5UA 31	Niamey Air	NGR	XTU 31	Ouagadougou Air	BFA
NOA	8BN	Medan Air	INS		Padang Air	
NUA	5UA 46	Niamey Air	NGR	TYE	Catonou Air	BEN
NZA	9UA	Bujumbara Air	BDI	9PL	Kinshasa Air	ZAI
OLA	6VY 50	Dakar Air	SEN	ELRB	Monrovia Air	LBR
ONA	XTU 31	Ouagadougou Air	BFA	5UA 31	Niamey Air	NGR
PTA	3BZ	Mauritius Air, Plaisance	MAU	5ST	Antananarivo Air	MDG
RFA	TNO	Pointe Noir Air	COG	TNL	Brazzavile Air	COG
SEB	STK	Khartoum Air	SDN	SUC	Cairo Air	EGY
SIA	CAK	Santiago Air	CHL	CAI7E	Mataveri Air	PAQ
SKA	STK 70	Khartoum Air	SDN	5YD	Nairobi Air	KEN
SLA	STK	Khartoum Air	SDN	5AF	Tripoli Air	LBY
SMA	EIP	Shannon Air	IRL	CSY	Santa Maria Air	AZR
SVA	STK	Khartoum Air	SDN	ETD 3	Addis Abeba Air	ETH
SZA	STK	Khartoum Air	SDN	9PL	Kinshasa Air	ZAI
TKA	EPD 58	Teheran Air	IRN	YAV	Kabul Air	AFG

Kanal	Rufzeichen Absender	Nutzer Absender	Land	Rufzeichen Empfänger	Nutzer Empfänger	Land
TPA	5ST	Antananarivo Air	MDG	3BZ	Mauritius Air, Plaisance	MAU
TTA	5ST	Antananarivo Air	MDG	3BZ	Mauritius Air, Plaisance	MAU
UNA	TYE 41	Catonou Air	BEN	5UA	Niamey Air	NGR
VBA	XTU	Ouagadougou Air	BFA	TZH	Bamako Air	MLI
VJA	ETD 3	Addis Abeba Air	ETH	HZJ	Jeddah Air	ARS
VKA	ETD 3	Addis Abeba Air	ETH	5YD	Nairobi Air	KEN
VWB	ETD 3	Addis Abeba Air	ETH	7OC	Aden Air	YEM
WVB	7OC	Aden Air	YEM	ETD 3	Addis Abeba Air	ETH
ZDA	9PL	Kinshasa Air	ZAI			AGL
ZLA	9PL	Kinshasa Air	ZAI	9JZ	Lusaka Air	ZMB
ZSA	9PL	Kinshasa Air	ZAI	STK	Khartoum Air	SDN
ZUA	9PL	Kinshasa Air	ZAI			SDN

Tabelle 126: Kanalbezeichnungen in AFTN-Meldungen

8.7 AFTN Nachrichten

Im AFTN-Netz werden meistens drei verschiedene Arten von Meldungen verteilt : Standardmeldungen, NOTAMS (notices to airmen) und Flugwettermeldungen (TAF : aerodrome forecast, METAR : aviation routine weather report)

Standard Meldungen

(Da in AMS-Verkehren Englisch verwendet wird, sind im folgenden Anschnitt die Orginalbezeichnungen wiedergegeben)

Jede AFTN-Message besteht aus dem Meldungskopf mit der Kanalbezeichnung und einer Meldungsnummer nach der Einleitungsgruppe ZCZC.
Der erste Buchstabe der Kanalbezeichnung kennzeichnet die sendende Station (transmitting terminal letter) und der zweite Buchstabe die Empfangsstation (receiving terminal letter). Der dritte Buchstabe bezeichnet den jeweiligen Kanal zwischen beiden Stationen. Die fortlaufende Meldungsnummer gibt Auskunft darüber, wieviele Nachrichten auf diesem Kanal an dem jeweiligem Tag gesendet wurden. Sie wird jeden Tag um 00.00 UTC auf 000 gesetzt.
Darauf folgt die Adreßinformation, an wen die Nachrichten weitergeleitet werden sollen und die Einstufung der Nachricht. Verschiedene Vorrangsstufen sind folgende :

SS	Distress traffic and urgent messages
DD	Message requiring special priority handling
FF	Flight safety message
GG	Aeronautical administrative messages
	Flight regulatory message
	Meteorological messages
--	Service message
KK	Reservation messages
	General aircraft operating agency message

Tabelle 127: Vorrangstufen in AFTN-Meldungen

In der nächsten Zeile wird der Absender der Meldung mit der Datums/Zeitgruppe eingetragen. Danach folgt in Klammern der Text, der grundsätzlich mit einer Abkürzung über den Inhalt der Meldung beginnt.

Mögliche Abkürzungen sind :

ACP	Acceptance message
ALR	Alerting message
ARR	Arrival message
CDN	Coordination message
CHG	Flight plan modification message
CNL	Flight plan cancellation message
CPL	Current flight plan message
DEP	Departure message
DLA	Delay message

EST	Estimate message
FPL	Filed flight plan message
LAM	Local acknowledgement message
RCF	Radio communication failure message
RQP	Requested flight plan message
RQS	Request supplementary flight plan message
SCN	Slot cancellation message
SLT	Slot allocation message
SPL	Supplementary flight plan message
SRQ	Slot request message

Tabelle 128:Tabelle der AFTN Meldungsinhalte

Nach dem Text folgt das Endesignal NNNN.

Beispiel :

```
ZCZC PSA099 301200
FF LECMZQ
301200 LPPTTPZI
( DEP LH123 LPPT 100 LECM )
NNNN
```

ZCZC	: Startsignal
PSA099	: Kanal zwischen Lissabon (P) und Madrid (S) auf Kanalnummer A (es gibt also nur einen Kanal zwischen beiden Stationen), Meldungsnummer 099 für diesen Tag (wird täglich um 00.00 Uhr auf 000 gesetzt)
301200	: abgeschickt am 30. des Monats um 1200
FF LECMZQ	: Flugsicherheitsmeldung für Madrid (LECM), Verantwortlicher für Fluginformationen der Region (ZQ)
301130LPPTTPZI	: Absender am 30. des Monats um 11.30 Uhr Lissabon (LPPT) von Air Portugal (TP), Fluginformationscenter (ZI)
(DEP LH123	: Abflug der Lufthansamaschine LH123
LPPT100	: um 11.00 Uhr von Lissabon (LPPT)
LECM)	: Zielflughafen Madrid (LECM)
NNNN	: Endesignal

8.8   Notice to Airmen (NOTAM)

Im NOTAM-Kode werden Meldungen über Inbetriebnahme, Zustand oder Änderungen von Funk- und Navigationsanlagen, Flugplätzen, Beleuchtungsanlagen, Gefahren für Flugzeuge im Flug-, Such- und Rettungswesen übermittelt.
NOTAM-Abkürzungen bestehen aus insgesamt 5 Buchstaben. Der erste Buchstabe ist immer ein Q, um anzuzeigen, dass es sich um eine Abkürzung handelt.

Der zweite und dritte Buchstabe geben Auskunft über das zu berichtende Objekt und der vierte und fünfte Buchstabe über den jeweiligen Status.

Das Format einer NOTAM-Meldung ist wie folgt :

Offene Klammer gefolgt von der laufenden Nummer des Absenders mit Inhalt der Meldung

> NOTAMC für ein NOTAM das ein vorheriges NOTAM aufhebt
> NOTAMN für ein NOTAM mit neuen Information
> NOTAMR für ein NOTAM das ein vorheriges NOTAM ersetzt

Im Falle eines NOTAMR oder NOTAMC folgt die Nummer des jeweiligen NOTAM, welches ersetzt oder aufgehoben wird.
Die nächsten Zeilen beginnen mit jeweils einem Buchstaben a) bis g). Gibt es zu einem Buchstaben keine Informationen, wird diese Zeile nicht übermittelt.

a) Standort der Einrichtung, für die berichtet wird
b) Beginn des Zeitraumes der Gültigkeit
c) Ende des Zeitraumes der Gültigkeit
d) Zeitplan für den Zeitraum der Gültigkeit
e) Text bzw Q-Gruppe
f) Unteres Limit (für Navigationswarnungen)
g) Oberes Limit (für Navigationswarnungen)

Das Ende der Meldung wird durch eine schließenede Klammer markiert.

Die verwendeten Bezeichnungen in den NOTAM Gruppen ergeben sich aus folgender Tabelle:

Zweiter und dritter Buchstabe

A. Airspace organisation (RAC)

AA	minimum altitude
AC	control zone
AD	air defence identification zone
AE	control area
AF	flight information region
AH	upper control area
AL	Minimum useable flight level
AN	area navigation route
AO	oceanic control area
AP	reporting point
AR	ATS route
AT	terminal control area
AU	upper flight information region
AV	upper advisory area
AX	intersection
AZ	aerodrome traffic zone

C. Communication/radar facilities (COM)

CA	air/ground facility
CE	en route surveillance radar
CG	ground controlled approach System
CL	selective calling System
CM	surface movement radar
CP	precision approach radar
CR	surveillance radar element of CP
CS	secondary surveillance radar
CT	terminal area surveillance radar

F. Facilities und services (AGA)

FA	aerodrome
FB	braking action measurement equipment
FC	Ceiling measurement equipment
FD	docking System
FF	fire fighting und rescue
FG	ground movement control
FH	helicopter alighting platform/area
FL	landing direction indicator
FM	meteorological service
FO	fog dispersal System
FP	heliport
FS	snow removal equipment
FT	transmission meter
FU	fuel availability
FW	wind direction indicator

FZ   customs

I.   Instrument /microwave landing System (COM)

IC   instrument landing System
ID   DME associated mit ILS
IG   glide path ILS
II   inner marker ILS
IL   localizer ILS
IM   middle marker ILS
IO   outer marker ILS
IS   ILS category I
IT   ILS category II
IU   ILS category III
IW   microwave landing System
IX   locator outer ILS
IY   locator middle ILS

L.   Lighting facilities (AGA)

LA   approach lighting System
LB   aerodrome beacon
LC   runway centre line lights
LD   landing direction indicator lights
LE   runway edge lights
LF   sequenced flashing lights
LH   high intensity runway lights
LI   runway identifier lights
LJ   runway alignment indicator lights
LK   category II components of approach lighting System
LL   low intensity runway lights
LM   medium intensity runway lights
LP   precision approach path indicator
LR   all landing area lighting facilities
LS   stopway lights
LT   threshold lights
LV   visual approach slope indicator System
LW   heliport lighting
LX   taxiway centre line lights
LY   taxiway edge lights
LZ   runway touchdown zone lights

M.   Movement und landing area (AGA)

MA   movement area
MB   bearing strength
MC   clearway

MD	declared distances
MG	taxiing guidance System
MH	runway arresting gear
MK	parking area
MM	daylight markings
MN	apron
MP	aircraft stands
MR	runway
MS	stopway
MT	threshold
MU	runway turning bay
MW	strip
MX	taxiway

N. Terminal/en route navigation facilities (COM)

NA	all radio navigation facilities	(except...)
NB	non directional radio beacon	
NC	DECCA	
ND	distance measurement equipment	
NF	fan marker	
NL	locator	
NM	VOR/DME	
NN	TACAN	
NO	OMEGA	
NT	VORTAC	
NV	VOR	
NX	direction finding System	

O. Other information

OA	aeronautical information service
OB	obstacle
OE	aircraft entry requirements
OL	obstacle lights on...
OR	rescue coordination centre

P. Air traffic procedure (RAC)

PA	standard instrument arrival
PD	standard instrument departure
PF	flow control procedure
PH	holding procedure
PI	instrument approach procedure
PL	obstacle clearance limit
PM	aerodrome operating minima
PO	obstacle clearance altitude
PP	obstacle clearance height
PR	radio failure procedure

PT	transition altitude
PU	missed approach procedure
PX	minimum holding altitude
PZ	ADIZ procedure

R. Navigation warnings/airspace restrictions

RA	airspace reservation
RD	danger area
RO	overflying of...
RP	prohibeted area
RR	restricted area
RT	temporary restricted area

S. Air traffic/VOLMET services (RAC)

SA	automatic terminal information service
SB	ATS reporting service
SC	area control centre
SE	flight information service
SF	aerodrome flight information service
SL	flow control centre
SO	oceanic area control centre
SP	approach control centre
SS	flight service station
ST	aerodrome control tower
SU	upper area control centre
SV	VOLMET broadcast
SY	upper advisory service

W. Navigation warnings

WA	air display
WB	aerobatics
WC	captive balloon oder kite
WD	demolition of explosives
WE	exercises
WF	air refuelling
WG	glider flying
WJ	banner/target towing
WL	ascent of free balloon
WM	missile, gun oder rocket firing
WP	parachute exercise
WS	burning oder blowing gas
WT	mass movement of aircrafts
WV	formation flight
WW	significant volcanic activity
WZ	model flying

Vierter und fünfter Buchstabe

A.   Availability

AC	withdrawn for maintenance
AD	available for daylight operation
AF	flight checked und found reliable
AG	operating but ground check only awaiting flight check
AH	hours of service are now
AK	resumed normal operation
AL	operative subject to previously published limitations/conditions
AM	military operations only
AN	available for night operation
AO	operational
AP	available, proir permission required
AR	available on request
AS	unserviceable
AU	not available
AW	completely mitdrawn
AX	previously promugated shutdown has been cancelled

C.   Changes

CA	activated
CC	completed
CD	deactivated
CE	erected
CF	operating frequency changed to
CG	downgraded to
CH	changed
CI	identification oder radio callsign changed to
CL	realigned
CM	displaced
CN	cancelled
CO	operating
CP	operating on reduced power
CR	temporarily replaced by
CS	installed
CT	on test, do not use

H.   Hazard conditions

HA	braking action is	1.poor
		2.medium/poor
		3.medium
		4.medium/good

HB	braking coefficent is...
HC	covered by compact snow to a depth of
HD	covered by dry snow to a depth of
HE	covered by water to a depth of
HF	totally free of snow und ice
HG	grass cutting in progress
HH	hazard due to
HI	covered by ice
HJ	launch planned...
HK	bird migration in progress
HL	snow clearance completed
HM	marked by
HN	covered by wet snow oder slush to a depth of
HO	obscured by snow
HP	snow clearance in progress
HQ	operation cancelled...
HR	standing water
HS	sanding in progress
HT	approach according to signal area only
HU	launch in progress...
HV	work completed
HW	work in progress
HX	concentration of birds
HY	snow banks exist
HZ	covered by frozen ruts und ridges

L. Limitations

LA	operating on auxiliary power supply
LB	reserved for aircraft based therein
LC	closed
LD	unsafe
LE	operating mitout auxiliary power supply
LF	interference from
LG	operating mitout identification
LH	no service for aircrafts heavier than
LI	closed for IFR operations
LK	operating as a fixed light
LL	useable for length of... and width of...
LN	closed to all night operations
LP	prohibited to
LR	aircraft restricted to runway and taxiways
LS	subject to interruption
LT	limited to
LV	closed to VFR operations

LW	will take place
LX	operating but caution advised
	due to

XX	**Other**
	plain voice is following

Tabelle 129:Buchstabengruppen in NOTAM-Meldungen

8.9   Flugwettermeldungen (TAF und METAR)

Die relative leicht zu lesenden Wettermeldungen der einzelnen Flugplätze werden zu Bulletins zusammengefaßt und international verbreitet.
Hierbei handelt es sich um Bodenwettermeldungen (METAR) und Flugwettervorhersagen (TAF).

Die Kodeformen sind folgende:

TAF

TAF CCCC $(G_1G_1G_2G_2)$ dddff/f_mf_m VVVV w'w' $N_sCCh_sh_sh_s$ TTTTT GGG_eG_e...

oder CAVOK

METAR

METAR CCCC (GGgg) dddff/f_mf_m VVVV w'w' $N_sCCh_sh_sh_s$ T'T'/T'$_d$T'$_d$ $P_HP_HP_HP_H$
NOSIG oder TTTTT...

oder CAVOK

Die einzelnen Gruppen haben folgende Bedeutung:

CCCC	Vierstellige ICAO Standortkennung des jeweiligen Flugplatzes
$G_1G_1G_2G_2$	Gültigkeitsdauer der Meldung G_1G_1 bis G_2G_2
GGgg	Beobachtungszeit
dddff/f_mf_m	ddd = Windgeschwindigkeit, ff = Geschwindigkeit in Knoten f_mf_m = maximale Böengeschwindigkeit
VVVV	Bodensicht (bis 5000 m in 100 m Schritten, darüber in 1000 m Schritten, 9999 entspricht 10 km oder mehr)
w'w'	momentanes oder vorhergesagtes Wetter bestehend aus 2 Ziffern und bis zu 6 Buchstaben

04FU	Rauch
05HZ	Staubtrübung
06HZ	Staubtrübung
07SA	Sandsturm
08PO	Staubwirbel
10BR	Dunst
11MIFG	flacher Nebel
12MIFG	flacher Nebel
17TS	Gewitter
18SQ	markante Böe
19FC	Großtrombe

20REDZ	Sprühregen
21RERA	Regen
22RESN	Schnee
23RERASN	Schneeregen
24REFZRA	gefrierender Regen
25RESH	Schauer
26RESNSH	Schneeschauer
27REGR	Hagel
29RETS	Gewitter
30SA	Sand-/ Staubsturm
31SA	Sand-/ Staubsturm
33XXSA	schwerer Sand-/ Staubsturm
34XXSA	schwerer Sand-/ Staubsturm
35XXSA	schwerer Sand-/ Staubsturm
36DRSN	niedriges Schneefegen
37DRSN	niedriges Schneefegen
38BLSN	Schneetreiben
38BLSN	Schneetreiben
40BCFG	Nebelschwaden
41BCFG	Nebelschwaden
42-47FG	Nebel
48FZFG	gefrierender Nebel
49FZFG	gefrierender Nebel
50DZ-53DZ	Sprühregen
54XXDZ	starker Sprühregen
55XXDZ	starker Sprühregen
56FZDZ	gefrierender Sprühregen
57XXDZ	starker gefrierender Sprühregen
58- 63RA	Regen
64XXRA	starker Regen
65XXRA	starker Regen
66FZRA	gefrierender Regen
67XXFZRA	starker gefrierender Regen
68RASN	Schneeregen
69XXRASN	starker Schneeregen
70-72SN	Schneefall
74XXSN	starker Schneefall
75XXSN	starker Schneefall
77SG	Schneegriesel
79PE	Eiskörner
80RASH	Schauer
81XXSH	starker Schauer
82XXSH	starker Schauer
83RASN	Schneeregenschauer
84XXRASN	starker Schneeregenschauer
87GR	Graupel
88GR	Graupel
89GR	Hagel
90XXGRstarker Hagel	
91RA	Regen
92XXRA	starker Regen
93GR	Hagel

94XXGR	starker Hagel
95TS	Gewitter
96TSGR	Gewitter mit Hagel
97XXTS	starkes Gewitter
98TSSA	Gewitter mit Sand-/ Staubsturm
99XXTSGR	starkes Gewitter mit Hagel

N_s — Bedeckung des Himmels mit Wolken in achteln
(9 = Himmel nicht erkennbar)

CC — Wolkenart

CI	Cirrius
CC	Cirrocumulus
CS	Cirrostratus
AC	Altocumulus
AS	Altostratus
NS	Nimbostratus
SC	Stratocumulus
ST	Stratus
CU	Cumulus
CB	Cumulonimbus
/	Himmel nicht erkennbar

$h_s h_s h_s$ — Höhe der Wolken über Grund in 100 Fuß Schritten

CAVOK — Ersatz für die Gruppe VVVV w'w' $N_s CCh_s h_s h_s$ wenn die Sicht mehr als 10 km beträgt, kein Nebel oder Niederschläge und die Wolken mindestens 5000 Fuß hoch sind

T'T' — Temperatur in Grad Celsius (M = minus)

$T'_d T'_d$ — Taupunkt in Grad Celsius (M= minus)

$P_H P_H P_H P_H$ — Luftdruck in hPa

TTTTT — vorhergesagte Veränderung in der Zeit GG bis $G_e G_e$

GRADU allmähliche Änderung
RAPID schnelle Änderung
TEMPO zeitweise
INTER zwischenzeitlich
PROB Wahrscheinlichkeit der Vorhersage in Prozent

NOSIG — es sind keine wesentliche Änderungen zu erwarten
ansonsten TREND Angabe mit den Bezeichnungen von TTTTT
(NOSIG = no significant change)

Tabelle 130: Bedeutung der METAR-Gruppen

8.10 Arabische Fernschreibalpabete

Die folgende Tabelle vergleicht und übersetzt die arabischen Buchstaben und Zahlen in das lateinische Alphabet. Sie soll helfen, Texte in arabischer Schrift zu "übersetzen" sodass es möglich ist, Namen von Städten oder Ländern zu erkennen. Außerdem kann die Tabelle helfen, bei fehlender Umschaltung zwischen Buchstaben und Zahlen diese doch noch korrekt zu erkennen.

Buch-stabe	Zahl	Arabischer Buch-stabe	Arabische Zahl	ATU-A Buch-stabe	ATU-A Zahl
A	-	s	s	q	-
B	?	a		ch	?
C	:	y	i	t	:
D	$	q	q	l	$
E	3	t	7		3
F	!	f	a	r	!
G	&	g	g	n	&
H	#		/	t	#
I	8	b	2	z	8
J		h	h	m	
K	(	h	h	a	(
L	)	j	j	u	)
M	.	m	m	d	.
N	,	n	n	t	,
O	9	t	1	g	9
P	0	g	0	s	0
Q	1	l	9	j	1
R	4	u	6	h	4
S	'	t	i	i	'
T	5	u	5	h	5
U	7	t	3	f	7
V	=	al-	l		=
W	2	la	8	k	2
X	/	s	s	s	/
Y	6	r	4	b	6
Z	+		s	sh	+
CR	CR	k	k	CR	CR
LF	LF	CR/LF	wru	LF	LF
LS	LS	LS	LS	LS	LS
FS	FS	FS	FS	FS	FS
Sp	sp	sp	sp	sp	sp

Tabelle 131: Vergleich der arabischen Fernschreibalphabete

8.11   Übersetzungshilfe für ATU 80 Ausdrücke

JG	from
KDS	to
YPHKG	embassy
?KFK?K?	Caracas
?KYL?	Kabul
BLGSL KSF?	Buenos Aires
BSJG? KSF?	Buenos Aires
CDOYVO	Tel Aviv
CFKBD?	Tripoli
CG?R	Tanger
CTFK?	Teheran
DGMG	London
DKQLP	Lagos
DLKGMK	Luanda
DLPK?K	Lusaka
DYTFSG	Bahrain
FLJK	Rome
GLKWZLC	Nouakchott
GMQKJSGK	N'djamena
GSFLY	Nairobi
GSKJ?	Niamey
GSLMDT?	New Delhi
GSLSLF	New York
GSQLSK	Nicosia
HGK	Tirana
HLGP	Tunis
JAMSZSL	Mogadishu
JKGK?LK	Managua
JKGS?	Manila
JLG?FSK?	Montreal
JLPWL	Moscow
JMFSM	Madrid
JPAC	Muscat
K?SGK	Athene
KBLCB	Abu Dhabi
KDAMSJR	Kaduna
KDBFCLJ	Khartoum
KDFSKX	Riyadh
KDFYKC	Rabat
KDIGKIR	Manama
KDMLTR	Doha
KDWLSH	Kuwait
KDQIKEF	Alger
KGAFR	Aden
KMS? KBKBK	Addis Abeba
KPDKJKYKM	Islamabad
KWFK	Accra
KYL CYS	Abu Dhabi
LKZGCG	Washington

MJ?Q	Damascus
MKF KDPDKJ	Dar es Salaam
MKWKF	Dakar
MY?	Dubai
OJKG	Amman
QMR	Jeddah
QSYLHS	Djibouti
TKGLK	Hanoi
USSGK	Vienna
WJYKDK	Kampala
WLGKWFS	Conakry
WSGZKPK	Kinshasa
XLUSK	Sofia
YDQFKM	Belgrade
YFDS?	Berlin
YFLWPD	Bruessels
YFS?LFSK	Pretoria
YJKWL	Bamako
YKFSP	Paris
YLG	Bonn
YLBKFPH	Bucharest
YSFLH	Beirut
YSGL? SKG?	Pyongyang
YSPKL	Bissau
YSWSG	Beijing
YTFG	Bahrain
YVMKM	Baghdad
YWSG	Beijing
BKFQSR KDAKRFR	MFA Cairo
FEKPR KDZYWR	MFA Cairo
KDHJNSD KDHQKFS	MFA Cairo
VMK	tomorrow
KDKFYOKE	today
KJP	yesterday
UAC	only
YBXLX	special
FAJ	number
KDKWHUKE	enough
HJKJ	ok
VDC	wrong
HXTST	correct
KDFESPSR	main
USLI	fuse
LTMR	unit
US	the
KDDS	in
HUXD	please
FQKE	please
YGZFR	news
KDKODKJ	information
JOS	me
KGHCF	wait

DTCR	wait
MAKEA	minutes
USX	without
LPLU	i will
PLU	will
KDKUKMR, KZOF	inform
JGWJ	with you
MLDKF	dollar
KDYGW	the bank
JDSLG	million
NKGSK	second
NKDNK	third
FKYOK	fourth
KDVS	cancel
JGKLDR	to hand
DSXYT	become
WKDKHS	as following
USR	there is
KBS	brother
KDKBH	thanks
JO	with
LKUF	best
KPHOM	be ready
KDDR	allah
YKS YKS	bye bye
HPDJ	with peace
KJKG	good bye
KPU	sorry
HTSKHS	regards
HDSULGRK	telephone
OG	about
KDHOFU	recognize
ODS	on
KYDVRJ	tell them
RD	is
KDFESP	president
KDLIFKE	prime minister

8.12 Übersetzungshilfe für arabische Ausdrücke

AKBF'	press
B, B	ANA (Aden NEWS Agency)
IOYB	PETRA (Jordan Press Agency)
BYNB	IRNA (Islamic Repubilc News Agency)
BFI, PFI	AFP (Agence France Press)
PCNB	IINA (International Islamic News Agency)
P+P	MENA (Middle East News Agency)
P N P, P,P	ANA (Aden News Agency)
XTNB	SUNA (Sudan News Agency)
<TNB	KUNA (Kuwait News Agency)
.≡, T.&	MAP (Maghreb Arab Press)
TB., TB(	GNA (Gulf News Agency)
TB	news agency
T.B	AMP (Agence Mauritanienne de Press)
TB)	APS (Algerie Press service)
TB/	SPA (Saudi Press Agency)
TB&	INA (Iraqui News Agency)
TBO	TAP (Tunis Afrique Press)
TP(	GNA
TP)	APS
TPP	JNA (Jordan News Agency)
BT)	JANA (Jamahiriyah News Agency)
TBF, TPF	WAFA (Palestine News Agency)
XBNB	SANA (Syrian Arab News Agency)
ZCNKTB	XINHUA (New china News Agency)
PQMKY	Al Muharram (1st islamic month)
AFY	Safar (2nd islamic month)
YIC& bwt	Rabi al Awwal (3rd islamic month)
YIC& VUBN	Rabi al Tani (4th islamic month)
LMBR⌒ BWQT:	Jumada-I-Ula (5th islamic month)
LMBR⌒ BWKY	Jumada-I-Ahira (6th islamic month)
YLI	Rajab (7th islamic month)
ZHIB,	Shaban (8th islamic month)
YMAB,	Ramadan (9th islamic month)
ZTB;	Shawwal (10th islamic month)
RT VDHR!	Du-I-Kada (11th islamic month)
RT VKL!	Du-I-Hijja (12th islamic month)
CNBCY	January
FIYBCY	February
MBY/	March
BIYC;	April
MBCT, MB'	May
CTNCT	June
CTQCT	July
PGXE/, PI	August
PCQT	September
B<OTIY	November
RLINY	December

PXYBSC;	Israel
O: PICI	Tel Aviv
OTN/	Tunesia, Tunis
VCM,	Yemen
VATMB;	Somalia
MDRCZCT	Mugadishu
MAY	Egypt
BQDBJY!	Cairo
BCYB,	Iran
EJYB,	Teheran
FYNXB	France
IBYC/	Paris
BWYR,	Jordan
VHFBD:	Iraq
IBGRBR	Baghdad
VXHTRC' VHYI!	Saudi Arabia
LR!	Jeddah
YCBR!	Riyadh
M<'	Mekka
VMRCN!	Medina
XTYCB	Syria
PCEVCB	Italy
YTMB	Rome
VMBNCB	Germany
IT,	Bonn
IYQC,	Berlin
FYBN<FTY	Bahrain
VMNBM!	Manama
VLYBSY	Alger, Algeria
VKIZ!	Ethopia
VKYET.	Khartoum
VHYBDC!	Greece
BUCNB	Athen
V<TCO	Kawait
VOY<C!	Turkey
BNDY'	Ankara
IYCEBNCB	Great Britain
QNR,	London
GMB,	Oman
MXDE	Muscat
LCITO:	Djibouti
YTXCB	Russia
MTX<T	Moscow
DEY	Qatar
ITQTNCB	Poland
IQHYBR	Belgrade
JNHBYCB	Hungary
ITRBIXO	Budapest
YTMBNCB	Roumania
ITKBYXO	Bucharest
NCTCTY	New York
VJNRC!	India

NCTRQJ:	New Delhi
BMXYORB.	Amsterdam
BFHBNXOB,	Afghanistan
IPQHBYCB	Bulgaria
ATFCB	Sofia
IB<XOB	Pakistan
ICTN) CBN)	Pyongyang
QINB,	Beirut
VACN:	China
I<C	Beijing
NCLYCB	Nigeria
NBMCICB	Namibia
GBMICB	Gambia
GCNCB	Guinea
FCONB.	Vietnam
BXIBNCB	Spain
MRYCR	Madrid
OBNXBNCB	Tanzania
QCICB	Libya
VXTRB,	Sudan
VXTC/	Switzerland
VXTCR	Sweden
VNCLY	Niger
BFYCDCB	Africa
BTYTIB	Europe
BMYC<B	America
BMYC<B VWOCNC	Latin America
GYI:	arabic
BWNIB?	news
&	from
YBRCT	radio
VXCR	mister
VRTQC!	Ministry of Foreign Affairs
V:, BQ:	to
OQHYBF	telegram
COI&	more
VQKC)	gulf
VKBY)	foreign country
XFCY	ambassador

8.13 Q , X und Z-Gruppen

Q-Gruppen

Diese Gruppen können als Frage, Antowrt oder Komando bzw. Anweisung verwendet werden.Im Fall einer Frage wird zusätzlich das Fragezeichen gesendet.
Zeiten werden ausschließlich in UTC angegeben.
Die Q-Gruppen von QAA bis QNZ werden für den Flugfunkdienst und die Gruppen von QOA bis QQZ für den Seefunkdienst benutzt.

.

Q Gruppe	Bedeutung
QAB	Sie sind freigegeben (*oder* ... ist freigegeben) durch ... von ... (*Ort*) nach ... (*Ort*) in Höhe über ... (*Bezugswert*)
QAF	Ich bin (*war*) in (über) ... (*Ort*)(um ... *Uhr*) in Höhe ...
QAG	Ich fliege so, daß ich über ... (*Ort*) *um ... Uhr* eintreffe.
QAH	Ich fliege in einer Höhe von ...
QAI	Der wesentliche Verkehr ist ...
QAK	Es besteht Zusammenstoßgefahr.
QAL	Ich werde in ... (*Ort*) landen.
QAM	Die Wetterbeobachtung für ... (Ort) um ... Uhr war wie folgt:
QAN	Bodenwindrichtung und -geschwindigkeit in ... (Ort) um ... Uhr sind ... (Richtung) ... (Geschwindigkleit in Zahl und Maßeinheit).
QAO	Höhenwindrichtung und -geschwindigkeit in ... (Standort oder Gebiet/e) in folgender Höhe über ... (Bezugswert) sind ... : In ... Höhe (Zahl und Maßeinheit) ... Grad rechtweisend ... (Geschwindigkeit in Zahl und Maßeinheit).
QAP	Bleiben Sie für mich (oder für ...) auf ... kHz (... MHz) hörbereit.
QAQ	Sie befinden sich ... 1. in der Nähe eines (des) Luftsperrgebietes (...) 2. über einem (dem Luftsperrgebiet (...)).
QAR	Sie dürfen die Hörbereitschaft auf der Wachfrequenz fürt ... Minuten unterbrechen.
QAU	Ich lasse gerade Treibstoff ab.
QAW	Ich bin im Begriff durchzustarten.
QAY	Ich passierte...(Ort) mit ... Grad Peilung in bezug aufmeinen Kurs um ... Uhr.
QAZ	Ich habe Schwierigkeiten mit der Funkverbindung, weil ich in einem Unwetter fliege.
QBA	Die Horizontalsicht in ... (Ort) um ... Uhr ist ... (Entfernung in Zahl und Maßeinheit)
QBB	Bedeckungsgrad, Wolkenform und Höhe der Wolkenuntergrenze in ... (Ort) um ... Uhr sind : ... Achtel (... Form) in... (Zahl und Maßeinheit) Höhe über offizieller Flughafenhöhe (NN).
QBC	Die von meinem Luftfahrzeug aus beobachteten Wetterbedingungen in ... (Standort und Gebiet) um ... Uhr in ... (Zahl und Maßeinheit) Höhe über ...(Bezugswert) sind ...
QBD	Ich habe noch Kraftstoff für ... (Stunden und/oder Minuten).
QBE	Ich bin dabei, meine Antenne einzuziehen.
QBF	Ich fliege in den Wolken in ... (Zahl und Maße Einheit) Höhe (und ich steige (sinke) auf ... (Zahl und Maßeinheit) Höhe.

Q Gruppe	Bedeutung
QBG	Ich fliege über den Wolken in ... Höhe.
QBH	Ich fliege unter den Wolken in ... Höhe.
QBI	In... (Ort)(oder von ... nach ... (Ort)) muß nach Instrumentenflugregeln gepflogen werden.
QBJ	Um ... Uhr ist in ... (Standort oder Gebiet) die Wolkenobergrenze: Bedeckungsgrad ... Achtel in ... Form (Zahl und Maßeinheit) Höhe über ... (Bezugswert).
QBK	Ich fliege ohne Wolken in meiner Nähe und in ... (Zahl und Maßeinheit) Höhe über ... (Bezugswert).
QBM	Hier ist der Spruch, den ... um ... Uhr gesendet hat.
QBN	Ich fliege zwischen den Wolkenschichten in ... (Zahl und Maßeinheit) Höhe über ... (Bezugswert).
QBO	Flug unter Sichtflugregeln (VFR) ist in ... (Ort) erlaubt, wo Sie landen können.
QBP	Ich fliege abwechselnd innerhalb und außerhalb der Wolken in ... (Zahl und Bezugswert) Höhe über ... (Bezugswert).
QBS	Steigen (oder sinken) Sie auf ... (Zahl und Maßeinheit) Höhe über ... (Bezugswert), bevor Sie Instrumentenflugwetterbedingungen antreffen oder die Sicht unter ... (Zahl und Amßeinheit der Entfernung) und benachrichtigen Sie mich.
QBT	Um ... Uhr konnt der Beobachter an der Schwelle der Lundbahn Nummer ... die für Ihre Landung eingeschaltete Landebahnbefeuerung (in ... (Ort)) auf eine Entfernung von ... (Zahl und Maßeinheit) vom Anflugende aus sehen.
QBV	Ich habe die Höhe von ... (Zahl oder Maßeinheit) über ... Bezugswert (oder ... (Gebiet oder Ort)) erreicht.
QBX	Ich habe die Höhe von ... (Zahl oder Maßeinheit) über ... Bezugswert (oder ... (Gebiet oder Ort)) verlassen.
QBZ	Ich berichte meine Flugbedingungen in bezug auf Wolken.
QCA	Ich ändere meine Höhe von ... (Zahl und Maßeinheit) auf ... (Zahl und Maßeinheit) über ... (Bezugswert).
QCB	Verzögerung entsteht durch 1. Ihr Senden außer der Reihe 2. Ihr langsames Antworten 3. Ausbleiben Ihrer Antwart auf mein ..
QCE	Rechnen Sie mit Anflugfreigabe um ... Uhr.
QCF	Verzögerung unbestimmt. Rechnen Sie mit Anflugfreigabe nicht später als ... Uhr.
QCH	Sie dürfen nach ... (Ort) rollen
QCI	Ich fliege sofort eine 360 Grad-Kurve (nach ... drehend).
QCS	Mein Empfang auf ... (Frequenz) ist unterbrochen.
QCX	Mein vollständiges Rufzeichen ist ...
QCY	Ich arbeite mit Schleppantenne
QDB	Ich habe Spruch ... an ... gesendet
QDF	Mein D-Wert in ... (Standort) in ... (Zahl und Maßeinheit) Höhe über dem 1013.2 Millibarwert beträgt ... (D-Wert in Zahl und Maßeinheit).
QDL	Ich beabsichtige, von Ihnen eine Reihe von Peilungen anzufordern.
QDM	Der mißweistende Steuerkurs, den Sie bei Windstille steuern müßten, um zu mir (oder nach ...) zu gelangen, wäre ... Grad (um ... Uhr).

Q Gruppe	Bedeutung
QDP	Ich werde die Kontrolle (Führung oder Verantwortung) von (für) ... jetzt (oder um ... Uhr) übernehmen.
QDR	Sie wurden von mir (oder von ...) mit ... Grad (um ... Uhr) mißweistend gepeilt.
QDT	Ich fliege unter Sichtflugwetterbedingungen.
QDU	Ich hebe meinen IFR-Flugplan auf.
QDV	Ich fliege mit einer Horizontalsicht von weniger als ... (Zahl und Maßeinheit) Höhe über ... (Bezugswert).
QEA	Sie dürfen die vor Ihnen liegende Landebahn überqueren.
QEB	Rollen Sie an der Kreuzung wie folgt: ... (Geradeaus DRT, nach links LEFT, nach rechts RITE).
QEC	Sie dürfen um 180 Grad wenden und auf der Start- und Landebahn zurückrollen.
QED	Folgen Sie dem Lotsenfahrzeug.
QEF	Ich habe meinen Abstellplatz erreicht.
QEG	Ich habe den Abstellplatz verlassen.
QEH	Ich bin an den Haltepunkt für Start- und Landebahn Nummer ... gerollt.
QEJ	Ich nehme Startposition auf Start- und Landebahn Nummer ... ein und warte.
QEK	Ich bin zum sofortigen Start bereit.
QEL	Sie dürfen starten (Kurven Sie nach dem Start wie folgt ...).
QEM	Der Zustand der Landfläche in ... (Ort) ist ...
QEN	Halten Sie Ihre Position.
QEO	Ich habe die Start- oder Landebahn frei gemacht.
QES	In ... (Ort) ist eine rechte Platzrunde Vorschrift.
QFA	Die Wettervorhersage für ... (Flug, Strecke, Streckenabschnitt oder Gebiet)für die Zeit ... Uhr bist ... Uhr lautet ...
QFB	Die 1. Anflugfeuer 2. Landebahnfeuer 3. Anflug - und Landebahnfeuer sind außer Betrieb
QFC	In ... (Ort, Standort oder Gebiet) ist die Wolkenuntergrenze ...Achtel ... Form in ... (Zahl und Maßeinheit) Höhe über ... (Bezugswert).
QFD	1. Das Flugplatzdrehleuchtfeuer (in ...(Ort)) ist in Betrieb. 2. Ich werde das Fluplatzdrehleuchtfeuer (in ... (Ort)) ausschalten, bis Sie gelandet sind.
QFE	Der Luftdruck in ...(Ort) in offizieller Flughafenhöhe ist (oder betrug um ... Uhr) ... Millibar
QFF	In ... (Ort) ist der nach meteorologistchen Verfahren auf NN umgerechnete (Oder war der um ... Uhr ermittlete) Luftdruck ... Millibar.
QFG	Sie sind über mir.
QFH	Sie können bis unter die Wolken absinken.
QFI	Die Flughafenbefeuerung ist eingeschaltet.
QFM	1. Halten (oder fliegen) Sie (in) ... (Zahl und Maßeinheit) Höhe über ...(Bezugswert 2. Ich fliege in ... (Zahl und Maßeinheit) Höhe über ... (Bezugswert) 3. Ich beansichtige ... (Zahl und Maßeinheit) Höhe über ... (Bezugswert) als Reistehöhe uu nehmen.
QFO	Sie können sofort landen.
QFP	Die neusten Angaben über die ... Einrichtung (in ... Ort) lauten wie folgt ...
QFQ	Die Anflug- und Landebahnfeuer sind eingeschaltet.
QFR	Ihr Fahrwerk scheint beschädigt zu sein.

Q Gruppe	Bedeutung
QFS	Die Funkeinrichtungen in ... (Ort) sind in Betrieb (oder wird in ... Stunden in Betrieb genommen).
QFT	Eisbildung ist beobachtet worden in ...(Standort oder Gebiet) in der Art von ... mit einer zeitlichen Zunahme von ... zwischen (Zahl und Maßeinheit) und ... (Zahl und Maßeinheit) Höhe über ... (Bezugswert).
QFU	Die mißweistende Richtung (oder die Nummer) der zu benutzenden Start- und Landebahn ist ...
QFV	Die Scheinwerfer sind eingeschaltet.
QFW	Die jetzt zu benutzende Start- und Landebahn ... ist ... (Zahl und Maßeinheit) lang.
QFX	Ich arbeite (oder ich werde arbeiten) mit Festantenne.
QFY	Die augenblicklichen Wetterbedingungen in ... (Ort) sind ...
QFZ	Die Flughafenwettervorhersage für ... (Ort) für die Zeit von ... Uhr bist ... Uhr lautet ...
QGC	Hindernisse befinden sich ... von der Start- und Landebahn ...__
QGD	Auf Ihrem Flugweg in ... (Zahl und Maßeinheit) Höhe über ... (Bezugswert) befinden sich Hindernisse.
QGE	Sie sind von meiner Funkstelle (oder von ...)... (Zahl und Maßeinheit) entfernt.
QGH	Sie dürfen nach ... (Verfahren oder Einrichtung) landen.
QGK	Ich halte von ... (Ort) einen Kurs über Grund von ... Grad ... (rechtweisend oder mißweisend).
QGL	Sie dürfen in ... (Kontrollbezirk oder -zone) in ... (Ort) einfliegen.
QGM	Verlassen Sie ... (Kontrollbezirk oder -zone).
QGN	Ihre Landung (in ... Ort) ist freigegeben.
QGO	In ... (Ort) besteht Landeverbot.
QGP	Ihre Landenummer ist...
QGQ	Warten Sie über ... (Ort) in ... (Zahl und Maßeinheit) Höhe über ... (Bezugswert) und erwarten Sie weitere Anweisungen.
QGT	Gehen Sie ... Minuten auf einen Steuerkurs, von dem aus Sie auf Gegenkurs zu Ihrer jetzigen Flugrichtung gehen können.
QGU	Fliegen Sie ... Minuten lang einen mißweisenden Steuerkurs von ... Grad.
QGV	Ich sehe Sie in ... (Himmelsrichtung) oder Ich kann den Flughafen sehen. oder Ich kann ... (Luftfahrzeug) sehen.
QGW	Ihr Fahrwerk scheint ausgefahren. und in der richtigen Lage zu sein.
QGZ	Warten Sie in ... Richtung von ... Einrichtung.
QHE	Ich bin auf dem ... 1. Seitenweindteil 2. Rückenwindteil 3. Basisteil 4. Endteil des Anfluges.
QHG	Sie dürfen in die Platzrunde in ... (Zahl und Maßeinheit) Höhe... über ... (Bezugswert) einfliegen.
QHH	Ich mache eine Notlandung .

Q Gruppe	Bedeutung
QHI	Ich bin (oder ... ist) 1. auf dem Wasser 2. auf dem Lande um ... Uhr.
QHQ	Ich führe einen ... -Anflug durch
QHZ	Umkreisen Sie den Flughafen.
QIC	Ich werde Verkehr mit ... Funkstelle auf ... kHz (oder ... Mhz) jetzt (oder um ...Uhr) aufnehmen.
QIF	... benutzt ... kHz (oder ...MHz).
QJA	Ihr ... 1. Lochstreifen ist falsch eingelegt. 2. Zeichen - und Trennstrom ist vertauscht.
QJB	Ich werde ... benutzen 1. Funk 2. Kabel 3. Telegraf 4. Fernschreiber 5. Fernsprecher 6. Empfänger 7. Sender 8. Empfangslocher
QJC	Ich werde meine (n) ... überprüfen 1. Sendeverteiler 2. Tastkopf 3. Streifenlocher 4. Empfangslocher 5. Fernschreiber 6. Fernschreibmotor 7. Tastatur 8. Antennenanlage.
QJD	Sie senden ... 1. Buchstaben. 2. Ziffern.
QJE	Ihr Frequenzhub ist ... 1. zu weit 2. zu eng (um ... Hz) 3. richtig.
QJF	Mein durch Überwachungsgerät ... überprüftes Zeichen ist zufriedenstellend ... 1. örtlich 2. wie ausgestrahlt.
QJG	Schalten Sie auf automatistche Weiterleitung um.
QJH	Geben Sie ... durch. 1. Ihr Prüfstreifen 2. einen Prüfsatz
QJI	Ich sende ... 1. Dauer-Zeichenstrom. 2. Dauer-Trennstrom.

Q Gruppe	Bedeutung
QJK	Ich empfange 1. Dauer-Zeichenstrom 2. Dauer-Trennstrom 3. Zeichenstromüberhang 4. Trennstromüberhang.
QKC	Der Seegang (in ... Standort) ... 1. erlaubt eine Wasserung, aber keinen Start. 2. macht eine Wasserung äußerst gefährlich

QKF	Sie können damit rechnen, um ... Uhr
	(durch 1. Luftfahrzeug ... (Kennzeichnung)(Baumsuter)
	      2. Schiff mit dem Rufzeichen ... (Rufzeichen) (und/oder mit dem Namen ...
	      (Name))
	abgelöst zu werden.

QKG	Ablösung erfolgt, wenn ... (Kennzeichnung) 1. Sichtverbindung 2. Fernmeldeverbindung mit Überlebenden hergestellt hat.
QKH	Die im Gang befindliche (oder durchzuführende) Parallelsuche (parallel sweep (track search)) ... erfolgt ... 1. mit einer Suchstreifenrichtung von ... Grad und ... (recht- oder mißweisend). 2. mit ... (Zahl und Maßeinheit) Abstand zwischen den Suchstreifen. 3. in einer Höhe... von ... (Zahl) über ... (Bezugswert).
QKN	Luftfahrzeug (vermutlich Sie) in Standort ... auf Kurs über Grund von ... Grad um ... Uhr festgestellt.
QKO	An dem Einsatz ...(Kennzeichnung des Einsatzes) nehmen die folgenden Einheiten Teil (oder werden teilnehmem) ... (Name der Einheiten).
QKP	Das Suchverfahren ist ... 1. Parallelsuche 2. Quadratsuche 3. Driftsuche 4. Schlangenliniensuche 5. Konturensuche 6. kombinierte Suche durch Luftfahrzeuge und Schiffe 7. .... (Sonstige)
QLB	Ich habe ... Fenrmeldestelle überwacht und melde (kurz) wie folgt...
QLH	Ich werde jetzt gleichzeitig auf ... Frequenz und ... Frequenz tasten.
QLV	Die Funkeinrichtung wird noch benötigt.
QMH	Wechseln Sie zum Senden und Empfang auf ... kHz (oder ... MHz); wird innerhalb von fünf Minuten kein Verkehr hergestellt, wechseln Sie auf die jetzige Frequenz zurück.
QMI	Die senkrechte Wolkenverteilung wie von meinem Luftfahrzeug aus beobachtet, is (Standort oder Gebiet): niedrigste beobachtete Schicht ... Achtel (... Art) mit Unterg und Maßeinheit) und Obergrenze in ... (Zahl und Maßeinheit) Höhe über ... (Bezugswert).__
QMU	Die Bodentemperatur in ... (Ort) um ... Uhr beträgt ... Grad, und die Taupunkttemperatur ist zur gleichen Zeit am gleichen Ort .... Grad.
QMW	In ... (Standort oder Gebiet) liegt (liegen) die 0 Grad-Istotherme (n) in ... (Zahl und Maßeinheit) Höhe über ... (Bezugswert).__

Q Gruppe	Bedeutung
QMX	In ... (Standort oder Gebiet) beträgt um ... Uhr die Lufttemperatur ... (Grad und Einheit) in ... (Zahl und Maßeinheit) Höhe über ... (Bezugswert).
QMZ	Folgende Berichtigung (en) zur Flugwettervorhersage ist (sind) vorzunehmem ... (Liegen keine Berichtigungen vor, wird QMZ NIL gegeben).
QNE	Bei Landung in ... (Ort) um ... Uhr wird Ihr Höhenmesser bei einer Einstellung der ebenskala auf 1013,2 Millibar eine Höhe von ... (Zahl und Maßeinheit) anzeigen.
QNH	Bei der Einstellung der Nebenskala Ihres Höhenmessers auf ... Millibar oder ... /100 Zahl)) wird das Instrument, wenn Sie am Boden bei meiner Wetterstation wären, um ... Uhr Ihre Höhe über NN anzeigen.
QNI	Böigkeit ist in ... (Standort oder Gebiet) mit einer Stärke von ... zwischen ... (Zahl und Maßeinheit) und ... (Zahl und Maßeinheit) Höhes über ... (Bezugswert) beobachtet worden.
QNO	Ich bin nicht in der Lage, die gewünschten Angaben zu machen (oder die gewünschten Einrichtungen zu stellen).
QNR	Ich nähere mich meiner Umkehrgrenze.
QNT	Die Höchstgeschwindigkeit der Böen des Bodenwindes in ... (Ort) um ... Uhr ist ... (Zahl und Maßeinheit).
QNY	Das augenblickliche Wetter und seine Intensität in ... (Ort,Standort oder Gebiet) um ... Uhr ist ...
QOA	Ich kann in Telegrafie arbeiten (500 kHz)
QOB	Ich kann in Telephonie arbeiten (2182 kHz)
QOC	Ich kann in Telephonie arbeiten (Kanal 16 - Frequenz 156.8 MHz)
QOD	Ich kann mich mit Ihnen in 0. Holländisch 1. Englisch 2. Französisch 3. Deutsch 4. Griechisch 5. Italienisch 6. Japanisch 7. Norwegisch 8. Russisch 9. Spanisch unterhalten.
QOE	Ich have received the safety signal sent by ... (name and/oder call sign)
QOF	The quality of your signal is 1. not commercial 2. marginally commercial 3. commercial
QOG	Ich habe ... Lochstreifen zum Senden
QOH	Senden Sie ein Einphassignal für ... Sekunden.
QOI	Senden Sie Ihren Lochstreifen.
QOJ	Ich am listening on ... kHz (oder MHz) foder signals of emergency position indicating radiobeacons
QOK	Ich have received the signal of an emergency position indicating radiobeacon on ... kHz (oder MHz)
QOL	My vessel is fitted foder the reception of selective calls. My selective call number oder signal is ...
QOM	My vessel can be reached by a selective call on the following frequency/ies ... (periods of time to be added if necassary)

Q Gruppe	Bedeutung
QOO	Ich kann auf jeder Arbeitsfrequenz senden
QOT	Ich höre Ihren Ruf ; die geschätzte Verzögerung ist ... Minuten
QRA	Der Name meiner Station ist ...
QRB	Die Entfernung zwischen unseren Funkstellen beträgt ungefähr ... Seemeilen (oder ... Kilometer).
QRC	Die Gebührenrechnung meiner Funkstelle werden von der privaten Betriebsgesellschaft ... (oder von der Staatsverwaltung) beglichen.
QRD	Ich fahre nach ... und komme von ...
QRE	Ich komme vorraussichtlich um ... Uhr in ... (oder über ...)(Ort) an.
QRF	Ich kehre nach ... (Ort) zurück.
QRG	Ihre genaue Frequenz ist ... kHz (oder ... MHz).
QRH	Ihre Frequenz schwankt.
QRI	Der Ton Ihrer Aussendung ist 1. gut 2. veränderlich 3. schlecht.
QRJ	Ich habe ... Gesprächsanmeldungen vorliegen.
QRK	Die Verständlichkeit Ihrer Zeichen ist 1. schlecht 2. mangelhaft 3. ausreichend 4. gut 5. ausgezeichnet.
QRL	Ich bin beschäftigt.
QRM	Ich werde 1. nicht 2. schwach 3. mäßig 4. stark 5. sehr stark gestört.
QRN	Ich werde 1. nicht 2. schwach 3. mäßig 4. stark 5. sehr stark durch atmosphäristche Störungen beeinträchtigt.
QRO	Erhöhen Sie die Sendeleistung
QRP	Vermindern Sie die Sendeleistung
QRQ	Senden Sie schneller (... Wörter pro Minute)
QRR	Ich bin für automatischen Betrieb bereit. Senden Sie mit einer Geschwindigkeit von ... Wörtern in der Minute.
QRS	Senden Sie langsamer (... Wörter pro Minute).
QRT	Stellen Sie die Übermittlung ein.
QRV	Ich habe nichts für Sie.
QRW	Benachrichtigen Sie bitte ...daß daß ich ihn auf ... kHz (oder ... Mhz) rufe.
QRX	Ich werde Sie um ... Uhr (auf ... kHz (oder ... Mhz)) wieder rufen.
QRY	Sie sind als laufende ... an der Reihe (oder eine andere Angabe).
QRZ	Sie werden von ... (auf ... kHz (oder ... Mhz)) gerufen.

Q Gruppe	Bedeutung
QSA	Ihre Signalstärke ist 1. kaum aufnehmbar 2. schwach 3. ziemlich gut 4. gut 5. sehr gut
QSB	Die Stärke Ihrer Zeichen schwankt
QSC	Ich bin ein Frachtschiff
QSD	Ihr Geben ist mangelhaft
QSE	Die geschätzte Drift des Rettungsfahrzeuges ist ... (Zahl und Maßeinheit).
QSF	Ich habe die Rettung durchgeführt und steuere den Stützpunkt von ... (mit ... Verletzten, die Ambulanz benötigen) an..
QSG	Übermitteln Sie ... Telegramme in Reihe.
QSH	Ich kann mit meinem Peilfunkgerät eine Zielfahrt machen (die Funkstelle von ... in Zeilfahrt erreichen).
QSI	Es ist mit unmöglich gewesen, Ihre Übermittlung zu unterbrechen.
QSJ	Die Gebühr nach ... beträgt ... einschließlich meiner Inlandstelegrammgebühr ... Francs.
QSK	Ich kann Sie zwischen meinen Zeichen hören; Sie dürfen mich während meiner Übermittlung unterbrechen.
QSL	Ich bestätige den Empfang.
QSM	Wiederholen Sie das letzte Telegramm, das Sie mir gesendet haben.
QSN	Ich habe Sie (oder ...(Rufzeichen) auf ...kHz (oder ...Mhz) gehört.
QSO	Ich kann mit ... unmittelbar (oder durch Vermittlung von ...) verkehren.
QSP	Ich werde an ... gebührenfrei vermitteln.
QSQ	Ich habe einen Arzt an Bord (oder ... (Name einer Person) ist an Bord).
QSR	Wiederholen Sie Ihren Anruf auf der Anruffrequenz; ich habe Sie nicht gehört.
QSS	Ich werde die Arbeitsfrequenz ... kHz (oder ... MHz) verwenden.
QSU	Senden oder antworten Sie auf dieser Frequenz (oder auf ...kHz (oder ... MHz)).
QSV	Senden Sie eine Reihe „V" auf dieser Frequenz (oder ... kHz (oder ... MHz).
QSW	Ich werde auf der jetzigen Frequenz (oder auf ... kHz (oder ... MHz)) (mit Sendeart ...) senden.
QSX	Ich höre auf ... (Rufzeichen) auf ... kHz (oder ... MHz)
QSY	Gehen Sie zum Senden auf eine andere Frequenz über (oder auf ...kHz (oder ... MHz)).
QSZ	Geben Sie jedes Wort oder jede Gruppe zweimal (oder ... mal).
QTA	Vernichten Sie Telegramm Nummer ...
QTB	Ich stimme nicht mit Ihrer Wortzählung überein; ich werde den ersten Buchstaben oder die erste Ziffer jedes Wortes oder jeder Gruppe wiederholen.
QTC	Ich habe ... Telegramme für Sie (oder für ...).
QTD	... (Kennung) hat geborgen 1. ... (Anzahl) Überlebende. 2. Wrackteile. 3. ... (Anzahl) Leichen
QTE	Ich peile Sie rechtweisend ... Grad um ... Uhr.
QTF	Der standort Ihrer Funkstelle war auf Grund der Peilungen meiner Peilfunkstellen ... Breite, ... Länge (oder eine andere Angabe des Standortes), Klasse um ... Uhr.

Q Gruppe	Bedeutung
QTG	Ich werde zwei Striche von je 10 Sekunden Dauer und danach mein Rufzeichen (... mal widerholt)(auf ... kHz (oder ... MHz)) senden.
QTH	Mein Standort ist... Breite, .. Länge (oder nach einer anderen Angabe).
QTI	Mein rechtweisender Kurs über Grund ist ... Grad
QTJ	Meine Geschwindigkeit beträgt ... Knoten (oder ... Kilometres pro Stunde oder ... Landmeilen pro Stunde) in der Stunde.
QTK	In Bezug auf die Erdoberfläche hat mein Luftfahrzeug eine Geschwindigkeit von ... Knoten (oder ... Kilometer pro Stunde oder ... Landmeilen pro Stunde).
QTL	Mein rechtweisender Steuerkurs ist ... Grad.
QTM	Mein mißweisender Steuerkurs ist ... Grad.
QTN	Ich habe ... (Ort) um ... Uhr verlassen.
QTO	Ich bin gestartet oder Ich bin aus dem Hafenbecken (oder aus dem Hafen) ausgelaufen.
QTP	Ich bin im Begriff zu wassern (oder zu landen) oder Ich bin im Begriff, in das Hafenbecken (oder in den Hafen) einzulaufen.
QTQ	Ich werde mit Ihrer Funkstelle unter Benutzung de Internationalen Signalbuches verkehren.
QTR	Es ist genau ... Uhr.
QTS	Ich sende jetzt (um ... Uhr) auf ... kHz (oder ... Mhz) mein Rufzeichen zu Abstimmzwecken, damit meine Frequenz gemessen werden kann.
QTT	Die Kennung ist von einer anderen Aussendung überlagert.
QTU	Meine Funkstelle ist von ... bis ... Uhr geöffnet.
QTV	Übernehmen Sie für mich (von ... bis ... Uhr) die Funkbereitschaft auf Frequenz ... kHz (oder ... MHz).
QTW	Die Überlebenden befinden sich in ... Zustand und benötigend dringend ...
QTX	Meine Funkstelle bleibt für den Verkehr mit Ihnen bis auf weitere Nachricht von Ihnen (oder bis ... Uhr) geöffnet.
QTY	Ich steuere den Unfallort an und werde ihn voraussichtlich um ... Uhr (Datum) erreichen.
QTZ	Ich setze die Suche nach ... (Luftfahrzeug, Seefahrzeug, Rettungshafrzeug, Überlebende oder Wrckteilen) fort.
QUA	Ich habe Nachricht von ... (Rufzeichen).
QUB	Hier ist die erbetene Auskunft ...(Die Maßeinheit für Geschwindigkeit und Entfernung soll angegeben werden).
QUC	Die Nummer (oder andere Bezeichnung) der letzten Meldung, die ich von Ihnen (oder von ... (Rufzeichen)) erhalten habe, ist...
QUD	Ich habe die Dringlichkeitszeichen von ... (Rufzeichen der beweglichen Funkstelle) um ... Uhr erhalten.
QUE	Ich kann in ... (Sprache) auf ... kHz (oder ... Mhz) über Sprchfunk antworten.
QUF	Ich habe das Notzeichen von ... (Rufzeichen der beweglichen Funkstelle) um ... Uhr erhalten.
QUG	Ich bin gezwungen, sofort zu wassern (oder zu landen).
QUH	Der jetzige Luftdruck auf Meereshöhe bezogen, ist ... (Maßeinheit).
QUI	Meine Positionslichter sind in Betrieb.
QUJ	Der zu steuernde rechtweisende Kurs über Grund, um zu mir zu gelangen, ist ... Grad um ... Uhr.

Q Gruppe	Bedeutung
QUK	Die See in ... (Ort oder Koordinaten) ist ...
QUL	Die Dünung in ... (Ort oder Koordinaten) ist ...
QUM	Die normale Arbeit kann wieder aufgenommen werden.
QUN	Mein Standort, mein rechtweisender Kurs und meine Geschwindigkeit sind ...
QUO	Suchen Sie in der Nähe von ... Breite, ... Länge (oder andere Angaben) nach ... 1. Luftfahrzeug 2. Seefahrzeug 3. Rettungsfahrzeug.
QUP	Mein Standort wird angegeben durch ... 1. Scheinwerfer 2. Schwarzen Rauch 3. Leuchtrakete.
QUQ	Sie werden gebeten, Ihren Scheinwerfer wenn möglich mit Unterbrechungen, senkrecht auf eine der Wolken zu richten, und dann, wenn Sie mein Luftfahrzeug sehen oder hören, den Schein auf das Wasser (oder auf den Boden) gegen den Wind zu richten, um mein Landen zu erleichtern.
QUR	Die Überlebenden ... 1. haben die Rettungsausrüstung erhalten, die von ... ausgeworfen wurde. 2. sind von einem Seefahrzeug aufgenommen. 3. sind von der Bodenrettungsmannschaft erreicht worden.
QUS	Ich habe ... 1. Überlebende im Wasser; 2. Überlebende auf Flößen; 3. Trümmer auf ... Breite, ... Länge (oder nach anderen Angaben) gesichtet.
QUT	Der Ort des Unfalls ist gekennzeichnet durch ... 1. Feuer oder Rauchboje. 2. Seebake. 3. Farbstoff 4. ... (genaue Angaben anderer Markierungen)
QUU	Leiten Sie das See- oder Luftfahrzeug ... (Rufzeichen) 1. auf Ihren Standort, indem Sie Ihr Rufzeichen und verlängerte Striche auf ... kHz (oder ... Mhz) senden. 2. indem Sie auf ... kHz (oder ... MHz) den rechtweisenden Kurs übermitteln, der eingehalten werden muß, um Sie zu erreichen.
QUW	Ich befinde mich in der Suchzone ... (Bezeichnung).
QUY	Der Standort des Rettungsfahrzeugs ist um ... Uhr gekennzeichnet worden durch ... 1. Feuer oder Rauchboje. 2. Seebake. 3. Farbstoff 4. ... (Genaue Angabe anderer Markierungen).
QYT4	RUS: Umschalten auf CIS12, MS5

Tabelle 132: Q-Gruppen

X-Gruppen

X-Gruppen wurden auf Netzen gehört, die mit LINK 11 arbeiten. Diese Gruppen sind den Q-Gruppen sehr ähnlich und werden als Frage, Kommando oder Antwort verwendet.

X-Gruppe	Bedeutung
XAA	Sende primären Set up Sync Ton
XAB	Synchronisiert mit primären Sync Ton
XAC	Sende sekundären Set up Sync Ton
XAD	Synchronisiert mit sekundärem Sync Ton
XAE	Sende Netzbetriebs Sync Ton, gesendet von der Net Control Station (NCS)
XAF	Synchronisiert mit Netzbetriebs Sync Ton.
XAG	Sende Daten zur NCS.
XAI	Synchronisiert für kurze Nachrichten mit...
XAJ	Mode 1 Sendemodus 1 ping pong Mode 2 Sendemodus 2 ping pong Mode 3 Sendemodus 3 ping pong
XAO	Empfange keine LINK 11 Daten
XAP	Empfange LINK 11 Daten
XBG	Setzen Sie Sendeleistung auf Maximum
XBH	Setzen Sie Sendeleistung auf Minimum
XBL	Habe technische Problem emit den Geräten
XBO	LINK 11 Sendung unterbrochen für ...(Zeitangabe)
XBP	LINK 11 Sendung beginnt wieder in ...(Zeitangabe)
XBV	Reparatur abgeschlossen und bereit für den Beginn der Aussendung
XBW	Sendung wegen Reparatur unterbrochen
XCC	Ändern Sie Ihren Track (Tracknummer) auf meinen Track (Tracknummer)
XCJ	Beenden Se die Datenübertragung auf Track... (Tracknummer)
XCK	Zeigt Ihr Track meine Tracknummer ...(Tracknummer)?
XCL	Identifizieren Sie allse Parameters auf ...(Tracknummer)
XCP	Gesamtaussendung der Daten des Tracks
XDA	Einstellung des Sendebtriebs für Reparatur (Angabe der Dauer)
XDD	Verlassen Sie das Netz
XJG	Senden Sie alle verfügbaren Daten auf ...(Tracknummer)
XYI	Empfange einen Mode 1 Radar Squawk-Code von Tack ...(Tracknummer)
XYO	Ich kann Ihre PU nicht empfangen
XYP	Ich empfange Ihre PU

Tabelle 133: X-Gruppen

Z-Codes

Z-Gruppen werden teilweise mit zusätzlichen Nummern genutzt.
Ein Großteil der Z-Gruppen stammt aus der militärischen Anwendung.

1. Very slight
2. Slight
3. Moderate
4. Severe
5. Extreme

Z -Gruppe	Bedeutung
ZAA	Sie verstoßen gegen die Verkehrsdisziplin.
ZAB	Ihre Schnelltaste ist falsch eingestellt.
ZAC	Benutzung der Schnelltaste einstellen.
ZAD	Ihre Verkehrsabkürzung (gesendet um ... Uhr) wurde empfangen als ... 1. nicht verstanden 2. nicht anwendbar
ZAE	Ich bin außerstande, Sie zu empfangen, daher Empfang durch ...
ZAF	Ich verbinde Sie mit ... (über ...).
ZAG	Unterbrechen Sie ... 1. Beginnen Sie mit dem nächsten Lochstreifen; 2. Gehen Sie ... Fuß zurück; 3. Stellen Sie Ihren Schlüssellochstreifen bis zur Nummer der Einsatzstelle vor und wiederholen Sie die letzte Übermittlung (oder Übermittlung durch ...).
ZAH	Spruch ... kann in vorliegender Form nicht übermittelt werden. 1. Hat nicht das vorgeschriebene Format; 2. Formatzeilen ungenau; 3. Kein On-Line-Gerät vorhanden; 4. Rufzeichen sind nicht verschlüsselt; 5. Spruchtext nicht verschlüsselt. Wir legen ihn ab. Übermitteln Sie einen richtig vorbereiteten Spruch an alle Adressaten (oder an ...) .
ZAI	Arbeiten Sie mit ... 1. Anruflochstreifen; 2. Testlochstreifen; 3. Synchronisationslochstreifen; 4. Verkehrslochstreifen; 5. Zeichenstrom; 6. Trennstrom; 7. Zeichenumkehr; 8. Betätigen sie Leertaste; 9. Datenübertragungstest mit ... Bd.
ZAJ	Ich habe (oder ... hat) Sie nicht unterbrechen können.
ZAK	Verkehr auf ... kHz (oder ... MHz) wird bis ... Uhr (oder wurde um ... Uhr) wegen Gewitter (oder ...) eingstellt.
ZAL	Ich schalte aus (bis...) wegen ...
ZAM	Ich kann keine Antwort von Fernschreibvermittlung ... (für Verbindung mit ...) bekommen. Rufen Sie bitte diese (oder eine andere Zwischenvermittlung) für mich.

Z -Gruppe	Bedeutung
ZAN	Übermitteln Sie nur Sprüche mit Vorrangstufe ... und höher.
ZAO	Ich kann Ihr Sprechen nicht verstehen. Gehen Sie auf Tastfunk.
ZAP	Arbeiten Sie ... 1. im Simplexbetrieb 2. im Duplexbetrieb 3. im Diplexbetrieb 4. im Multiplexbetrieb 5. im Einseitenbandbetrieb 6. mit automatischer Fehlerkorrektur 7. ohne automatische Fehlerkorrektur 8. mit Zeit- und Frequenzdiversity-Modem
ZAQ	Das Letzte Wort (oder die letzte Gruppe) ... 1. die ich von Ihnen empfangen habe, lautete ... 2. die Ihnen übermittelt wurde, lautete ...
ZAR	Dies ist meine ... Anfrage (oder Antwort).
ZAS	Lassen Sie alle Streifen ... nochmals ablaufen, die seit ... gelaufen sind. 1. auf der augenblicklichen Frequenz 2. auf ... kHz (oder ... Mhz) 3. mit Rufzeichen ... 4. auf diesem Kanal oder auf Kanal ...
ZAT	Ich bereite Sprüche zur Übermittlung vor.
ZAU	Ich empfange Ihre Zeichen in den Teilkreisgrenzen ... bis ...
ZAV	Übermitteln Sie für mich (oder für ...) bis auf weiteres (oder bis ...) über Broadcast.
ZAW	Übermitteln Sie 12 Zoll Leerstreifen in kurzen Abständen mit ... Wörtern in der Minute.
ZAX	Sie 1. stören. Hören Sie hinein, bevor Sie senden; 2. stören durch Außerachtlassen der Anweidung zu warten; 3. senden gleichzeitig mit ... (Rufzeichen); 4. verursachen Verzögerungen durch zu langsames Antworten; 5. verursachen Verzögerungen durch zu langsames Beantworten meiner Dienst- oder Betriebssprüche; 6. antworten außer der Reihe.
ZAY	Übermitteln Sie an mich (oder an ... auf ... Khz (oder ... Mhz)), ohne auf Empfangsbestätigung zu warten, die ich später (oder ...) später (auf ... kHz (oder ... Mhz)) geben werde (wird).
ZAZ	Ein oder mehere Sender, die auf diesem Broadcast gleichzeitig getatstet werden, sinbd ausgefallen. Die Übermittlungen gehen jedoch mit den übrigen Sendern weiter. Dieser Verkehr wird, sobald volle Betriebsbereitschaft wieder hergestellt ist, wiederholt.
ZBA	Verzögerung (oder schlechte Übermittlung bedingt durch ...
ZBB	Für folgenden Spruch benötigen Sie ... Ausfertigungen.
ZBC	Sie übermitteln ... 1. Dauer-Zeichenstrom. 2. Dauer-Trennstrom.
ZBD	Es folgt, was ich (oder ...)(um ... Uhr) gesendet haben.

Z -Gruppe	Bedeutung
ZBE	Spruch ... nochmals an ... (zur) 1. Veranlassung; 2. Kenntnisnahme übermitteln
ZBF	Für folgenden Spruch große Vordrucke benutzen.
ZBG	Sie übermitteln in Umschaltstellung.
ZBH	Rufen Sie erst, bevor Sie Ihren Verkehr beginnen.
ZBI	Achten Sie auf Sprechfunkverkehr.
ZBK	Ich empfange Ihren Verkehr ... 1. klar 2. verstümmelt.
ZBL	Ich kann Sie nicht empfangen, während ich sende. Unterbrechungsverfahren nicht anwenden.
ZBM	Lassen Sie diese Frqeuenz ... besetzen. 1. Durch einen bewährten Schnelltast-operator; 2. durch einen erfahrenen Operator
ZBN	Ihr ... 1. Lochstreifen ist falsch eingelegt; 2. Teichen- und Trennstrom sind vertauscht
ZBO	Ich habe (oder ... hat) ... (mit nachfolgenden Betriebszeichen für jede Vorrangstufe) Spruch für Sie (oder für ...).
ZBP	Ihre ... 1. Zeichen sind undeutlich 2. Abstände sind schlecht.
ZBQ	Spruch ... wurde um ... Uhr auf ... kHz (oder Mhz) empfangen.
ZBR	Senden Sie mittels ... 1. Quittungsverfahren 2. Broadcastverfahren 3. Mithörverfahren 4. Wiederholverfahren.
ZBS	Ihre ... 1. Zeichen sind zu lang 2. Zeichen sind zu kurz 3. Zeichen sind unterschiedlicher Länge 4. Zeichenabstände sind schlecht 5. Zeichen verschwinden Zeichen sind verschmiert.
ZBT	Textgruppe (n) ... zählt (zählen) als ... Gruppe (n).
ZBU	Melden Sie, wenn Sie Funkverbindung mit ... haben.
ZBV	Antworten Sie mir (oder auf ...) auf ... kHz (oder MHz).
ZBW	Ich (oder ...) gehe (geht) zum Senden auf ... kHz (oder Mhz) über.
ZBX	Ich (oder ...) gehe (geht) zum Empfang auf ... kHz (oder Mhz) über.
ZBY	Geben Sie ... weiter. 1. über Broadcast ... 2. über Broadcast ... zur Einoperatorprogrammzeit 3. über Broadcsat ... zur Zweioperatorprogrammzeit 4. über Broadcast ... nur zur allgemeinen Programmzeit.

Z -Gruppe	Bedeutung
ZBZ	Das Schriftbild Ihrer Zeichen ist ... 1. völlig unsauber 2. sehr unsauber 3. teilweise unsauber 4. manchmal unsauber 5. sauber.
ZCA	Satellit (en) ist (sind) von ...z bis ...z vorbelegt.
ZCB	Gehen Sie auf Doppelsprungverfahren über und benutzen Sie jetzt (oder um ... Uhr) die Satelliten ... West und ... Ost.
ZCC	Stellen Sie ... auf Zugriff ... Kanal (A/B) 1. 300 Bd Notverbindung 2. Phasenumkehrtastung her.
ZCD	Bewerten Sie Ihren Zugriff zu ... (Rufzeichen) durch ... db.
ZCE	Stellen sie jetzt (oder um ... Uhr) Zugriff zum Satelliten ... her mit Hilfe von 1. Spreizbandmodulation (normale Zuweisung) 2. Spreizbandmodulator wechselte zu Zugriff ... 3. Spreizbanddemodulator wechselte Zugriff ... 4. Frequenzmodulation 5. Modulation durch Phasenumtastung.
ZCF	Beenden Sie Zugriff mittels ... jetzt (oder um ... Uhr) 1. Spreizbandmodulation (1-40) 2. Frequenzmodulation 3. Phasenumkehrtastung 4. Modulation durch Phasenumkehrtastung.
ZCG	Meine Frequenzmodulationsabweichung beträgt ...
ZCH	Ich halte Kurs durch 1. automatische Nachsteuerung 2. Nachsteuerung von Hand 3. Drehen von Hand.
ZCI	Mein (e) 1. lautet ... Watt. 2. ... % 3. ... Zugriffe. 4. ... Watt
ZCJ	Ich habe Schwierigkeiten mit meinem ... 1. Spreizbandmodulator 2. Frequenzmultiplexgerät 3. Leitungsmodem 4. Zeitmultiplexgerät 5. Schalten oder Stecken der Verbindung 6. Servosystem 7. Sender 8. Empfänger 9. Parametrischem Verstärker 10. Phasenumtastmodulator
ZCK	Schalten Sie Ihr ... zur Schleife 1. Spreizbandmodulator Kanal ... 2. Leitungsmodem 3. Zeitmultiplexgerät 4. Frequenzmultiplexgerät.

Z -Gruppe	Bedeutung
ZCL	Ich habe die Geschwindikgkeitseinstellung auf ... (Kanal/Leitung) überprüft.
ZCM	Sie können ... 1. Rückarbeitsverfahren bei Spreizbandmodulation 2. Abstandsmessung 3. Energieausgleich über Satellit ... durchführen
ZCN	Ich bin bereit, den Spreizbandzugriff ... zu synchronisieren.
ZCO	Unterdrücken (öffnen) Sie bei Ihrem FM/Frequenzmultiplexzugriff Fernschreibkanal (1-9)
ZCP	Ich ändere die (geamte) ausgestrahlte Leistung ... 1. bei Schmalbandbetrieb auf ... Watt 2. bei gespreiztem Spektrum auf ... Watt 3. des Zugriffes ... auf ... Watt 4. des Zugriffs ... auf ... db unterhalb des vollen Zugriffs bei der Sendeweiche.
ZCQ	Ich ändere FM/Frequenzmultiplexbetribesart in Betriebsart ... (A/D) mit einer Abweichung von ... kHz.
ZCR	Ich bin im Begriff ... zu veranlassen 1. Serie 2. Parallelsynchronisierung der Zugriffe.
ZCS	Schalten Sie Ihren Spreizbandzugriff ... Modulator auf ... 1. Code aus 2. Suche 3. Synchronisation 1 4. Synchronisation 2 5. Verkehr 6. Kanal A Normal an. 7. Kanal B Normal an.
ZCT	Mein Demodulator für Spreizbandzugriff ist ... 1. CW-abgesptimmt 2. für Kurzcode gesperrt 3. für Langcode gesperrt 4. nur auf Kanal A für Kurzcode und Daten gesperrt 5. auf beiden Kanälen für Langcode und Daten gesperrt.
ZCU	
ZCV	Stellen Sie die Geschwindigkeit des Spreizbandzugriffs ... Kanal ... (A/B) ein auf ... 1. 1300 Bd 2. 2600 Bd 3. 600 Bd 4. 1200 Bd 5. 2400 Bd 6. 4800 Bd
ZCW	1. Prüfen Sie Ihr ... und teilen Sie mit. 2. Ich habe ... verloren 3. Arbeiten Sie mit Rückarbeitsverfahren über ... 4. Machen Sie von Umgehung Gebrauch 5. Ich habe von Ungehung Gebrauch gemacht 6. Stimmen sie Ihren Demodulator neu ab

Z -Gruppe	Bedeutung
ZCX	1. Testschleife 1
	2. Testschleife 2
	3. Testschleife 3
	4. Testschleife 4
	5. Parametrischer Verstärker
	6. Hochleistungverstärker
	7. Demodulator
	8. Multiplexgerät Kanal A
	9. Multiplexgerät Kanal B
	10. Demultiplexer Kanal A
	11. Demultiplexer Kanal B
	12. Codierer
	13. Decodierer
	14. Nachsteuerung
	15. 5 Mhz Standard
	16. Normalfrequenzgenerator
	17. Stromversorgung
	18. Modulator
	19. Satellit
	20. Kryptogerät
	21. Gleichstromverbindung
	22. HF-Verbindung
	23. Zeitgeber für Steckverbindung
ZCY	Arbeiten Sie mit ... BPS ...
	1. 75
	2. 84
	3. 150
	4. 168
	5. 300
	6. 336
	7. 600
	8. 672
	9. 1200
	10. 2400
	11. 4800
	12. 9600
ZCZ	1. Kodiert
	2. Unkodiert
	3. Kanal für den Satellitenzugriff bei ... dBW
	4. Geben Sie den Zugriff zum Satelliten frei, da es nur diesen Zugriff gibt.
	5. Geben Sie wegen Überscheitung der Leistungsbeschränkungen den Zugriff zum Satelliten frei.
	6. Erhöhen Sie die Leistung auf ... dBW
	7. Verringern Sie die Leistung auf ... dBW
	8. NB Alpha
	9. NB Bravo
	10. Ändern Sie den Kanal für den Staelliten auf ... bei dBW.
ZDA	Ich habe einen offiziellen Spruch für Sie (Vorrangstufe ist ...)

Z -Gruppe	Bedeutung
ZDB	Beschleunigen Sie die Antwort (en) auf meine ... 1. vorausgegangene Verkehrsabkürzung 2. Bitte um Wiederholung und Berichtigung 3. Dienstspruch.
ZDC	Der letzte Spruch (oder Spruch ...) erfordert ein Ausführungssignal.
ZDD	Setzen Sie Spruch ... ab.
ZDE	Spruch ... nicht ausgeliefert ... 1. Station nicht besetzt bis ... z 2. versuche, die in Alarmbereitschaft befindliche Fernmeldestelle zur Verkehrsbereitschaft zu veranlassen 3. ich werde mich weiterhin um Auslieferung bemühen 4. geben sie Anweisung 5. ich werde mich nicht weiter bemühen und bitte um Streichung und Ablage 6. geben Sie vollständige Anschrift
ZDF	Spruch ... wurde 1. empfangen durch (Adressat) um ...z 2. empfangen durch (Fernmeldestelle) um ...z 3. übermittelt an (Adressat) über Funk um ...z 4. befördert an (Adressat) auf kommerziellen Fernmeldewegen um ...z 5. auf dem Postweg an (Adressat) zugestellt um ...z
ZDG	Die Richtigkeit folgenden Spruchs (folgender Sprüche oder von Spruch ...) wird angezweifelt. Berichtigung oder Bestätigung folgt.
ZDH	Um Zustellung einer berichtigten Ausfertigung des Spurchs ... an ... wird gebeten.
ZDI	Setzen Sie diesen Spruch auf ... 1. MERCAST 2. MERCAST- Einoperatorprogrammzeit ab
ZDJ	Ich habe einen Spruch mit ... Gruppen an Sie (oder an ...) zu übermitteln.
ZDK	Entsprechend Ihrer Anforderung folgt Wiederholung .
ZDL	Bestätigung ... 1. war ausgelassen 2. weicht vom Text ab.
ZDM	Ich halte Ihren Spruch zurück
ZDN	Melden Sie Verbleib des Spruches ... ihrer Station mit Verzögerungsgrund.
ZDO	Ich konnte Spruch ... an ... nicht befördern
ZDP	Halten Sie meinen spruch ... zurück, bis Richtigkeit bestätigt wird.
ZDQ	Spruch ... wurde weitergegeben an ... um ... Uhr (auf kHz (oder MHz).
ZDR	Dies ist ein Lochstreifen für einen Reihen- oder Lsitenspruch, der in der Leitwegzeile ... Leitweganzeiger enthält und der nach den efstgelegten Bestimmungen zu routen ist.
ZDS	Der Spruch, der von Ihnen (oder von ...) soeben durchgegeben wurde, wurde nicht richtig übermittelt. Richtige Fassung des Spruches ist ...
ZDT	Übungssprücxhe dürfen bis auf weiteres (oder bis ...) nicht gesendet werden.
ZDU	Leiten sie folgendes ... weiter. 1. Privatspruch (Telegramm) 2. Dienstspruch
ZDV	Ich ahbe Privatspruch für ...erhalten. erbitte Anweisungen.

Z -Gruppe	Bedeutung
ZDW	Zusätzlich zu den regelmäßigen Boradcast-Programmzeiten ist dieser hydrographische Spruch zu folgenden hydrographischen Programmzeiten zu übermitteln... 1. ... Programmzeit 2. alle Programmzeiten am ... (Datum) 3. alle Programmzeiten von ... bis (Datum einschließlich)
ZDX	Sprüche bis einschließlich Seriennummer ... sind bereits übermittelt.
ZDY	Privatsprüche dürfen bis auf weiteres (oder bis ...) nicht gesendet werden.
ZDZ	Am ... (Datum) wurde (n) Spruch (Sprüche) an ... mit Seriennummer (n(... per Post aufgegeben.
ZEA	Leiten Sie Klartextausfertigung auf sicherem Wege an ... weiter.
ZEB	Dies ist ein überarbeiteter ICAO-Spruch
ZEC	Spruch ... 1. nicht erhalten 2. nicht zustellbar
ZED	Die folgende empfangene Bestätigung steht im Widerspruch zum Text.
ZEE	Um Übermittlung des Spruches ... wird gebeten.
ZEF	Dieser Spruch wurde von einem Schiff auf See aufgenommen.
ZEG	Dieser Spruch darf nicht außerhalb des Fernmeldezentrum der ... entschlüsselt oder weitergemeldet werden.
ZEH	Die Richtigkeit des ... Teil von folgendem Spruch (oder von Spruch ...) wird angezweifelt. Berichtigung oder Bestätigung wird nach Erhalt weitergeleitet werden. 1. Kopf 2. Text 3. Gruppe ... bis ...
ZEI	Die Richtigkeit des wie folgt erhaltenen Spruchkopfes ... wird angezweifelt. Falls erforderlich, bei der Aufgabestelle nachprüfen und wiederholen.
ZEJ	Die Antworten auf diesen Spruch (oder Spruch ...) sind jetzt (oder um ... Uhr) zu senden.
ZEK	Antwort ist nicht erforderlich.
ZEL	Dieser Spruch ist eine Berichtigung (zu Spruch ...).
ZEN	Dieser Spruch wurde an den (die) dieser Verkehrsabkürzung unmittelbar folgenden Adressaten getrennt übermittelt oder ihm auf anderem Wege ... zugestellt. 1. Melder, Kurier 2. Post
ZEO	Übermitteln Sie diesen Spruch auf dem schnellsten Wege, wenn keine Gebühren dadurch entstehen.
ZEP	Dieser Spruch wurde unvollständig empfangen. Jedes fhelende Wort oder jede fehlende Gruppe ist durch ZEP ersetzt und wird nach Erhalt übermittelt.

Z -Gruppe	Bedeutung
ZEQ	Spruch ... wurde ... 1. zu dieser Fernmeldestelle fehlgeleitet. Empfangen um ... z. Spruch ist geschützt. 2. zu dieser Fernmeldestelle fehlgeleitet und kann nicht ausgehändigt werden, da ... Bitte übermitteln Sie den Spruch an die zuständige Fernmeldestele. 3. zu dieser Fernmeldestelle falsch geroutet und ist um ...z an ... neu weitergegeben worden. 4. zu dieser Fernmeldestelle falsch geroutet und kann nicht ausgehändigt werden, da ... Ihre Station wird gebeten, die Auslieferungzu übernehemen. 5. in Schemazeile 2 an diese Station geroutet, jedoch ohne Verantwortlichkeit für die Aushändigung in Schcemazeile 7 oder 8 anzugeben. Um Berichtigung wird gebeten. 6. durch Falschrouten verzögert und wird hiermit erneut übermittelt.
ZER	Dies ist ein Lochstreifen mit Spruch Reihen- oder Listenadresse, der ... Leitweganzeiger in der Leitwegzeile enthält, für die die im Piloten genannte Fernmeldestelle zuständig ist.
ZES	Ihr Spruch ... wurde ... 1. unvollständig 2. verstümmelt aufgenommen. erbiite erneute Übermittlung.
ZET	Spruch ... ist geschützt, undkeine weitere Maßnahme durch ... ist erforderlich.
ZEU	Übungspruch
ZEV	Ich habe den Inhalt des Spruches verstanden.
ZEW	Sie werden zur ... 1. Veranlassung 2. Kenntnisnahme auf den bei Ihnen abgelegten Spruch ... hingewiesen.
ZEX	Dieses ist ein Spruch mit Listenadresse, der als Spruch mit Einzeladresse an alle Adressaten übermittelt werden kann, für die Sie zuständig sind.
ZEZ	Wird die Übermittlung dieses Spruches mit Listenadresse an den Adressaten auf kommerziellen Fernmeldeverbindungen durchgeführt oder wird eine Ausfertigung als Bestätigung dem vorher über Telefon durchgegebenen Spruch nachgesendet, so ist derselbe als Spruch mit Einzeladresse zu senden.
ZFA	Fogender Spruch ist aufgenommmem worden.
ZFB	Leiten Sie den Spruch weiter an ... 1. bei Ankunft 2. bei Rückkehr zum Stützpunkt
ZFC	Ausführungssignal für letzten Spruch ist gegeben worden (oder wurde um ... Uhr gegeben)
ZFD	Dieser Spruch ist ein vermutliches Doppel..
ZFE	Leiten sie Spruch ... (der bei Ihnen vorliegt) unter Verwendung des angegebenen zusätzlichen Spruchkopfes und den (die) Adressaten weiter, für den Sie zuständig sind.
ZFF	Benachrichtigen Sie mich, wenn dieser Spruch ausgehändigt worden ist an ...
ZFG	Dieser Spruch ist ein genaues Doppel eines früheren Spruchs und ist auszuliefern an alle zuständigen Empfänger.
ZFH	Dieser Spruch wird Ihnen zur ... 1. Veranlassung 2. Kenntnisnahme 3. Stellungnahme zugeleitet.
ZFI	Es leigt keine Antwort auf Spruch ... vor.

Z -Gruppe	Bedeutung
ZFJ	Spruch ... Nummer ... der in dieser Programmzeit nicht übermittelt wurde, wird nicht mehr benötigt.
ZFK	Spruch ... betrifft ... 1. nicht Sie 2. Sie,
ZFL	Folgender Verkehr in der Broadcastprogrammzeit zwischen laufenden Nummer ... und ... war an Sie gerichtet.
ZFM	Spruch mit der Nummer ..., der während des Ausfalls von einem oder mehreren Sendern gesendet wurde, wird jetzt wiederholt.
ZFO	Spruch ... wird Basegramspruch zugestellt.
ZFP	Basegram
ZFQ	Zwei Sprüche unter Kanalnummer ... erhalten. Beide wurden freigegeben.
ZFR	Streichen Sie Übermittlung ...
ZFS	Geben Sie Spruch ... die gleiche Kanal- oder Statiuonseriennummer, die dieser Betriebsspruch hat.
ZFT	Spruch wurde ohne Kanalnummer empfangen. Er folgte auf Spruch mit Kanalnummer ... Spruch wurde freigegeben.
ZFU	Ermittlungsnummer ... und ... stehen vor Spruch... Spruch wurde unter der niedrigeren Nummer eingetragen, die höhere wurde gelöscht.
ZFV	Spruch mit der Kanalnummer ... bedarf einer Berichtigung. Sorgen Sie für die richtige Fassung.
ZFW	Löschen Sie Kanalnummer ... Befördern Sie Spruch ... unter Kanalnummer ...
ZFX	Kanalnummer ... ist offen
ZGA	Ihr nur für diese Verbndung bestimmtes Rufzeichen lautet ...
ZGB	Antworten Sie in alphabetischer Rihenfolge der Rufzeichen.
ZGC	Empfangsbestätigungen zwischen Fernmeldestellen sind für diesen Spruch nicht erforderlich.
ZGD	Zwei Funkstellen benutzen die gleichen Rufzeichen auf ... kHz (oder Mhz). Beide Funkstellen müssen verschiedene Rufzeichen wählen.
ZGE	Senden Sie IhrRufzeichen einmal (oder ... mal) auf dieser Frequenz (oder auf ... kHz(oder MHz)).
ZGF	Geben Sie Rufzeichen deutlicher.
ZGG	Das Rufzeichen des ... lautet ...
ZGH	Ich benutze diesen Sender, um Anrufe auf zwei oder mehr Frequenzen zu beantworten; dadurch kann es zu verzögerten Antworten auf Anrufe kommen.
ZGI	Ich rufe Sie oder habe Sie gerufen (auf ... kHz (oder Mhz)).
ZGJ	Ich werde sie sobald wie möglich (oder um ... Uhr) auf der jetzigen Frequenz (oder auf ... kHz (oder Mhz)) wieder rufen.
ZGK	Rufen Sie mich um ... Uhr auf der jetzigen Frequenz (oder auf ... kHz (oder MHz)).
ZGL	... wird für mich (oder für ...) auf Anrufe antworten.
ZGM	Ich habe (oder ... hat) nicht mit ... verkehren konnen (seit ... Uhr).
ZGN	Von Ihnen (oder ...) wurde nichts gehört (seit ... Uhr).
ZGO	Ihre Nummer ist ... Antworten Sie nach Nummmer ... .
ZGP	Beantworten Sie Anrufe für mich auf der jetzigen Frequenz (oder auf ... kHz (oder MHz)).
ZHA	Verringern Sie die Frequenz (um ... kHz), um störungsfreien Empfang zu erhalten.

Z -Gruppe	Bedeutung
ZHB	Erhöhen Sie die Frequenz (um ... kHz), um störungsfreien Empfang zu erhalten.
ZHN	Ihre automatische Übermittlung ist ... 1. gut 2. ziemlich gut 3. unlesbar.
ZHO	Die Geschwindigkeit meiner automatischen Übermittlung in ... 1. Umdrehung / Minute 2. Wörter / Minute ist ....
ZHP	Automatischer Empfang wird durch ... verhindert.
ZHQ	Bitte empfangen Sie mich auf ... kHz (oder Mhz) und senden Sie an mich auf ... kHz (oder MHz).
ZHR	Die Geschwindigkeit Ihrer automatischen Übermittlung ist ... 1. zu schnell 2. zu langsam 3. unregelmäßig 4. richtig
ZIA	Dieser Spruch wird außerhalb der richtigen Reihenfolge der Stationsseriennummern gegeben.
ZIB	Ändern Sie die Stationsseriennummer von Spruch ... in Nummer ... um.
ZIC	Die Stationsseriennummer oder Kanalnummer des letzten Spruchs (oder Sprüche), den ich übermittelt habe, ist (sind) ...
ZID	Die Stationsseriennummer oder Kanalnummer des letzten Spruchs, den ich empfangen habe, ist ...
ZIE	Die Stationsseriennummern oder Kanalnummern von ... ist (sind) nicht empfangen worden. Wiederholen Sie den Spruch (die Sprüche) oder streichen sie die Seriennummern oder Kanalnummern.
ZIF	Ich (oder ...) habe (hat) keine Seriennummer ... verwendet.
ZIG	Nummer ... (bis ...) ist (sind) frei.
ZIH	Wiederholen Sie Kopf der Sprüche Nummer ... bis ..., die Sie (oder ...) gesendet haben, damit ich die Stationsseriennummern überpüfen kann.
ZII	Mein Spruch (oder Spruch von ...) Nummer ... hatte folgende ... 1. Datum-/Zeitgruppe 2. Annahmezeit.
ZIJ	Ich ändere jetzt meine Kanlanummer. Die letzte gesendete Seriennummer ist die Nummer dieses Spruches.
ZIP	Habe auf dem bezeichneten Broadcast durchgehende Hörbereitschaft.
ZIQ	Habe Hörbereitschaft auf Broadcast eingestellt. Die letzte empfangene Nummer ist ...
ZJA	Lesen Sie Blinkspruch vor.
ZJB	Lassen Sie Signalwache jetzt eingehen.
ZJC	Wiederholen Sie alle gegebenen Flaggensignale.
ZJD	Verwenden Sie ... 1. besseres Licht 2. besseren Hintergrund
ZJE	Signalwache jetzt aufziehen.
ZJF	Als Signalwiederholer wird bestimmt ...
ZJG	Wiederholen Sie alle gegebenen Morsesprüche.

Z -Gruppe	Bedeutung
ZJH	Ihre Morsezeichen sind unleserlich, da Ihr Blinklicht ... 1. nicht genau gerichtet 2. nicht hell genug 3. zu hell ist
ZJI	Die Rufzeichen der mich begleitenden Schiffe lauten ...
ZJJ	Verwenden Sie Doppelblinkverfahren.
ZJK	Ich bin Signalwache für ...
ZJL	Heißen Sie folgendes Signal.
ZJM	... 1. Flaggensignalisieren 2. Winkern 3. Signalscheinwerfer 20" 4. Signalscheinwerfer 10" 5. Richtblinker 6. Klappbüchse 7. Heathergerät 8. Tageslichtblinkgerät 9. Topplaterne 10. Infrarotgerät 11. Signalscheinwerfer 12. ungerichtetes Blinklicht 13. gerichtetes Blinklicht
ZJN	Spruch wurde an alle, für die ich verantwortlich bin gegeben.
ZJO	Widerholen Sie jede Gruppe des Textes dieses Spruches unmittelbar nach Ihrer Übermittlung.
ZJP	Der jetzt folgende Spruch ist zu verschlüsseln und an alle Adressaten weiterzuleiten.
ZJQ	Wiederholen Sie Signal, das gerade übermittelt wurde.
ZJR	Beim optischen Verkehr zwischen ... und ... ist nur Winkern anzuwenden.
ZJS	Für jeden optischen Verkehr zwischen ... und ... gerichtetes Blinklicht von geringster Helligkeit verwenden.
ZJT	Der angegebene Broadcastsender wird gleich für ... Minuten (oder bis ... Uhr) abgeschaltet.
ZKA	Ich bin Funkleitstelle auf dieser Frequenz (oder auf ... kHz (oder MHz)).
ZKB	Es ist erforderlich, vor Übermittlung von Sprüchen die Genhmigung der Funkleitstelle einzuholen.
ZKC	Esrsetzen Sie diese Verkehrsabkürzng durch den decknahmen der Gruppenleitstelle.
ZKD	Übernehmen Sie die Leitung des Netzes.
ZKE	Ich (oder...) melde (t) mich (sich) in dieser Verbindung (diesem Netz) an.
ZKF	Funkstelle verläßt vorläufig (oder für ... Minuten) das Funknetz.
ZKG	Halten Sie die Prigrammzeit im Verkehr mit ... auf ... kHz (oder Mhz) (um ... Uhr) ein.
ZKH	Ich habe (oder ... hat) die Programmzeit im Verkehr mit ... (um ... Uhr) eingehalten.
ZKI	Besetzen Sie ... kHz 1. dauernd 2. bis auf weiteres

Z -Gruppe	Bedeutung
ZKJ	... 1. Schalten Sie aus (bis ...) 2. Ich schalte aus (bis ...)
ZKK	Übernehmen Sie den Aufbau des Funknetzes ... sofort (oder um ... Uhr).
ZKL	Nehmen Sie normale Funkverbindung jetzt (oder um ... Uhr) wieder auf.
ZKM	Übernehmen Sie Hörbereitschaft auf ... kHz (oder MHz).
ZKN	Ich habe Funkbereitschaft auf ... kHz (oder Mhz) übernommen.
ZKO	Ich habe Funkbereitscaft (an ...) (auf ... kHz (oder Mhz)) übergeben.
ZKP	Ich habe Funkbereitschaft für...(auf ... kHz (oder MHz)).
ZKQ	Bezeichnen Sie Schiffe oder Funkstellen für die Sie Bereitschaft haben.
ZKR	Ich halte (oder ... hält) auf ... kHz (oder ... Mhz) Funkwache.
ZKS	Folgende Stationen halten auf ... kHz (oder Mhz) Funkwache (oder sind im Netz).
ZKT	Ich halte Funkwache auf ... kHz (oder Mhz) ... 1. für die ersten 5 Minuten jeder halben Stunde 2. von 10 bis 15 und von 40 bis 45 Minuten nach jeder vollen Stunde 3. zwischen ... und ... Minuten nach jeder vollen Stunde
ZKU	Ich halte durchgehende Funkwache.
ZKV	Ich bin gleichzeitig (oder ...) auf den Frquenzen ... und ... kHz (oder Mhz) empfangsbereit.
ZLA	Ich habe folgende Arten von Bildern zu übermitteln ... 1. Fotos 2. Wetterkarten 3. Lichtpausen 4. Drucksachen 5. Testbilder
ZLB	Übermitteln Sie mit ... U/min. 1. 30 2. 45 3. 50 4. 60 5. 90 6. 100
ZLC	Ihre Übermittlung ... 1. zeigt keine einwandfreie Modulation 2. ist nicht für Bilder, sondern nur für Nachrichten geeignet 3. zeigt die Überschrift zu nahe an der Bildkante 4. zeigt verzerrten Druck 5. gabelt sich 6. ist zu kontrastreich 7. ist zu kontrastarm 8. zeigt Bildüberschneidung
ZLD	Ich kann nicht ... 1. mit Ihnen in Gleichlauf kommen 2. Biler senden 3. Bilder aufnehmen

Z -Gruppe	Bedeutung
ZLE	Senden Sie ... 1. Raster 2. Weiß 3. Schwarz 4. Bild 5. Rastertönung dunkler 6. Rastertönung heller
ZLF	... 1. Inverter 2. Konverter 3. 96 Zeilen 4. 100 Zeilen 5. 300 Zeilen
ZLG	Übermitteln Sie ... 1. negativ 2. positiv
ZLH	Ich werde Karte ... (Raum ..., Zeit ..., Art ...) übermitteln.
ZLI	Drehen Sie das Amtereial auf der Walze herum und lassen sie neu anlaufen, bis ich unterbreche
ZLJ	Verwenden Sie ... 1. normale Fernschreibmaschine 2. Schreibmaschine mit besonders großen Buchstaben 3. handgeschriebene Buchstaben
ZLJ	Angegebene Einrichtung kann im augenblick nicht betrieben werden.
ZLO	Die folgenden ... Einrichtungen auf meinem Flugplatz (oder auf ...) sind betriebsklar... 1. Anflugfunkfeuer 2. Radarbake 3. Dreh- und/oder Blinkfeuer 4. Funkfeuer 5. Instrumentenlandeverfahren 6. Radarlandeanflug 7. Anflugkontrolle 8. Kontrollturmsender 9. MF-Peilgerät 10. VHF-Peilgerät 11. UHF-Peilgerät 12. Start- und Landebahnbefeuerung 13. Sandralampen 14. Leitstrahlführung 15. Vierkursfunkfeuer
ZLP	Die mißweisende Ausstrahlungsrichtung der ... ist ... Grad.
ZMA	Die unbekannte Funkstelle (oder Funkstelle mit ... Rufzeichen) wurde mit (um ... Uhr) Klasse ... (auf ... kHz (oder Mhz)) gepeilt.
ZMB	Sie wurden (oder ... wurde) mit ... (Klasse ...) von mir (oder von ...) um ... Uhr gepeilt.
ZMC	Die Funkstelle, die den Spruch (oder die Übermittlung) beantwortet hat, wurde von ... mit ... (um ... Uhr) Klasse ... (auf ... kHz (oder Mhz)) gepeilt.

Z -Gruppe	Bedeutung
ZMD	1. Ihre Peilung scheint zwischen ... Gard und ... Grad zu leigen und nach der Seitenbestimmung sind Sie ... (Richtung) von dieser Funkstelle; 2. Ihre Peilung wandert schnell aus.
ZME	Geben Sie mir Peilung (von ...), die sie auf ... kHz (oder Mhz)) oder zwischen ... und ... kHz (oder Mhz) erhalten haben.
ZMF	Die jetzt sendende Funkstelle (oder ...) (auf ... kHz (oder Mhz)) wurde mit ... (Klasse ...) gepeilt, mit Seitenbestimmung ...
ZMG	Diese Peilung ist unzuverlässig. Fehler in Peilung liegt höher als Klasse 3 und kann ... (Grad oder Meilen) betragen.
ZMH	Ich arbeite mit Überwasserfahrzeug mit Rufzeichen ... zusammen. Gehen Sie auf ... kHz (oder Mhz) und führen Sie Peilverfahren durch, sobald Sie angerufen werden.
ZMI	Ich werde jetzt mein Rufzeichen und in Abständen Striche von fünf Sekunden Dauer senden, damit Sie (oder ...) mich ansteuern können.
ZMJ	Überprüfen Sie ... 1. Genauigkeit des letzten QDR 2. Seitenbestimmung des letzten QDR 3. Genauigkeit des letzten QDM 4. Seitenbestimmung des letzten QDM.
ZMK	Ich kann Ihre (n) (oder von ...) ... nicht bestimmen. 1. Standort 2. Peilung.
ZML	Steuern Sie, wenn möglich zwei Minuten lang, ... Grad und senden Sie dabei Rufzeichen und lange Striche.
ZMM	Gehen Sie auf größere Höhe, damit Sie genauer gepeilt werden können.
ZMN	Gehen Sie zur Rahmenpeilung auf ... kHz (oder Mhz) über.
ZMO	Ihr durch Kreuzpeilung ermittelter Standortist vom nächsten Bezugspunkt (oder von ...) ... entfernt (um ... Uhr).
ZMP	Versuchen Sie einee Standortbestimmung durch Anpeilen der jetzt sendenden Funkstellen (oder von ...) (auf ... kHz(oder Mhz)) zu machen.
ZMQ	Ich kann Ihren Standort nicht bestimmen, Sie sind genau aud der Basislinie der Peilfunkstellen.
ZMR	Übernehmen Sie Peilwache, wie vorher befohlen (auf ... kHz (oder Mhz)) (von ... bis ... kHz (oder MHz)).
ZMS	Führen sie Kurzpeilverfahren durch.
ZMT	Seitenbestimmung unzuverlässig, Peilung kann seitenvertauscht sein.
ZMU	... 1. Achten Sie auf Peilfrequenzen ... kHz (oder Mhz) 2. Schalten sie auf Peilfrequenz ... um und achten Sie auf Rufzeichen ...
ZMV	Der vin Ihnen zu steuernde Gitternetzkurs, um zu mir (oder zu ...) gelangen, beträgt ... Grad um ... Uhr.
ZNA	Sie verschlüsseln ... falsch. 1. Verkehrsabkürzungen 2. Rufzeichen 3. Adreßgruppen.
ZNB	Authentisierung lautet ...

Z -Gruppe	Bedeutung
ZNC	Alle Übermittlungen sind zu authentisieren ... 1. auf allen Verbindungen 2. auf dieser Verbindung 3. auf Frequenz ...
ZND	Sie verwenden den Authenticator falsch, ... 1. prüfen Sie anhand der Authentisierungstafel nach 2. prüfen Sie die Authentisieurng der letzten Übermittlung.
ZNE	Ich bin bereit zu authentisieren.
ZNF	Adressaten, die nicht im Besitz des in diesem text verwendeten Schlüssels sind, brauchen den Spruch nicht zu entschlüsseln, sollen aber bei nächster Gelegenheit den Klartext lesen uns sich gegebenenfalls eine Ausfertigung besorgen.
ZNG	
ZNH	Klartextlochstreifen dieses Spruches während der Eentschlüsselung herstellen.
ZNI	Arbeiten Sie jetzt im ... 1. Online-Betrieb 2. Klartextbetrieb
ZNJ	Dieser Spruch ist unter der Seriennummer ... um ... Uhr durch die Station ... übermittelt worden. 1. durch online-Verschlüsselung 2. durch offline-Verschlüsselung
ZNK	Adressaten, die nicht die Entschlüsseleinrichtungen besitzen, sind nicht betroffen.
ZNL	Eine Kryptostelle, die Rückfragen zu diesem Spruch hat, muß diese an ... richten.
ZNM	Der Aufgeber erlaubt die Übermittlung dieses Spruches an alle Adressaten, vorausgesetzt, die Netze gelten als geschützt oder sind für die VS-Einstufung des betreffenden Spruches zugelassen.
ZNO	Kann Spruch ... nicht entschlüsseln.
ZNP	Ab sofort übergehen auf ... 1. normalen 2. Top Secret 3. Konferenz 4. technischen online-Betrieb.
ZNQ	Dieser Spruch wurde von dieser Fernmeldestelle ... empfangen. 1. ohne Authentisierung 2. mit falscher Authentisierung 3. mit richtiger Authentisierung
ZNR	Dieser Spruch darf unverändert über Funk oder auf nicht zugelassenen Fernmeldewegen übermittelt werden.
ZNS	Nachfolgender Spruch hatte eine Authentisierung ...
ZNT	Nachfolgender Spruch hatte keine Authentisierung ...
ZNY	Übermitteln Sie diesen Spruch nicht unverschlüsselt über Funk oder nicht zugelassene Fernmeldeverbindungen.
ZNZ	Der Aufgeber weist darauf hin, daß dieser Spruch ohne dienstliche Rückfragen, die den Spruchtext betreffen, bei Fernmelderelais- oder -endstellen weiterzuleiten ist, da die übermittelte Nachricht ... 1. schnell überholt sein kann 2. nur zur Information dient

Z -Gruppe	Bedeutung
ZOA	Leiten Sie diesen Spruch optisch weiter.
ZOB	Treffen Sie keine weiteren Maßnahmen zur Weiterleitung des Spruches ...
ZOC	Die gerufenen Fernmeldestellen haben diesen Spruch an die Adressaten, für die sie zuständig sind, weiterzuleiten.
ZOD	Arbeiten Sie als Funkwiederholer zwischen mir und ...
ZOE	Übermitteln Sie mir Ihren Spruch im ... 1. Online-Betrieb 2. im Offline-Betrieb
ZOF	Geben Sie diesen Spruch an ... jetzt (oder um ... Uhr) weiter.
ZOG	Geben Sie diesen Spruch an ... (weiter)(zur ...) 1. Veranlassung 2. Kenntnisnahme.
ZOH	Setzen Sie den Spruch für ... auf ... kHz (oder Mhz) im 1. Quittungsverfahren 2. Broadcastverfahren 3. Mithörverfahren ab.
ZOI	Geben Sie diesen Spruch an die nächste Wetterzentrale/Wetterkontrollstelle.
ZOK	Leiten Sie diesen Spruch über ... weiter.
ZOL	Ich werde Ihr Rufzeichen an den SOPA, dessen Rufzeichen ... ist, weiterleiten.
ZOM	Zustellung dieses Spruches ist durch die Post zulässig.
ZON	Setzen Sie diesen Spruch auf ... 1. Tastbroadcast 2. Funkfernschreibbroadcast ab.
ZOO	Setzen Sie diesen Spruch auf MERCAST mit der Broadcastbezeichnung ... ab.
ZOP	Dieser Spruch ist allen Bereichsbroadcasten zgestellt worden.
ZOQ	Stellen Sie diesen Spruch allen Broadcastbereichen zu.
ZOR	1. Routen Sie Verkehr für ... über ... Bereichsbroadcast. 2. Ab ... wird Verkehr für Sie über ... Bereichsbroadcast geroutet.
ZOS	Bereichsleitweg für Sprüche für ... ist ...
ZOT	Dieser Spruch ist für folgende Fernmeldestellen oder Adreßbezeichnungen mit dem niedrigen Vorrang zu übermitteln oder zu behandeln.
ZOU	Routen Sie Verkehr für ... über ... (auf kHz (oder MHz)).
ZOV	Die dieser Verkehrsabkürzung vorausgehende Bezeichnung der Fernmeldestelle ist der richtige Leitweg für diesen über ... umgeleiteten Spruch.
ZOW	Setzen Sie diesen Spruch im Broadcastverfahren zu den besonderen Programmzeiten für Schiffe ab.
ZOX	Setzen Sie diesen Spruch auf U-Boot-Broadcast mit der nachfolgenden besonderen Broadcastbezeichnung ab.
ZOY	Leiten Sie diesen Spruch nur an die Fernmeldestelle weiter, deren Bezeichnung dieser Verkehrsabkürzung vorausgeht.
ZOZ	Leiten Sie diesen Spruch unverändert und ohne Entschlüsselung weiter.
ZPA	Ihre Sprche ist verzerrt.
ZPB	Ihr Sender Strahlt auch während der Sendepausen.
ZPC	Ihre Zeichen ... 1. haben starken Schwund 2. haben leichten Schwund 3. sind ausreichend für ... Wörter 4. werden stärker 5. werden schwächer.

Z -Gruppe	Bedeutung
ZPD	Mein durch Kontrollgerät ... überprüftes Zeichen ist zufirdenstellend. 1. vor Aussendung 2. nach Aussendung.
ZPE	Es wird jetzt mit Höchstleistung abgestrahlt.
ZPF	Die Lesbarkeit der Zeichen im Netz ist ... (1 bis 5)
ZPG	Die Lautstärke der Zeichen im Netz ist ... (1 bis 5)
ZPH	Die unterbrochene Übermittlung isat ungültig.
ZPN	IFF-Gerät auf Notruf geschaltet.
ZPO	Dieser Text ist genau so zu übermitteln, wie er empfangen wurde.
ZPR	Ich habe ... Sprüche im Lochstreifenrelaisverfahren für Sie vorbereitet.
ZPT	Diese Übermittlung ist eine Prüfsendung. Erbitte eine Antwort hinsichtlich Lautstärke und Lesbarkeit.
ZPU	Liegen mehrer Wirbelsturmwarnungen zur Übermittlung in einer bestimmten Reihenfolge vor, so ist die höchste Seriennummer zuerst zu senden.
ZPV	Falls bei Ihnen Windwarnungen mit folgenden Datum/zeitgruppen zur Übermittlung anstehen, so sind diese nur zu registrieren und nicht weiter zu übermitteln.
ZPW	Dieser Spruch wurde zur angegebenen Zeit annulliert. Er ist nur zu registrieren und nicht weiter zu übermitteln.
ZPX	Dieser Spruch wird Ihnen zur Überprüfung zugestellt.
ZPY	Dieser Spruch ist überprüft worden und soll über Broadcast zugestellt werden.
ZPZ	Dieser Spruch ist von Stationen in diesem Netz ... mal weitergeleitet worden.
ZQA	Die Landebefeuerung des Flughafen ist nicht in Ordnung.
ZQB	Die mißweisende Landerichtung ist ... Grad.
ZQC	Ich bin ... um ... Uhr 1. in der Luft 2. auf dem Wasser 3. auf dem Lande.
ZQD	Sie müssen bei Benutzung von ... (Einrichtung) das entsprechende Verfahren durchführen.
ZQE	Die von mir gewünschte Sinkgeschwindigkeit ist ... hundert Fuß pro Minute.
ZQF	Die zu benutzende Start- und Landebahn ist ... Yards lang.
ZRA	Ihre Frequenz liegt ... 1. genau 2. ... khz zu hochr 3. ... khz zu tief 4. stabil auf Dauerzeichenstrom 5. stabil auf Dauertrennstrom 6. unrgelmäßig
ZRB	Überprüfen Sie Ihre Frequenz auf dieser Verbindung (oder auf ... kHz (oder MHz)).
ZRC	Stimmen Sie Ihren Sender auf ... ab. 1. die richtige Frequenz 2. Schwebungsnull meines Senders
ZRD	Die ... Funkeinrichtung arbeitet jetzt auf Frequenz ...
ZRE	Ich höre Sie am besten auf ... kHz (oder MHz).
ZRF	Ich sende jetzt auf meiner augenblicklichen Frequenz (oder auf ... kHz (oder MHz)) Abstimmzeichen.
ZRG	Ein Frequenzwechsel wird um ... Uhr notwendig.

Z -Gruppe	Bedeutung
ZRH	Ihre Frequenzumtastung ist zu ... 1. zu weit 2. zu eng 3. nicht linear 4. richtig
ZRJ	Ich werde mein .. prüfen.
ZRK	Schalten Sie auf Einkanalbetrieb.
ZRL	Ich arbeite mit dem richtigen Code.
ZRM	Ich kann ... 1. das obere Seitenband 2. das untere Seitenband 3. beide Seitenbänder aufnehmen.
ZRN	Ich beabsichtige, auf dem ... zu senden 1. oberen Seitenband 2. unteren Seitenband 3. beiden Seitenbänder
ZRO	Ich kann Sie auf ... 1. Kanal A 2. Kanal B 3. Kanal 4. allen Kanälen 5. keinem Kanal aufnehmen.
ZRP	Umlegungszeichen von Kanal ... auf Kanal ...
ZRQ	Wechseln Sie auf das andere Seitenband.
ZRR	Sprcu ... Nummer ... wird nicht mehr über Broadcast ausgestrahlt, bleibt aber gültig.
ZRS	Ihr Träger ist ... 1. zu stark 2. zu schwach unterdrückt.
ZRT	Strahlen Sie volle Leistung unmoduliert für die Dauer von ... Minuten ab.
ZRU	Ihre Tonfrequenz für ... 1. Zeichen- und Trennstrom ist zu hoch 2. Zeichen- und Trennstrom ist zu niedrig. 3. Zeichen- und Trennstrom ist richtig.
ZSA	Sie dürfen auf ... (Höhe) steigen.
ZSB	Sie dürfen auf ... (Höhe) sinken.
ZSC	Sachalten Sie IFF-Gerät ein.
ZSD	IFF-Gerät ist abgeschaltet.
ZSE	1. Wir haben Segler im Schlepp 2. Wir sind gezwungen, Segler auszuklinken.
ZSH	Schalten Sie ab ... 1. IFF-Gerät 2. 10 Minuten lang IFF-Gerät mit Ausnahme folgender Rufzeichen...
ZSG	Sie dürfen unter Benutzung der genannten Anflughilfe einen Anflug machen.
ZSI	Sie müssen ... 1. eine Höhe von ... Fuß halten und sich über ... (Rufzeichen) Kursfunkfeuer melden. 2. auf dem ... Teil des Leitstrahls des ... (Rufzeichen) Kursfunkfeuers in Höhe von ... Fuß bleiben.

Z -Gruppe	Bedeutung
ZSO	Senden Sie Lochstreifen ... 1. einmal 2. zweimal
ZTA	... 1. Funk 2. Draht/Richtfunk 3. Fernschreiber 4. Fernsprecher 5. Automatisch 6. FAX 7. Küstenfernsprechstelle 8. Küstenfernschreibstelle 9. Funkfernschreibmaschine 10. Satellit
ZTB	... 1. Sendeverteiler 2. Tastkopf 3. Streifenlocher 4. Empfangslocher 5. Fernschreibmaschine 6. Modulator 7. Tastatur 8. Frequenzumtastgerät 9. Mehrfachausnutzung des Trägers 10. Online-Kryptoeinrichtung
ZTC	... 1. Ihre ... scheint fehlerhaft zu sein 2. Meine ... scheint fehlerhaft zu sein.
ZTD	Benutzen Sie ...
ZTE	Ich kann ... benutzen.
ZTF	Instandsetzung 1. durchgeführt ... 2. nicht durchgeführt, voraussichtliche Durchführungszeit ... Minuten 3. kann nicht durchgeführt werden, weil ...
ZTG	1. Telegrafie 2. tönende Telegrafie 3. Telefonie 4. Fernschreiben 5. Peilung
ZTH	1. FM 2. AM 3. PM 4. FSK 5. SSB Aussendung.
ZTI	1. Empfänger 2. Sender 3. Stromversorgung 4. Antennenanlage 5. Funkpeilgerät
ZTJ	Benutzen Sie nicht mehr ....

Z -Gruppe	Bedeutung
ZTK	Ich bin verbunden mit ...
ZTL	Ich habe die Absicht, zu trennen.
ZTM	Ich kann nicht ... benutzen.
ZTN	Ihre einseitige Verzerrung ist ... 1. übermäßig 2. ... % Zeichenstrom 3. ... % Trennstrom 4. ... % Gesamtverzerrung
ZTO	Ihre Zeichenbildung ist ... 1. richtig 2. fehlerhaft im Startschritt 3. fehlerhaft im 1 Schrittelement 4. fehlerhaft im 2 Schrittelement 5. fehlerhaft im 3.Schrittelement 6. fehlerhaft im 4 Schrittelement 7. fehlerhaft im 5 Schrittelement 8. fehlerhaft im Stopschritt
ZTP	Meine Zeichenlänge ist ...
ZTQ	Ich veranlasse ...
ZTR	Ich werde ... 1. die Leitung von meinem Gerät trennen und eine Geräteprüfung durchführen und die Leitung in ... Minuten wieder anschließen. 2. meine Sendeleitung mit der Empangsleitung verbinden, damit Sie ... Minuten eine Schleifenmessung durchführen können.
ZTS	Die Leitung ist ... 1. zufriedenstellend 2. nicht zufriedenstellend
ZUA	Zeitzeichen wird jetzt (oder um ... Uhr) gesendet
ZUB	Um ... (an, bei in)
ZUC	Von ... bis ...
ZUD	bis auf weiteres
ZUE	ja
ZUF	Luftangriff ... 1. Fliegeralarm 2. Luftangriff im Gang 3. Entwarnung
ZUG	nein
ZUH	Nicht ausführbar.
ZUI	Achten Sie auf ...
ZUJ	Achtung.
ZUK	... ist jetzt bereit, mit ... ein Tastfunkgespräch zu führen.
ZVA	Die angerufene Funkstelle ist für die Weiterleitung oder Zustellung an alle in Zeile 2 genannten Funkstellen verantwortlich.
ZVB	Meine Zeit über dem letzten Pflichtmeldepunkt war ... und meine ETA über dem nächsten Meldepunkt ist ...
ZVE	Meine Endstellle kann bis zu folgender Einstufung arbeiten ...
ZVF	Dieser Kanal ist für eingestuften Verkehr ungeeignet.

Z -Gruppe	Bedeutung
ZVQ	Dieser Spruch betrifft eine Warnmeldung, einen Alarm, einen Notruf oder einen Notstand und darf ohne vorherige Vereinbarung über die Einrichtung Ihres Netzes geleitet werden.
ZVR	Geben Sie diesen Spruch sofort an alle nachgeordneten Fernmeldestellen weiter.
ZWB	Nennen Sie den Namen des Operators.
ZWC	Das Nachfolgende betrifft nur das diensthabende Personal.
ZWD	Führen Sie Fernmeldeübung um ... Uhr durch.
ZWE	Die freiwillige Übung kann jetzt durchgeführt werden.
ZWF	Fehlerhaft.
ZWG	Richtig.
ZWH	Versuchen Sie es nochmal.
ZWI	Beantworten Sie die letzte Frage.
ZWJ	Stationen sollen antworten auf ...
ZWK	Dieses ist die Antwort auf die letzte Frage.
ZWL	Weiterleitung an die unmittelbar folgenden Bestimmungstsellen nicht erforderlich.
ZWM	Die richtige Antwort auf die letzte Frage ist ...
ZWN	Der richtige Wortlaut des fehlerhaft übermittelten Teil des letzten spruches ist ...
ZWO	Der folgende Spruch ist zur Übung von ...
ZWP	Ein Anfänger soll ausführen ...
ZXA	Die folgende Gruppe ist ein Rufzeichen, eine Zustellgruppe oder Adreßgruppe.
ZXB	Die Fernmeldestelle, an die dieser Spruch geroutet ist, kann eine vollständige Ausfertigung der unterbrochenen Übermittlung, wenn sie einen Dienstspruch an die absendende Stelle richtet.
ZXC	Diese Übermittlung wurde unterbrochen.
ZXD	Dieser Spruch ist dem Adressaten als Lochstreifen zuzustellen.
ZXK	Gerufene Fernmeldestelle hat diesen Spruch zusätzlich zum festgelegten Verteiler an ... zu übermitteln.
ZXO	Ich bitte Sie, sich den Spruch ... von Funkstelle .. nochmals übermitteln zu lassen.
ZXR	Umfangreiches Flaggensignalisieren wird in Kürze durchgeführt.
ZXS	Der nachfolgende Spruch ist durch ... zu bearbeiten.
ZXT	Dieser Spruch darf in keinem Fall in irgendeiner Form im Tastfunk- oder Sprechfunkverkehr auf Teilen seiner Route übermittelt werden.
ZXW	Dieser Spruch wurde an alle TO-Adressaten zugestellt.
ZXX	Dieser Sprcuh wurde an alle INFO-Adressaten zugestellt.
ZXY	Senden Sie diesen Spruch an den durch folgende Bezeichnung bezeichneten Adressaten ...

Tabelle 134: Z-Codes

8.14 Abkürzungen

Abkürzung	Beschreibung
2G	Second Generation
3G	Third Generation
AA	Anadolu Ajansi
AB	Airbase
ACARS	Aircraft Communications Addressing und Reporting System
ACB	Auto Correlation Bit
ACF	Auto Correlation Frequency
ACS	Automatic Kanal Selection
AEROFLOT	Russian Airlines
AFB	Air Force Base
AFC	Area Forcast Centre
AFI	MWARA Africa
AFTN	Aeronautical Fixed Telecommunication Network
AGRCRM	Austrian German Red Cross Relief Organisation
AL	Alabama
ALE	Automatic Link Establishment
ALIS	Automatic Link Setup
AM	Amplitude Modulation
AMS	Aeronautical Mobile Service
AMTOR	Amateur Microprocessor Teleprinting Over Radio
ANSA	Agenzia Nazionale Stampa Associata
AP	Associated Press
APA	Austrian Press Agency
AR	Arkansas
ARQ	Synchronous transmission und automatic repetition teleprinter System
ARQ 6-70	6 character blocks simplex ARQ teleprinter System
ARQ 6-90/98	6 character blocks simplex ARQ teleprinter System
ARQ-E3	Single Kanal ARQ ITA 3 teleprinter System
ARQ-M2	Multiplex ARQ teleprinter System mit 2 Kanäle according CCIR 342-2
ARQ-M2 242	Multiplex ARQ teleprinter System mit 2 Kanäle according CCIR 242-2
ARQ-M4	Multiplex ARQ teleprinter System mit 4 Kanäle according CCIR 342-2
ARQ-M4 242	Multiplex ARQ teleprinter System mit 4 Kanäle according CCIR 242-2
ARQE	Single Kanal ARQ teleprinter System
ARQN	Single Kanal ARQ teleprinting System mitout Bit inversion
ARQS	SIEMENS simplex ARQ teleprinter System
ASECNA	Agence pour la Securite de la Navigation Aerienne en Afrique et a Madagascar
ASYNC	Asynchronous
ATU	Arabic Telecommunication Union
ATU-A	Arabic ATU alphabet
ATU-80	Arabic ATU alphabet
AUTOSPEC	Automatic Single Path Error Correcting teleprinter System
AWS	Air Weather Service
AZ	Arizona

Abkürzung	Beschreibung
BA	British Army
BAS	British Antarctic Survey
BC	Broadcast
BCH	Bose-Chaudhuri-Hocquenghem
BD	Baud
BER	Bit Error Rate
BFBS	British Forces Broadcasting Service
BIPM	Bureau International des Poids et des Mesures
BK	Break In
BPS	Bit Per Second
BRASS	Broadcast und Ship-Shore
BSKSA	Broadcasting Service Kingdom of Saudi Arabia
BTA	Bulgarska Telegrafitscheka Agentzia
BW0...5	Burst Waveform 0...5
BSYNC	Block Synchronous
C4FM	Constant Envelope 4-Level Frequency Modulation
CA	California
CALM	CODAN Advanced Link Management
CAP	Civil Air Patrol
CAR	MWARA Caribbean
CCIR	Committee Consultative International Radio
CCITT	Committee Consultative International Telegraph und Telephone
CDMA	Code Division Multiple Access
CEP	MWARA Central East Pacific
CFARS	Canadian Forces Affiliated Radio System
CG	Coast Guard
CH	Kanal
CIR	Kanal Impulse Response
CIRM	Centro Internatzionale Radio Medico
CNA	Central News Agency
CO	Colorado
CPFSK	Continuous Phase Frequency Shift Keying
CPM	Continuous Phase Modulation
CPSK	Coherent Phase Shift Keying
CQ	General call to all stations
CQPSK	Compatible Differential Offset Quadrature Phase Shift Keying
CROSS	Centre Regional Operationnel de Surveillance et de Sauvetage
CRC	Cyclic Redundancy Check
CRS	Compagnie Republicaine de Securite
CS	Coast Station
CT	Connecticut
CW	Continuous Wave = Morse
CWP	MWARA Central West Pacific
DC	District of Columbia
DE	Delaware
DEA	Drug Enforcement Agency

Abkürzung	Beschreibung
DE MPSK	Differentially Encoded Coherent MPSK
DGPT	Directorate General of Posts und Telecommunicatios
DIPLO	Direction des Services d ` Information et de Presse
DMPSK	Differential MPSK (no carrier recovery)
DMSK	Differential MSK
DPR	Democratic People´s Republic
DSB	Double Side Band
DSC	Digital Selective Calling
DSP	Digital Signal Processing
DSSS	Direct Sequence Spread Spektrum
DTG	Date Time Group
DTRE	Direction des Telecommunications des Reseaux Exterieurs
DTS	Droit de Tirage Special
DUP-ARQ	Hungarian simplex ARQ teleprinter System
DW	Deutsche Welle
DYN	Diarios Y Noticas
E	Embassy
E	East
EA	MWARA East Asia
EAM	Emergency Action Message
ECC	Error Correcting Code
EPM	Electronic Protective Measures
ETR	Electronic Tracking Radar
EUR	MWARA Europe
F	Feeder
F	Forces
FARCOS	Fast Adaptive HF Radio Communication System
FAX	Facsimile
FEC	Forward Error Correction
FEC 100	One way traffic FEC teleprinter System
FECS	SIEMENS simplex FEC teleprinter System
FER	Frame Error Rate
FFSK	Fast Frequency Shift Keying
FIR	Finite Impulse Response
FL	Florida
FM	Frequency Modulation
FQPSK	Feher-patented Quadrature Phase Shift Keying
FRC	French Red Cross
FSK	Frequency Shift Keying
G	Gonio
GA	Georgia
GC	Guardia Civil
GMDSS	Global Maritime Distress und Safety System
GMSK	Gaussian MSK
GMT	Greenwich Mean Time
GPS	Global Positioning System

Abkürzung	Beschreibung
H	Hour
HAB	Hamburger Abendblatt
HC-ARQ	Haegelin Cryptos simplex teleprinter System
HDL	High rate Data Link
HF	High Frequency
HNG-FEC	Hungarian FEC teleprinter System
IA	Iowa
IAT	International Atomic Time
ICAO	International Civil Aviation Organization
ICI	Inter Carrier Interference
ICRC	International Committee of Red Cross
ID	Idaho
ID	Identification
IFL	International Frequency List
IFRB	International Frequency Registration Board
IIR	Infinite Impulse Response
IL	Illinois
IMO	International Maritime Organization
IN	Indiana
INA	Iraqi News Agency
INO	MWARA Indian Ocean
INTERPOL	Organisation Internationale de la Police Criminelle
IOC	Index of Cooperation
IRNA	Islamic Republic News Agency
ISB	Independent Side Band
ISD	Inverted Scanning Direction
ISI	Inter Symbol Interference
ITA	International Telegraph Alphabet
ITU	International Telecommunication Union
JANA	Jamahiriyah News Agency
KC	Kilocycles
KCNA	Korean Central News Agency
KUP	Kwacha Unita Press
KY	Kentucky
KYODO	Kyodo Tsushin
LA	Louisana
LDL	Low latency Data Link
LORAN	Longe Range Navigation System
LPC	Linear Predictive Coding
LPM	Lines per Minute
LSB	Lower Side Band
M	Meteo
MA	Massachussetts
MAFOR	Marine Forecast
MAHRS	Multiple Adaptive HF Radio System
MAP	Magreb Arab Press

Abkürzung	Beschreibung
MARS	Military Affiliated Radio System
MASK	M-ary Amplitude Shift Keying
MC	Megacycles
MD	Maryland
ME	Maine
MENA	Middle East News Agency
MFA	Ministry for Foreign Affairs
MI	Michigan
MID	MWARA Middle East
MIL-STD	Military Standard
MMS	Maritime Mobile Service
MN	Minnesota
MO	Missouri
MOD	Ministry of Defence
MOI	Ministry of Interior
MPSK	M-ary Phase-Shift Keying
M QAM	M-point QAM
MS	Mississippi
MSA	Maritime Safety Agency
MSF	Medicines sans frontiers
MSG	Message
MSI	Maritime Safety Information
MSK	Minimum Shift Keying
MT	Montana
Multi-h FM	Multi-index; correlative; duobinary FM
MUX	Multiplex
MWARA	Major World Air Route
N	Navy
N	North
NASA	North American Space Agency
NAT	MWARA North Atlantic
NATO	North Atlantic Treaty Organization
NAVTEX	Navigational Telex System
NBDPT	Narrow Band Direct Printing Telegraphy
NBFM	Narrow Band Frequency Modulation
NC	North Carolina
NCA	MWARA North Central Asia
ND	North Dakota
NDB	Non Directional Beacon
NE	Nebraska
NI	Norfolk Island
NJ	New Jersey
NOAA	National Oceanic und Atmospheric Administration
NP	MWARA North Pacific
NR	Number
NV	Nevada

Abkürzung	Beschreibung
NX	News
NY	New York
OFDM	Orthogonal Frequency Division Multiplexing
OH	Ohio
OK	Oklahoma
OOK	On Off Keying
OR	Oregon
OR	Off Route flight communication
OSI	Open System Interconnection
OTHR	Over The Horizon Radar
P	Phare
PA	Pennsylvania
PACTOR	Combination of Packet Radio und SITOR
PANA	Pan African News Agency
PAP	Polska Agencja Prasowa
PETRA	Jordan News Agency
PIAB	Presse - und Informationsdienst der Bundesregierung
PIX	Press Abbildung
PLO	Palestine Liberation Organization
POL-ARQ	Polish ARQ teleprinter System
PPP	Point to Point Protocol
PR	Packet Radio
PTT	Post, Telegraph und Telephone Administration
R	Radio
RAF	Royal Air Force
RAN	Royal Australian Navy
RC	Red Cross
RDARA	Regional und Domestic Air Route
RF	Radio Frequency
RFDS	Royal Flying Doctor Service
RFE	Radio Free Europe
RN	Royal Navy
RNZAF	Royal New Zealand Airforce
RNZN	Royal New Zealand Navy
ROMPRES	Agentia Romana de Presa
ROU-FEC	Romanian FEC teleprinter System
RS-ARQ	Rhode & Schwarz simplex ARQ teleprinter System
RTT	Regie des Telegraphes et des Telephones
RTTY	Radio Teletype
RX	Receiver
RY	Test loop ryryryry...
RYI	Test loop ryiryiryi...
S	South
SAAM	Russian Arctic und Antarctic Institute
SABS	Saudi Arabian Broadcasting Service
SALINI	Salini Costruttori

Abkürzung	Beschreibung
SAM	MWARA South America
SANA	Syrian Arab News Agency
SAR	Search und Rescue
SAT	MWARA South Atlantic
SAUDIA	Saudi Arabian Airlines
SC	South Carolina
SD	South Dakota
SEA	MWARA South East Asia
SFSK	Sinusoidal FSK
SITOR	Simplex Teleprinting over Radio
SITOR A	Simplex Teleprinting over Radio Mode ARQ
SITOR B	Simplex Teleprinting over Radio Mode FEC
SKH	Schweizerische Katastrophenhilfe
SM QAM	Superimposed M-point QAM
SOS	Distress Signal
SP	MWARA South Pacific
SPREAD	FEC teleprinter System mit 10 Bit BAUER code
SQPSK	Staggered QPSK
SRK	Schweizer Rotes Kreuz
SS	Ship Station
SSB	Single Side Band
STANAG	Standardization Agreement (by NATO)
SUNA	Sudan News Agency
SW-ARQ	Adaptive Swedish simplex ARQ teleprinter System
SWL	Shortwave Listener
SYNC	Synchronous
TAAF	Terres Australes et Antarctiques Francaises
TANJUG	Telegrafska Agencija Nova Jugoslavija
TAP	Tunis Afrique Presse
TCM	Trellis Code Modulation
TDM	Time Division Multiplex
TFC	Traffic
TFM	Tamed Frequency Modulation
tlgr	Telegram
TS	Time signal station
TSI OQPSK	Two-Symbol Interval OQPSK
TTY	Teletype
TV	Television
TWINPLEX	Four frequency ARQ teleprinter System
TX	Transmitter
TX	Texas
txt	Text
UI	Unidentified
UNHCR	United Nation
UNID	Unidentified
UNIFIL	United Nations Interim Forces in Lebanon

Abkürzung	Beschreibung
UNO	United Nation Organization
USAF	United States Airforce
USARP	United State Antarctic Research Program
USCG	United State Coast Guard
USMILGP	United State Military Group
USN	United State Navy
USNG	United State National Guard
UT	Utah
UT, UTC	Universal Time Coordinated
VA	Virginia
VAFI	Africa VOLMET Area
VCAR	Caribbean VOLMET Area
VEUR	European VOLMET Area
VFT	Voice Frequency Telegraphy
VMID	Middle East VOLMET Area
VNA	Viet Nam News Agency
VNAT	North Atlantic VOLMET Area
VNCA	North Central Asia VOLMET Area
VOA	Voice of America
VOLMET	Meteorological information for aircraft in flight
VPAC	Pacific VOLMET Area
VSAM	South America VOLMET Area
VSEA	South East Asia VOLMET Area
W	West
W I	World wide allotment area I (RDARA 1, 2, 3)
W II	World wide allotment area II (RDARA 10, 11, 12A, 12B, 12C, 12D)
W III	World wide allotment area III (RDARA 6, 8, 9, 14)
W IV	World wide allotment area IV (RDARA 12E, 12F, 12G, 12H, 12J, 13)
W V	World wide allotment area V (RDARA 4, 5, 7)
WA	Washington
WARC	World Administrative Radio Conference
WEFAX	Weather FAX
WI	Wisconsin
WMC	World Meteorological Centre
WMO	World Meteorological Organization
WPM	Words per Minute
WV	West Virginia
WW	World Wide
WX	Weather
WY	Wyoming
XINHUA	New China News Agency
YONHAP	Hapdong News Agency
Z	Universal Time Coordinated

Tabelle 135: Verwendete Abkürzungen

9. Index

B

C

G

H

I

J

K

L

M

S

T